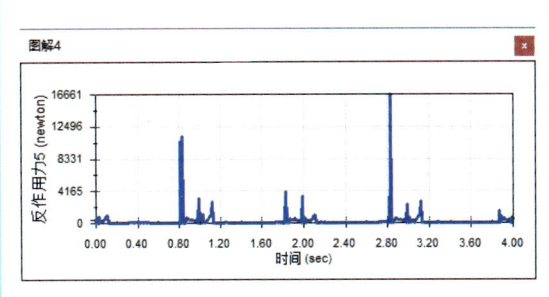

▎拨盘与槽轮之间的接触力图解

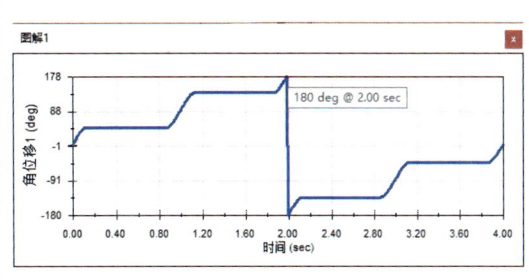

▎槽轮角位移的图解

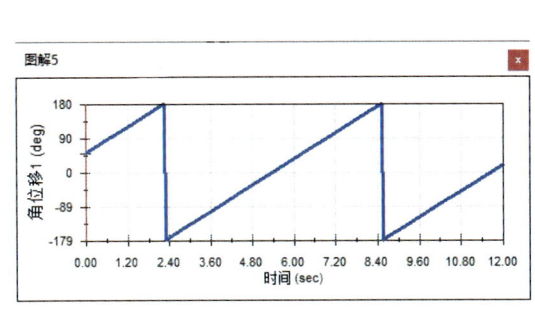

▎曲柄角位移随时间变化曲线

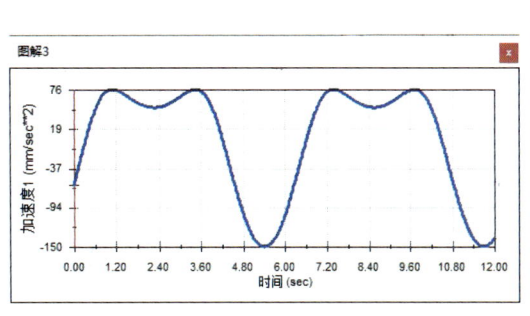

▎滑块加速度随时间变化曲线

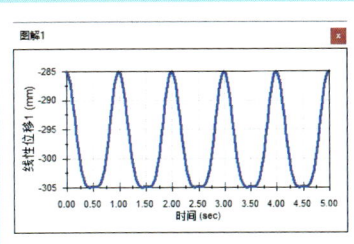

▎冲头位移随时间变化曲线

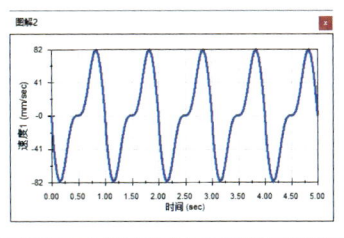

▎冲头速度随时间变化曲线

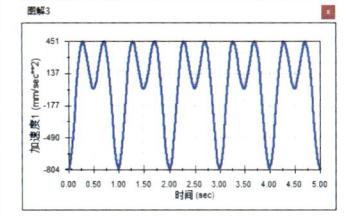

▎冲头加速度随时间变化曲线

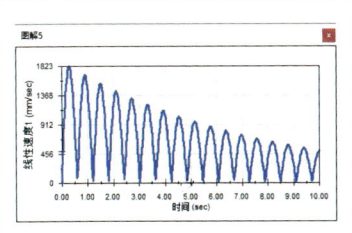

▎弹簧速度的图解

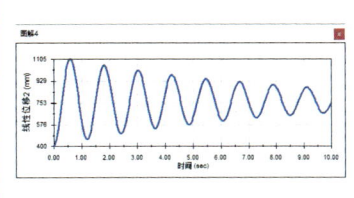

▎振子速度的图解

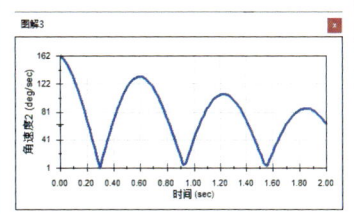

▎扭转阻尼角速度的图解

中文版SOLIDWORKS Motion 动力学分析
从入门到精通（实战案例版）
本书部分案例

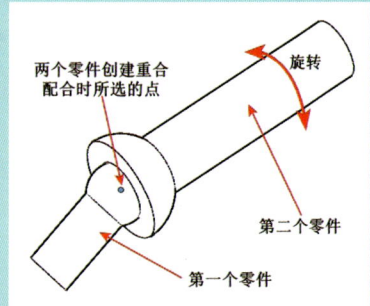
点对点重合配合的示例

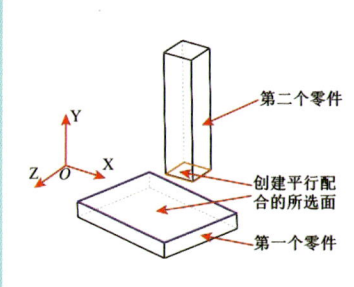
面对面平行配合的示例

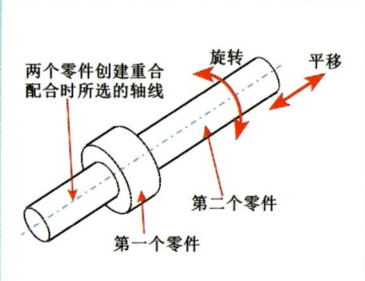
线对线重合配合的示例

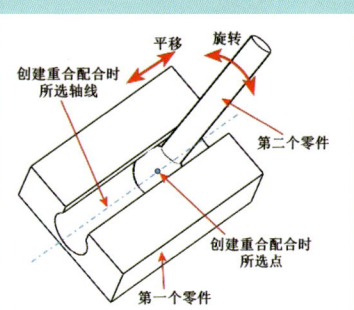
点对线重合配合的示例

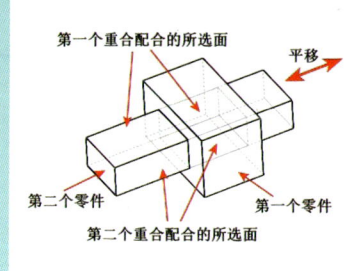
面对面重合配合的示例

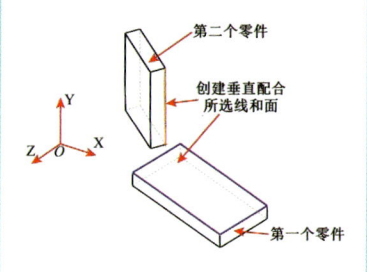
线对面垂直配合的示例

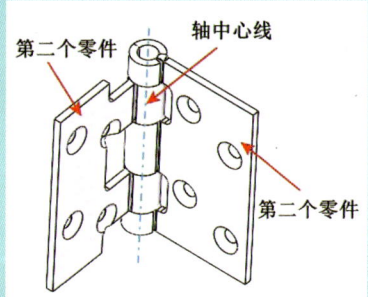
使用铰链配合的示例

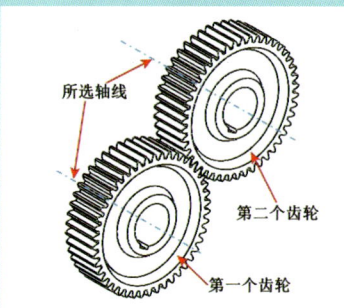
使用齿轮配合的示例

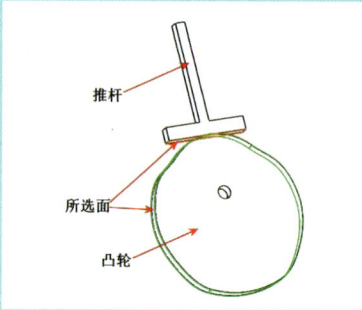
使用凸轮配合的示例

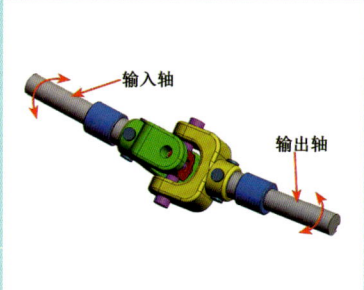
万向节配合的示例

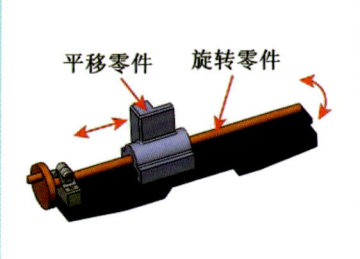
螺旋配合的示例

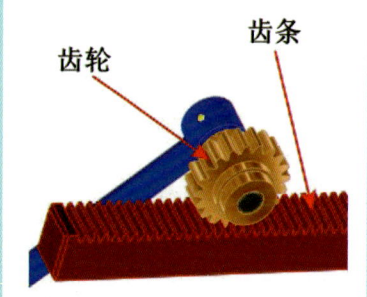
齿轮小齿条配合的示例

中文版SOLIDWORKS Motion 动力学分析
从入门到精通（实战案例版）

本书部分案例

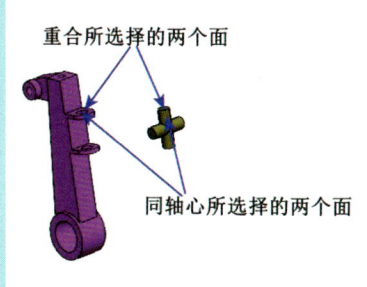
▶ 创建摇臂与万向接头铰链配合所选面

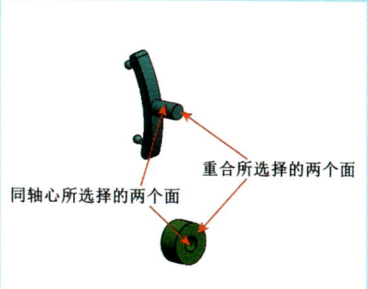
▶ 创建曲柄与曲柄壳体之间铰链配合的所选面

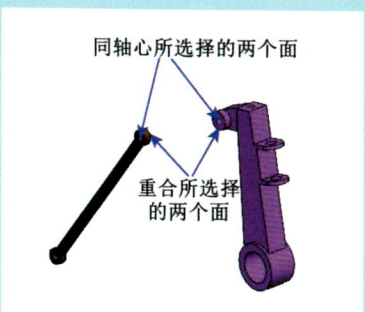
▶ 创建连杆与摇臂铰链配合所选面

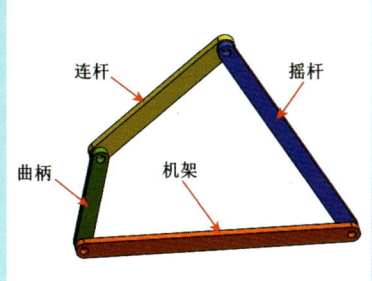
▶ 四连杆机构示意图

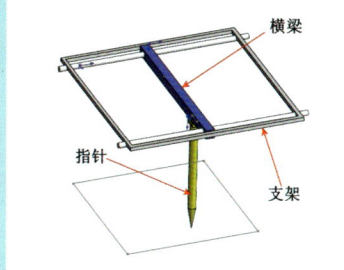
▶ 笔式绘图机构示意图

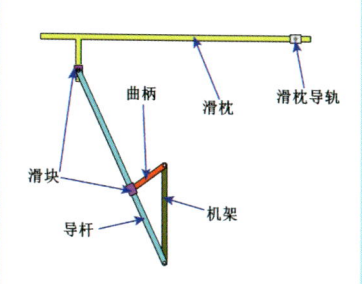
▶ 牛头刨床机构示意图

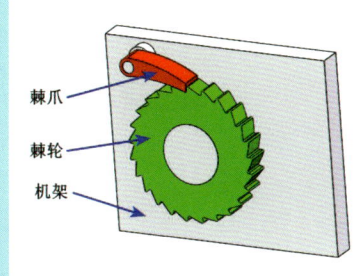
▶ 棘轮机构示意图

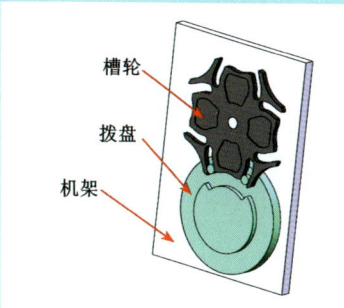
▶ 槽轮机构示意图

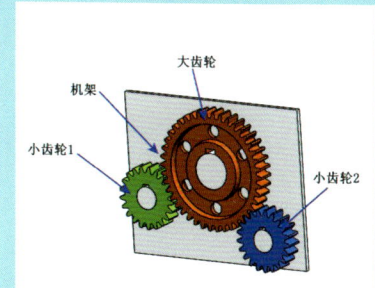
▶ 齿轮传动示意图

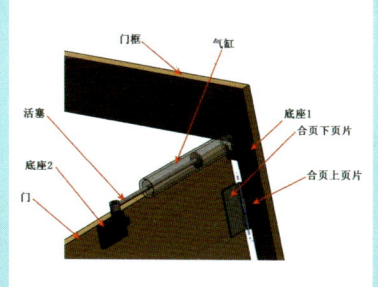
▶ 关门器示意图

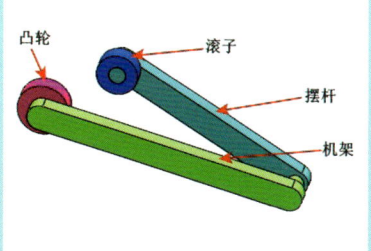
▶ 摆动从动件凸轮机构示意图

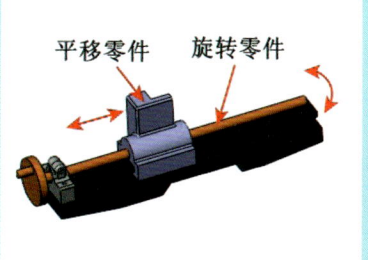
▶ 螺旋配合的示例图

中文版SOLIDWORKS Motion 动力学分析从入门到精通（实战案例版）

本书部分案例

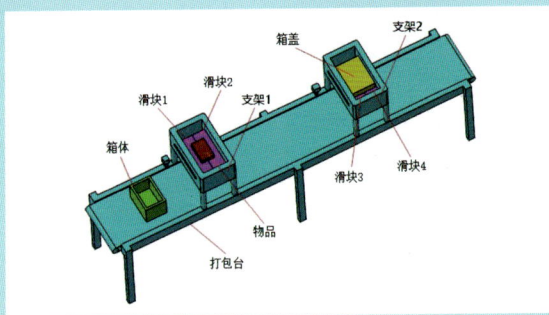

▶ 物品打包装置示意图

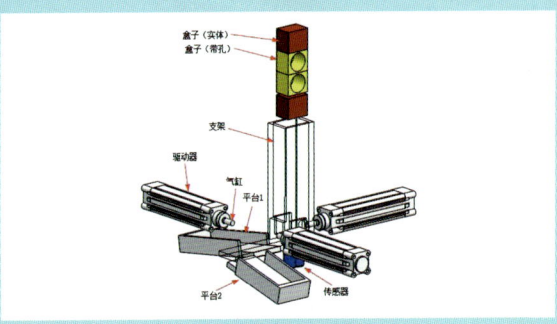

▶ 分拣装置示意图

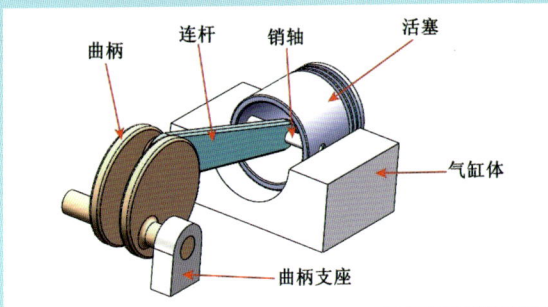

▶ 活塞式压气机机构示意图

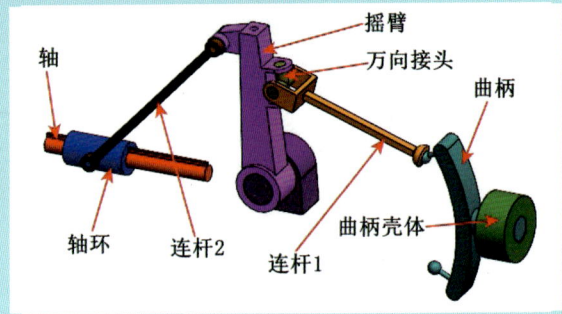

▶ 曲柄滑块机构示意图

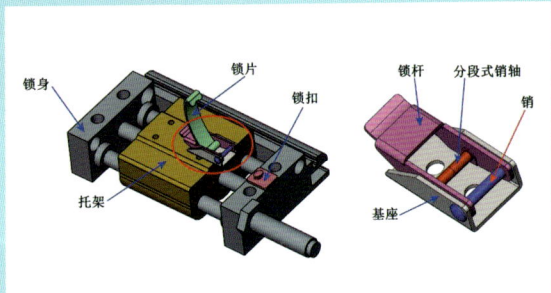

▶ 闭锁机构示意图

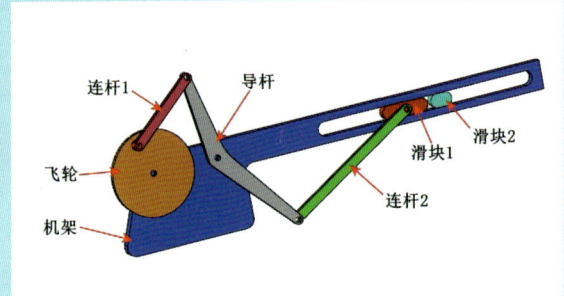

▶ 插床机构示意图

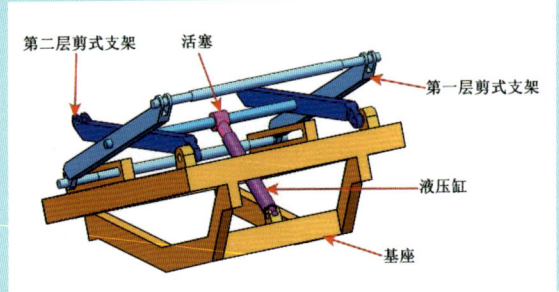

▶ 剪式升降机示意图（部分）

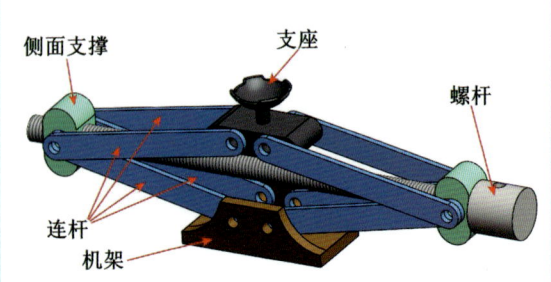

▶ 千斤顶示意图

CAD/CAM/CAE/EDA 微视频讲解大系

中文版 SOLIDWORKS Motion 动力学分析从入门到精通

（实战案例版）

322 分钟同步微视频讲解　　34 个实例案例分析

☑创建配合与添加马达　☑添加力和引力　☑添加弹簧和阻尼　☑添加接触
☑运动算例属性高级设置及后处理　☑冗余约束　☑凸轮结构设计

天工在线　编著

中国水利水电出版社
www.waterpub.com.cn

·北京·

内 容 提 要

SOLIDWORKS 是世界上第一个基于 Windows 环境开发的三维 CAD 系统，也是一个以设计功能为主的 CAD/CAM/CAE 软件。它采用直观、一体化的 3D 开发环境，涵盖了产品开发流程的各个环节，如零件设计、钣金设计、装配体设计、工程图设计、仿真分析、产品数据管理和技术沟通等，提供了将创意转换为上市产品所需的多种资源。

本书详细介绍了 SOLIDWORKS Motion 2024 动力学分析的应用技术，既是一本图文教程，又是一本视频教程。本书共 11 章，系统讲述了虚拟样机技术与 SOLIDWORKS Motion、创建配合与添加马达、添加力和引力、添加弹簧和阻尼、添加接触、运动算例属性高级设置及后处理、冗余约束、凸轮机构设计、基于事件的运动分析、设计优化以及 SOLIDWORKS Motion 与 SOLIDWORKS Simulation 的联合仿真等。在讲解过程中，每个重要知识点均配有实例讲解和练习实例，可以提高读者的动手能力，并加深读者对知识点的理解。

全书配备了 34 个实例案例分析、同步的讲解视频和实例的素材源文件，读者可以边看视频讲解边动手操作，大大提高了学习效率。此外，本书还附赠了 7 套 SOLIDWORKS 行业案例设计方案的讲解视频和源文件，帮助读者拓宽视野和提高应用技能。

本书适合企业相关工程设计人员以及大专院校、职业技术院校相关专业师生学习使用。使用 SOLIDWORKS 2022、SOLIDWORKS 2020、SOLIDWORKS 2018 等较低版本软件的读者也可以参考学习本书。

图书在版编目（CIP）数据

中文版 SOLIDWORKS Motion 动力学分析从入门到精通：实战案例版 / 天工在线编著. -- 北京：中国水利水电出版社, 2025.5. -- (CAD/CAM/CAE/EDA 微视频讲解大系).
-- ISBN 978-7-5226-3264-3

Ⅰ. TH122

中国国家版本馆 CIP 数据核字第 20255X3E92 号

丛 书 名	CAD/CAM/CAE/EDA 微视频讲解大系
书 名	中文版 SOLIDWORKS Motion 动力学分析从入门到精通（实战案例版） ZHONGWENBAN SOLIDWORKS Motion DONGLIXUE FENXI CONG RUMEN DAO JINGTONG (SHIZHAN ANLIBAN)
作 者	天工在线　编著
出版发行	中国水利水电出版社 （北京市海淀区玉渊潭南路 1 号 D 座　100038） 网址：www.waterpub.com.cn E-mail：zhiboshangshu@163.com 电话：（010）62572966-2205/2266/2201（营销中心）
经 售	北京科水图书销售有限公司 电话：（010）68545874、63202643 全国各地新华书店和相关出版物销售网点
排 版	北京智博尚书文化传媒有限公司
印 刷	北京富博印刷有限公司
规 格	190mm×235mm　16 开本　17.25 印张　448 千字　2 插页
版 次	2025 年 5 月第 1 版　2025 年 5 月第 1 次印刷
印 数	0001—3000 册
定 价	79.80 元

凡购买我社图书，如有缺页、倒页、脱页的，本社营销中心负责调换

版权所有·侵权必究

前 言
Preface

SOLIDWORKS 是世界上第一个基于 Windows 环境开发的三维 CAD 系统，也是一个以设计功能为主的 CAD/CAM/CAE 软件。它采用直观、一体化的 3D 开发环境，涵盖了产品开发流程的各个环节，如零件设计、钣金设计、装配体设计、工程图设计、仿真分析、产品数据管理和技术沟通等，提供了将创意转换为上市产品所需的多种资源。

SOLIDWORKS Motion 是 SRAC 公司为 SOLIDWORKS 量身定做的唯一的动力学分析软件，它以插件的形式完全集成到 SOLIDWORKS 软件中。SOLIDWORKS Motion 可以对复杂机械系统进行完整的运动学和动力学仿真，得到系统中各零部件的运动情况，包括位移、速度、加速度、作用力及反作用力等。另外，SOLIDWORKS Motion 可以通过动画、图形、表格等多种形式输出分析结果，还可以将零部件在复杂运动情况下的载荷情况直接输出到主流的有限元分析软件中，以进行强度和结构分析。

本书特点

↘ 编排合理，适合自学

本书主要面向 SOLIDWORKS Motion 零基础的读者，充分考虑初学者的需求，内容讲解由浅入深，循序渐进，引领读者快速入门。在知识点上不求面面俱到，但求有效实用。本书的内容足以满足读者在实际设计工作中的各项需要。

↘ 视频讲解，通俗易懂

为了方便读者学习，全书实例都录制了教学视频。视频录制时采用模仿实际授课的形式，在各知识点的关键处给出解释、提醒和注意事项，让读者在高效学习的同时，更多体会 SOLIDWORKS Motion 功能的强大。

↘ 内容全面，实例丰富

本书详细介绍了 SOLIDWORKS Motion 2024 的使用方法和编辑技巧，包括虚拟样机技术与 SOLIDWORKS Motion、创建配合与添加马达、添加力和引力、添加弹簧和阻尼、添加接触、运动算例属性高级设置及后处理、冗余约束、凸轮机构设计、基于事件的运动分析、设计优化以及 SOLIDWORKS Motion 与 SOLIDWORKS Simulation 的联合仿真等内容。

本书显著特色

↘ 体验好，随时随地学习

二维码扫一扫，随时随地看视频。本书中的重点基础知识和实例都提供了二维码，读者可以通过手机扫一扫，随时随地观看相关的教学视频。

➥ **实例多，用实例学习更高效**

实例丰富详尽，边做边学更快捷。跟着大量实例去学习，边学边做，从做中学，可以使学习更深入、更高效。

➥ **入门易，全力为初学者着想**

遵循学习规律，入门与实战相结合。编写模式采用基础知识+实例的形式，内容由浅入深，循序渐进，入门与实战相结合。

➥ **服务快，让你学习无后顾之忧**

提供在线服务，随时随地可交流。提供公众号、QQ群等多渠道贴心服务。

本书配套资源

为了方便读者学习，本书提供了极为丰富的学习资源。

➥ **微课及实例资源**

（1）本书中的重点基础知识和所有实例均录制了讲解视频，共49个（可扫描二维码直接观看或通过下述方法下载后观看）。

（2）用实例学习更专业，本书包含34个中小实例（素材和源文件可通过下述方法下载后参考和使用）。

➥ **拓展学习资源**

7套SOLIDWORKS行业案例设计方案的讲解视频和源文件。

关于本书服务

➥ **"SOLIDWORKS 2024简体中文版"安装软件的获取**

在进行本书中的各类操作时，都需要事先在计算机中安装SOLIDWORKS 2024软件。读者可以登录官方网站或在网上商城购买正版软件，也可以通过网络搜索或在相关学习群咨询软件获取方式。

➥ **本书资源下载及在线交流服务**

（1）扫描下面的微信公众号，关注后输入SWM3264并发送到公众号后台，获取本书的资源下载链接。然后将该链接复制到计算机浏览器的地址栏中，按Enter键后即可进入资源下载页面，根据提示下载即可。

（2）推荐加入QQ群：1041712847（若此群已满，请根据提示加入相应的群），可在线交

流学习，作者会不定时在线答疑解惑。

关于作者

本书由天工在线组织编写。天工在线是一个由胡仁喜博士领衔的 CAD/CAM/CAE/EDA 技术研讨、工程开发、培训咨询和图书创作的工程技术人员协作联盟，包含 40 多位专职和众多兼职 CAD/CAM/CAE/EDA 工程技术专家。其创作的很多教材成为国内具有引领性的旗帜作品，在国内相关专业方向图书创作领域具有举足轻重的地位。

致谢

本书能够顺利出版，是作者、编辑和所有审校人员共同努力的结果，在此表示深深的感谢。同时，祝福所有读者在通往优秀工程师的道路上一帆风顺。

编　者

目 录
Contents

第1章 虚拟样机技术与SOLIDWORKS Motion ············ 1
　📹 视频讲解：13分钟
1.1 虚拟样机技术简介 ············ 1
1.2 SOLIDWORKS Motion 2024 简介 ············ 2
1.3 SOLIDWORKS Motion 2024 的启动和界面 ············ 3
　1.3.1 SOLIDWORKS Motion 2024 的启动 ············ 3
　1.3.2 SOLIDWORKS Motion 2024 的界面 ············ 4
1.4 SOLIDWORKS Motion 动力学分析的基础知识 ············ 10
1.5 SOLIDWORKS Motion 动力学分析的基本步骤 ············ 12
　1.5.1 零部件造型和装配 ············ 12
　1.5.2 生成一个运动算例 ············ 12
　1.5.3 前处理 ············ 13
　1.5.4 运行仿真与后处理 ············ 14
1.6 实例——SOLIDWORKS Motion 动力学分析 ············ 16
　1.6.1 生成一个运动算例 ············ 16
　1.6.2 前处理 ············ 18
　1.6.3 运行仿真与后处理 ············ 21
　练一练——冲压机构 ············ 24

第2章 创建配合与添加马达 ············ 26
　📹 视频讲解：32分钟
2.1 配合的基础知识 ············ 26
　2.1.1 配合的类型 ············ 27
　2.1.2 当地配合 ············ 30
　2.1.3 实例——阀门凸轮机构 ············ 31
　练一练——曲柄滑块机构 ············ 36
2.2 马达 ············ 39
　2.2.1 "马达"属性管理器 ············ 39
　2.2.2 实例——举升机构 ············ 47
　练一练——笔式绘图机构 ············ 53

第3章 添加力和引力 ············ 57
　📹 视频讲解：22分钟
3.1 力 ············ 57
　3.1.1 "力/扭矩"属性管理器 ············ 58
　3.1.2 实例——活塞式压气机 ············ 60
　练一练——牛头刨床机构 ············ 67
3.2 引力 ············ 70
　3.2.1 "引力"属性管理器 ············ 70
　3.2.2 实例——单摆 ············ 71
　练一练——小球下落 ············ 73

第4章 添加弹簧和阻尼 ················ 75
视频讲解：29 分钟
4.1 弹簧 ································ 75
- 4.1.1 "弹簧"属性管理器 ··· 76
- 4.1.2 实例——弹簧振子的阻尼振动 ················ 78
- 练一练——插床机构 ········ 82
4.2 阻尼 ································ 86
- 4.2.1 "阻尼"属性管理器 ··· 86
- 4.2.2 实例——带阻尼单摆 ·· 88
- 练一练——关门器 ·········· 92

第5章 添加接触 ······················ 95
视频讲解：45 分钟
5.1 实体接触 ·························· 95
- 5.1.1 添加实体接触 ············ 96
- 5.1.2 设置实体接触计算的精度 ···················· 100
- 5.1.3 实例——齿轮传动 ···· 101
- 练一练——闭锁机构 ······ 108
5.2 曲线接触 ························ 114
- 5.2.1 添加曲线接触 ·········· 114
- 5.2.2 实例——槽轮机构 ···· 115
- 练一练——棘轮机构 ······ 122

第6章 运动算例属性高级设置及后处理 ···························· 128
视频讲解：38 分钟
6.1 运动算例属性高级设置 ······· 128
- 6.1.1 运动算例属性高级设置的选项 ···················· 129
- 6.1.2 实例——钢球投射 ···· 137
- 练一练——闭锁机构 ······ 141
6.2 后处理 ··························· 143
- 6.2.1 后处理的内容 ·········· 143
- 6.2.2 实例——四连杆机构 ··· 152
- 练一练——千斤顶 ········ 158

第7章 冗余约束 ···················· 163
视频讲解：38 分钟
7.1 冗余约束概述 ··················· 163
7.2 手动移除冗余约束 ············ 166
- 7.2.1 手动移除冗余约束的方法 ···················· 166
- 7.2.2 实例——剪式升降机 ··· 167
- 练一练——滑轨 ·········· 172
7.3 自动移除冗余约束 ············ 176
- 7.3.1 自动移除冗余约束的方法 ···················· 176
- 7.3.2 实例——门机构 ······ 177
- 练一练——剪式升降机 ··· 182

第8章 凸轮机构设计 ··············· 186
视频讲解：20 分钟
8.1 凸轮机构概述 ··················· 186
8.2 实例——对心直动凸轮机构的设计 ··························· 187
- 练一练——摆动从动件凸轮机构 ···················· 195

第9章 基于事件的运动分析 ········ 200
视频讲解：29 分钟
9.1 基于事件的运动分析概述 ···· 200
- 9.1.1 两种运动分析方法 ··· 200
- 9.1.2 基于事件的运动视图 ···················· 201
- 9.1.3 传感器 ················ 203
9.2 实例——分拣装置 ············ 207
- 练一练——物品打包装置 ·· 215

第 10 章 设计优化 220
📹 视频讲解：25 分钟
10.1 设计算例概述 220
 10.1.1 定义设计算例 220
 10.1.2 定义设计算例
    属性 224
 10.1.3 优化设计算例 224
 10.1.4 查看结果 225
10.2 实例——医疗椅的设计
  优化 227
 练一练——四连杆机构的
     优化分析 235

第 11 章 SOLIDWORKS Motion 与 SOLIDWORKS Simulation 的联合仿真 238
📹 视频讲解：31 分钟

11.1 有限元概述 238
 11.1.1 有限元分析法 238
 11.1.2 有限元分析法
    的基本概念 239
11.2 SOLIDWORKS Simulation
  的基础知识 240
 11.2.1 SOLIDWORKS
    Simulation 的功能
    和特点 240
 11.2.2 SOLIDWORKS
    Simulation 的启动 ... 242
 11.2.3 SOLIDWORKS
    Simulation 的使用 ... 243
11.3 实例——传动轴的设计 250
 练一练——球摆机构 262

第 1 章　虚拟样机技术与 SOLIDWORKS Motion

内容简介

本章首先介绍虚拟样机技术，然后简要讲解 SOLIDWORKS Motion 2024 的启动、界面以及 SOLIDWORKS Motion 动力学分析的基础知识和基本步骤，最后通过一个简单的 SOLIDWORKS Motion 动力学分析实例，向读者演示 SOLIDWORKS Motion 动力学分析的基本步骤。本章的主要目的是使读者初步了解 SOLIDWORKS Motion，为今后使用 SOLIDWORKS Motion 进行动力学分析奠定基础。

内容要点

➢ 虚拟样机技术
➢ SOLIDWORKS Motion 2024 的启动
➢ SOLIDWORKS Motion 2024 的界面
➢ SOLIDWORKS Motion 动力学分析的基本步骤

案例效果

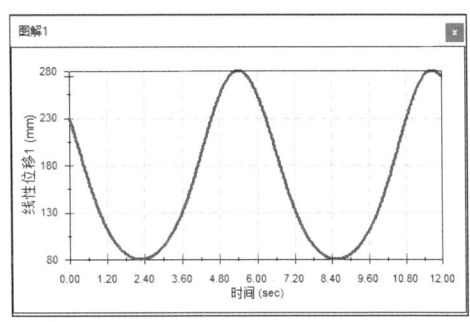

1.1　虚拟样机技术简介

虚拟样机技术是随着计算机技术的发展而兴起的一种计算机辅助工程技术，它利用计算机软件建立机械系统的三维实体模型和力学模型，分析和评估系统的性能，从而为物理样机的设计和制造提供依据。虚拟样机技术可以在产品的设计开发阶段，将分散的零部件设计和分析技术集成在一起，在计算机上创建产品的整体模型，并针对该产品在投入使用后的各种工况进行仿真分析，进而预测产品的整体性能，以改进产品设计、提高产品性能。虚拟样机技术的应用，对创新设计、提高设计质量、减少设计错误、加快产品开发周期都有着重要的意义。

虚拟样机技术涉及机械、电子、计算机图形学、协同仿真技术、系统建模技术、虚拟现实技术等多个领域、多项技术，其本质是以计算机支持的仿真技术和生命周期建模技术为前提，以多体系统运动学、动力学和控制理论为核心，借助计算机图形技术、交互式用户界面技术、并行工程技术、信息技术、集成技术等，从外观、功能和空间关系上模拟真实产品，模拟在真实环境下系统的运动学和动力学特性并根据仿真结构优化系统，为物理样机的设计和制造提供参数依据。

虚拟样机技术已经广泛应用在各个领域，如汽车制造业、工程机械、航天航空业、国防工业及通用机械制造业。所涉及的产品从庞大的卡车到照相机的快门，从火箭到轮船的锚机。无论在哪个领域，无论针对哪种产品，虚拟样机技术都为用户节省了开支和时间，并提供了满意的设计方案。

虚拟样机技术在工程中的应用是通过界面友好、功能强大、性能稳定的商品化虚拟样机软件实现的。国外虚拟样机技术软件的商品化过程早已完成，目前有几十家公司在这个日益增长的市场上进行竞争，比较有影响的产品包括 ADAMS、DADS、SIMPACK 和 RecurDyn 等。

接下来，将对虚拟样机技术软件 SOLIDWORKS Motion 进行简要介绍。

1.2　SOLIDWORKS Motion 2024 简介

SOLIDWORKS Motion 的前身是由美国 Structural Research and Analysis Corporation（SRAC，创建于 1982 年）公司开发的 COSMOS/Motion 软件。COSMOS/Motion 是 SRAC 公司为 SOLIDWORKS 量身定做的唯一的动力学分析软件，它以插件的形式完全集成到 SOLIDWORKS 软件中。COSMOS/Motion 可以对复杂机械系统进行完整的运动学和动力学仿真，得到系统中各零部件的运动情况，包括位移、速度、加速度和作用力及反作用力等。另外，COSMOS/Motion 可以通过动画、图形、表格等多种形式输出分析结果，还可以将零部件在复杂运动情况下的载荷情况直接输出到主流的有限元分析软件中，以进行强度和结构分析。

1997 年，SOLIDWORKS 被法国 Dassault Systemes（达索系统）公司收购；2001 年，Dassault Systemes 公司收购了 SRAC 公司，并将 COSMOS/Motion 更名为 SOLIDWORKS Motion。近年来，SOLIDWORKS 每年都会发布一个包含多个新特性、新功能的新版本，而 SOLIDWORKS Motion 插件也随之不断地进行更新，目前 Motion 插件的最新版本是 2023 年 9 月发布的 SOLIDWORKS Motion 2024。

SOLIDWORKS Motion 是基于功能强大的 ADAMS 解决方案引擎所创建的。在使用 ADAMS 解决方案引擎时，SOLIDWORKS Motion 被打包到 SOLIDWORKS 操作环境中，这令 SOLIDWORKS Motion 易于使用，并且价格适中。也可以说，SOLIDWORKS Motion 是专为设计人员和设计工程师而创建的，而 ADAMS（及其众多的专业附件）是为执行全面功能虚拟原型机仿真的专家而创建的。

通过 SOLIDWORKS Motion，设计人员和设计工程师可以在 SOLIDWORKS 软件中创建的原型机上查看其工作情况，从而检测设计的结果，如电动机尺寸、连接方式、压力过载、凸轮轮廓、齿轮传动率、运动零件干涉等设计中可能出现的问题，进而修改设计，得到进一步优化的结果。同时，SOLIDWORKS Motion 用户界面是 SOLIDWORKS 操作界面的无缝扩展，它使用 SOLIDWORKS 数据存储库，不需要 SOLIDWORKS 数据的复制/导出，给用户带来了极大的方便性和安全性。

1.3　SOLIDWORKS Motion 2024 的启动和界面

SOLIDWORKS 2024 软件是在 Windows 环境下开发的，因此它可以为设计师提供简便和熟悉的工作界面；而 SOLIDWORKS Motion 是一个与 SOLIDWORKS 软件完全集成的插件。本节将简要介绍 SOLIDWORKS Motion 2024 的启动和界面。

1.3.1　SOLIDWORKS Motion 2024 的启动

SOLIDWORKS 2024 启动后，操作界面中并没有 SOLIDWORKS Motion 插件，用户可以通过以下步骤启动 SOLIDWORKS Motion 插件。

（1）选择菜单栏中的"工具"→"插件"命令。

（2）在弹出的"插件"对话框中选择 SOLIDWORKS Motion 插件，如图 1-1 所示，然后通过单击鼠标左键（本书中简称单击）"确定"按钮，关闭对话框。

📢 注意：

> 在选择 SOLIDWORKS Motion 插件时，如果只勾选插件前面的复选框，则该插件只在本次使用时有效；如果插件前后的复选框均勾选，则 SOLIDWORKS 会在每次启动时自动启动 SOLIDWORKS Motion 插件。

（3）在 SOLIDWORKS 界面的左下角单击"运动算例 1"选项卡，如图 1-2 所示，即可切换到运动算例页面。

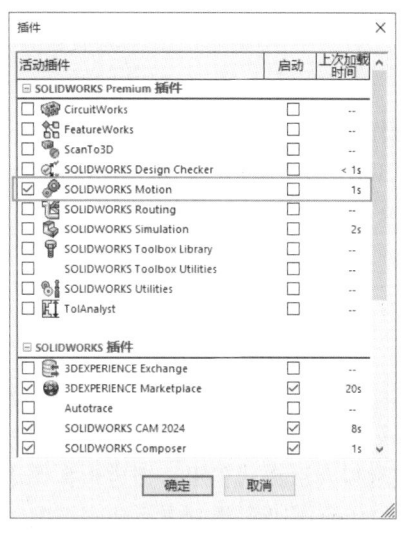

图 1-1　"插件"对话框

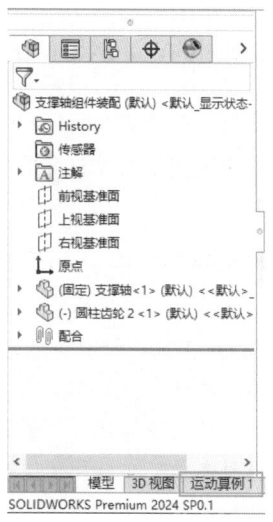

图 1-2　"运动算例 1"选项卡

📢 提示：

如果"运动算例1"选项卡没有显示，则选择菜单栏中的"视图"→"用户界面"→MotionManager 命令，如图 1-3 所示，使该命令前的对号标识显示出来。如果用户打开的是英文版 SOLIDWORKS 所创建的模型文件，则"运动算例1"选项卡显示为"Motion Study 1"选项卡。另外，即使用户没有启动 SOLIDWORKS Motion 插件，SOLIDWORKS 操作界面中也显示"运动算例1"选项卡，但此时用户仅可以进行动画分析和基本运动分析，而无法使用 SOLIDWORKS Motion 插件的各种功能，即无法进行 Motion 动力学分析。

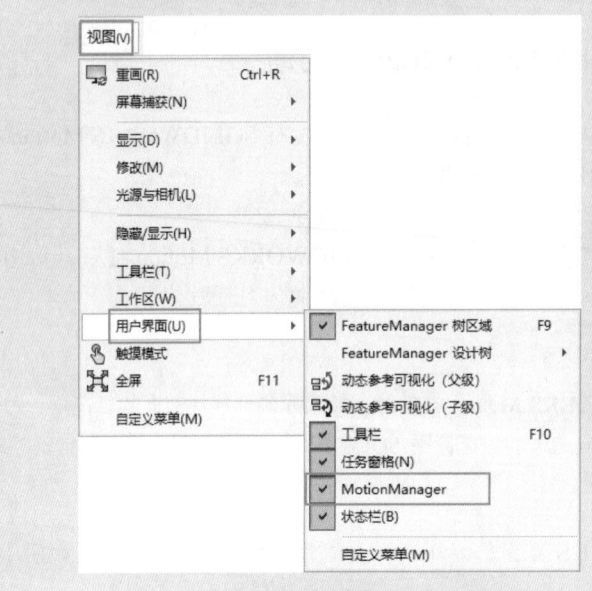

图 1-3　菜单栏中的 MotionManager 命令

1.3.2　SOLIDWORKS Motion 2024 的界面

当切换到运动算例页面后，SOLIDWORKS 的操作界面被水平分割。其中，顶部区域用于显示模型；底部区域被分割成三个部分：MotionManager 工具栏、时间线和 MotionManager 设计树，如图 1-4 所示。

1. MotionManager 工具栏

MotionManager 工具栏中提供了进行 Motion 动力学分析的各种工具，如图 1-5 所示。下面对 MotionManager 工具栏中的各选项进行简要介绍。

（1）算例类型。"算例类型"下拉列表可用于选择运动算例的类型。其中，"动画"选项表示将使用动画来动态模拟装配体的运动，此时可以添加马达来驱动装配体一个或多个零件的运动；"基本运动"选项表示将在装配体上模仿马达、弹簧、接触以及引力的作用，因为选择该选项后在计算运动算例时考虑零部件的质量，所以计算相当快；"Motion 分析"选项表示将在装配体上精确模拟和分析模拟元素（包括力、弹簧、阻尼及摩擦）的效果，该选项将使用计算能力强大的 SOLIDWORKS Motion 动力学解算器，在计算中考虑材料属性、质量及惯性，并且可以标绘模拟结果以供进一步的分析（本书中如无特殊说明，运动算例的类型均为"Motion 分析"）。

第 1 章　虚拟样机技术与 SOLIDWORKS Motion

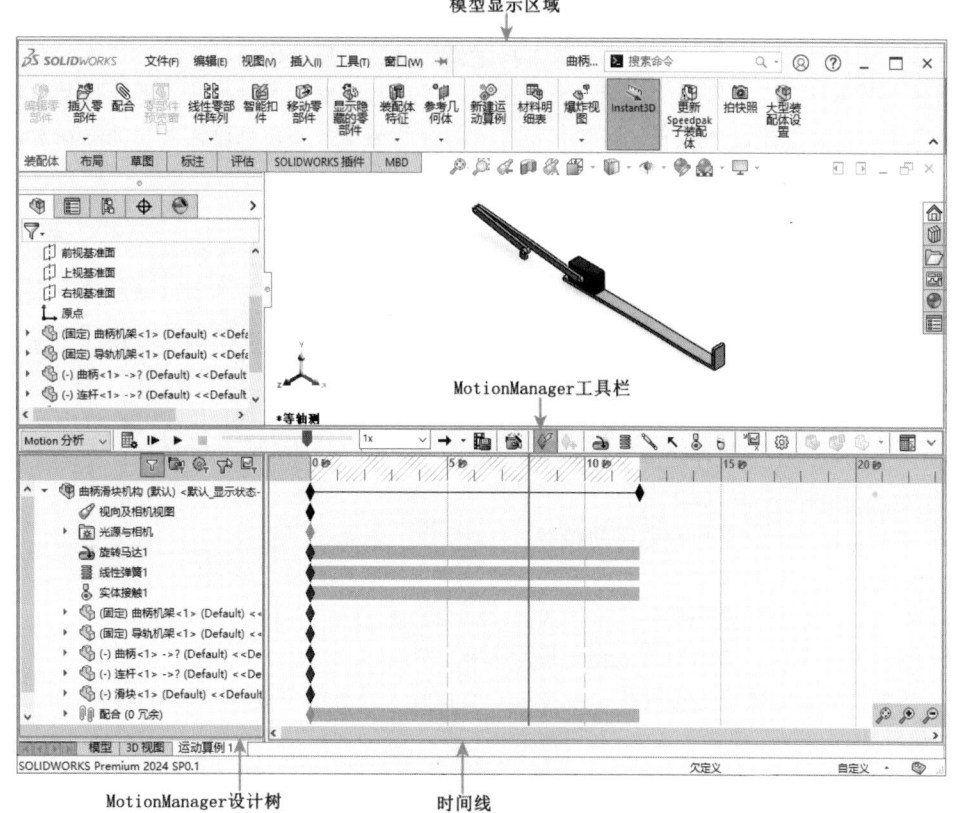

图 1-4　SOLIDWORKS Motion 2024 的界面

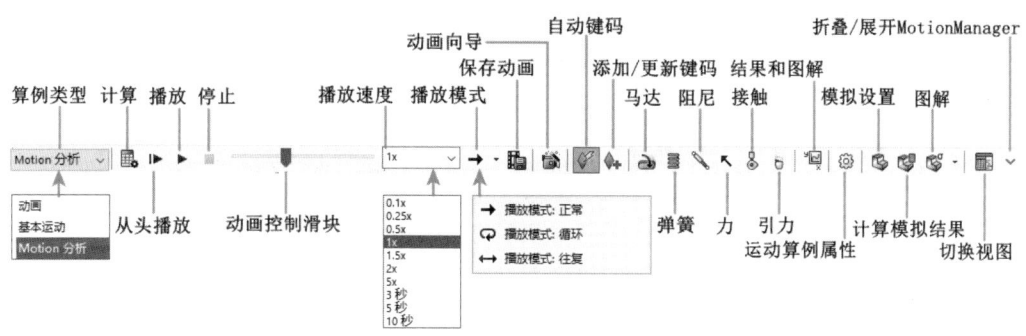

图 1-5　MotionManager 工具栏

（2）计算。对当前运动算例进行计算。
（3）从头播放。重置零部件并从头开始播放仿真动画。
（4）播放。从当前时间点位置开始播放动画。
（5）停止。停止动画的播放。
（6）动画控制滑块。通过拖动该滑块来指定动画的当前时间点位置。
（7）播放速度。"播放速度"下拉列表可通过设定播放速度乘数（如 2x，表示 2 倍速）或总的播放持续时间（如 5 秒）来控制动画的播放速度。

（8）播放模式。“播放模式”下拉列表可用于修改动画的播放模式。其中，“正常”表示当动画播放到结束时间时即自动停止；“循环”表示当动画播放到结束时间时将从头开始反复循环播放，直到用户单击“停止”按钮■才停止；“往复”表示当动画播放到结束时间时将倒序播放，直到用户单击“停止”按钮■才停止。

（9）保存动画。将动画保存为 AVI 或其他文件类型。

（10）动画向导。将在当前时间栏的位置插入视图旋转或爆炸/解除爆炸。

（11）自动键码。当该按钮处于按下状态时，将自动为被拖动的零部件在当前时间栏生成键码。

（12）添加/更新键码。以所选项的当前特性生成一个新键码或者更新现有键码。

（13）马达。添加一个马达。

（14）弹簧。在两个零部件之间添加一个弹簧。

（15）阻尼。在两个零部件之间添加一个阻尼。

（16）力。在零部件上添加作用力。

（17）接触。定义选定零部件之间的接触。

（18）引力。为当前算例添加引力。

（19）结果和图解。计算结果并生成图表。

（20）运动算例属性。为运动算例指定模拟属性。

（21）模拟设置。对使用运动载荷的结构进行模拟设置（需要安装 SOLIDWORKS Simulation 插件才可以使用）。

（22）计算模拟结果。对使用运动载荷的结构提交有限元分析计算（需要安装 SOLIDWORKS Simulation 插件才可以使用）。

（23）图解。“图解”下拉列表用于选择 SOLIDWORKS Simulation 有限元分析结果的图解（需要安装 SOLIDWORKS Simulation 插件才可以使用）。

（24）切换视图。该选项可用于基于事件的运动视图和时间线视图（图 1-4 所示为时间线视图的示例）之间的切换，基于事件的运动视图的示例如图 1-6 所示。

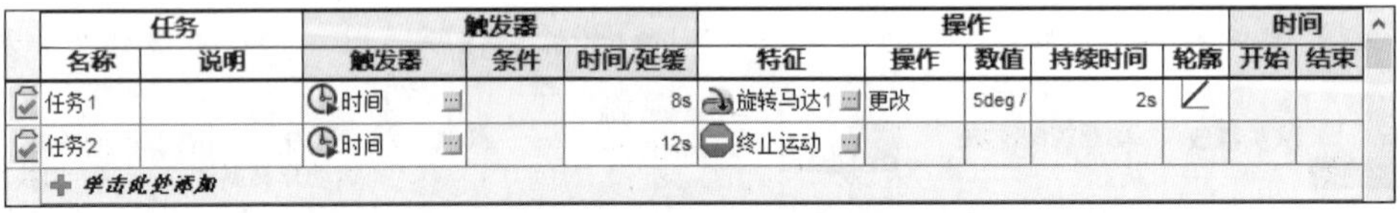

任务		触发器			操作					时间	
名称	说明	触发器	条件	时间/延缓	特征	操作	数值	持续时间	轮廓	开始	结束
任务1		时间		8s	旋转马达1	更改	5deg /	2s			
任务2		时间		12s	终止运动						
单击此处添加											

图 1-6　基于事件的运动视图的示例

（25）折叠/展开 MotionManager。用于折叠或展开 MotionManager 界面。

2. 时间线

时间线视图位于 MotionManager 设计树的右侧，是用于设定和编辑动画与仿真时间的界面，显示当前运动算例中动画事件的时间和类型，如图 1-7 所示。时间线视图被竖直的网格线所均分，这些网格线对应于表示时间的数字标记，网格线的间距取决于时间线视图的大小和缩放程度。

第1章 虚拟样机技术与 SOLIDWORKS Motion

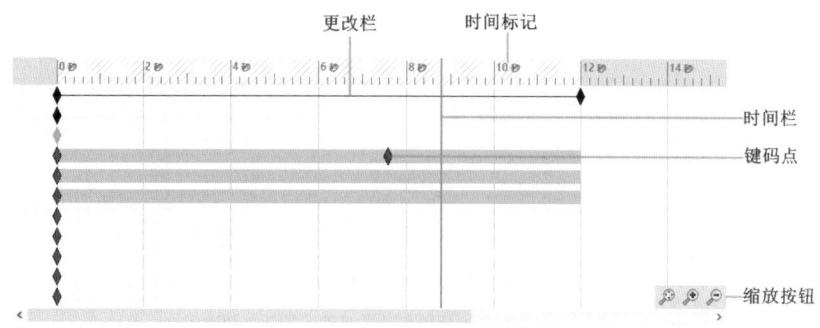

图 1-7 时间线视图

时间线视图主要由以下几部分组成。

（1）时间栏。时间轴上的纯黑灰色竖直线即为时间栏，它代表当前动画所处的时间。当用户定位时间栏后，在图形区域中移动零部件、添加模拟元素或更改视觉属性时，时间栏会使用键码点和更改栏来显示更改。如果需要在特定时间点查看零部件，单击时间线上的该时间点，可将时间栏设定到该时间点并显示零部件位置的预览效果（在设定时间栏时，不要单击任何键码点）。在时间栏上通过单击鼠标右键（本书中简称右击），弹出图 1-8 所示的快捷菜单，下面对该快捷菜单中的各命令进行简要介绍。

1) Move Time Bar（移动时间栏）。选择该命令，弹出图 1-9 所示的"编辑时间"对话框，用于准确定位时间栏。

图 1-8 时间栏快捷菜单

图 1-9 "编辑时间"对话框

2) 视图定向。选择该命令，可以添加一个所选视图方向的键码点。

3) 相机视图。选择该命令，可以添加一个相机视图的键码点。

4) 放置键码。选择该命令，可以在鼠标指针位置处添加新键码点并且可以拖动键码点以调整位置。

5) 粘贴。选择该命令，可以粘贴先前剪切或复制的键码点。

6) 选择所有。选择该命令，可以选取所有键码点以将其重组，然后可以将所有键码点作为一个组拖动，或者右击任一键码点，在弹出的快捷菜单中选择"删除"命令将所有键码点删除。

7) 动画向导。选择该命令，可以打开动画向导。

（2）时间标记。用于标识网格线对应的时间刻度。

（3）更改栏。更改栏是连接键码点的水平栏，用于表示键码点之间的更改。更改的内容包括动画时间长度、零部件运动、视图定向（如旋转）、视觉属性（如颜色或零部件的显示方式）等。根据 MotionManager 设计树中项目的不同，更改栏将使用不同的颜色来直观地识别零部件和类型的更改。除颜色外，用户还可以通过 MotionManager 设计树中的图标来识别各项目。常见 MotionManager

设计树中的图标和更改栏的功能对应关系见表1-1。

表1-1 常见MotionManager设计树中的图标和更改栏的功能对应关系

图标	更改栏	功能简介
🎬	◆━━━━◆（黑色线）	总动画持续时间
📷	◆━━━━◆（黑色线）	视向及相机视图，表示视图定向的时间长度
📷	◆━━━━◆（灰色线）	选取了禁用观阅键码播放，表示视图定向的时间长度
⬤	◆━━━━◆（粉红色线）①	外观，包括所有视觉属性，如颜色和透明度，可独立于零部件运动而存在
/	◆━━━━◆（绿色线）	驱动运动，驱动运动和从动运动更改栏可在相同键码点之间包括外观更改栏，如 ◆━◆
/	◆━━━━◆（黄色线）	从动运动，从动运动零部件可能是运动的，也可能是固定的
💥	◆━━━━◆（橙色线）	爆炸，可使用"动画向导"生成
📎	◆━━━━◆（蓝色线）	零部件或特征属性更改，如配合尺寸
📁	◆━━━━◆（灰色线）	隐藏的子关系。例如，在FeatureManager设计树中生成的文件夹、折叠项目等

（4）键码点。用户可以使用键码点来代表动画位置更改的开始或结束，或者某特定时间点的其他特性。用户可以按颜色来识别键码点。

（5）缩放按钮。用于缩放时间线视图。单击"整屏显示全图"按钮🔍，将以合适的比例显示整个时间线视图；单击"放大"按钮🔍，将放大时间线视图，可以更精确地定位键码点和时间栏；单击"缩小"按钮🔍，将缩小时间线视图，以显示更大的时间间隔。

3. MotionManager设计树

MotionManager设计树位于时间线的左侧，SOLIDWORKS Motion动力学分析的所有操作步骤都会在MotionManager设计树中显示。MotionManager设计树可用于组织和管理Motion分析算例，它提供了一个方便的视图，供用户查看有关Motion分析算例的重要信息，其功能类似于SOLIDWORKS的FeatureManager设计树。由于这种表示方法直观且具有上下文相关的快捷菜单，因此MotionManager设计树非常便于使用。

MotionManager设计树的组成如图1-10所示。

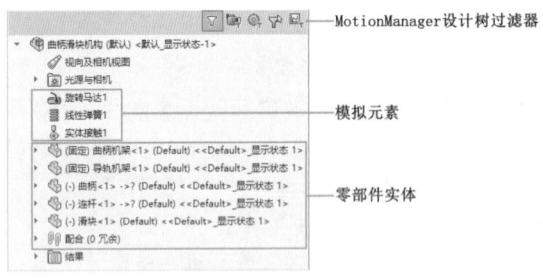

图1-10 MotionManager设计树的组成

---

① 编者注：因本书采用单色印刷，故书中看不出颜色信息，读者在实际操作时可仔细观察和了解，全书余同。

下面对 MotionManager 设计树的组成进行简要介绍。

（1）MotionManager 设计树过滤器。MotionManager 设计树过滤器可以过滤 MotionManager 设计树中的特定项目。其中各选项的含义如下。

1）无过滤 ▽：显示所有项。
2）过滤动画：只显示在动画过程中移动或更改的项目。
3）过滤驱动：只显示引发运动或其他更改的项目。
4）过滤选定：只显示选中的项目。
5）过滤结果：只显示模拟的结果项目。

（2）视向及相机视图。该选项用于在动画过程中旋转、缩放或平移整个模型。右击该选项，将弹出图 1-11 所示的快捷菜单（由于快捷菜单与上下文相关，图 1-11 中仅包含常用的选项）。下面对该快捷菜单中的各选项进行简要介绍。

1）禁用观阅键码播放。用于防止用户在编辑或播放动画时模型视图被更改〔观阅键码为模型在某一时间点处的视图（视图包括相机视图或模型视图）〕。

2）禁用观阅键码生成。用于锁定动画，此时使用旋转、缩放或平移等命令对模型所做的更改将不作为关键帧（关键帧是指键码点之间可以为任何时间长度的区域，用于定义装配体零部件运动或视觉属性更改所发生的时间）保存到动画文件中。

3）视图定向。用于指定视图方向（当"禁用观阅键码生成"选项关闭时可用）。
4）相机视图。通过相机定义视图（当"禁用观阅键码生成"选项关闭并添加相机时可用）。
5）隐藏/显示树项目。选择该命令时，将弹出"系统选项(S)-FeatureManager"对话框，用于设置 FeatureManager 设计树中各类项目的隐藏与显示。
6）折叠项目。用于折叠 MotionManager 设计树中已展开的项目。
7）自定义菜单。用于设置右击该命令时，快捷菜单中各命令的显示与隐藏。

（3）光源与相机。该文件夹用于控制光源与相机，右击该文件夹时，弹出的快捷菜单如图 1-12 所示，此快捷菜单可用于添加线光源、聚光源、点光源、阳光和相机，并且可以用于控制光源及相机的显示。

图 1-11 "视向及相机视图"快捷菜单

图 1-12 "光源与相机"快捷菜单

（4）模拟元素。用于显示 Motion 分析算例中所添加的马达、力或弹簧等模拟元素。
（5）零部件实体。用于显示出现在 FeatureManager 设计树中的零部件实体。

（6）结果。该文件夹中包含 Motion 分析算例的结果项目，并且可以用于控制结果项目的显示。

1.4 SOLIDWORKS Motion 动力学分析的基础知识

SOLIDWORKS Motion 是基于计算多体系统动力学理论而开发的，由于本书重点讲解 SOLIDWORKS Motion 的具体应用，因此不对多体系统动力学理论进行介绍，感兴趣的读者可阅读相关书籍。本节仅简要介绍使用 SOLIDWORKS Motion 进行动力学分析需要用到的一些基础知识。

1. 动力学分析

本书中所提到的动力学分析是指对于某一个机械系统，当在它上面施加力或运动后，经过计算机的求解计算，得到其上任何一个构件或者某个点的位移、速度、加速度，以及在运动副处（如果有）的受力情况。

2. 坐标系

SOLIDWORKS 中默认的坐标系为三维笛卡儿坐标系，可用于给特征、零件和装配体指定笛卡儿坐标。SOLIDWORKS 的零件和装配体文件中均包含默认的坐标系。

3. 自由度

如图 1-13 所示，空间中一个未受约束的刚性实体（简称刚体）具有 6 个自由度：3 个平移自由度（1~3）和 3 个旋转自由度（4~6）。该刚体可沿 X、Y 和 Z 轴平移，并绕 X、Y 和 Z 轴旋转。

4. 约束（配合）

减少自由度将限制刚体的独立运动，这种限制称为约束。约束可以对机械系统中的一个或多个零部件的运动做出限制。当用户在两个刚体之间添加约束时（如同轴心配合），将移除刚体之间的某些自由度。无论在机械系统中添加任何运动或力的关系，两个刚体之间仍相对于彼此定位并保持它们之间的约束。在 SOLIDWORKS Motion 中，可使用配合来移除某些自由度以施加约束。

以图 1-14 所示的摇杆为例，同轴心配合可移除两个刚体（摇杆和基座）之间的 2 个平移自由度和 2 个旋转自由度，然后添加距离配合或重合配合将移除另外的 1 个平移自由度。这种配合的组合将仅保留 1 个旋转自由度，因此只可绕一个轴（同轴心配合中心线）彼此间旋转。

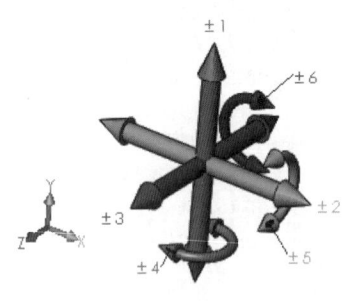

图 1-13　自由度

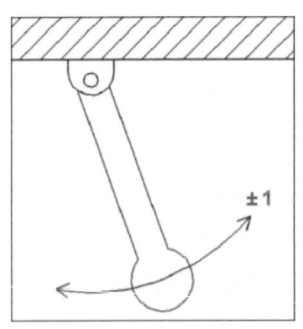

图 1-14　约束的示例

> **提示：**
> 在机械原理中，一般使用"运动副"的术语，"运动副"用于约束刚体间的相对运动。在 SOLIDWORKS Motion 中，自动将"配合"关系映射为"运动副"。

5．刚体

在 SOLIDWORKS Motion 中，所有构件被看作理想刚体，这也意味着在 SOLIDWORKS Motion 动力学分析过程中，构件内部和构件之间都不会出现变形。刚体可以是单一零部件，也可以是子装配体。

SOLIDWORKS 的子装配体有两种状态：刚性或柔性。一个刚性的子装配体意味着构成子装配体的单一零部件相互间为刚性连接（焊接），如同一个单一零部件。如果 SOLIDWORKS 中子装配体的状态为柔性，这并不意味着子装配体中的构件是可变形的，而是在 SOLIDWORKS Motion 中认为在子装配体根层次的零部件是相互独立的，允许在父装配体中移动子装配体的各个零部件。这些零部件之间的配合（包括 SOLIDWORKS 在子装配体层次的配合）都将自动映射为 SOLIDWORKS Motion 中的机构约束。

6．固定零件

一个零部件可以是固定零件，也可以是浮动（运动）零件。固定零件是绝对静止的，每个固定零件的自由度为零。在其他零件运动时，固定零件将作为这些零件的参考坐标系统。

当创建一个新的机构并映射装配体约束时，SOLIDWORKS 装配体中的固定零件会自动转换为 SOLIDWORKS Motion 中的固定零件。

7．浮动零件

浮动零件被定义为机构中的运动部件，每个运动部件有 6 个自由度。当创建一个新的机构并映射装配体约束时，SOLIDWORKS 装配体中的浮动零件会自动转换为运动零件。

8．马达

马达可以理解为动力源，用于控制一个零部件在一段时间内的运动状况，它可以规定零部件的位移、速度或加速度为时间的函数。

9．引力

当一个物体的重量对动力学分析有影响时，引力（也可称为惯性力）是一个很重要的物理量。在 SOLIDWORKS Motion 中，引力需要定义引力矢量的方向和引力加速度的大小。

10．配合映射

配合映射就是 SOLIDWORKS 中零部件之间的配合（约束）会自动映射为 SOLIDWORKS Motion 中的连接，这也是 SOLIDWORKS Motion 节约动力学分析时间的主要原因之一。在 SOLIDWORKS 中，有多种方法可以在零部件之间添加配合（约束）。

11．实体

当在 SOLIDWORKS Motion 中定义不同的配合和力时，相应的位置和方向也将被指定。这些位置和方向源自所选择的 SOLIDWORKS 实体，这里的实体可以是草图点、顶点、坐标系原点、边、轴线、面等各种类型的图元。

1.5 SOLIDWORKS Motion 动力学分析的基本步骤

SOLIDWORKS Motion 动力学分析大体上可以分为以下几个基本步骤，如图 1-15 所示。

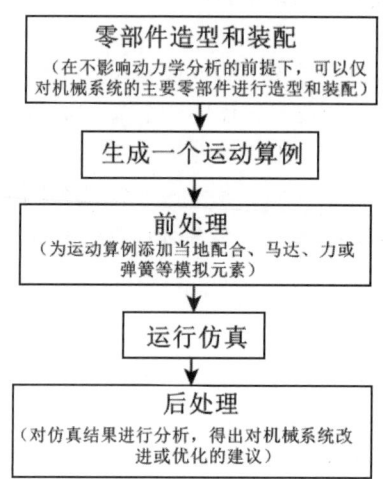

图 1-15 SOLIDWORKS Motion 动力学分析的基本步骤

本节将对这几个基本步骤进行简要介绍。

1.5.1 零部件造型和装配

SOLIDWORKS Motion 动力学分析，首先需要有一个包含机械系统零部件的装配体文件。有时，由于组成机械系统的零部件比较复杂，因此，在不影响动力学分析的前提下，也可以仅对机械系统中的主要零部件进行造型和装配。

在 SOLIDWORKS 中进行零部件装配时所创建的配合，可直接在 SOLIDWORKS Motion 中使用，如果 SOLIDWORKS 中所创建的配合不符合动力学分析的需要，也可以在 SOLIDWORKS Motion 中进行修改。当然，如果在 SOLIDWORKS 的装配体中并没有创建配合，也可以在 SOLIDWORKS Motion 动力学分析中创建。

本书的重点是讲解 SOLIDWORKS Motion 动力学分析，因此不对零部件造型的相关知识进行介绍，读者可自行学习有关零部件造型的相关知识。由于在 SOLIDWORKS Motion 动力学分析中可能涉及对零部件装配时所创建的配合进行修改，因此在第 2 章中将对配合的相关知识进行介绍。

1.5.2 生成一个运动算例

在打开 SOLIDWORKS 的一个装配体后，SOLIDWORKS Motion 会自动生成一个名称为"运动算例 1"的选项卡，单击该选项卡，即可进入该运动算例的操作页面。用户可以对该运动算例进行重命名或复制等操作，还可以创建新的运动算例。下面进行具体介绍。

1. 重命名运动算例

如果需要重命名某个运动算例，可在该运动算例的选项卡上右击，在弹出的快捷菜单中选择"重新命名"命令，如图 1-16 所示。此时，运动算例的名称变为可编辑状态，输入新的名称后按 Enter 键，即可完成运动算例的重命名。

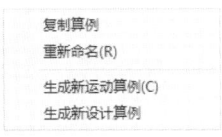

图 1-16　"运动算例"选项卡的快捷菜单

2. 复制运动算例

如果需要复制某个运动算例，可在该运动算例的选项卡上右击，在弹出的快捷菜单中选择"复制算例"命令，就可以复制一个该运动算例的副本。用户可以通过对所复制的运动算例进行局部更改来运行一系列类似的仿真。

3. 创建新的运动算例

有以下三种方式可以创建新的运动算例。
（1）选择菜单栏中的"插入"→"新建运动算例"命令。
（2）单击"装配体"选项卡中的"新建运动算例"按钮 。
（3）右击某个运动算例选项卡，然后在弹出的快捷菜单中选择"生成新运动算例"命令。

1.5.3　前处理

前处理是指通过对当前运动算例添加当地配合（仅在当前算例中使用的配合）、马达、引力、弹簧、阻尼、力等模拟元素，并进行动力学分析时间和运动算例属性等设置。

由于在 SOLIDWORKS Motion 动力学分析中经常需要进行运动算例属性的设置，下面对其设置过程中所用到的"运动算例属性"属性管理器进行简要介绍。

在 MotionManager 工具栏中单击"运动算例属性"按钮 ，弹出图 1-17 所示的"运动算例属性"属性管理器。在进行 SOLIDWORKS Motion 动力学分析时，可以对"Motion 分析"组框和"一般选项"组框中的各选项进行设置，具体如下。

（1）每秒帧数。用于设置播放动画时每秒的帧数。此值不影响播放速度。
（2）在模拟过程中动画。该复选框用于设置仿真计算过程中是否在图形窗口中显示动画。取消勾选该复选框时，可加速仿真计算时间，并阻止仿真计算过程中在图形窗口中显示动画。
（3）以套管替换冗余配合。勾选该复选框时，可将装配体中的冗余配合转换为套管。在大部分情况下，这会增加仿真计算时间。
（4）套管参数。为所有替换冗余配合的套管更改刚度和阻尼（此按钮

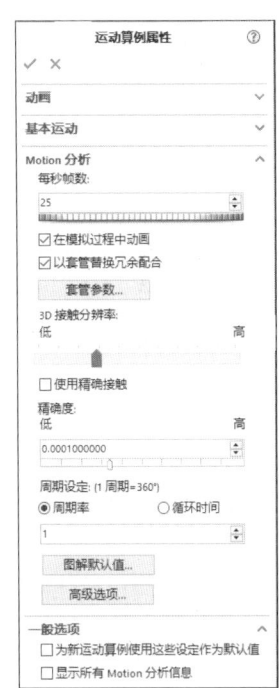

图 1-17　"运动算例属性"属性管理器

仅在勾选"以套管替换冗余配合"复选框时可用）。

（5）3D接触分辨率。当用户在运动算例中添加实体接触的模拟元素时，该选项用于设置接触计算的精度。SOLIDWORKS Motion默认将接触实体的表面划分为多个三角形的网格单元来简化外形，当用户将"3D接触分辨率"参数设置得越高时，计算越精确，但仿真计算时间也将随之增加。

（6）使用精确接触。勾选该复选框时，SOLIDWORKS Motion将使用代表接触实体表面的精确方程式来计算接触。

（7）精确度。该参数设置得越高，仿真计算结果越精确，但仿真计算时间也随之增加。

（8）周期设定。该选项用于自定义马达或力配置文件中的循环角度。当选中"周期率"单选按钮时，可指定每秒的循环周期数；当选中"循环时间"单选按钮时，可指定每个周期的循环时间。

（9）图解默认值。用于对图解的显示进行自定义设置。

（10）高级选项。用于设置高级用户的其他选项。

（11）为新运动算例使用这些设定作为默认值。勾选该复选框时，表示在创建新运动算例时，将当前设置的各参数值作为默认值。

（12）显示所有Motion分析信息。勾选该复选框，在对运动算例进行仿真计算时显示所有分析信息。

1.5.4 运行仿真与后处理

1. 运行仿真

单击MotionManager工具栏中的"计算"按钮，可对当前运动算例进行仿真计算。

2. 后处理

后处理是指对仿真结果进行分析，得出对机械系统改进或优化的建议。对运动算例进行计算后所得到的仿真结果主要是一个参数相对于另一个参数（通常为时间）的图解（图解包括曲线图、轨迹图等各种图表）。当运动算例的仿真计算完毕，可以对各种参数创建图解，所创建的图解都列于MotionManager设计树的底端。

下面对后处理中经常用到的"结果"属性管理器进行简要介绍。在MotionManager工具栏中单击"结果和图解"按钮，弹出图1-18所示的"结果"属性管理器[①]。

（1）结果。该组框可设置结果的类别、子类别和分量，以及选择特征和参考零件。

1）选取类别。该下拉列表用于选择结果的类别，其中包括位移/速度/加速度、力、动量/能量/力量、其他数量。

2）选取子类别。该下拉列表用于选择结果的子类别，可用的子类别取决于选定的类别。

3）选取结果分量。该下拉列表用于选择结果分量，可用的选项取决于选定的类别和子类别。

4）特征。该选择框用于选择将创建结果图解的零部件的面、边线、顶点、配合或其他模拟元素。除了可在图形窗口中直接选择特征之外，用户还可以在FeatureManager设计树、MotionManager设计树中选择（这特别适用于选择配合或模拟元素）。

[①] 编者注：图中的"其它"为软件汉化错误，应为"其他"。正文中均使用"其他"，图片中保持不变，全书余同。

第1章 虚拟样机技术与SOLIDWORKS Motion

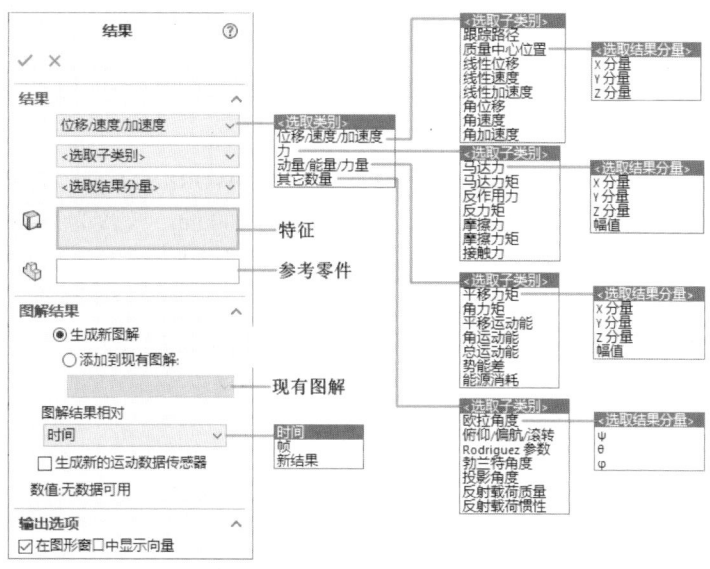

图1-18 "结果"属性管理器

5）参考零件。该选择框用于选择参考零件，此时将根据所选零件的坐标系来创建结果图解。如果该选择框保持空白，表示基于装配体的全局坐标系创建结果图解。

（2）图解结果。该组框可设置图解结果的方式。

1）生成新图解。选中该单选按钮时，将会根据当前结果创建一个独立于运动算例中现有结果的新图解。

2）添加到现有图解。选中该单选按钮时，"现有图解"下拉列表变为可用，可通过此下拉列表选择运动算例中的现有图解，并将当前结果的图解添加到所选择的现有图解中。

3）图解结果相对。该下拉列表用于设置当前结果图解的自变量。当选择"时间"选项时，将以时间线上所展示的时间作为自变量；当选择"帧"选项时，将以动画中帧的序号作为自变量（通过"运动算例属性"属性管理器中"每秒帧数"栏的设置可修改动画的总帧数）；当选择"新结果"选项时，将以定义的新结果作为自变量，此时在"图解结果"组框中将显示"定义新结果"区域，如图1-19所示，用于定义新结果。

4）生成新的运动数据传感器。勾选该复选框时，用户可定义参考结果值的传感器。

（3）输出选项。当勾选"在图形窗口中显示向量"复选框时，将在图形窗口中显示结果向量的图形标识（仅适用于部分结果类型）。

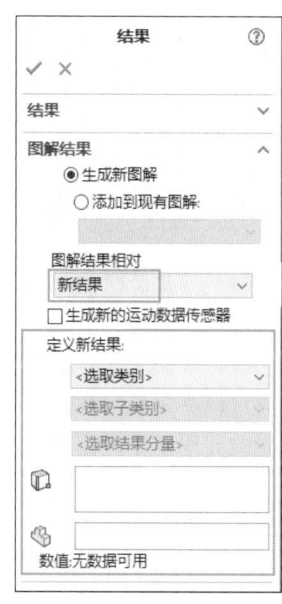

图1-19 选择"新结果"选项

1.6 实例——SOLIDWORKS Motion 动力学分析

本节将通过一个简单实例的学习以使读者快速了解 SOLIDWORKS Motion 动力学分析的基本步骤。

已知一个曲柄滑块机构，如图 1-20 所示。曲柄长度为 100mm，宽度为 10mm，厚度为 5mm；连杆长度为 200mm，宽度为 10mm，厚度为 5mm；滑块尺寸为 50mm×30mm×20mm。所有零件的材料均为普通碳钢。曲柄以 1rad/s 的速度逆时针旋转。在滑块端部连接一个弹簧，弹簧原长 80mm，其刚度系数 k=0.1N/mm，阻尼系数 b=0.5N·s/mm，地面摩擦系数 f=0.25。

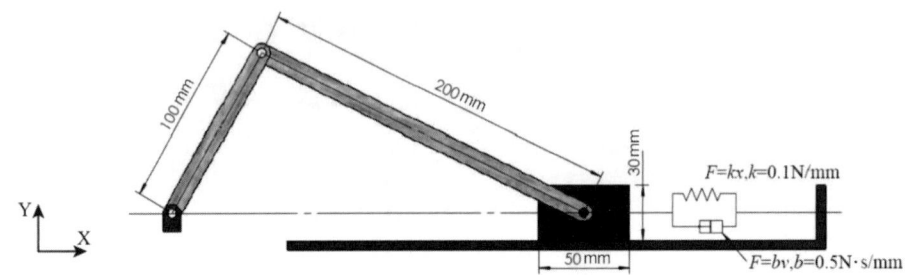

图 1-20　曲柄滑块机构的机械原理图

通过 SOLIDWORKS Motion 进行动力学分析后，要求绘制出滑块位移、速度、加速度随时间的变化曲线，弹簧受力随时间的变化曲线，以及曲柄与水平正向夹角随时间的变化曲线。

本实例中已经完成了零部件造型和装配，根据 SOLIDWORKS Motion 进行动力学分析的基本步骤，下面对生成一个运动算例、前处理、运动仿真与后处理等步骤进行具体介绍。

1.6.1　生成一个运动算例

扫一扫，看视频

（1）打开装配体文件。打开电子资源包中"源文件\原始文件\第 01 章\曲柄滑块机构"文件夹下的"曲柄滑块机构.SLDASM"文件。

（2）检查装配体中各零件之间的配合。通过 SOLIDWORKS 操作界面左侧的 FeatureManager 设计树可以查看装配体中所包含的零件及子装配体，如图 1-21 所示。其中，零件名称前带有"（固定）"标识的为固定零件；带有"（-）"标识的为欠定义的零件，即浮动零件。

📢 提示：

> SOLIDWORKS Motion 假定所有在 SOLIDWORKS 中设置的固定零件都是接地零件，而所有浮动零件都是可移动的零件。但是，这些浮动零件的移动受 SOLIDWORKS 所创建配合的限制。因此，在进行 SOLIDWORKS Motion 动力学分析之前，建议读者对装配体中各零件之间的配合关系进行检查，以防止出现错误。

（3）设置文档的单位。SOLIDWORKS Motion 使用 SOLIDWORKS 文档中的文档单位设置，在生成一个运动算例之前，需要设置文档的单位。选择菜单栏中的"工具"→"选项"命令或单击工具栏中的"选项"按钮⚙,在弹出的对话框中选择"文档属性"选项卡,然后在左侧列表框中选择"单位"选项,将"单位系统"设为"MMGS(毫米、克、秒)",如图1-22所示,单击"确定"按钮。

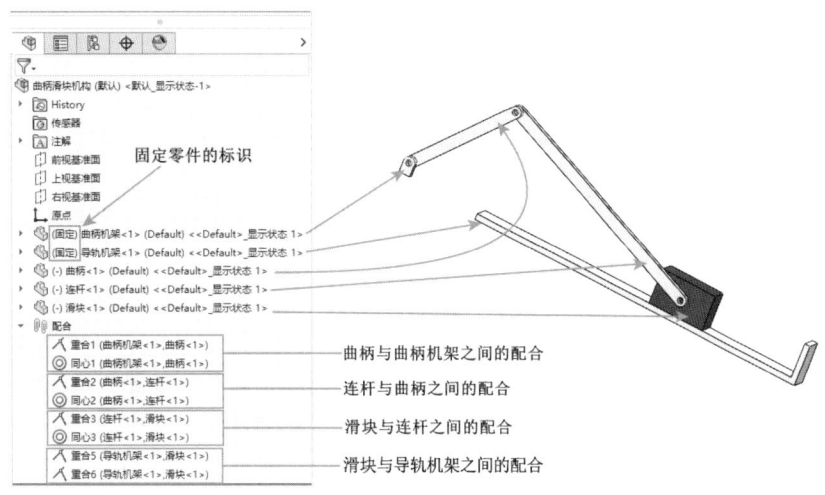

图1-21 检查装配体中各零件之间的配合

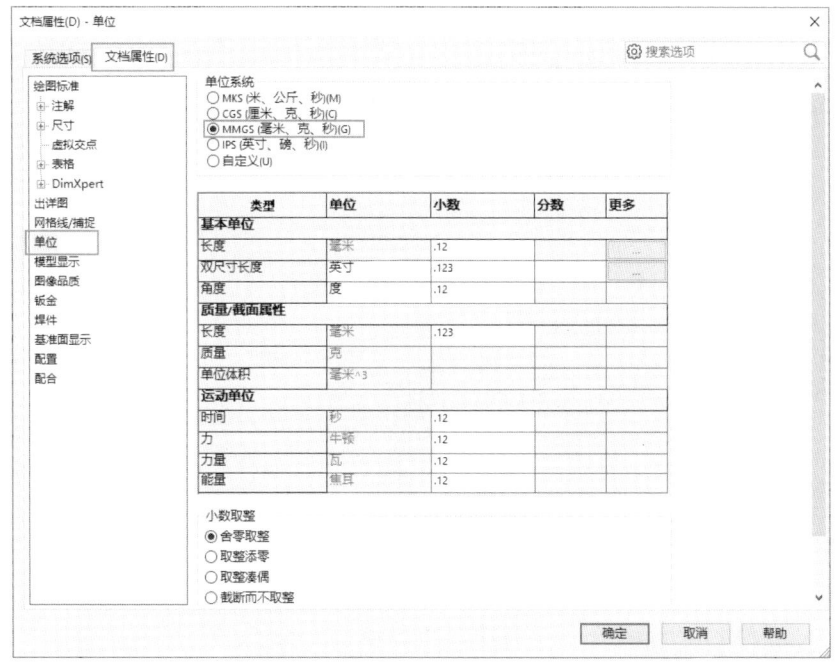

图1-22 设置文档的单位

(4)切换到运动算例页面。SOLIDWORKS Motion会自动生成一个名称为"运动算例1"的选项卡,单击该选项卡,即可进入该运动算例页面。为进行SOLIDWORKS Motion动力学分析,需要将MotionManager工具栏中的"算例类型"设为"Motion分析",如图1-23所示。

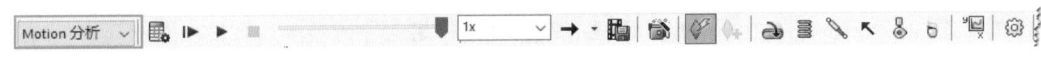

图 1-23 设置算例类型

1.6.2 前处理

1. 添加马达

（1）打开"马达"属性管理器。单击 MotionManager 工具栏中的"马达"按钮 ，弹出"马达"属性管理器。

（2）设置马达类型。在"马达类型"组框内单击"旋转马达"按钮 ，即为曲柄滑块机构添加旋转类型的马达。

（3）设置马达位置。首先单击"零部件/方向"组框内"马达位置"图标 右侧的选择框，然后在图形窗口中单击曲柄与曲柄机架相配合的圆孔面，如图 1-24 所示，指定马达的添加位置。

（4）设置马达方向。此时，"马达方向"选择框将自动添加与马达位置相同的面以指定马达的方向。本实例采用默认的逆时针方向，故无须进行其他设置。如果需要将马达方向修改为顺时针方向，可单击"反向"按钮 。"要相对此项而移动的零部件"选择框保持空白，表示马达运动的方向是相对于全局坐标系指定的。

（5）设置马达的运动。在"运动"组框内选择"函数"为"等速"，设置马达的转速为 9.5493 RPM［曲柄的转速为 1rad/s，故 1×60/(2π)≈9.5493（RPM）］。参数设置完成后的"马达"属性管理器如图 1-25 所示，最后单击"确定"按钮 ，完成马达的添加。此时将在 MotionManager 设计树中新增一个名称为"旋转马达 1"的模拟元素，用于代表新添加的马达。

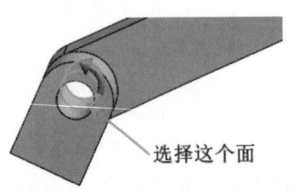

图 1-24 设置马达的位置

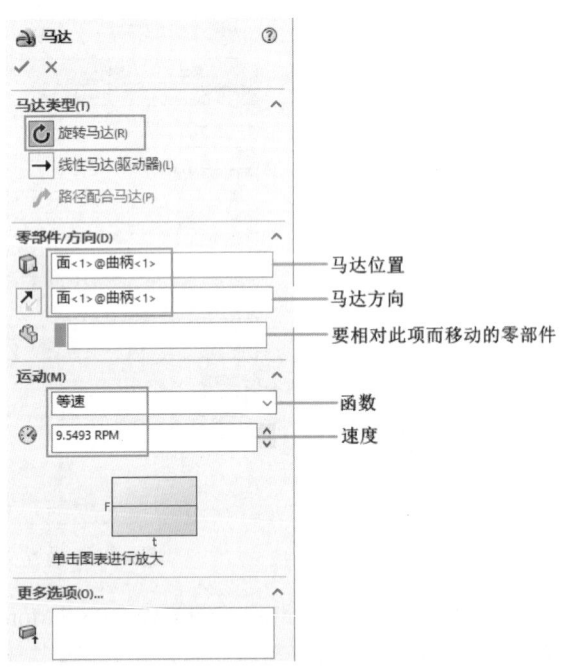

图 1-25 "马达"属性管理器

2. 添加弹簧

（1）打开"弹簧"属性管理器。单击 MotionManager 工具栏中的"弹簧"按钮🗒，弹出"弹簧"属性管理器。

（2）设置弹簧的类型。在"弹簧类型"组框内单击"线性弹簧"按钮➡️，即为曲柄滑块机构添加线性弹簧。

（3）设置弹簧的端点。首先单击"弹簧参数"组框内"弹簧端点"图标🗐右侧的选择框，然后在图形窗口中依次单击选择滑块的右端面和导轨机架竖直的左端面，如图1-26所示，指定弹簧的端点。

（4）设置弹簧常数及自由长度。在"弹簧参数"组框内保持"弹簧力表达式指数"为默认的"1（线性）"，将"弹簧常数"设为 0.10 牛顿/mm（此处的弹簧常数即弹簧的刚度系数）[①]，"自由长度"设为 80.00mm。

（5）设置弹簧的阻尼常数。勾选"阻尼"复选框，并将"阻尼"组框内的"阻尼常数"设为 0.50 牛顿/（mm/秒）（此处的阻尼常数即弹簧的阻尼系数）。保持其他组框内的参数为默认（修改"显示"组框内的参数仅影响图形窗口的显示效果，不影响分析结果）。参数设置完成后的"弹簧"属性管理器如图1-27所示。最后单击"确定"按钮✓，完成弹簧的添加。此时将在 MotionManager 设计树中新增一个名称为"线性弹簧1"的模拟元素，用于代表新添加的弹簧。

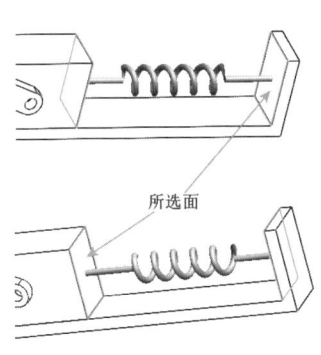

图 1-26　设置弹簧的端点

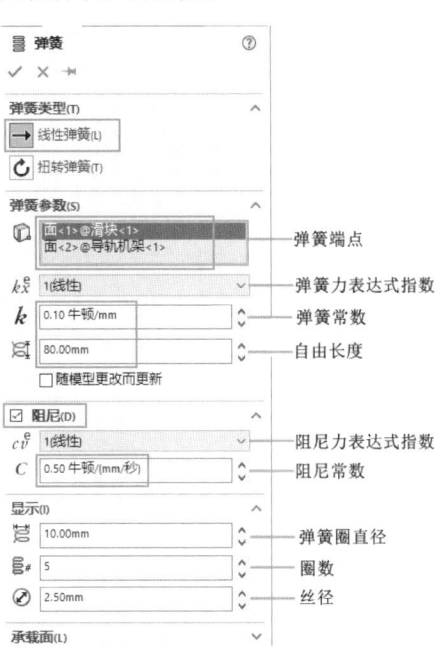

图 1-27　"弹簧"属性管理器

3. 添加接触

（1）打开"接触"属性管理器。单击 MotionManager 工具栏中的"接触"按钮🗒，弹出"接触"

---

① 编者注：此类单位规范表述应为 N/mm，但为便于读者对照操作，均保留与图中一致的单位表述方式，全书余同。

属性管理器。

（2）设置接触的类型。在"接触类型"组框内单击"实体"按钮，为曲柄滑块机构添加实体接触。

（3）选择接触的零部件。首先单击"选择"组框内"零部件"图标右侧的选择框，然后在图形窗口中依次单击选择滑块和导轨机架，如图1-28所示，指定接触的零部件。

（4）设置摩擦系数。取消勾选"材料"复选框，采用输入摩擦系数的方式。在"摩擦"组框内将"动态摩擦系数"设为0.25，其余参数采用默认的设置。参数设置完成后的"接触"属性管理器如图1-29所示。最后单击"确定"按钮，完成接触的添加。此时将在MotionManager设计树中新增一个名称为"实体接触1"的模拟元素，用于代表新添加的接触。

4．设置运动算例属性

（1）打开"运动算例属性"属性管理器。单击MotionManager工具栏中的"运动算例属性"按钮，弹出"运动算例属性"属性管理器。

（2）设置每秒帧数。在"Motion分析"组框内将"每秒帧数"设为50，其余参数采用默认设置。参数设置完成后的"运动算例属性"属性管理器如图1-30所示。最后单击"确定"按钮，完成运动算例属性的设置。

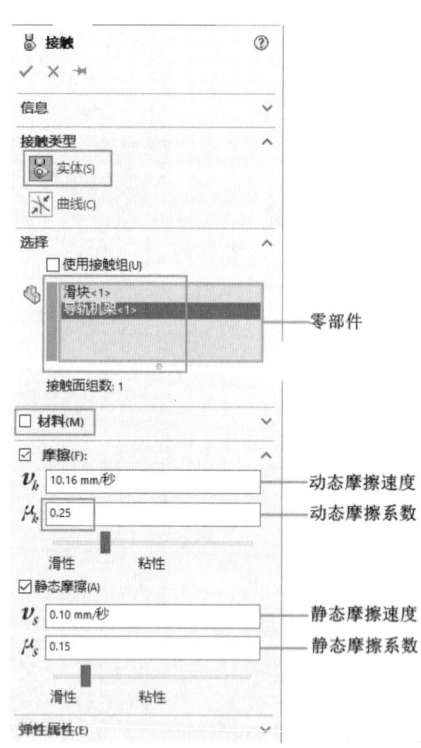

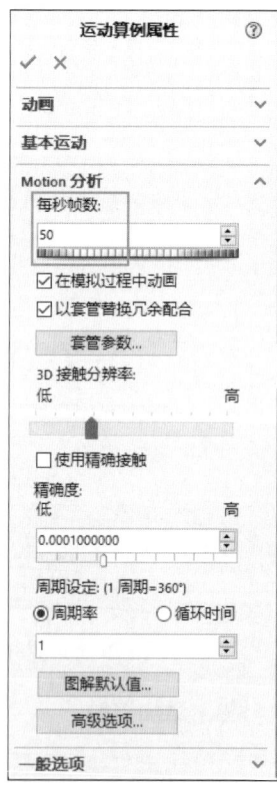

图1-28　选择接触的零部件　　　图1-29　"接触"属性管理器　　　图1-30　"运动算例属性"属性管理器

1.6.3 运行仿真与后处理

1. 运行仿真

（1）设置仿真结束时间。在时间线视图中，将顶部更改栏右侧的键码点拖放至 12 秒处（即总的仿真时间为 12 秒），结果如图 1-31 所示。

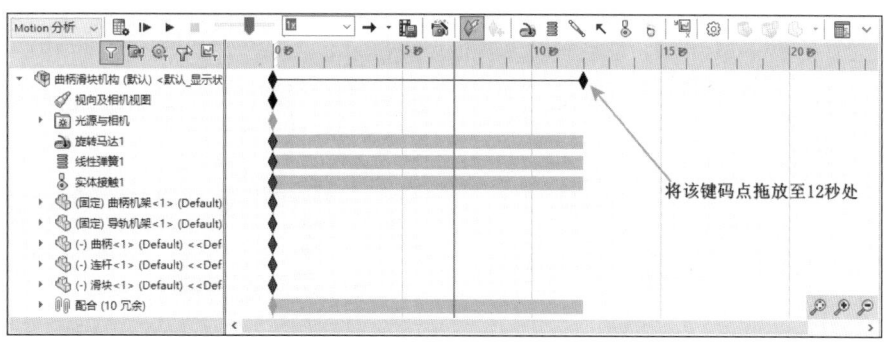

图 1-31　设置仿真结束时间

（2）提交计算。单击 MotionManager 工具栏中的"计算"按钮 ，可对当前运动算例进行仿真计算。

2. 后处理

计算完成后，可以对计算结果进行后处理，分析计算的结果和进行图解。

（1）播放动画。完成分析计算后，单击 MotionManager 工具栏中的"从头播放"按钮 ，可以播放仿真的动画。图 1-32 所示为 6 个时间点的动画截图。

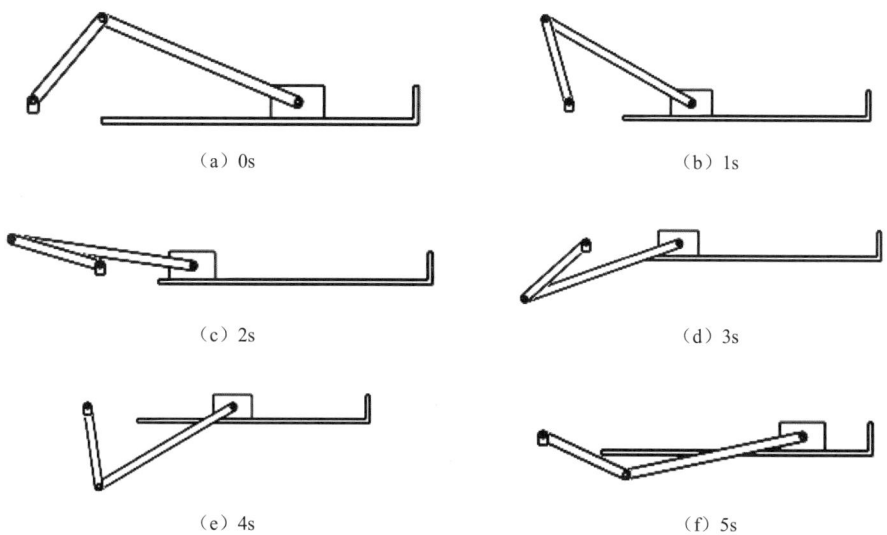

图 1-32　播放仿真的动画

(2)打开"结果"属性管理器。单击 MotionManager 工具栏中的"结果和图解"按钮 ，弹出"结果"属性管理器,对曲柄滑块机构进行仿真结果的分析。

(3)绘制滑块位移随时间变化的曲线。在"结果"组框内的"选取类别"下拉列表中选择"位移/速度/加速度",在"选取子类别"下拉列表中选择"线性位移",在"选取结果分量"下拉列表中选择"X 分量"(即选择 X 方向的位移结果)。单击"特征"图标 右侧的选择框,然后在图形窗口中单击选择滑块的任意一个面,如图 1-33 所示。返回"结果"属性管理器,"参考零件"选择框保持空白,表示输出结果基于装配体的全局坐标系。其他参数保持默认,参数设置完成后的"结果"属性管理器如图 1-34 所示。最后单击"确定"按钮 ,生成新的图解,结果如图 1-35 所示。

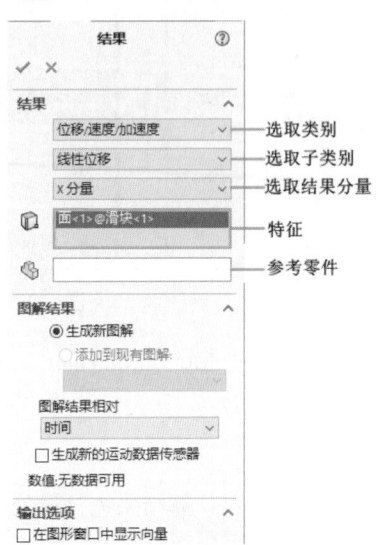

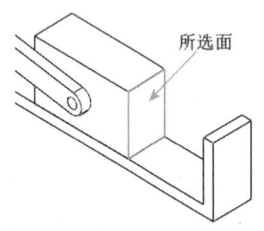

图 1-33 选择滑块的面   图 1-34 "结果"属性管理器

🔊 提示:

在单击图 1-34 中的"确定"按钮 后,除了绘制滑块位移随时间变化的曲线之外,还将在 MotionManager 设计树中新增一个名称为"结果"的文件夹,并在该文件夹中新建一个名称为"图解 1<线性位移 1>"的结果项目。

(4)绘制滑块速度随时间变化的曲线。再次打开"结果"属性管理器,在"结果"组框内的"选取类别"下拉列表中选择"位移/速度/加速度",在"选取子类别"下拉列表中选择"线性速度",在"选取结果分量"下拉列表中选择"X 分量"(即选择 X 方向的速度结果)。单击"特征"图标 右侧的选择框,然后在图形窗口中单击选择滑块的任意一个面。返回"结果"属性管理器,其他参数保持默认,最后单击"确定"按钮 ,生成新的图解,结果如图 1-36 所示。

(5)绘制滑块加速度随时间变化的曲线。再次打开"结果"属性管理器,在"结果"组框内的"选取类别"下拉列表中选择"位移/速度/加速度",在"选取子类别"下拉列表中选择"线性加速度",在"选取结果分量"下拉列表中选择"X 分量"(即选择 X 方向的速度结果)。单击"特征"图标 右侧的选择框,然后在图形窗口中单击选择滑块的任意一个面。返回"结果"属性管理器,其他参数保持默认,最后单击"确定"按钮 ,生成新的图解,结果如图 1-37 所示。

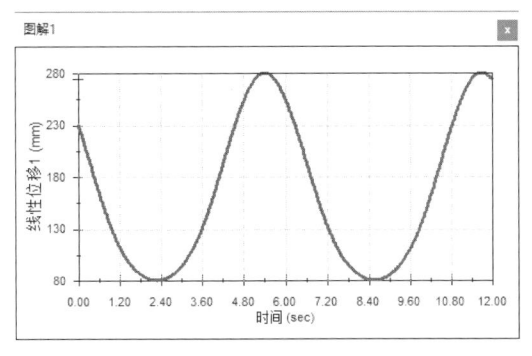

图 1-35 滑块位移随时间变化的曲线

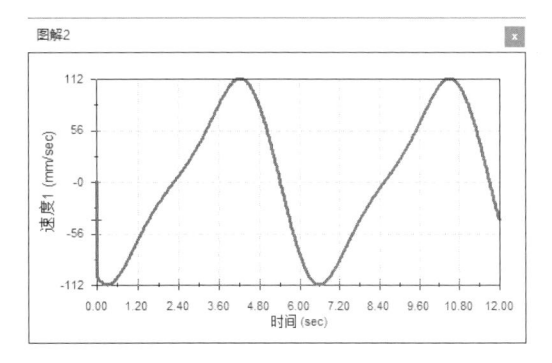

图 1-36 滑块速度随时间变化的曲线

（6）绘制弹簧受力随时间变化的曲线。再次打开"结果"属性管理器，在"结果"组框内的"选取类别"下拉列表中选择"力"，在"选取子类别"下拉列表中选择"反作用力"，在"选取结果分量"下拉列表中选择"X 分量"（即选择 X 方向的弹簧受力）。单击"特征"图标右侧的选择框，然后在 MotionManager 设计树中单击"线性弹簧 1"模拟元素，如图 1-38 所示。返回"结果"属性管理器，其他参数保持默认，最后单击"确定"按钮，生成新的图解，结果如图 1-39 所示。

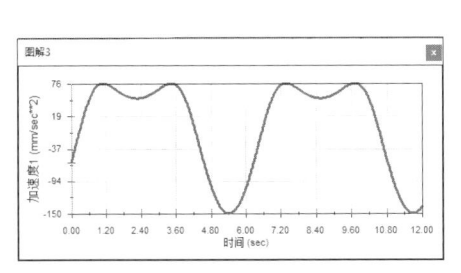

图 1-37 滑块加速度随时间变化的曲线 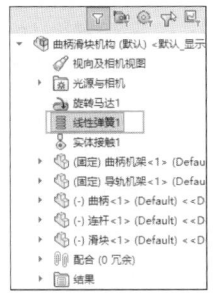　　图 1-38 选择"线性弹簧 1" 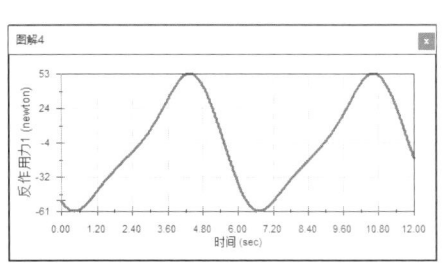　　图 1-39 弹簧受力随时间变化的曲线

（7）绘制曲柄与水平正向夹角随时间变化的曲线。再次打开"结果"属性管理器，在"结果"组框内的"选取类别"下拉列表中选择"位移/速度/加速度"，在"选取子类别"下拉列表中选择"角位移"，在"选取结果分量"下拉列表中选择"幅值"。单击"特征"图标右侧的选择框，然后在图形窗口中单击选择曲柄的任意一个面，如图 1-40 所示。返回"结果"属性管理器，其他参数保持默认，最后单击"确定"按钮，生成新的图解，结果如图 1-41 所示。

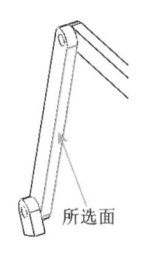

图 1-40 选择曲柄的面

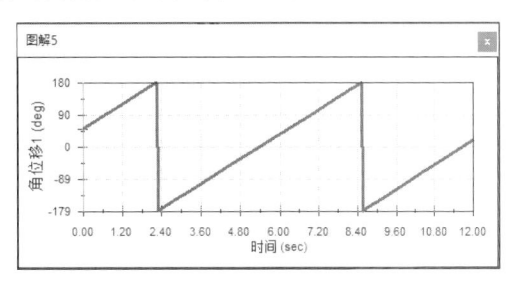

图 1-41 曲柄角位移随时间变化的曲线

练一练——冲压机构

图1-42所示为冲压机构。其中，平板围绕其与机架相配合的轴做往复旋转运动，带动冲头对工件进行冲压，通过SOLIDWORKS Motion对该冲压机构进行动力学分析，绘制出冲头的位移、速度、加速度随时间变化的曲线。

【操作提示】

（1）打开装配体文件。打开电子资源包中"源文件\原始文件\第01章\冲压机构"文件夹下的"冲压机构.SLDASM"文件。

（2）检查零部件。检查零件"机架""导轨""工件"为固定零件，其他零件为运动零件。

（3）切换到运动算例页面。在SOLIDWORKS界面的左下角单击"运动算例1"选项卡，切换到运动算例页面，将运动的"算例类型"设为"Motion分析"。

（4）添加马达。为"平板"零件添加马达，将"马达类型"设为"旋转马达"，将"函数"设为"振荡"，将"位移"设为20度，将"频率"设为1Hz，将"相移"设为0度，如图1-43所示。

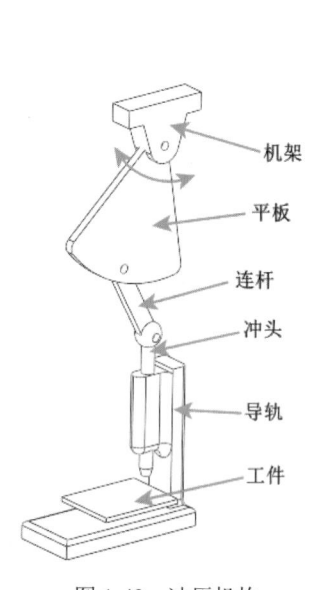

图1-42 冲压机构　　　　图1-43 添加马达

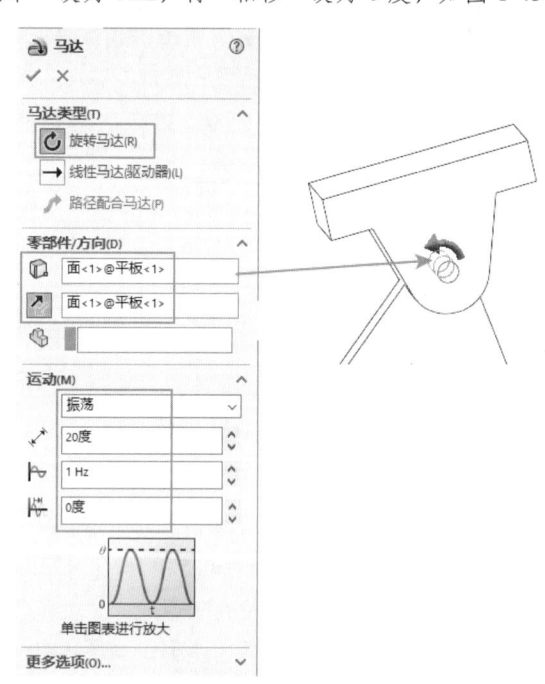

（5）设置运动算例属性后运行仿真。将"每秒帧数"设为50，将仿真结束时间设为5s，然后提交计算。

（6）绘制冲头位移、速度、加速度随时间变化的曲线。打开"结果"属性管理器，将"选取类别"设为"位移/速度/加速度"，将"选取子类别"设为"线性位移"，将"选取结果分量"设为"Y分量"；通过"特征"选择框在图形窗口中选择"冲头"零件的任意一个面，如图1-44所示；绘制的冲头位移随时间变化的曲线如图1-45所示。通过此方法，绘制冲头速度、加速度随时间变化的曲线，结果分别如图1-46和图1-47所示。

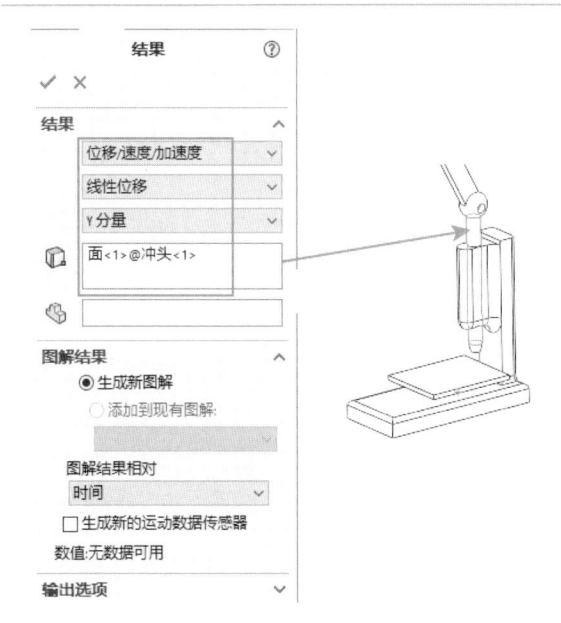

图 1-44 "结果"属性管理器

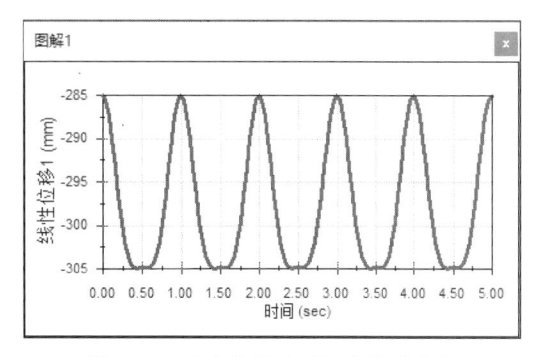

图 1-45 冲头位移随时间变化的曲线

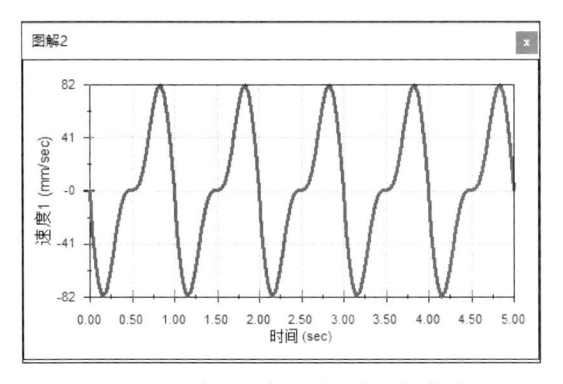

图 1-46 冲头速度随时间变化的曲线

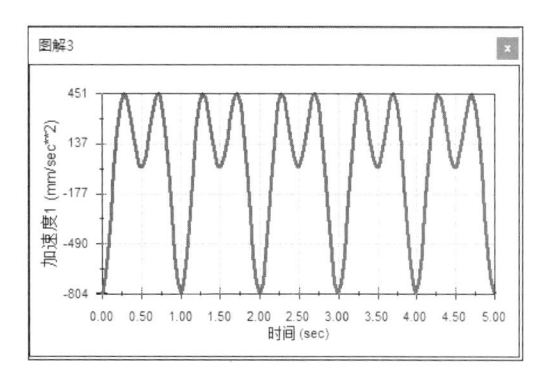

图 1-47 冲头加速度随时间变化的曲线

第 2 章 创建配合与添加马达

内容简介

在进行 SOLIDWORKS Motion 动力学分析之前，需要对装配体中各零部件之间的配合进行检查。为了使所创建的机械系统产生运动，经常会用到一种常见的动力源——马达。本章首先介绍 SOLIDWORKS 中与配合相关的基础知识，然后通过具体实例演示检查配合和创建本地配合的具体操作方法；最后讲解添加马达所用到的"马达"属性管理器，并通过具体实例演示添加马达的具体操作步骤。

内容要点

- 配合的类型
- 当地配合
- "马达"属性管理器
- "函数编制程序"对话框

案例效果

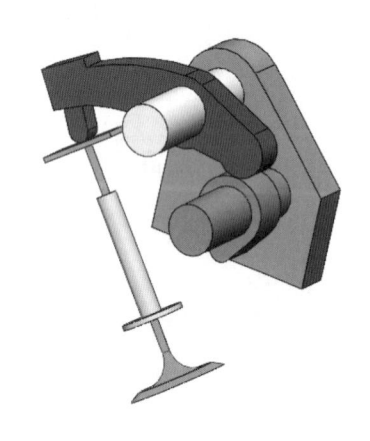

2.1 配合的基础知识

在 SOLIDWORKS 中进行零部件装配时所创建的配合，将自动映射为 SOLIDWORKS Motion 中的连接（或称为运动副），以直接在 SOLIDWORKS Motion 动力学分析中使用。但是，如果在 SOLIDWORKS 的装配体文件中所创建的配合不符合动力学分析需要，则应该对这些配合进行修改或创建新的配合。因此，通过 SOLIDWORKS Motion 进行动力学分析，应掌握有关配合的基础知识。本节仅介绍一些常见的配合，如果读者想全面了解所有的配合，请参考 SOLIDWORKS 的帮助文件。

2.1.1 配合的类型

SOLIDWORKS 中可以创建三种类型的配合，分别是标准配合、高级配合和机械配合，如图 2-1 所示。

（a）标准配合　　　　　　（b）高级配合　　　　　　（c）机械配合

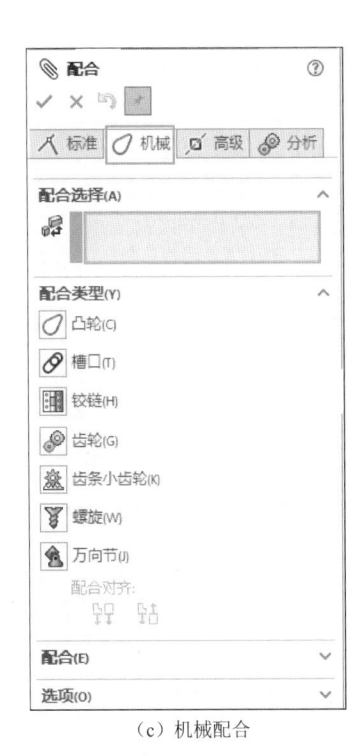

图 2-1 "配合"属性管理器

1. 标准配合

标准配合包括重合、平行、垂直、相切、同轴心（简称同心）、锁定、距离和角度。

（1）重合。重合配合可以通过选择边、坐标系、线、坐标系原点、基准面、点和曲面等实体来创建，根据所选实体的不同，重合配合所约束的自由度也会有所不同。例如，如图 2-2 所示，选择两个点来创建重合配合，可以使第二个零件围绕两个零件的重合配合点相对于第一个零件进行自由旋转；如图 2-3 所示，分别选择两个零件的面来创建两个重合配合，可以使第二个零件相对于第一个零件沿特定方向进行平移；如图 2-4 所示，选择两条线来创建重合配合，可以使第二个零件相对于第一个零件沿特定方向进行平移和旋转；如图 2-5 所示，选择一个点和一条线来创建重合配合，可以使第二个零件相对于第一个零件沿特定方向进行平移和自由旋转。

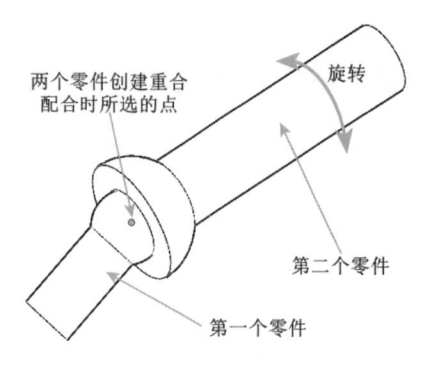

图 2-2 点对点重合配合的示例

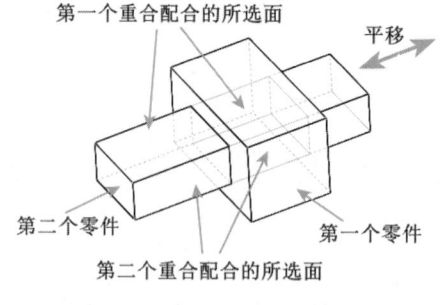

图 2-3 面对面重合配合的示例

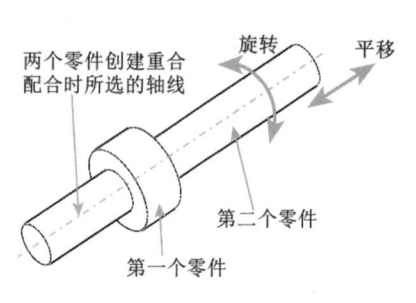

图 2-4 线对线重合配合的示例

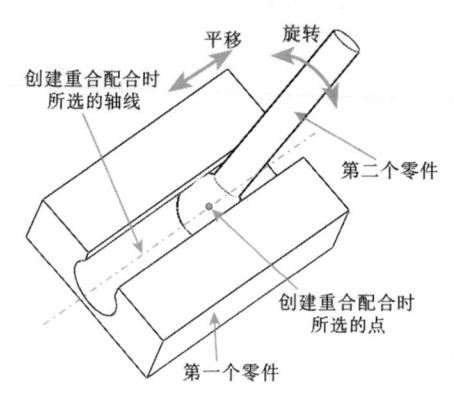

图 2-5 点对线重合配合的示例

（2）平行◎。平行配合可以通过选择面、直线、轴线、基准面等实体来创建，即可以在面与面、面与线、线与线之间创建平行配合。当然，根据所选实体的不同，平行配合所约束的自由度也会有所不同。如图 2-6 所示，创建两个面之间的平行配合，可以使第二个零件相对于第一个零件进行 X、Y、Z 方向的平移和绕 Y 轴的旋转，但不允许进行绕 X、Z 轴的旋转。

（3）垂直⊥。垂直配合可以在面与面、面与线、线与线之间创建。根据所选实体的不同，垂直配合所约束的自由度也会有所不同。如图 2-7 所示，通过创建线与面之间的垂直配合，可以使第二个零件相对于第一个零件进行 X、Y、Z 方向的平移和绕 Y 轴的旋转，但不允许进行绕 X、Z 轴的旋转。

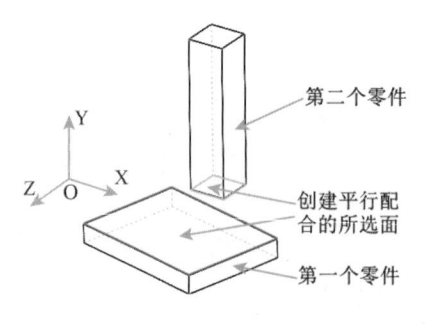

图 2-6 面对面平行配合的示例

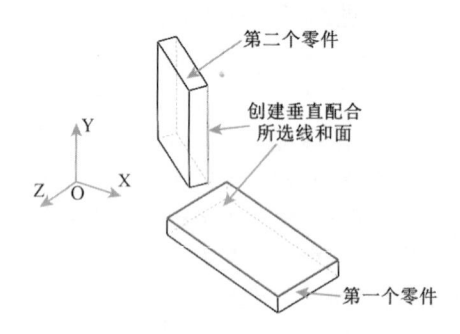

图 2-7 线对面垂直配合的示例

(4) 相切 ◐。创建相切配合时，所选的实体会保持相切，其中至少一个所选实体必须为圆柱、圆锥或球面。例如，滑轮的圆柱面和地面之间的相切配合。

(5) 同轴心 ◎。创建同轴心配合时，所选的实体将共享同一条中心线。

(6) 锁定 🔒。锁定配合表示将保持两个零件之间的相对位置和方向，使两个零件之间无法进行移动。例如，将两个零件通过焊接而连在一起，就属于锁定配合。

(7) 距离 ⊢⊣。距离配合所选实体将保持彼此之间指定的距离。

(8) 角度 ∠。角度配合所选实体将保持彼此之间指定的角度。

2. 高级配合

高级配合包括轮廓中心、对称、宽度、路径配合、线性/线性耦合和限制。

(1) 轮廓中心 ⊕。可将矩形和圆形的轮廓互相中心对齐。

(2) 对称 ⌗。可将两个相同实体相对于基准面或平面对称。

(3) 宽度 ⋈。可约束两个平面（或一个平面和一个圆柱面或轴）之间的宽度。

(4) 路径配合 ∕。可将零件上的所选点约束到指定的路径。

(5) 线性/线性耦合 ⇙。可在一个零件的平移和另一个零件的平移之间建立几何关系。

(6) 限制 ⊢⊣ / ∠。允许零件在距离配合和角度配合的一定数值范围内移动。

3. 机械配合

机械配合包括凸轮、槽口、铰链、齿轮、齿条小齿轮、螺旋和万向节。

(1) 凸轮 ⌒。可将圆柱面、平面或点与一系列相切的拉伸面（即凸轮的外缘面）重合或相切。图 2-8 所示为使用凸轮配合的示例。

(2) 槽口 ⌒。可将圆柱面（或轴线）配合到直槽口或圆弧槽口。图 2-9 所示为使用槽口配合的示例。

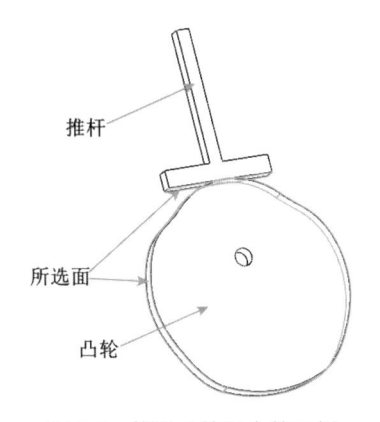

图 2-8　使用凸轮配合的示例

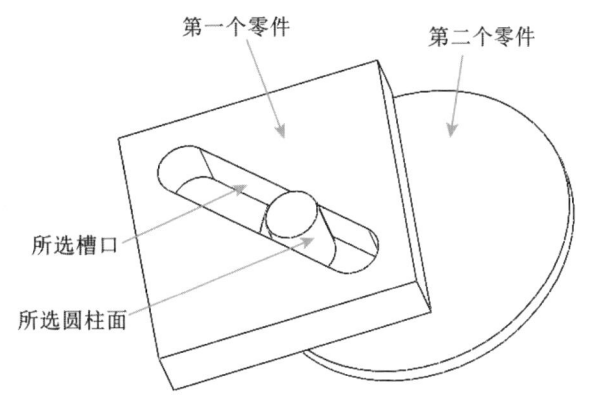

图 2-9　使用槽口配合的示例

(3) 铰链 ⌇。铰链配合实际上是标准配合中同轴心配合和重合配合的组合，另外，还可以限制旋转的角度范围。建议在创建铰链配合时，最好能体现真实的机械连接。例如，对于机械系统中的铰链连接，推荐使用铰链配合来模拟，而不建议使用重合配合和同轴心配合的组合来模拟。图 2-10 所示为使用铰链配合的示例。

（4）齿轮 ![icon]。可使两个零件绕所选轴彼此相对而旋转。该配合可以使任何两个零件进行此类相对运动，而不需要必须是两个齿轮。图2-11所示为使用齿轮配合的示例。

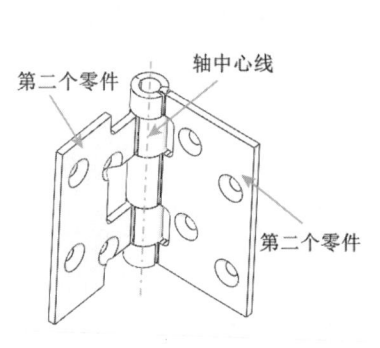

图2-10　使用铰链配合的示例

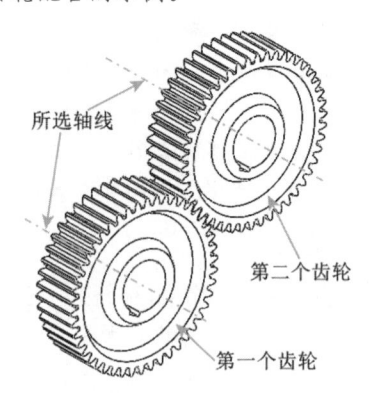

图2-11　使用齿轮配合的示例

（5）齿条小齿轮 ![icon]。可使一个零件（齿条）的线性平移带动另一个零件（齿轮）的旋转，反之亦然。该配合可以使任何两个零件进行此类相对运动，而不需要必须创建齿条和齿轮。图2-12所示为使用齿条小齿轮配合的示例。

（6）螺旋 ![icon]。将两个零件约束为同轴心，并在一个零件的旋转和另一个零件的平移之间添加螺距几何关系。一个零件沿轴线方向的平移会根据螺距几何关系引起另一个零件的旋转。同样，一个零件的旋转可引起另一个零件的平移。图2-13所示为使用螺旋配合的示例。

（7）万向节 ![icon]。在万向节配合中，一个零件（输出轴）绕自身轴的旋转是由另一个零件（输入轴）绕其轴的旋转所驱动的。图2-14所示为使用万向节配合的示例。

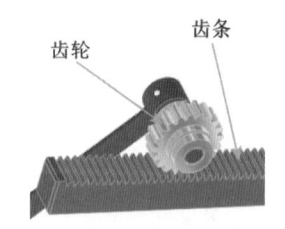

图2-12　使用齿条小齿轮配合的示例

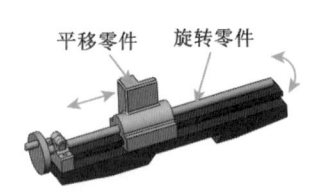

图2-13　使用螺旋配合的示例

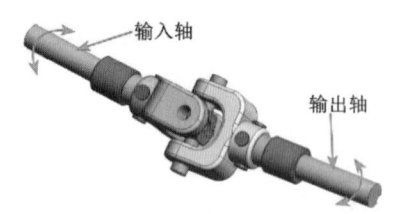

图2-14　使用万向节配合的示例

2.1.2　当地配合

在SOLIDWORKS Motion中，在切换到某个运动算例页面之后所创建的配合，称为当地配合。当地配合仅在当前运动算例中可以使用，而在其他运动算例中无法使用。当需要在一个运动算例中创建当地配合时，必须在该运动算例处于活动状态时创建；当再次进入该运动算例时，任何所创建的当地配合会自动加载到该运动算例中。当地配合仅在MotionManager设计树中显示并在配合的名称前以"当地"标识进行注明，而在FeatureManager设计树中不显示这些当地配合，如图2-15所示。

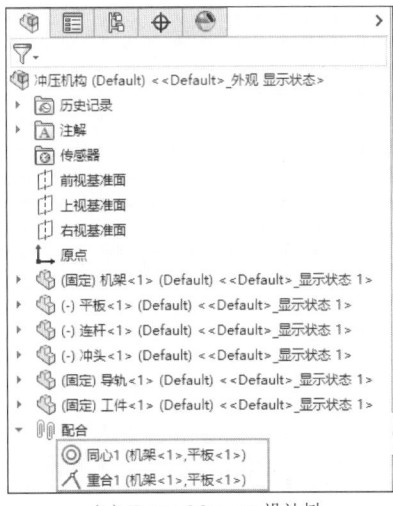

（a）FeatureManager 设计树　　　　　　（b）MotionManager 设计树

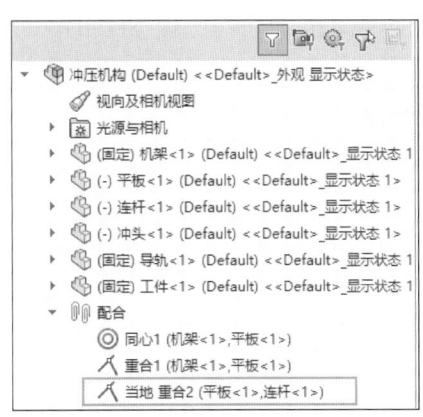

图 2-15　当地配合

2.1.3　实例——阀门凸轮机构

本小节将讲解阀门凸轮机构的动力学分析，其示意图如图 2-16 所示。在该机构中，通过凸轮轴的旋转运动带动阀门的周期性滑动。

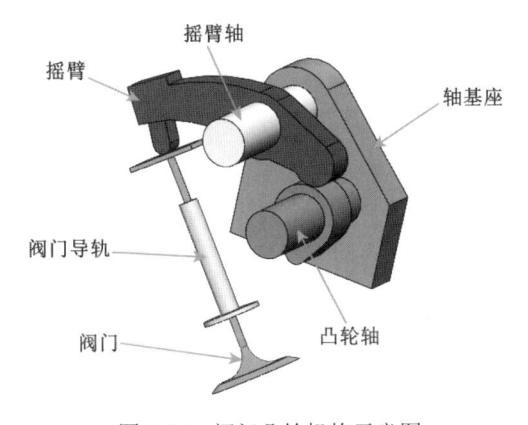

图 2-16　阀门凸轮机构示意图

下面将先对凸轮轴零件添加一个马达（恒定转速为 1200RPM）并运行仿真，然后进行后处理，以创建凸轮轴和摇臂之间接触力的图解。

1. 生成一个运动算例

（1）打开装配体文件。打开电子资源包中"源文件\原始文件\第 02 章\阀门凸轮机构"文件夹下的"阀门凸轮机构.SLDASM"文件。

（2）检查装配体中各零件之间的配合。通过 SOLIDWORKS 操作界面左侧的 FeatureManager 设计树可以查看装配体中所包含的零件及子装配体，如图 2-17 所示。由图 2-17 可知，该装配体中没有创建配合，但其中轴基座和阀门导轨两个零件是固定的，它们都因连接到地面而在装配体中没有运动。而其余的零件需要通过创建当地配合来约束其运动，以获得期望的运动。

（3）切换到运动算例页面。在 SOLIDWORKS 界面左下角单击"运动算例 1"选项卡，进入该运动算例页面，然后将 MotionManager 工具栏中的"算例类型"设为"Motion 分析"。

2．前处理

（1）移动零件。移动未固定的零件以分离该装配体，以方便选取各零件的图元，并便于显示已经添加配合的零件。移动零件后的结果如图 2-18 所示。

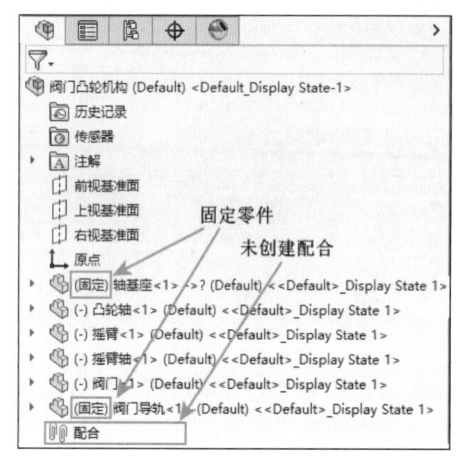

图 2-17　FeatureManager 设计树

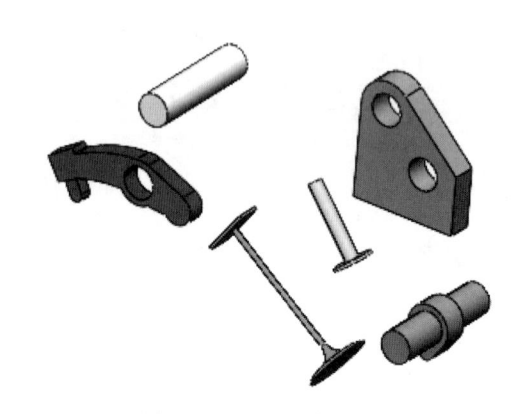

图 2-18　移动零件后的结果

（2）创建凸轮轴与轴基座之间的铰链配合。单击"装配体"选项卡中的"配合"按钮，弹出"铰链 1"属性管理器，如图 2-19 所示。单击"机械"选项卡，在"配合类型"组框中单击"铰链"按钮，通过"同轴心选择"选择框选择凸轮轴的圆柱面和轴基座下面一个孔的圆柱面，通过"重合选择"选择框选择凸轮轴的端面和轴基座的端面。由于时间线处于激活状态，刚刚新建的铰链配合将会更改凸轮轴在动画中开始点的位置，此时将弹出图 2-20 所示的"更新初始动画状态"提示框，提示是否将动画的开头更新到新位置，单击"是"按钮，凸轮轴将显示在新位置，如图 2-21 所示。最后返回"铰链 1"属性管理器，单击"确定"按钮，完成铰链配合的创建。

此时，在 MotionManager 设计树中将会显示所创建的铰链配合（该配合属于当地配合，因此不会出现在 FeatureManager 设计树中），如图 2-22 所示。

（3）创建摇臂轴与轴基座之间的铰链配合。根据步骤（2）的方法创建摇臂轴与轴基座之间的铰链配合，所选面如图 2-23 所示。

（4）创建摇臂与摇臂轴之间的同轴心配合。单击"装配体"选项卡中的"配合"按钮，弹出"同心 1"属性管理器，单击"标准"选项卡，在"配合类型"组框内单击"同轴心"按钮，通过"配合选择"组框内的"要配合的实体"选择框选择摇臂轴的圆柱面和摇臂的圆孔面，如图 2-24 所示，勾选"锁定旋转"复选框（可防止同轴心配合中出现旋转），最后单击"确定"按钮，完成同轴心配合的创建。

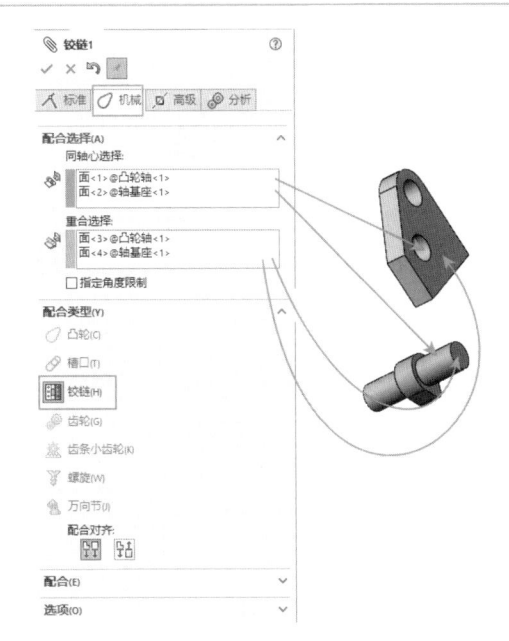

图 2-19　创建凸轮轴与轴基座之间的铰链配合 　　　图 2-20　"更新初始动画状态"提示框

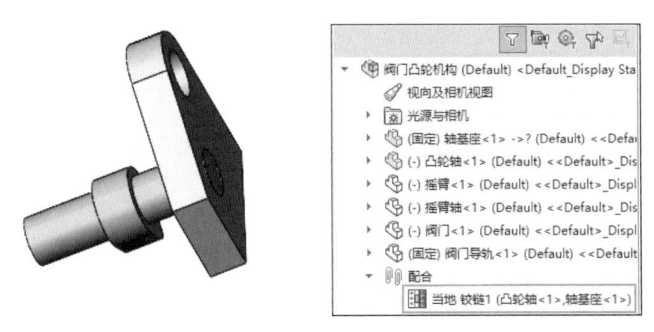

图 2-21　更新凸轮轴位置的结果　　图 2-22　MotionManager 设计树 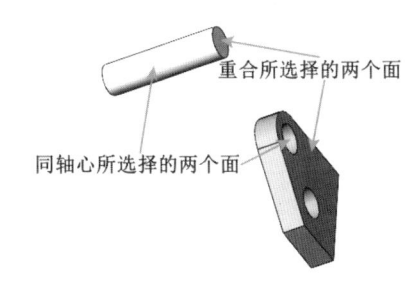　　图 2-23　创建摇臂轴与轴基座之间铰链配合的所选面（隐藏凸轮轴的显示）

（5）创建摇臂与凸轮轴之间的重合配合。单击"装配体"选项卡中的"配合"按钮 ⊘，弹出"重合 3"属性管理器，单击"标准"选项卡，在"配合类型"组框内单击"重合"按钮 ⊼，通过"配合选择"组框内的"要配合的实体"选择框选择摇臂的端面和凸轮轴的端面，如图 2-25 所示。最后单击"确定"按钮 ✓，完成重合配合的创建。

（6）创建阀门与阀门导轨之间的同轴心配合。根据步骤（4）的方法创建阀门与阀门导轨之间的同轴心配合（注意不要勾选"锁定旋转"复选框），所选面如图 2-26 所示。

（7）创建摇臂与阀门之间的平行配合。单击"装配体"选项卡中的"配合"按钮 ⊘，弹出"配合"属性管理器，单击"标准"选项卡，在"配合类型"组框内单击"平行"按钮 ⧹，通过"配合选择"组框内的"要配合的实体"选择框选择摇臂的端面和阀门的端面，如图 2-27 所示。最后单击"确定"按钮 ✓，完成平行配合的创建。

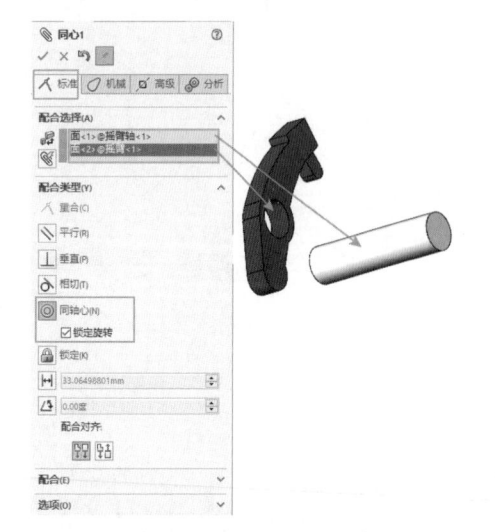

图 2-24 创建摇臂与摇臂轴之间的同轴心配合

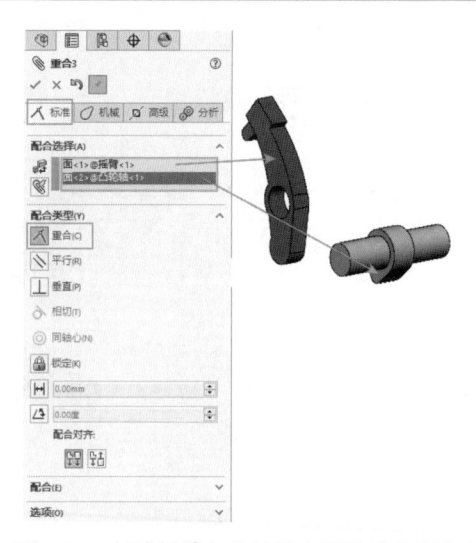

图 2-25 创建摇臂与凸轮轴之间的重合配合

图 2-26 创建同轴心配合的所选面

图 2-27 创建平行配合的所选面

（8）添加马达。单击 MotionManager 工具栏中的"马达"按钮，弹出"马达"属性管理器，在"马达类型"组框内单击"旋转马达"按钮；通过"零部件/方向"组框内的"马达位置"选择框选择凸轮轴的端面，采用默认的逆时针方向；在"运动"组框内选择"函数"为"等速"，设置马达的转速为 1200RPM，单击图表可以查看放大之后的图表，如图 2-28 所示。最后单击"确定"按钮，完成马达的添加。

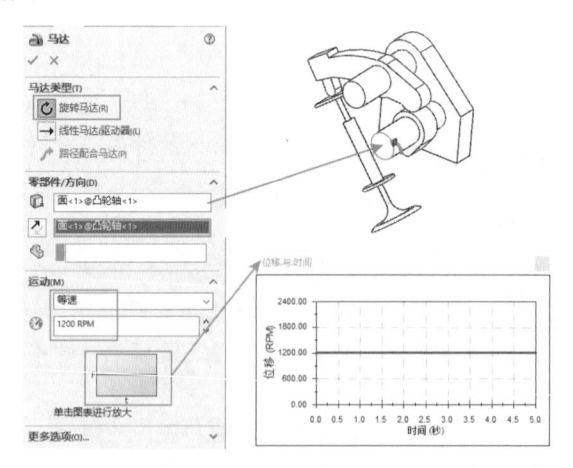

图 2-28 添加马达

（9）添加摇臂和凸轮轴之间的接触。单击 MotionManager 工具栏中的"接触"按钮，弹出"接触"属性管理器，在"接触类型"组框内单击"实体"按钮；通过"选择"组框内的"零部件"选择框选择摇臂和凸轮轴；在"材料"组框内，将第一个材料名称设为 Steel(Dry)［钢（干摩擦）］，将第二个材料名称设为 Steel(Greasy)［钢（湿摩擦）］，如图 2-29 所示。最后单击"确定"按钮，完成接触的添加。

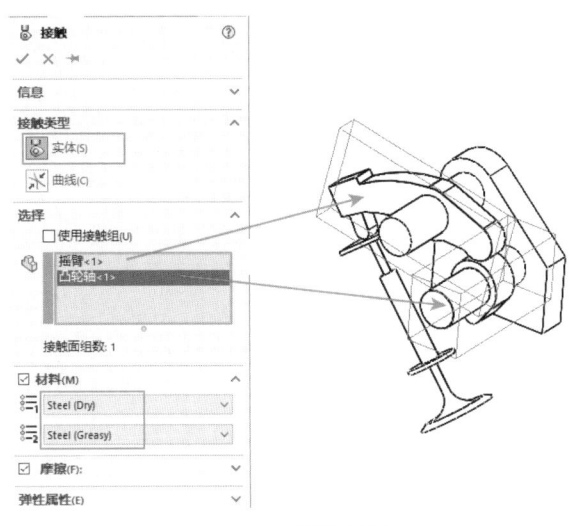

图 2-29　添加接触

（10）添加摇臂和阀门之间的接触。根据步骤（9）的方法添加摇臂和阀门之间的接触，其参数设置相同。

（11）添加弹簧。单击 MotionManager 工具栏中的"弹簧"按钮，弹出"弹簧"属性管理器，在"弹簧类型"组框内单击"线性弹簧"按钮；通过"弹簧参数"组框内的"弹簧端点"选择框选择阀门的一个面和阀门导轨的一个面；将"弹簧参数"组框内的"弹簧常数"设为 0.10 牛顿/mm，"自由长度"设为 60.00mm，如图 2-30 所示。最后单击"确定"按钮，完成弹簧的添加。

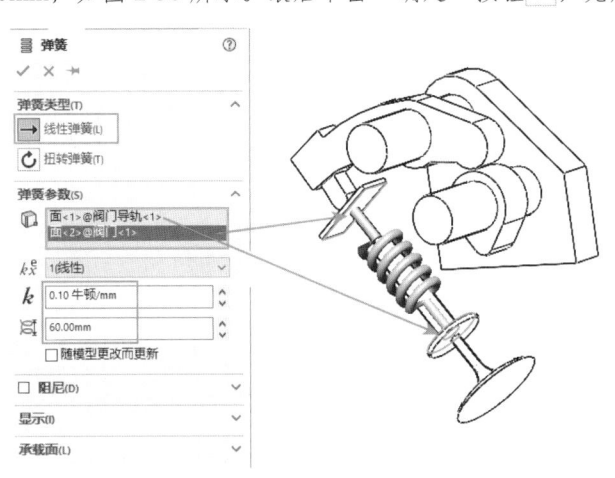

图 2-30　添加弹簧

（12）设置运动算例属性。单击 MotionManager 工具栏中的"运动算例属性"按钮，弹出"运动算例属性"属性管理器，在"Motion 分析"组框内将"每秒帧数"设为 1000，其余参数采用默认设置，单击"确定"按钮，完成运动算例属性的设置。

3．运行仿真

（1）设置仿真结束时间。在时间线视图中，将顶部更改栏右侧的键码点拖放至 0.1 秒处，即总的仿真时间为 0.1 秒。然后，在时间线视图的右下角单击"整屏显示全图"按钮，以合适的比例显示整个时间线视图。

（2）提交计算。单击 MotionManager 工具栏中的"计算"按钮，可对当前运动算例进行仿真计算。

4．后处理

（1）播放动画。完成分析计算后，将 MotionManager 工具栏中的"播放速度"设置为"10 秒"，然后单击 MotionManager 工具栏中的"从头播放"按钮，可以播放仿真的动画。

（2）创建凸轮轴和摇臂之间接触力的图解。单击 MotionManager 工具栏中的"结果和图解"按钮，弹出"结果"属性管理器，在"结果"组框内的"选取类别"下拉列表中选择"力"，在"选取子类别"下拉列表中选择"接触力"，在"选取结果分量"下拉列表中选择"幅值"，通过"特征"选择框选择凸轮轴和摇臂之间发生接触的两个面，其他参数保持默认，如图 2-31 所示。最后单击"确定"按钮，生成新的图解，结果如图 2-32 所示。

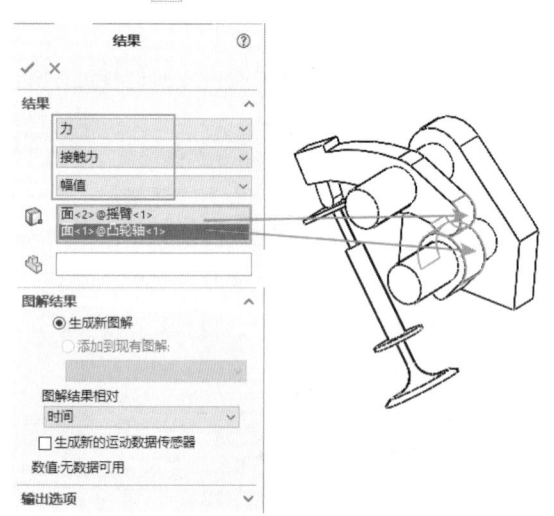

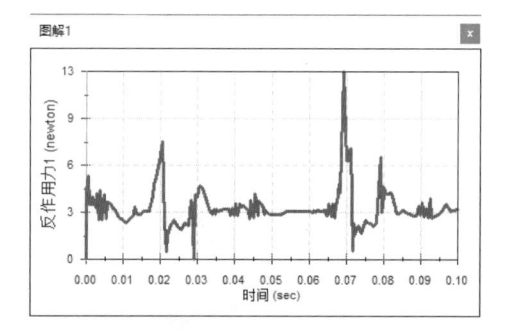

图 2-31　定义结果　　　　图 2-32　凸轮轴和摇臂之间接触力随时间变化的曲线

练一练——曲柄滑块机构

图 2-33 所示为曲柄滑块机构示意图。其中，曲柄围绕其与曲柄壳体相配合的轴以恒定速度（60 rad/min）做旋转运动，通过 SOLIDWORKS Motion 对该曲柄滑块机构进行动力学分析，创建转动曲柄所需的力矩的图解。

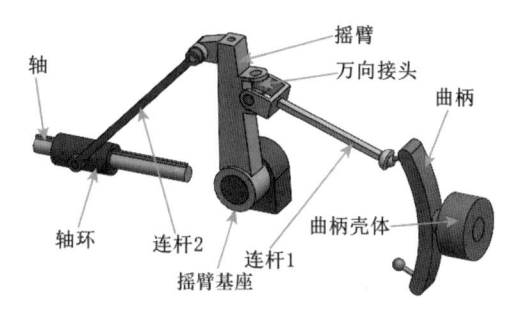

图 2-33　曲柄滑块机构示意图

【操作提示】

（1）打开装配体文件。打开电子资源包中"源文件\原始文件\第 02 章\曲柄滑块机构"文件夹下的"曲柄滑块机构.SLDASM"文件。

（2）检查零部件。检查零件"轴""摇臂基座""曲柄壳体"为固定零件，其他零件为运动零件。

（3）切换到运动算例页面。在 SOLIDWORKS 界面的左下角单击"运动算例 1"选项卡，切换到运动算例页面，将运动的"算例类型"设为"Motion 分析"。

（4）移动零件。移动零部件，以方便添加配合，结果如图 2-34 所示。

（5）创建曲柄与曲柄壳体之间的铰链配合。其中，通过"同轴心选择"选择框选择曲柄中间的圆柱面和曲柄壳体孔的圆柱面，通过"重合选择"选择框选择曲柄的端面和曲柄壳体的端面，如图 2-35 所示。

图 2-34　移动零件的结果　　　图 2-35　创建曲柄与曲柄壳体之间铰链配合的所选面

（6）创建连杆 1 与曲柄之间的同轴心配合。其中，通过"要配合的实体"选择框选择连杆 1 和曲柄的球面，如图 2-36 所示。

（7）创建摇臂与摇臂基座之间的铰链配合。其中，通过"同轴心选择"选择框选择摇臂孔的圆柱面和摇臂基座轴的圆柱面，通过"重合选择"选择框选择摇臂的端面和摇臂基座轴的端面，如图 2-37 所示。

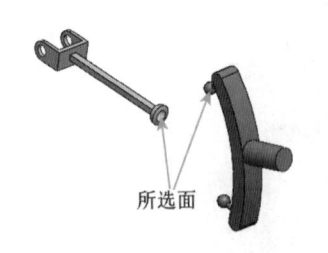

图 2-36　创建连杆 1 与曲柄之间
同轴心配合的所选面

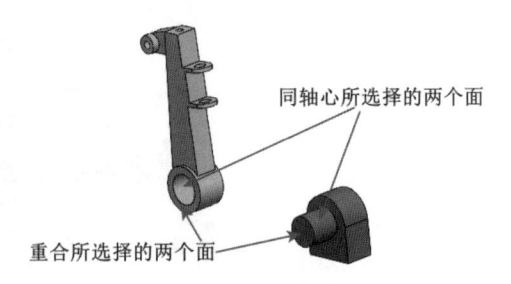

图 2-37　创建摇臂与摇臂基座之间
铰链配合的所选面

（8）创建连杆 1 与万向接头之间的铰链配合。所选面如图 2-38 所示。
（9）创建摇臂与万向接头之间的铰链配合。所选面如图 2-39 所示。
（10）创建连杆 2 与摇臂之间的铰链配合。所选面如图 2-40 所示。
（11）创建连杆 2 与轴环之间的同轴心配合。所选面如图 2-41 所示。

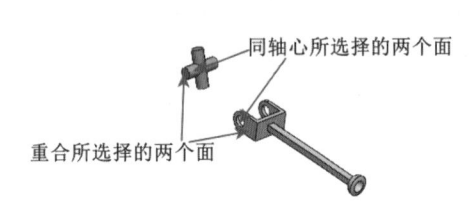

图 2-38　创建连杆 1 与万向接头之间铰链
配合的所选面

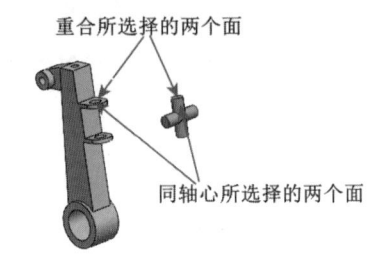

图 2-39　创建摇臂与万向接头之间铰链
配合的所选面

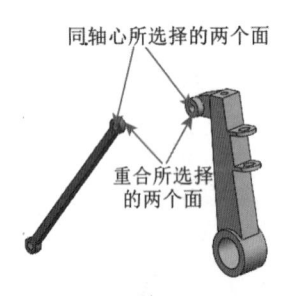

图 2-40　创建连杆 2 与摇臂之间铰链
配合的所选面

图 2-41　创建连杆 2 与轴环之间同轴心
配合的所选面

（12）创建轴与轴环之间的同轴心配合。所选面如图 2-42 所示。
（13）添加马达。为"曲柄"零件添加马达，将"马达类型"设为"旋转马达"，通过"马达位置"选择框选择曲柄的圆柱面，如图 2-43 所示。保持默认的逆时针方向，然后将"函数"设为"等速"，将"速度"设为 9.5493RPM［曲柄的转速为 60rad/min，故 60/(2π)≈9.5493（RPM）］。

图 2-42　创建轴与轴环之间
同轴心配合的所选面

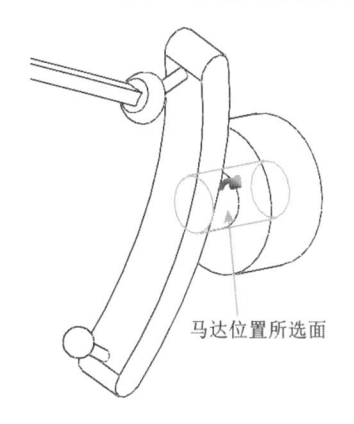

图 2-43　添加马达的位置

（14）设置运动算例属性后运行仿真。将"每秒帧数"设为 50，将仿真结束时间设为 5s，然后提交计算。

（15）创建转动曲柄所需力矩的图解。打开"结果"属性管理器，将"选取类别"设为"力"，将"选取子类别"设为"马达力矩"，将"选取结果分量"设为"幅值"；通过"特征"选择框在 MotionManager 设计树中选择"旋转马达 1"。所绘制的马达力矩随时间变化的曲线如图 2-44 所示。

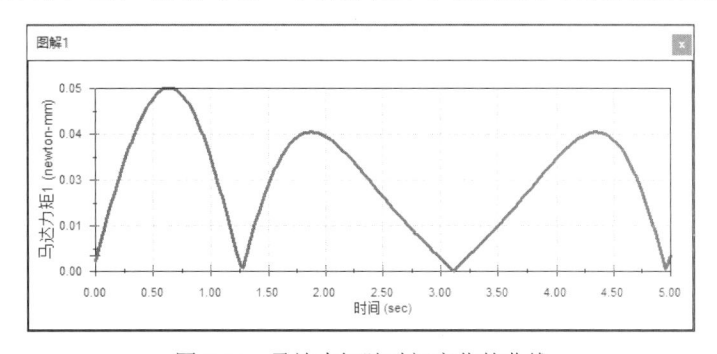

图 2-44　马达力矩随时间变化的曲线

2.2　马　　达

马达可以理解为动力源，用于控制零部件的运动。马达既可以推动零部件进行线性、旋转或与路径相关的运动，也可以阻碍运动。本节首先介绍添加马达时所用到的"马达"属性管理器，并通过具体实例演示添加马达的具体操作过程。

2.2.1　"马达"属性管理器

在当前运动算例页面单击 MotionManager 工具栏中的"马达"按钮，弹出图 2-45 所示的"马达"属性管理器，通过该属性管理器可对所添加马达的参数进行具体定义。

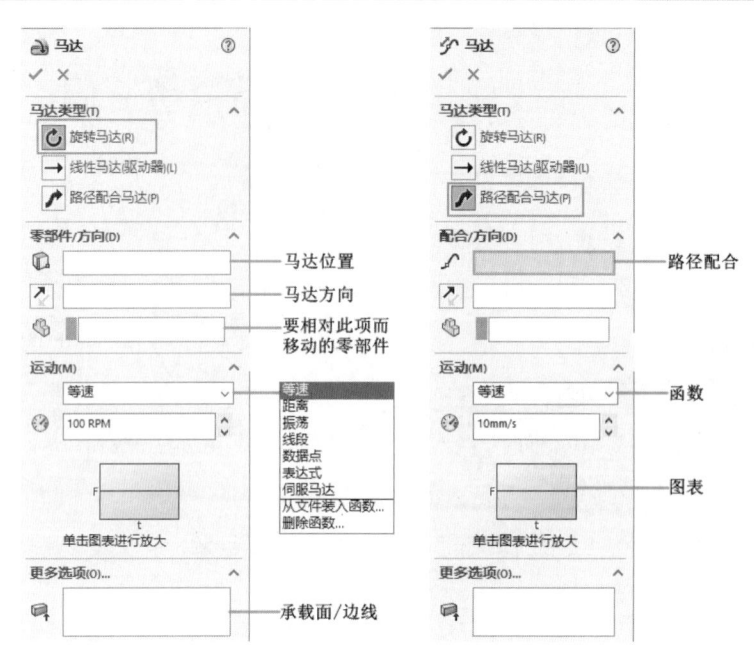

图 2-45 "马达"属性管理器

下面对"马达"属性管理器中的各参数栏进行具体介绍。

1. 马达类型

"马达类型"组框内有以下三种马达类型可供选择。

（1）旋转马达 C。添加推动零件进行旋转运动的马达。

（2）线性马达（驱动器）→。添加推动零件进行线性运动的马达。

（3）路径配合马达 ↗。添加推动零件进行路径相关运动的马达（该马达仅在创建了路径配合的情况下可以使用）。

2. 零部件/方向

通过"零部件/方向"组框（当马达类型为"旋转马达"或"线性马达"时出现该组框）可以选择马达位置、马达方向和参考零部件。

（1）马达位置 ⌘。该选择框可用于选择添加马达的位置。

（2）反向 ↗。单击该按钮可以反转马达的运动方向。

（3）马达方向。该选择框用于选择定义马达方向的特征，如面或边线。

（4）要相对此项而移动的零部件 ⌘。该选择框用于选择马达运动的参照零部件（空白表示马达的运动相对于全局坐标系）。

3. 配合/方向

"配合/方向"组框仅当马达类型为"路径配合马达"时才出现，与"零部件/方向"组框稍有不同，该组框将"马达位置"选择框替换为"路径配合"选择框，以用于选择定义马达运动路径的路径配合。

4．运动

"运动"组框用于设置马达运动的各种参数。当通过"函数"下拉列表选择不同的选项时，该组框内各选项的参数栏也将随之发生变化，具体见表 2-1。

表 2-1 "运动"组框内"函数"下拉列表中各选项的参数栏

"函数"下拉列表中的选项及说明	参数栏及图标	功 能 简 介
等速（将以恒定速度驱动马达）	速度	用于设定马达的恒定速度
距离（马达将移动一个固定的距离或角度）	位移	为马达设定操作距离
	开始时间	为马达操作设定运动的开始时间
	持续时间	为马达操作设定运动的持续时间
振荡（马达将在指定频率下的某一特定距离中进行往复运动）	位移	为马达设定振荡的幅值
	频率	为马达设定振荡的频率
	相移	为马达设定相位的移动数值
线段	弹出"函数编制程序"对话框	马达的运动轨迹由最常用的函数进行构建，如线性、多项式、半正弦或其他函数
数据点		马达的运动可通过对一组表格数值进行内插值计算而驱动
表达式		马达的运动可通过已有变量和常量创建的数学表达式进行驱动
伺服马达（用于对基于事件引发的运动实施控制指令）	位移（无图标）	通过位移来控制此马达
	速度（无图标）	通过速度来控制此马达
	加速度（无图标）	通过加速度来控制此马达
从文件装入函数	弹出"打开"对话框	通过*.sldfnc 文件导入使用"函数编制程序"对话框所创建的函数
删除函数	弹出"删除运动函数"对话框	删除使用"函数编制程序"对话框创建的函数

在"函数"下拉列表中选择"等速""距离""振荡"三个选项时，在完成各参数栏的设置后，单击"图表"按钮，可以通过图解的方式查看马达的运动规律。

在"函数"下拉列表中选择"线段""数据点""表达式"三个选项时，将弹出如图 2-46 所示的"函数编制程序"对话框（此图为选择"线段"选项而显示的"线段"视图）。通过单击顶部的"线段""数据点""表达式"按钮，也可以进行视图的切换。

下面对"函数编制程序"对话框中的各选项进行简单介绍。

（1）"线段"视图。通过此视图，可以使用时间或循环角度的分段连续函数（此处的函数仅为最常用的函数）来构建马达的运动轨迹。

1）值（y）。指定函数的因变量，如位移、速度、加速度。
2）自变量（x）。指定函数的自变量，如时间、循环角度。
3）单击以添加行。单击此处可为新线段添加行。
4）起点 X。指定线段起点处的自变量数值。
5）终点 X。指定线段终点处的自变量数值。行中"终点 X"的值为下一行"起点 X"的值。
6）值。指定线段终点处的因变量数值。

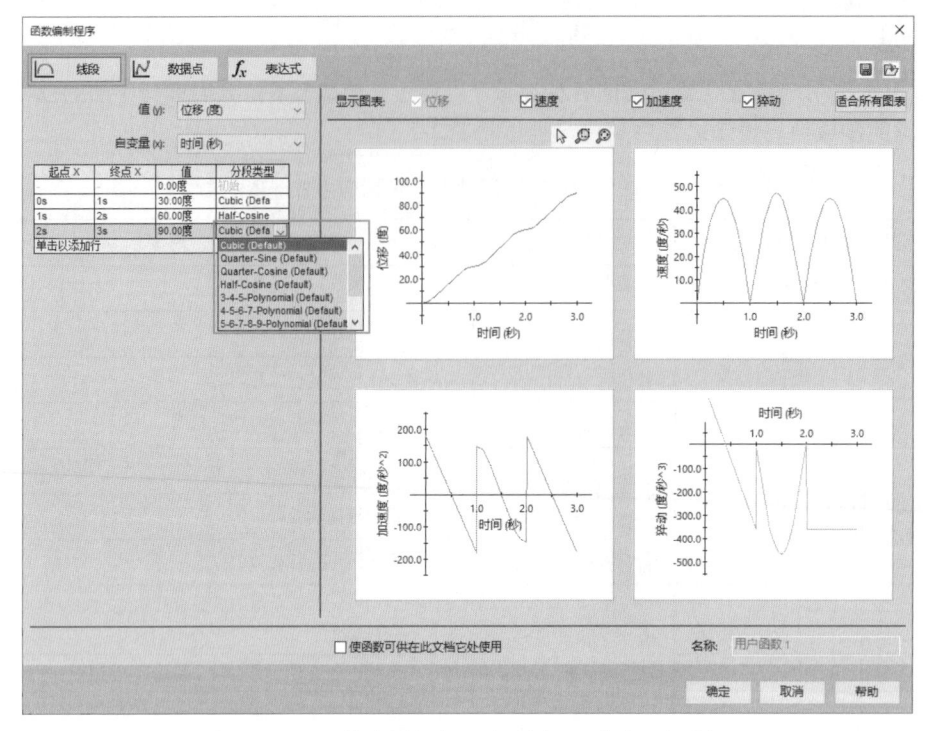

图 2-46 "函数编制程序"对话框("线段"视图)

7)分段类型。为行中"起点 X"至"终点 X"的线段指定所使用的函数,默认的备选函数包括 Cubic(Default)(三次曲线)、Quarter-Sine(Default)(四分之一正弦)、Quarter-Cosine(Default)(四分之一余弦)、Half-Cosine(Default)(半余弦)、3-4-5-Polynomial(Default)(3-4-5 次多项式)、4-5-6-7-Polynomial(Default)(4-5-6-7 次多项式)、5-6-7-8-9-Polynomial(Default)(5-6-7-8-9 次多项式)、Cycloidal(Default)(摆线)、Quadratic(Default)(二次)和 Linear(Default)(线性)。分段类型各种函数的曲线示意图如图 2-47 所示。

(a)三次曲线　(b)四分之一正弦　(c)四分之一余弦　(d)半余弦

(e)3-4-5 次多项式　(f)4-5-6-7 次多项式　(g)5-6-7-8-9 次多项式　(h)摆线

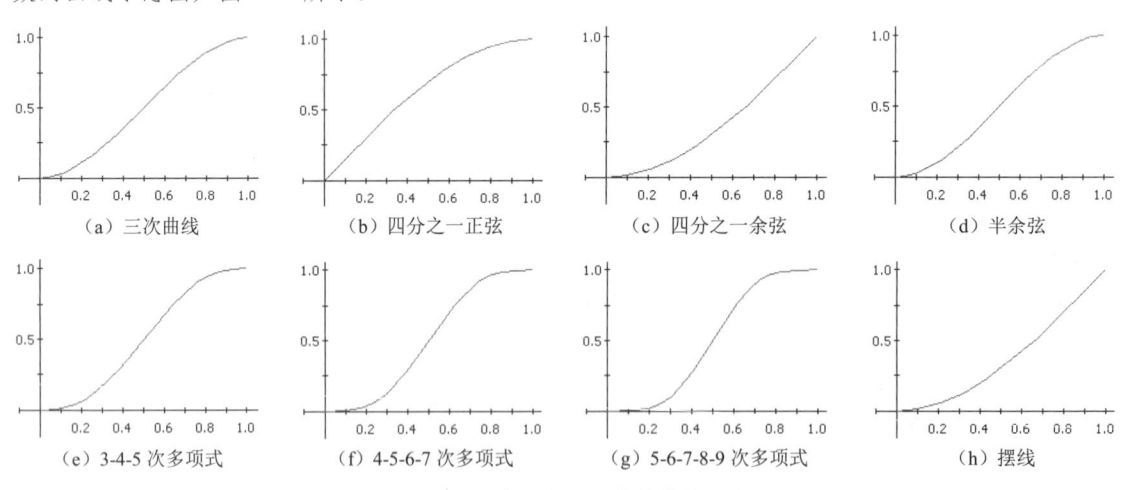

图 2-47 分段类型各种函数的曲线示意图

　　　　　（i）二次　　　　　　　　　　　（j）线性

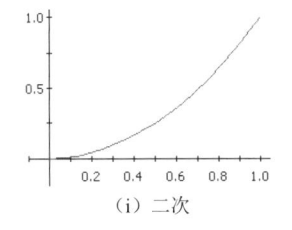

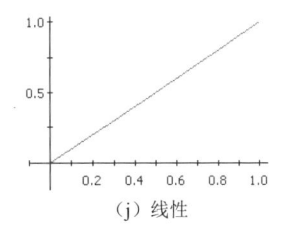

图 2-47（续）

8)"另存为"按钮 ▣。可以将当前定义的函数导出为*.sldfnc 文件。

9)"打开"按钮 ▣。可以从*.sldfnc 文件导入自定义的函数。

10) 显示图表。该区域内最多可显示 4 个图表：位移、速度、加速度、猝动（加速度相对于时间的导数）。当显示多个图表时，用户可以双击所需的图表将其展开，而隐藏其他图表。当双击单独显示的图表时，将恢复为多图表显示。

11) 适合所有图表。单击该按钮，将缩放图表，以显示所有图表。

12)"选择"按钮 ▣。单击该按钮，当将指针移到图表上时，将会显示一组垂线以及图表与这些垂线相交处的图表值，如图 2-48 所示。

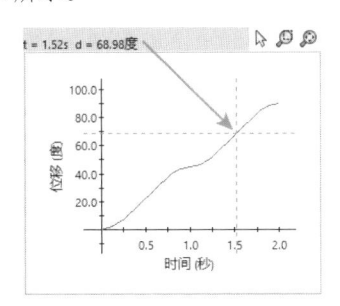

图 2-48　"选择"按钮的使用

13)"局部放大"按钮 ▣。单击该按钮，可对当前图表进行局部放大。

14)"整屏显示全图"按钮 ▣。单击该按钮，将以合适的比例显示当前图表。

📢 提示：

　　当单击选择某个图表时，"选择""局部放大""整屏显示全图"三个按钮将移动到该图表的右上角，见图 2-48。

15) 使函数可供在此文档他处使用。勾选该复选框时，可允许将当前所定义的函数在此运动算例中直接使用。

16) 名称。指定当前定义函数的名称。此名称将会出现在"马达"属性管理器的"函数"下拉列表中。

(2)"数据点"视图。单击顶部的"数据点"按钮 ▣ 数据点，可以切换到"数据点"视图，如图 2-49 所示。通过此视图，可以使用插值数据组（如时间、循环角度或运动算例结果）来构建马达的运动轨迹。"数据点"视图中的大部分选项与"线段"视图相同，下面仅介绍其中与"线段"视图有区别的选项。

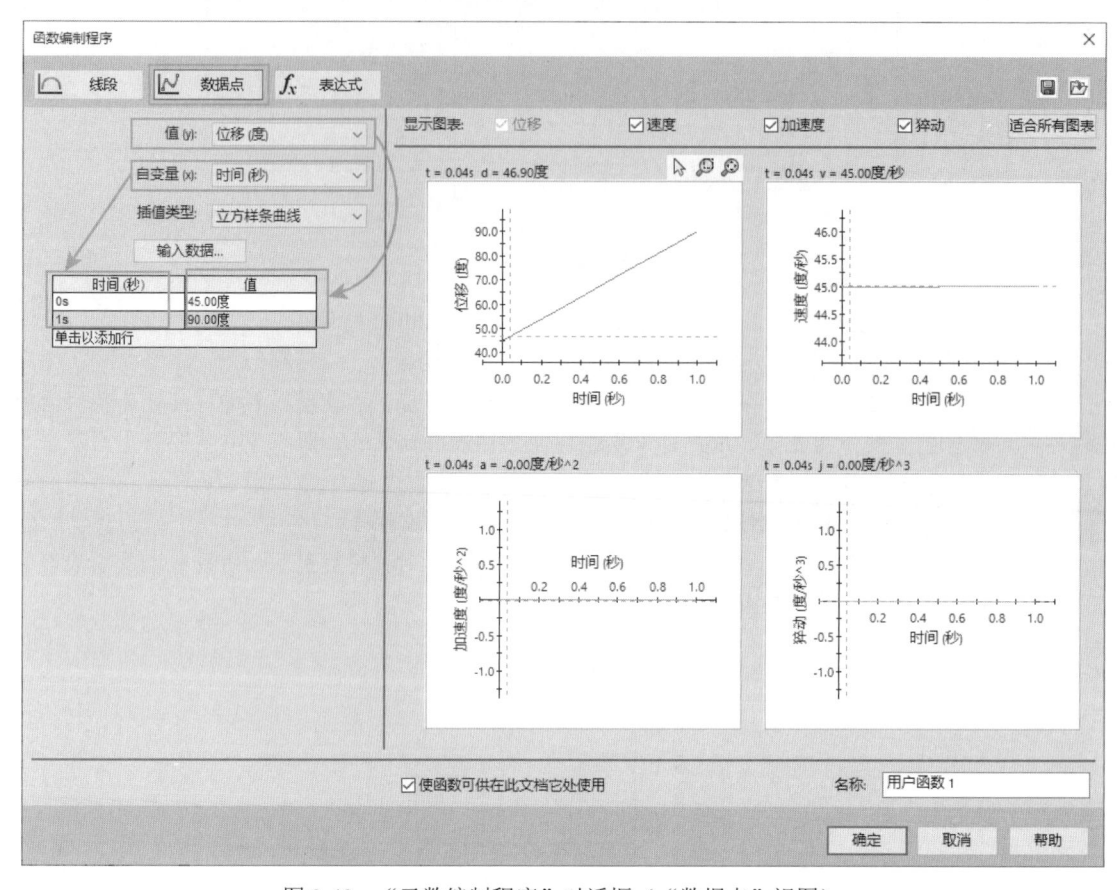

图 2-49 "函数编制程序"对话框("数据点"视图)

1) 插值类型。用于设置插值方法,其中包括立方样条曲线、线性、Akima 样条曲线。

2) 输入数据。单击该按钮,将从*.csv 或*.txt 文件输入函数的数据点。数据点的自变量范围在数据点表格的单行中显示。在导入文件后单击"单击以添加行"按钮,还可以继续添加新的数据点到当前函数的定义。

(3)"表达式"视图。单击顶部的"表达式"按钮 f_x 表达式,可以切换到"表达式"视图,如图 2-50 所示。通过此视图,可以使用时间、循环角度或运动算例结果的数学表达式来构建马达的运动轨迹。"表达式"视图中的大部分选项与"线段"视图相同,下面仅介绍其中与"线段"视图有区别的选项。

1)"表达式定义"输入框。用于显示用户所输入的函数、变量、常量或结果的数学表达式,除了可输入各表达式单元(表示组成各表达式的基本要素)之外,还可以直接输入普通数学运算符,如+、-、*(乘)、/(除)和**(乘方)。为了帮助用户正确输入表达式,在该输入框的右下角会显示当前输入的表达式是否符合规范的图标,如果显示 ✖ 图标,则表明当前表达式不符合规范;如果显示 ✔ 图标,则表明当前表达式符合规范。

2)"表达式单元类型"下拉列表。用于选择可输入的表达式单元的类别。其中,"数学函数"选项用于选择各种内置的数学函数,常用数学函数及其说明见表 2-2;"变量和常量"选项用于选择自变量和常量，常用自变量和常量及其说明见表 2-3；"运动算例结果"选项用于选择可作为自变量包含到表达式中的结果。

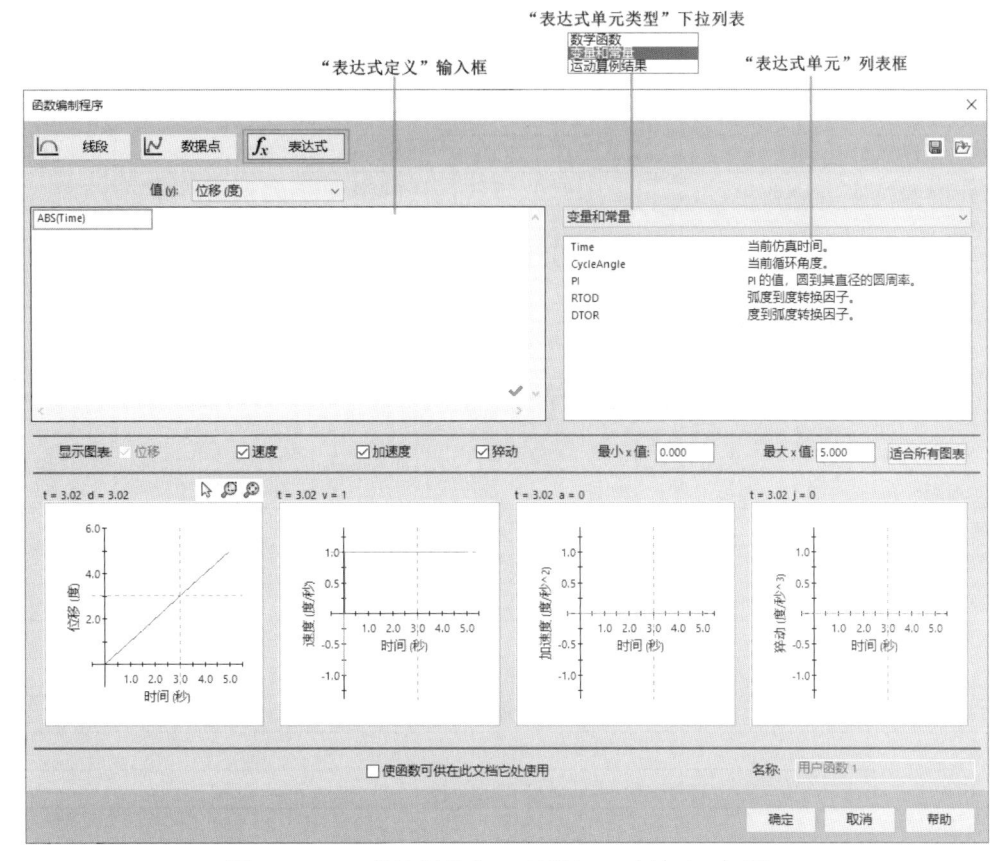

图 2-50 "函数编制程序"对话框（"表达式"视图）

表 2-2 常用数学函数及其说明

函　　数	说　　明
ABS(a)	计算表达式 a 的绝对值
ACOS(a)	计算表达式 a（a≤1）的反余弦
AINT(a)	计算不大于表达式 a 的最接近整数
ANINT(a)	计算表达式 a 的最接近整数
ASIN(a)	计算表达式 a（a≤1）的反正弦
ATAN(a)	计算表达式 a（a≤1）的反正切
ATAN2(a1, a2)	计算表达式 a1/a2 的反正切
BISTOP(x,xdot,x1,x2,k,e,cmax,d)	用于对缝隙单元进行建模，以计算零部件在缝隙中移动的力
CHEBY(x,x0,a0,a1,...,a30)	计算第一类 n 阶（最多定义 30 阶）切比雪夫多项式的值
COS(a)	计算表达式 a 的余弦
COSH(a)	计算表达式 a 的双曲余弦

续表

函　　数	说　　明
EXP(a)	计算自然常数 e 的 a 次幂
FORCOS(x,x0,w,a0,a1,...,a30)	估算傅里叶余弦系列
FORSIN(x,x0,w,a0,a1,...,a30)	估算傅里叶正弦系列
HAVSIN(x,x0,h0,x1,h1)	表示从(x0,h0)到(x1,h1)平滑过渡的半正矢函数
IF(e1:e2,e3,e4)	如果 e1<0，则返回 e2；如果 e1＝0，则返回 e3；如果 e1>0，则返回 e4
IMPACT(x,xdot,x1,k,e,cmax,d)	计算碰撞力作为位移和速度的函数
LOG(a)	计算表达式 a 的自然对数
LOG10(a)	计算表达式 a 的以 10 为底的对数
MAX(a1,a2)	返回两个表达式 a1 和 a2 的最大值
MIN(a1,a2)	返回两个表达式 a1 和 a2 的最小值
MOD(a1,a2)	计算 a1/a2 的余数
POLY(x,x0,a0,a1,...,a30)	返回 n 阶（最多 30 阶）多项式的值
SHF(x,x0,a,w,phi,b)	返回简谐函数的值
SIGN(a1,a2)	返回将表达式 a2 的符号转移到表达式 a1 的值
SIN(a)	计算表达式 a 的正弦
SINH(a)	计算表达式 a 的双曲正弦
SQRT(a)	计算表达式 a 的平方根
STEP(x,x0,h0,x1,h1)	表示从(x0,h0)到(x1,h1)的三次多项式平滑过渡函数
STEP5(x,x0,h0,x1,h1)	表示从(x0,h0)到(x1,h1)的五次多项式平滑过渡函数
SWEEP(x,a,x0,f0,x1,f1,dx)	在自变量的范围内返回带线性增量频率的恒定幅值的正弦函数
TAN(a)	计算表达式 a 的正切
TANH(a)	计算表达式 a 的双曲正切

表 2-3　常用自变量和常量及其说明

自变量和常量	说　　明
Time	当前仿真时间
CycleAngle	当前循环角度
PI	圆周率 π
RTOD	弧度换算成角度的换算因子（即 180/PI）
DTOR	角度换算成弧度的换算因子（即 PI/180）

3）"表达式单元"列表框。用于显示可供选择的表达式单元。双击任意一个表达式单元，可将该表达式单元添加到"表达式定义"输入框内。

4）最小 x 值。在自变量范围中指定最小值。

5）最大 x 值。在自变量范围中指定最大值。

◆))提示：

在 SOLIDWORKS Motion 动力学分析中使用马达时，有以下注意事项。

（1）马达作为一种动力源，它能够以一个所选方向移动零部件，如果在仿真过程中由于某个零部件而引起马达方向的参考实体发生了改变，则马达将继续以新的方向来移动零部件。

（2）不能在同一个零部件上添加相同类型的马达。

（3）马达所产生的运动优先于任何其他模拟元素所产生的运动。在动力学分析中，如果有一个马达将零部件向左移动，而还有一个弹簧将零部件向右移动，则零部件将向左移动，但马达所消耗的能量将增加。

（4）在使用马达时，用户无须设置马达的功率。

2.2.2 实例——举升机构

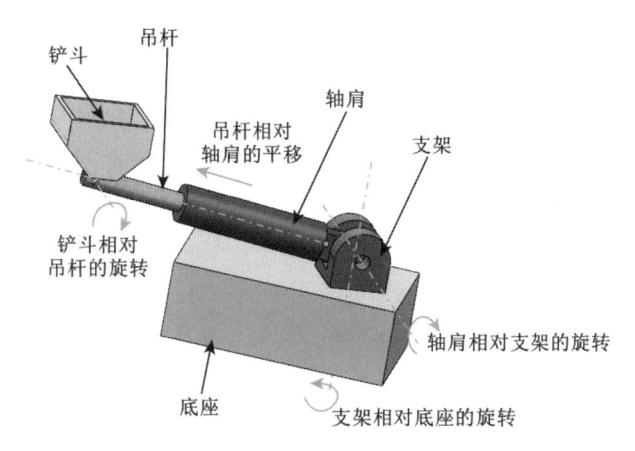

本小节将讲解如何对图 2-51 所示的举升机构添加 4 个马达，以演示添加不同类型马达的具体操作步骤。

图 2-51 举升机构示意图

1. 生成一个运动算例

（1）打开装配体文件。打开电子资源包中"源文件\原始文件\第 02 章\举升机构"文件夹下的"举升机构.SLDASM"文件。

（2）检查装配体中各零件之间的配合。通过 SOLIDWORKS 操作界面左侧的 FeatureManager 设计树可以查看装配体中所包含的零件及所创建的配合，如图 2-52 所示。

由图 2-52 可知，铰链 1 配合可使支架相对于底座只能进行一个方向的旋转运动；铰链 2 配合可使轴肩相对于支架只能进行一个方向的旋转运动；同心 1 和平行 1 的两个配合可使吊杆相对于轴肩只能进行一个方向的平移运动；铰链 3 配合可使铲斗相对于吊杆只能进行一个方向的旋转运动。因此，该装配体中已经完成了配合的创建，无须再创建其他配合。

（3）切换到运动算例页面。在 SOLIDWORKS 界面左下角单击"运动算例 1"选项卡，进入该运动算例页面，然后将 MotionManager 工具栏中的"算例类型"设为"Motion 分析"。

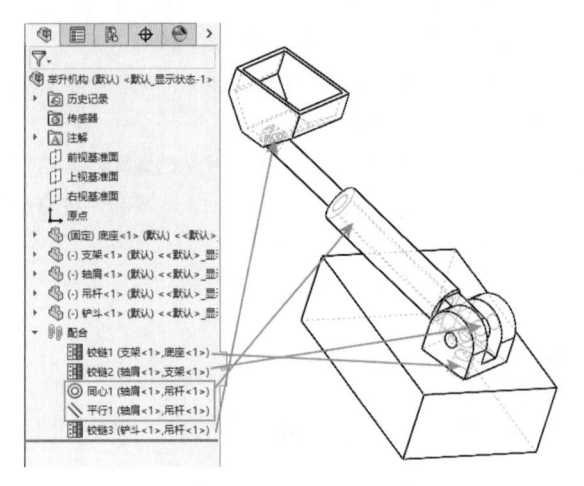

图 2-52 检查装配体中各零件之间的配合

2. 前处理

(1) 添加驱动支架旋转的马达。单击 MotionManager 工具栏中的"马达"按钮，弹出"马达"属性管理器，在"马达类型"组框内单击"旋转马达"按钮；通过"零部件/方向"组框内的"马达位置"选择框选择支架底部的圆柱面，如图 2-53 所示，采用默认的逆时针方向；在"运动"组框内选择"函数"为"等速"，设置马达的转速为 0.5RPM，最后单击"确定"按钮，完成驱动支架旋转马达的添加。

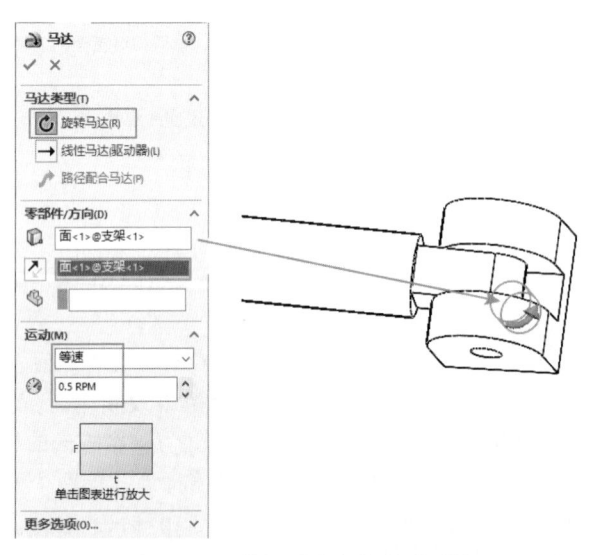

图 2-53 添加驱动支架旋转的马达

(2) 添加驱动轴肩旋转的马达。再次单击 MotionManager 工具栏中的"马达"按钮，弹出"马达"属性管理器，在"马达类型"组框内单击"旋转马达"按钮；通过"零部件/方向"组框内的"马达位置"选择框选择轴肩底部的圆孔面，如图 2-54 所示，单击"反向"按钮，设置为顺时针方向。在"运动"组框内选择"函数"为"线段"，弹出图 2-55 所示的对话框，将"值（y）"设为

"位移（度）"，将"自变量（x）"设为"时间（秒）"，在下面的表格中单击两次"单击以添加行"按钮，为表格添加两行，然后按图2-55所示设置表格中的各参数，最后单击"确定"按钮。返回"马达"属性管理器，单击"确定"按钮 ✓，完成驱动轴肩旋转马达的添加。

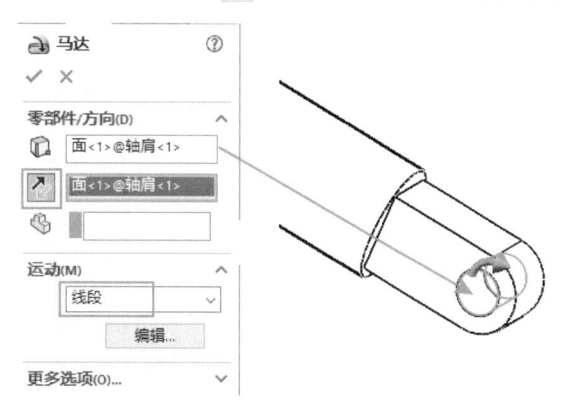

图 2-54　添加驱动轴肩旋转的马达

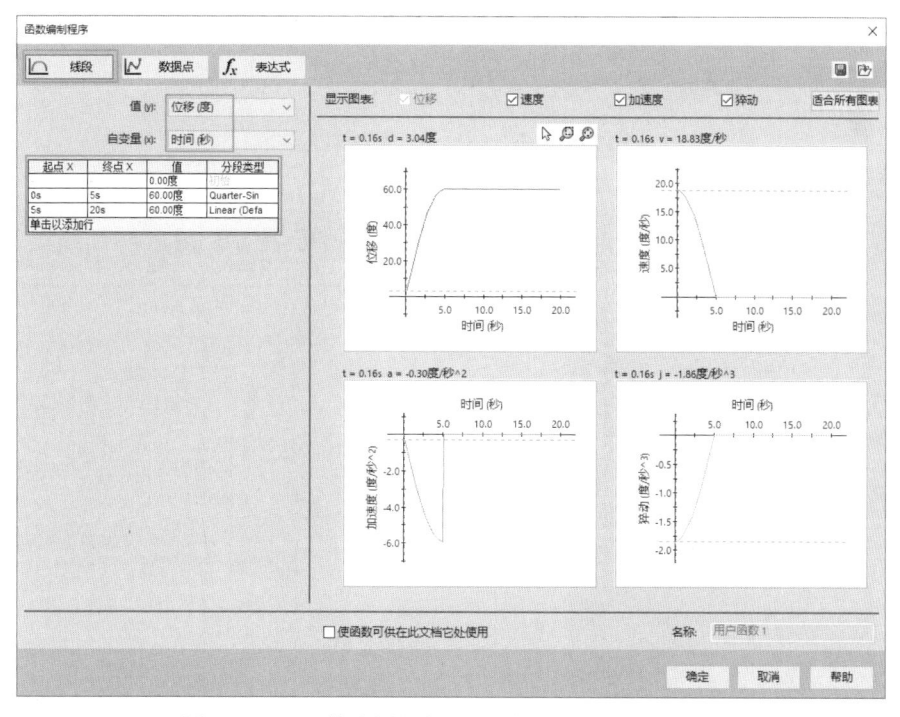

图 2-55　"函数编制程序"对话框（"线段"视图）

（3）添加驱动吊杆平移的马达。再次单击 MotionManager 工具栏中的"马达"按钮，弹出"马达"属性管理器，在"马达类型"组框内单击"线性马达（驱动器）"按钮 →；通过"零部件/方向"组框内的"马达位置"选择框选择吊杆的圆柱面，单击"反向"按钮 ↗ 以调整平移的方向，通过"要相对此项而移动的零部件"选择框选择轴肩零件，如图2-56所示；在"运动"组框内选择"函数"为"数据点"，弹出图2-57所示的对话框，将"值（y）"设为"位移（mm）"，将"自变量（x）"

设为"时间（秒）"，将"插值类型"设为"立方样条曲线"，单击"输入数据"按钮，通过弹出的"打开"对话框选择电子资源包中"源文件\原始文件\第02章\举升机构"文件夹下的"移动距离.csv"文件，此时，数据点的自变量范围在数据点表格的单行中显示，最后单击"确定"按钮。返回"马达"属性管理器，单击"确定"按钮✓，完成驱动吊杆平移马达的添加。

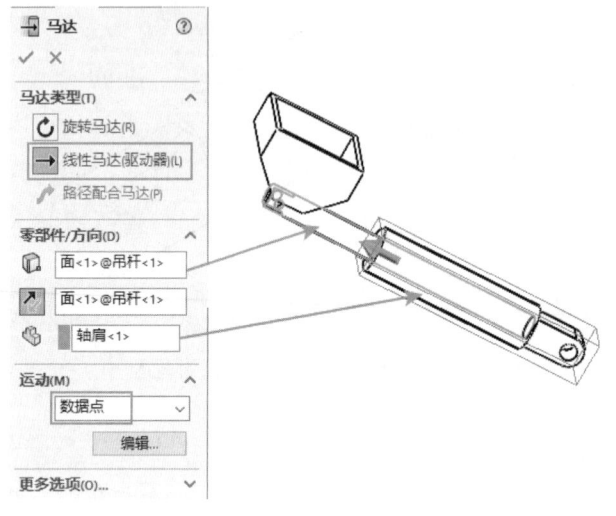

图 2-56 添加驱动吊杆平移的马达

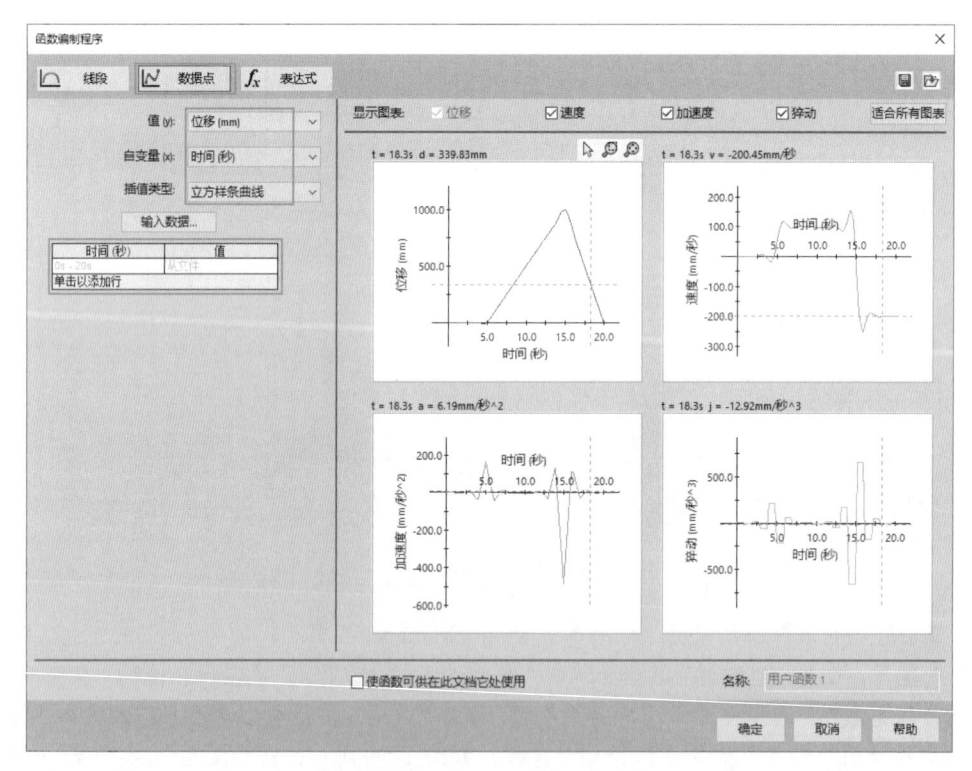

图 2-57 "函数编制程序"对话框（"数据点"视图）

提示：

通过 Excel 软件打开电子资源包中的 "移动距离.csv" 文件，如图 2-58 所示。该文件中包含两列数字，第一列数字代表时间，第二列数字代表马达的位移；每行对应一个数据点，每个数据点包含两个数值，即时间和该时间点对应的马达位移。SOLIDWORKS Motion 允许使用不限数量的数据点，数据点的最小值为 4。插值类型可选择线性插值、立方样条曲线和 Akima 样条曲线，其中推荐用户使用立方样条曲线，因为选择此插值类型后，即使数据点分布不均匀，仍然可以得到较好的结果。Akima 样条曲线生成的速度更快，但是当数据点分布不均匀时效果不好。用户可以通过 "函数编制程序" 对话框右侧的图表来查看所选择的插值类型是否符合需要。在通过文件输入数据后，该文件数据点的自变量范围在数据点表格的单行中显示，右击此行，在弹出的快捷菜单中选择 "扩展" 命令，将展开该文件中所包含的数据，如图 2-59 所示。通过右击某一行，可对数据点表格中的数据作进一步的修改。

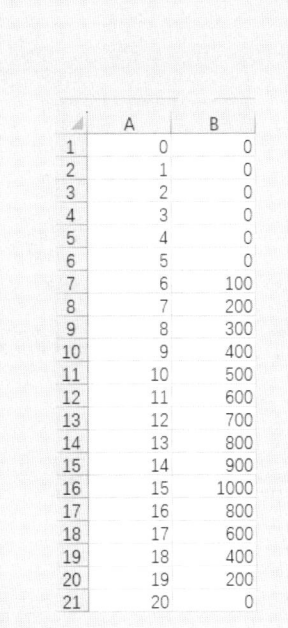

图 2-58 "移动距离.csv" 文件中的数据

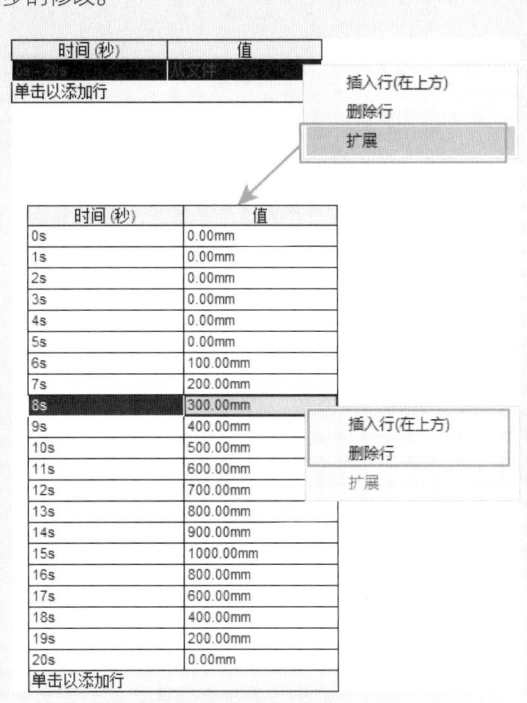

图 2-59 数据点表格的修改

（4）添加驱动铲斗旋转的马达。再次单击 MotionManager 工具栏中的 "马达" 按钮，弹出 "马达" 属性管理器，在 "马达类型" 组框内单击 "旋转马达" 按钮；通过 "零部件/方向" 组框内的 "马达位置" 选择框选择铲斗底部的圆孔面，如图 2-60 所示。单击 "反向" 按钮以调整旋转方向；在 "运动" 组框内选择 "函数" 为 "表达式"，弹出图 2-61 所示的对话框，在 "表达式定义" 输入框中输入 "IF((Time−5):0,0,45*(1−cos(2*Time)))"，将 "最小 x 值" 设为 0，将 "最大 x 值" 设为 20，以查看表达式的图表，最后单击 "确定" 按钮。返回 "马达" 属性管理器，单击 "确定" 按钮，完成驱动铲斗旋转马达的添加。

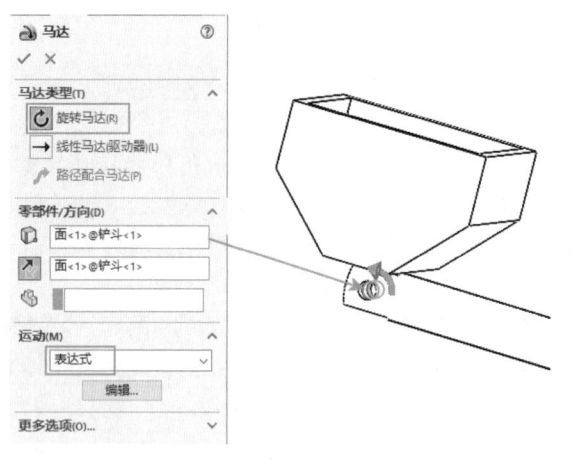

图 2-60 添加驱动铲斗旋转的马达

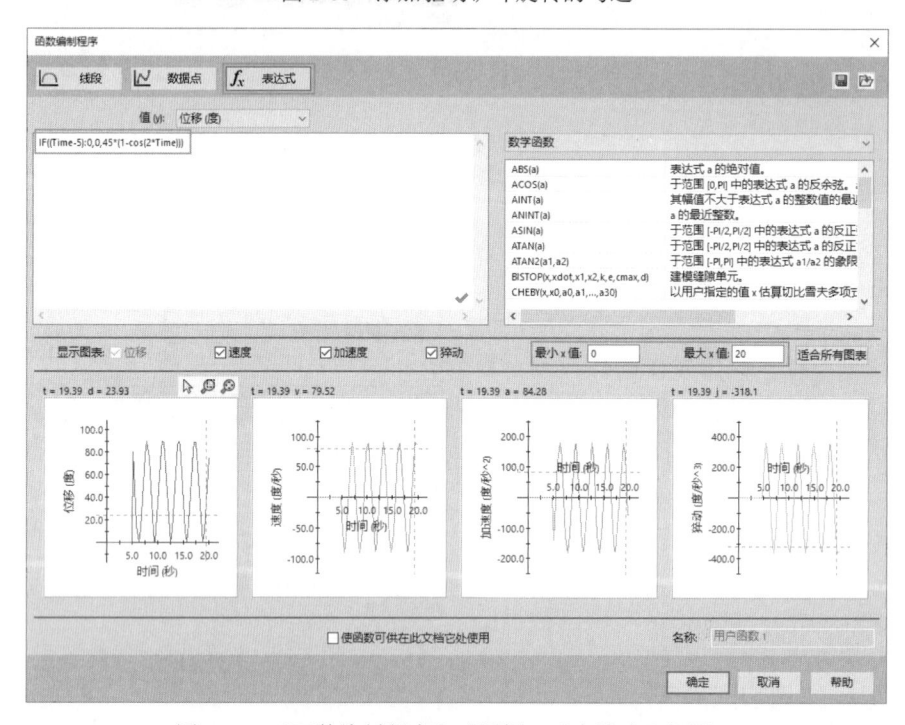

图 2-61 "函数编制程序"对话框("表达式"视图)

🔊 提示:

在图 2-61 中使用了一个 IF 函数,该函数的语法为"IF(Expression1:Expression2, Expression3, Expression4)"。如果表达式 Expression1 的值小于 0,则 IF 函数返回 Expression2;如果表达式 Expression1 的值等于 0,则返回 Expression3;如果表达式 Expression1 的值大于 0,则返回 Expression4。因此,表达式"IF((Time-5):0,0,45*(1-cos(2*Time)))"表示,当时间小于或等于 5s 时,不驱动马达的旋转;当时间大于 5s 时,按 45*(1-cos(2*Time))的角度驱动马达的旋转。用户可通过"表达式单元"列表框来查看各表达式单元的使用说明。

（5）设置运动算例属性。单击 MotionManager 工具栏中的"运动算例属性"按钮 ⚙，弹出"运动算例属性"属性管理器，在"Motion 分析"组框内将"每秒帧数"设为 50，其余参数采用默认设置，单击"确定"按钮 ✓。

3. 运行仿真及后处理

（1）设置仿真结束时间。在时间线视图中，将顶部更改栏右侧的键码点拖放至 20 秒处，即总的仿真时间为 20 秒。

（2）提交计算。单击 MotionManager 工具栏中的"计算"按钮，可对当前运动算例进行仿真计算。

（3）播放动画。完成分析计算后，单击 MotionManager 工具栏中的"从头播放"按钮 ▶，可以播放仿真的动画。

（4）创建铲斗 Y 方向位移的图解。单击 MotionManager 工具栏中的"结果和图解"按钮，弹出"结果"属性管理器，在"结果"组框内的"选取类别"下拉列表中选择"位移/速度/加速度"，在"选取子类别"下拉列表中选择"线性位移"，在"选取结果分量"下拉列表中选择"Y 分量"，通过"特征"选择框选择铲斗的任意一个面，其他参数保持默认，单击"确定"按钮 ✓，生成新的图解，结果如图 2-62 所示。

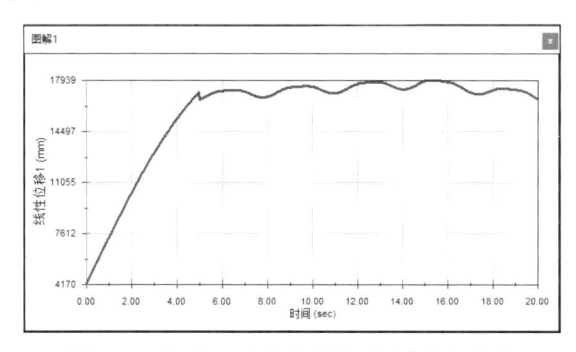

图 2-62　铲斗 Y 方向位移随时间变化的曲线

练一练——笔式绘图机构

图 2-63 所示为笔式绘图机构示意图。其中，指针在横梁的带动下，可以在纸面上绘制出需要的图形，通过 SOLIDWORKS Motion 对该笔式绘图机构进行动力学分析，创建指针在纸面上绘制出的轨迹图解。

图 2-63　笔式绘图机构示意图

【操作提示】

（1）打开装配体文件。打开电子资源包中"源文件\原始文件\第 02 章\笔式绘图机构"文件夹下的"笔式绘图机构.SLDASM"文件。

（2）检查装配体中各零件之间的配合。通过 SOLIDWORKS 操作界面左侧的 FeatureManager 设计树可以查看装配体中所包含的零件及所创建的配合，如图 2-64 所示。通过同心 1 和同心 2 两个配合，可使横梁相对于支架只能进行一个方向的平移运动；通过重合 1 配合（此配合所选图元为两条轴线），可使指针相对于横梁进行一个方向的平移运动和一个方向的旋转运动。

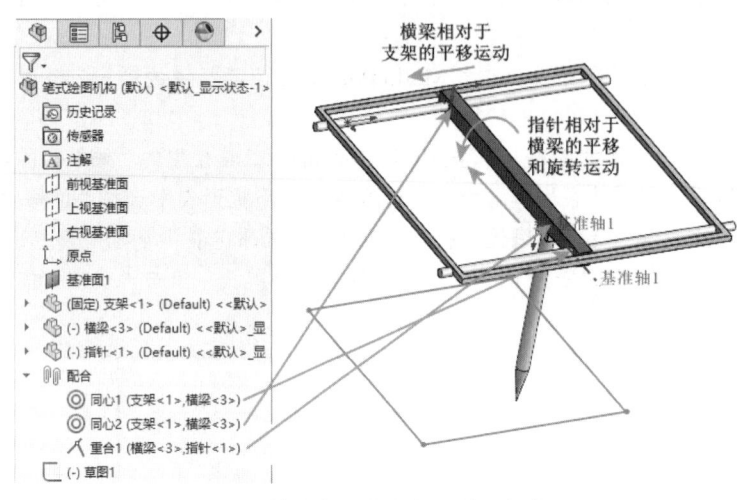

图 2-64　检查装配体中各零件之间的配合

◀》 提示：

由图 2-64 可知，尚未对该装配体中指针相对于横梁的旋转运动进行约束。为了约束指针相对于横梁的旋转运动，用户除了可以通过创建重合配合或平行配合（图 2-65）来约束此旋转运动之外，还可以通过添加一个马达来阻碍此旋转运动。第一种创建配合的方法本书不再赘述，读者可自行操作；本实例将介绍第二种方法，即通过添加一个马达来阻碍指针的旋转运动。

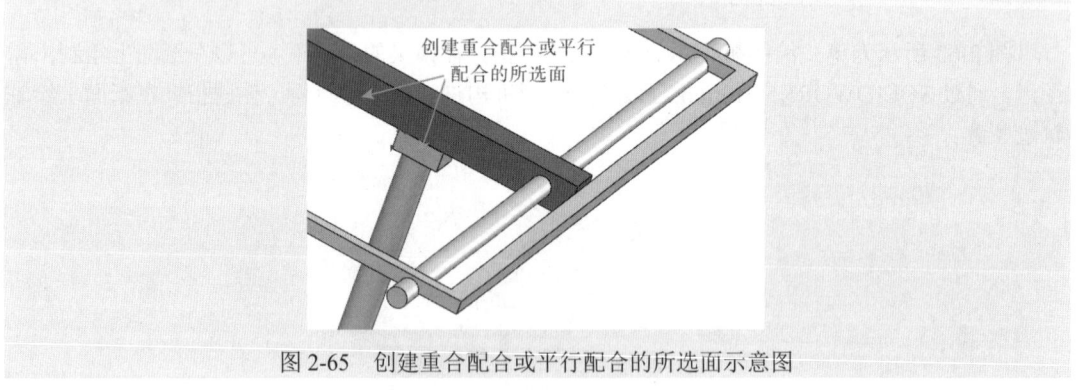

图 2-65　创建重合配合或平行配合的所选面示意图

（3）切换到运动算例页面。在 SOLIDWORKS 界面的左下角单击"运动算例 1"选项卡，切换到运动算例页面，将运动的"算例类型"设为"Motion 分析"。

(4)添加阻碍指针旋转的马达。为"指针"零件添加马达,将"马达类型"设为"旋转马达",通过"马达位置"选择框选择指针零件中的"基准轴1",保持默认的逆时针方向,然后将"函数"设为"距离",将"位移"设为0度,将"开始时间"设为0.00秒,将"持续时间"设为20.00秒,如图2-66所示。

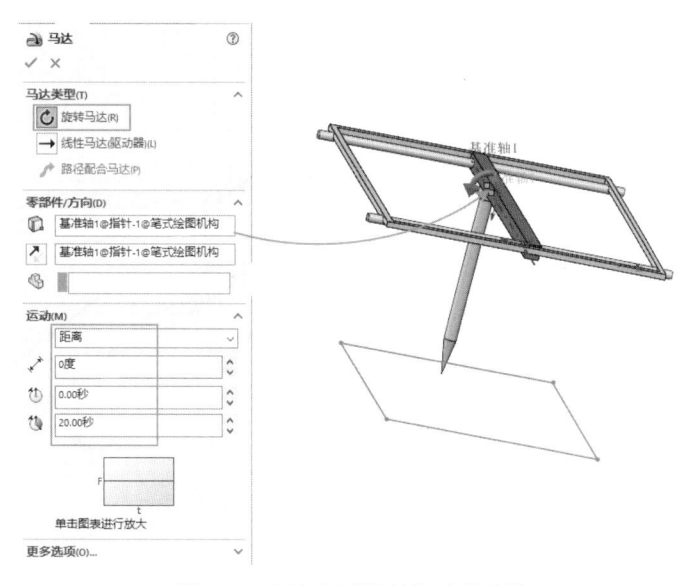

图2-66 添加阻碍指针旋转的马达

(5)添加驱动横梁平移的马达。为"横梁"零件添加马达,将"马达类型"设为"线性马达(驱动器)",通过"马达位置"选择框选择横梁的一个侧面,保持默认的平移方向,然后将"函数"设为"数据点",如图2-67所示。弹出"函数编制程序"对话框,将"值(y)"设为"位移(mm)",将"自变量(x)"设为"时间(秒)",将"插值类型"设为"Akima样条曲线",单击"输入数据"按钮,通过弹出的"打开"对话框选择电子资源包中"源文件\原始文件\第02章\笔式绘图机构"文件夹下的"Y方向位移.csv"文件。

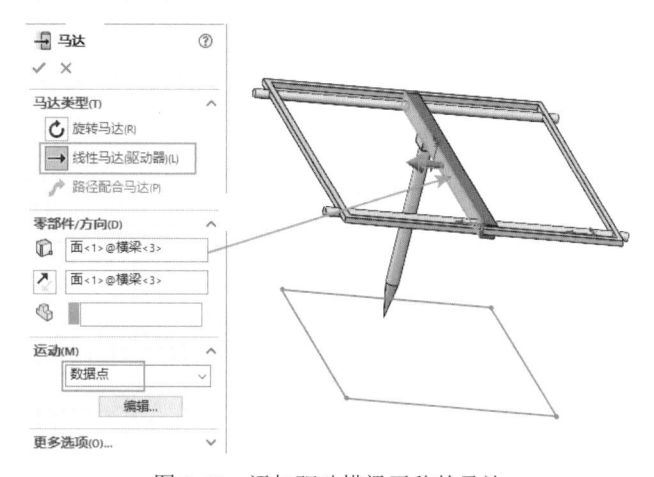

图2-67 添加驱动横梁平移的马达

（6）添加驱动指针平移的马达。为"指针"零件添加马达，将"马达类型"设为"线性马达（驱动器）"，通过"马达位置"选择框选择指针顶部的一个端面，保持默认的平移方向，然后将"函数"设为"数据点"，如图2-68所示。弹出"函数编制程序"对话框，将"值（y）"设为"位移（mm）"，将"自变量（x）"设为"时间（秒）"，将"插值类型"设为"Akima样条曲线"，单击"输入数据"按钮，通过弹出的"打开"对话框选择电子资源包中"源文件\原始文件\第02章\笔式绘图机构"文件夹下的"X方向位移.csv"文件。

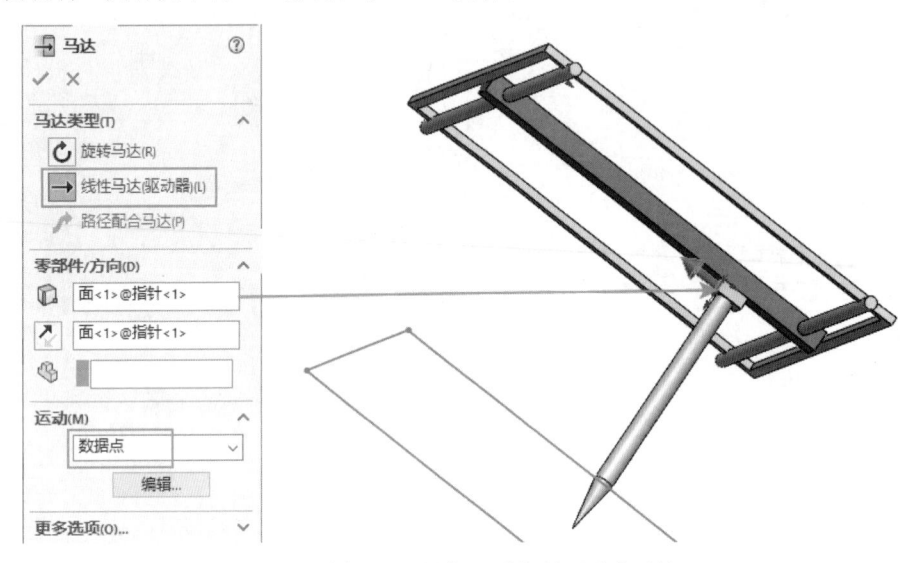

图 2-68　添加驱动指针平移的马达

（7）设置运动算例属性后运行仿真。将"每秒帧数"设为50，将仿真结束时间设为20s，然后提交计算。

（8）创建指针在纸面上绘制出的轨迹的图解。打开"结果"属性管理器，将"选取类别"设为"位移/速度/加速度"，将"选取子类别"设为"跟踪路径"，通过"特征"选择框选择指针的端点，如图2-69所示。指针在纸面上所绘制的轨迹如图2-70所示。

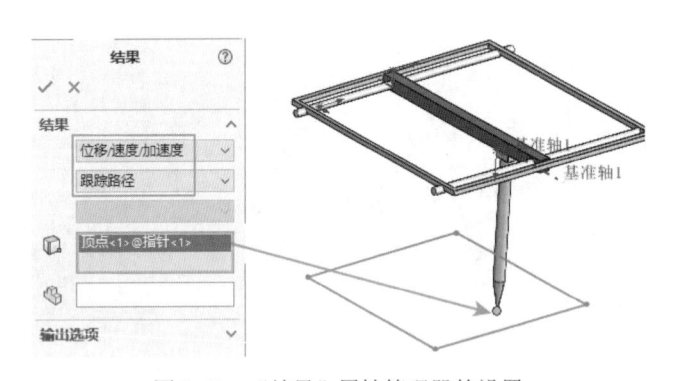

图 2-69　"结果"属性管理器的设置 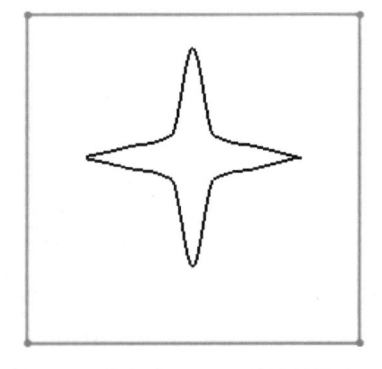　　　　图 2-70　指针在纸面上所绘制的轨迹

第 3 章　添加力和引力

内容简介

力和引力是进行 SOLIDWORKS Motion 动力学分析中经常用到的两类模拟元素。本章首先介绍添加力所用到的"力/扭矩"属性管理器，然后通过具体实例演示添加力的具体操作步骤。接着讲解添加引力所用到的"引力"属性管理器，并通过具体实例演示添加引力的具体操作步骤。

内容要点

- ➢ 力
- ➢ 力矩
- ➢ 引力

案例效果

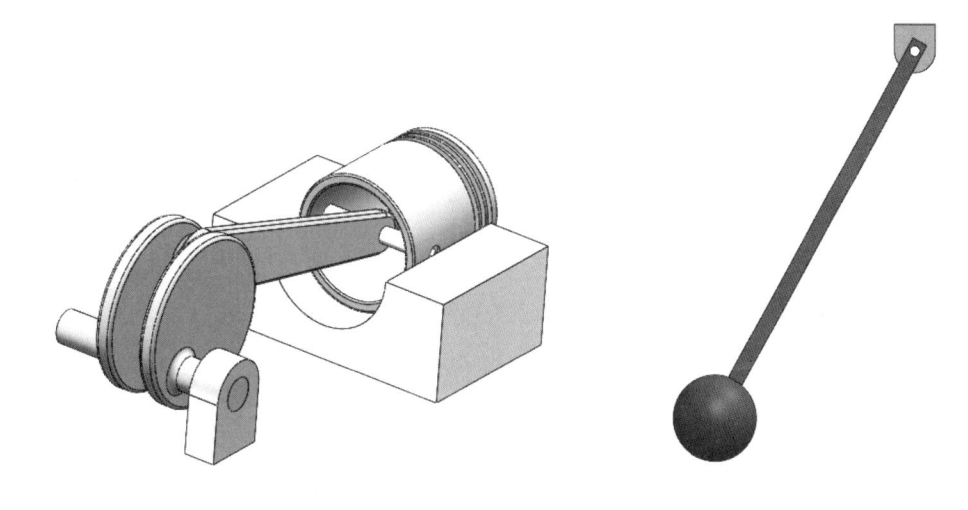

3.1　力

在 SOLIDWORKS Motion 动力学分析中，模拟元素"力"（包括力和力矩）是指在零部件的特定位置上所施加的一种载荷，可用于激发零部件的动态行为。力可以使一个零部件运动，也可以给一个处于静止状态（没有运动）的零部件施加载荷。与模拟元素"马达"的作用相同，"力"可能使零部件产生运动，也可能阻碍零部件的运动。

3.1.1 "力/扭矩"属性管理器

在当前运动算例页面单击 MotionManager 工具栏中的"力"按钮，弹出图 3-1 所示的"力/扭矩"属性管理器，通过该属性管理器可对所添加的模拟元素"力"的各种参数进行具体定义。

(a) 只有作用力　　　　　　　　　　(b) 作用力与反作用力

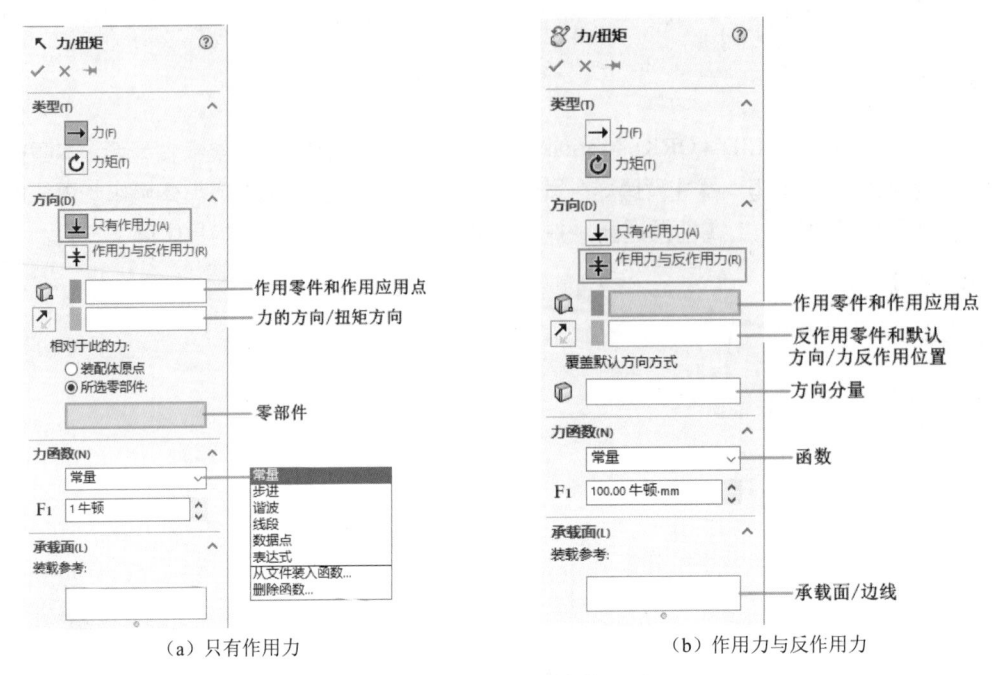

图 3-1　"力/扭矩"属性管理器

下面对"力/扭矩"属性管理器中的各参数栏进行简要介绍。

1. 类型

"类型"组框内有以下两种"力"的类型可供选择。

(1) 力 →。表示添加力。

(2) 力矩 ↻。表示添加力矩。

2. 方向

通过"方向"组框可以设置力（或力矩）的方向及选择参考零部件。

(1) 只有作用力 ↓。"只有作用力"是指单独加载到零部件或装配体上的力（或力矩）。"只有作用力"作用在零部件的实体（如面、边线或顶点）上，而不是由实体所产生。例如，对于千斤顶装配体而言，加载到千斤顶上的车辆重量；对于车身装配体而言，作用在车身上的空气阻力，都是"只有作用力"的示例。

(2) 作用力与反作用力 ⇌。"作用力与反作用力"是指在装配体上施加一对力（或力矩），其中包括作用力（或力矩）和相应的反作用力（或力矩）。作用实体产生作用力或力矩，反作用实体会产生一个同等大小的反作用力或力矩。"作用力与反作用力"的一个典型示例是弹簧的弹力，因为作用力与反作用力是作用在同一条线上,并且弹簧的安装点在装配体上。另一个示例是将双手推在一个物体的两个相反方向上,这也是作用在同一条线上的一对相反的大小相等的力,即作用力和反作用力。

(3) 作用零件和作用应用点。该选择框用于指定测量力(或扭矩)所用的面、边线或顶点。

(4) 反向↗。单击该按钮,可反转力的作用方向。

(5) 力的方向/扭矩方向。该选择框用于指定"只有作用力"类型的力或力矩的方向(该栏仅在单击"只有作用力"按钮时出现)。

(6) 装配体原点。当选中该单选按钮时,力(或力矩)的方向是基于全局坐标系指定的,此时,力(或力矩)的方向将在整个仿真过程中保持不变(该栏仅在单击"只有作用力"按钮时出现)。

(7) 所选零部件。当选中该单选按钮时,将在其下面显示"零部件"选择框,以选择力(或力矩)方向的参考零部件(该栏仅在单击"只有作用力"按钮时出现)。此时,在仿真过程中,力(或力矩)的方向将随着所选参考零部件位置的变化而发生变化。

(8) 反作用零件和默认方向。该选择框用于指定测量反作用力矩和其方向轴的位置(该栏仅在单击"力矩"和"作用力与反作用力"按钮时出现)。

(9) 方向分量。该选择框用于修改默认的作用力矩与反作用力矩方向(该栏仅在单击"力矩"和"作用力与反作用力"按钮时出现)。

(10) 力反作用位置。该选择框用于指定测量反作用力的位置(该栏仅在单击"力"和"作用力与反作用力"按钮时出现)。

3. 力函数

"力函数"组框可设置力或力矩大小的各种参数。通过"函数"下拉列表可以选择以下不同的选项,下面对各选项进行简要介绍。

(1) 常量。表示力(或力矩)的大小为恒定的数值,此时将显示"常量值"输入框(图标为 F1),用于输入力(或力矩)的大小。

(2) 步进。表示通过光滑过渡的步进函数来定义力(或力矩)的大小。选择该选项时需要定义以下参数(图 3-2)。

1) 初始值 F1。表示力(或力矩)的初始值。
2) 开始步长时间 t_1。表示开始步长的时间。
3) 最终值 F2。表示力(或力矩)的最终值。
4) 结束步长时间 t_2。表示结束步长的时间。

光滑过渡的步进函数在给定自变量和因变量的两个数据点之间具有光滑过渡,在光滑过渡的前后,力(或力矩)的大小是常数,如图 3-3 所示。

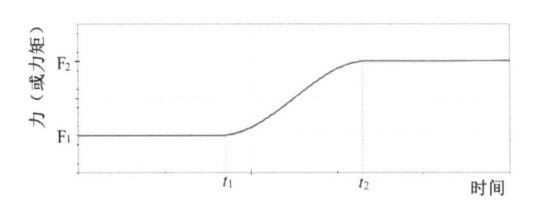

图 3-2 "力函数"组框(1)   图 3-3 光滑过渡的步进函数

（3）谐波。表示力（或力矩）的大小随时间而简谐变化。选择该选项时需要定义以下参数（图 3-4）。

1）幅值 A。表示力（或力矩）偏移平均值的最大值。
2）频率 f。表示力（或力矩）随时间变化的频率。
3）平均值 ave。表示力（或力矩）的平均值。
4）相移 Pb。表示力（或力矩）偏移的相位角。

如果以 $F(t)$ 来表示力（或力矩）的大小关于时间 t 的函数，则 $F(t)=ave+A\sin(2\pi ft-Pb)$，各参数的关系如图 3-5 所示。

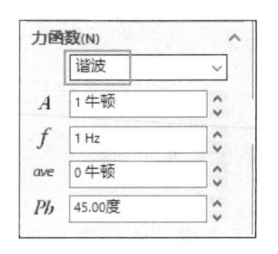

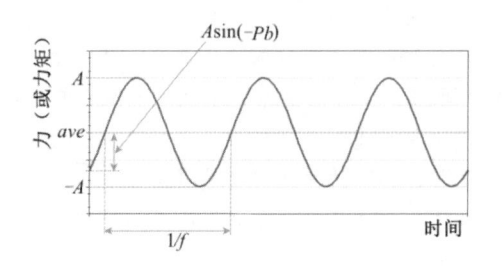

图 3-4 "力函数"组框（2）　　图 3-5 力（或力矩）的大小随时间而简谐变化

（4）线段。表示使用时间或循环角度的线段连续函数（此处的函数仅为最常用的函数）来定义力（或力矩）的大小。

（5）数据点。表示将通过对一组表格数值进行内插值计算而得到力（或力矩）的大小。

（6）表达式。表示将使用时间、循环角度或运动算例结果的数学表达式来定义力（或力矩）的大小。

> 📢 提示：
> 当选择"线段""数据点""表达式"三个选项时，将弹出"函数编制程序"对话框，此对话框的用法与第 2.2.1 小节中介绍的"函数编制程序"对话框相同，此处不再赘述。

（7）从文件装入函数。表示将通过*.sldfnc 文件导入使用"函数编制程序"对话框所创建的函数来定义力（或力矩）的大小。

（8）删除函数。表示将删除使用"函数编制程序"对话框所创建的函数。

4．承载面

通过该组框内的"承载面/边线"选择框可以指定力或力矩的承载面或边线。

3.1.2　实例——活塞式压气机

图 3-6 所示为活塞式压气机机构示意图。通过曲柄的旋转运动带动活塞的周期性移动，压缩气缸内的空气以达到需要的压力。曲柄旋转一周，活塞往复移动一次为一个工作周期。压气机的一个工作周期可分为吸气、压气、排气三个阶段。活塞式压气机在一个工作周期内（假设一个工作周期为 1s）的运转数据见表 3-1。本小节将对该机构进行动力学分析，并生成分析结果的图解。

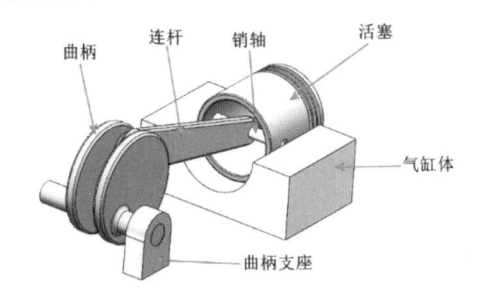

图 3-6 活塞式压气机机构示意图

表 3-1 活塞式压气机在一个工作周期内的运转数据

工作阶段	时间/s	曲柄角度/(°)	活塞受力/N
吸气	0	0	0
	0.04	15	0
	0.42	150	0
压气	0.5	180	230
	0.55	210	780
	0.67	240	2140
	0.71	255	3450
	0.75	270	5740
	0.79	285	7200
排气	0.83	300	7200
	0.92	330	7200
	1	360	0

下面首先对曲柄零件添加一个马达（恒定转速为 60RPM）并对活塞零件添加一个力后运行仿真，然后将驱动曲柄零件转动的马达替换为一个力矩并运行仿真，以演示用马达和力矩驱动零件转动之间的区别。

1. 生成一个运动算例

（1）打开装配体文件。打开电子资源包中"源文件\原始文件\第 03 章\活塞式压气机"文件夹下的"活塞式压气机.SLDASM"文件。

（2）检查装配体中各零件之间的配合。通过 SOLIDWORKS 操作界面左侧的 FeatureManager 设计树可以查看装配体中所包含的零件及子装配体，如图 3-7 所示。

由图 3-7 可知，曲柄支座和气缸体两个零件为固定零件；铰链 1 配合可使曲柄相对于曲柄支座只能进行一个方向的旋转运动；铰链 2 配合可使连杆相对于曲柄只能进行一个方向的旋转运动；铰链 3 配合可使销轴相对于连杆只能进行一个方向的旋转运动；铰链 4 配合和同心 1 配合可使活塞只能沿一个方向进行平移运动。因此，该装配体中已经完成了配合的创建，无须再创建其他配合。

（3）切换到运动算例页面。在 SOLIDWORKS 界面左下角单击"运动算例 1"选项卡，进入该运动算例页面，然后将 MotionManager 工具栏中的"算例类型"设为"Motion 分析"。

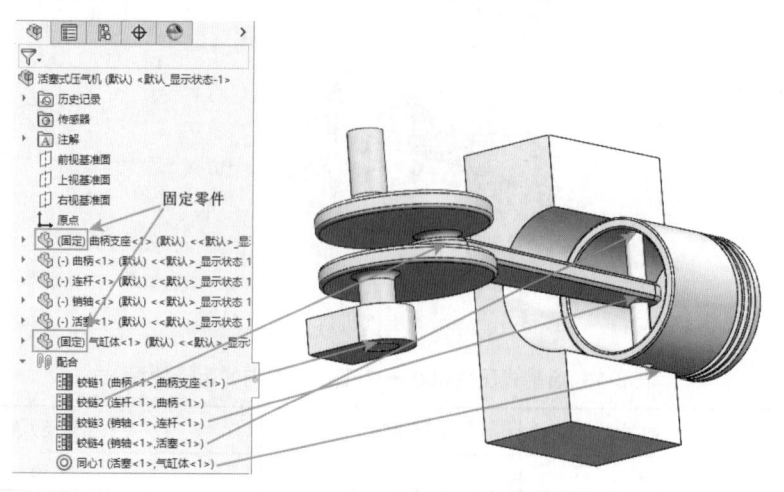

图 3-7 检查装配体中各零件之间的配合

2. 前处理

（1）添加驱动曲柄旋转的马达。单击 MotionManager 工具栏中的"马达"按钮，弹出"马达"属性管理器，在"马达类型"组框内单击"旋转马达"按钮；通过"零部件/方向"组框内的"马达位置"选择框选择曲柄轴的圆端面，如图 3-8 所示，保持默认的逆时针旋转方向；在"运动"组框内选择"函数"为"等速"，设置马达的转速为 60RPM，最后单击"确定"按钮，完成驱动曲柄旋转马达的添加。

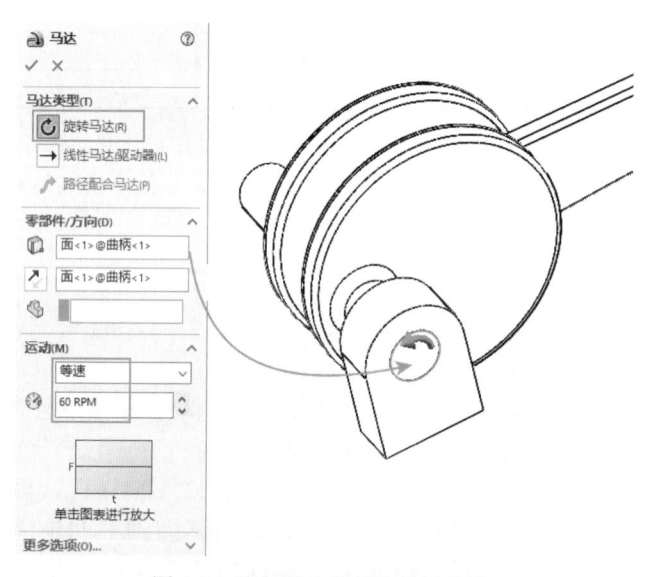

图 3-8 添加驱动曲柄旋转的马达

（2）添加阻碍活塞平移的力。首先新建一个"活塞阻力.txt"文本文件，在该文本文件中输入图 3-9 所示的数据（数据来自表 3-1，其中每一行对应一个数据点，每个数据点包含两个数值，即时间和该时间点对应的活塞受力的大小，两个数值之间以逗号分隔）。

单击 MotionManager 工具栏中的"力"按钮，弹出"力/扭矩"属性管理器，在"类型"组框内单击"力"按钮；在"方向"组框内单击"只有作用力"按钮，通过"作用零件和作用应用点"选择框选择活塞的外端面，单击"反向"按钮反转力的方向，最终力的方向如图 3-10 所示；在"力函数"组框内将"函数"设为"数据点"，弹出图 3-11 所示的"函数编制程序"对话框，将"值（y）"设为"力（牛顿）"，将"自变量（x）"设为"时间（秒）"，将"插值类型"设为"Akima 样条曲线"，单击"输入数据"按钮，通过弹出的"打开"对话框选择刚刚创建的"活塞阻力.txt"文本文件，此时，数据点的自变量范围在数据点表格的单行中显示，最后单击"确定"按钮。返回"力/扭矩"属性管理器，单击"确定"按钮，完成力的添加。

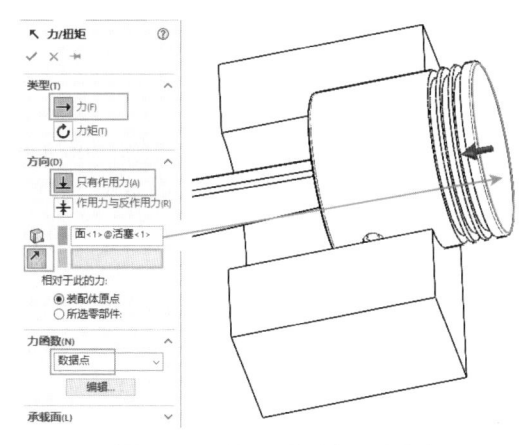

图 3-9 活塞阻力的数据　　　　图 3-10 添加阻碍活塞平移的力

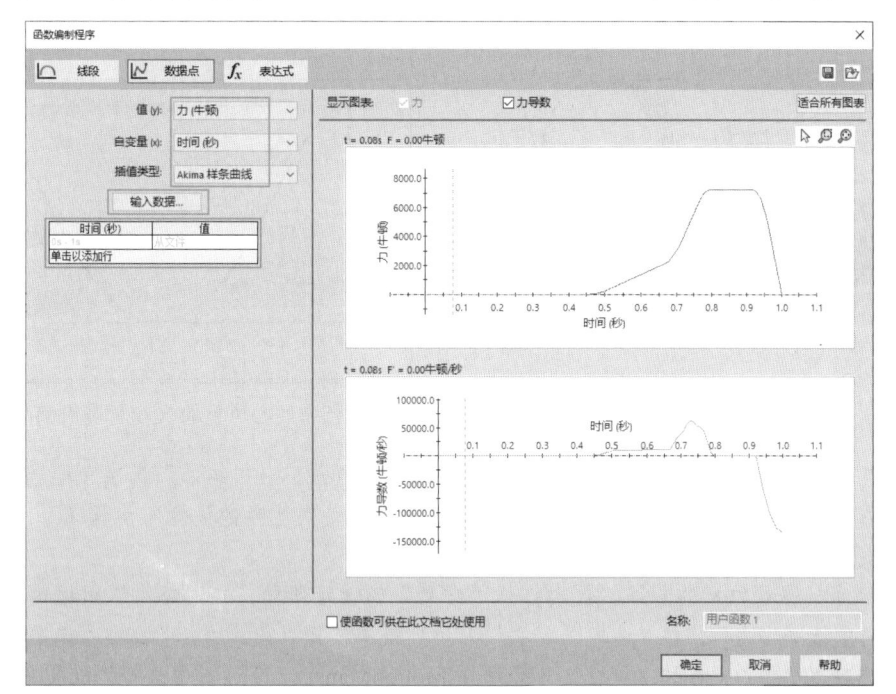

图 3-11 "函数编制程序"对话框

(3)设置运动算例属性。单击 MotionManager 工具栏中的"运动算例属性"按钮⚙,弹出"运动算例属性"属性管理器,在"Motion 分析"组框内将"每秒帧数"设为 100,其余参数采用默认设置,单击"确定"按钮✔。

3. 运行仿真

(1)设置仿真结束时间。在时间线视图中,将顶部更改栏右侧的键码点拖放至 1 秒处,即总的仿真时间为 1 秒。然后在时间线视图的右下角单击"整屏显示全图"按钮🔍,以合适的比例显示整个时间线视图。

(2)提交计算。单击 MotionManager 工具栏中的"计算"按钮,可对当前运动算例进行仿真计算。

4. 后处理

(1)播放动画。完成分析计算后,将 MotionManager 工具栏中的播放速度设置为"3 秒",然后单击 MotionManager 工具栏中的"从头播放"按钮▶,可以播放仿真的动画。

(2)创建活塞质心位置的图解。单击 MotionManager 工具栏中的"结果和图解"按钮,弹出"结果"属性管理器,在"结果"组框内的"选取类别"下拉列表中选择"位移/速度/加速度",在"选取子类别"下拉列表中选择"质量中心位置",在"选取结果分量"下拉列表中选择"X 分量",通过"特征"选择框选择活塞的任意一个面或线,其他参数保持默认,如图 3-12 所示。最后单击"确定"按钮✔,生成新的图解,结果如图 3-13 所示。

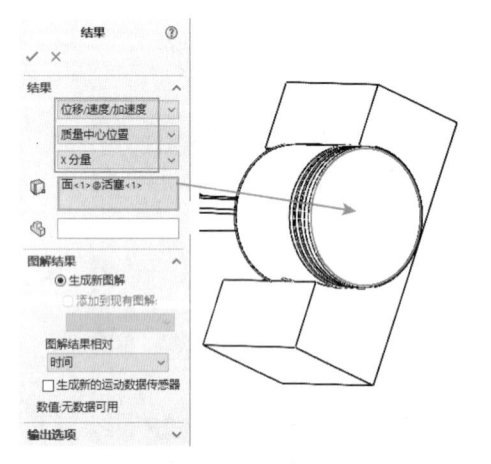

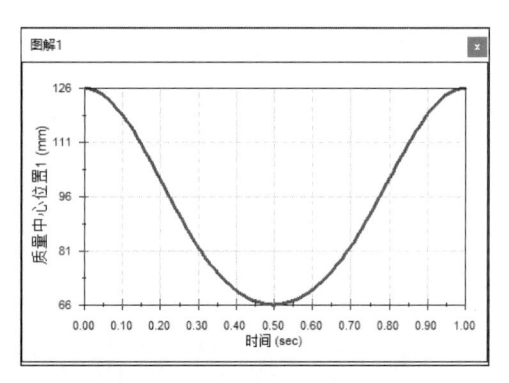

图 3-12　定义结果(1)　　　图 3-13　活塞质心位置的 X 坐标随时间变化的曲线

(3)创建活塞速度、加速度的图解。通过步骤(2)的方法,在"结果"属性管理器的"选取子类别"下拉列表中分别选择"线性速度"和"线性加速度",其他参数设置与步骤(2)相同,分别创建活塞速度和加速度的图解,结果如图 3-14 和图 3-15 所示。

(4)创建曲柄驱动力矩的图解。再次打开"结果"属性管理器,在"结果"组框内的"选取类别"下拉列表中选择"力",在"选取子类别"下拉列表中选择"马达力矩",在"选取结果分量"下拉列表中选择"幅值",通过"特征"选择框在 MotionManager 设计树中选择"旋转马达 1"模拟元素,其他参数保持默认,单击"确定"按钮✔,生成新的图解,结果如图 3-16 所示。

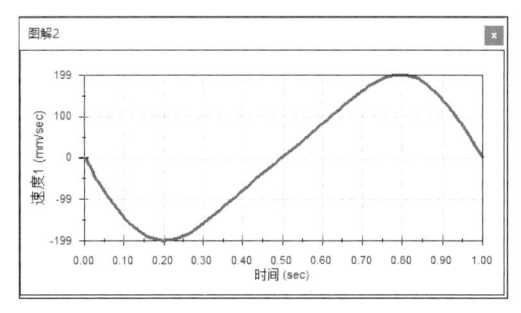

图 3-14　活塞速度随时间变化的曲线

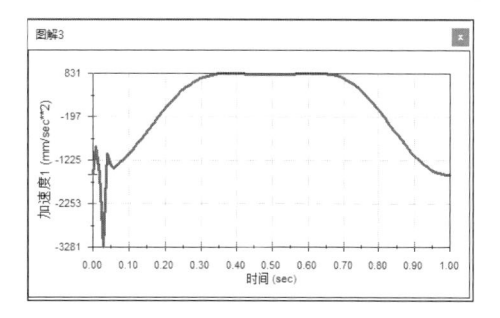

图 3-15　活塞加速度随时间变化的曲线

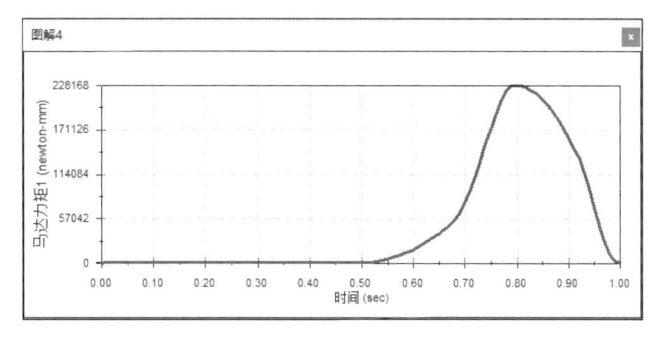

图 3-16　曲柄驱动力矩随时间变化的曲线

由图 3-16 可以看出，为保持曲柄产生匀速的旋转运动，马达的驱动力矩随时间变化比较大。

5．通过新的运动算例进行仿真

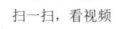

（1）复制运动算例。在"运动算例 1"选项卡上右击，在弹出的快捷菜单中选择"复制算例"命令，复制出一个该运动算例的副本"运动算例 2"。单击"运动算例 2"选项卡，进入该运动算例页面。

（2）压缩驱动曲柄旋转的马达和阻碍活塞运动的力。在 MotionManager 设计树中右击模拟元素"旋转马达 2"，在弹出的快捷菜单中选择"压缩"命令，如图 3-17 所示，将驱动曲柄旋转的马达压缩。通过此方法，将阻碍活塞运动的模拟元素"力 2"压缩。

📢 提示：

> 对模拟元素使用"压缩"命令，相当于将该模拟元素从当前的运动算例中移除（而不是删除）。"压缩"命令与"删除"命令有所不同，"删除"命令会将该模拟元素从 MotionManager 设计树中删除，而压缩的模拟元素将以灰色显示在 MotionManager 设计树中，在需要使用该模拟元素时，可以通过右击该模拟元素后选择"解除压缩"命令而在当前运动算例中重新启用。

（3）添加驱动曲柄旋转的力矩。单击 MotionManager 工具栏中的"力"按钮 ↖，弹出"力/扭矩"属性管理器，在"类型"组框内单击"力矩"按钮 ↻；在"方向"组框内单击"只有作用力"按钮 ⊥，通过"作用零件和作用应用点"选择框选择曲柄轴的圆端面，保持默认的力矩方向；在"力函数"组框内选择"函数"为"常量"，设置力矩的大小为 8.00 牛顿·mm，其他参数保持默认，如图 3-18 所示。最后单击"确定"按钮 ✓，完成驱动曲柄旋转力矩的添加。

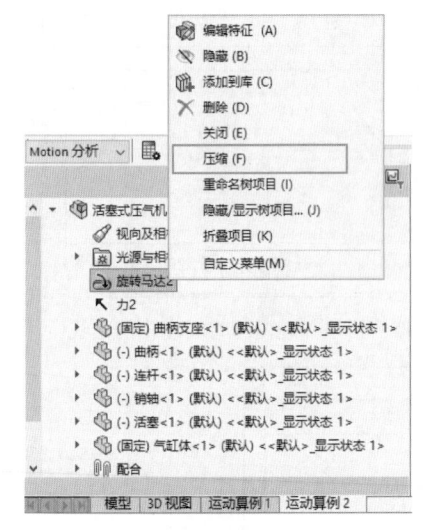

图 3-17 压缩驱动曲柄旋转的马达和阻碍活塞运动的力

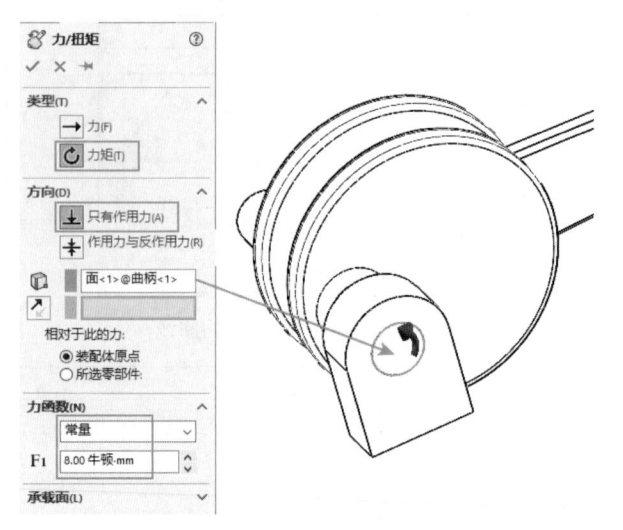

图 3-18 添加驱动曲柄旋转的力矩

（4）提交计算。单击 MotionManager 工具栏中的"计算"按钮，可对当前运动算例进行仿真计算。

（5）创建恒定力矩作用下曲柄角速度的图解。再次打开"结果"属性管理器，在"结果"组框内的"选取类别"下拉列表中选择"位移/速度/加速度"，在"选取子类别"下拉列表中选择"角速度"，在"选取结果分量"下拉列表中选择"幅值"，通过"特征"选择框在图形窗口中选择曲柄的任意一个面，其他参数保持默认，如图 3-19 所示。单击"确定"按钮，生成新的图解，结果如图 3-20 所示。

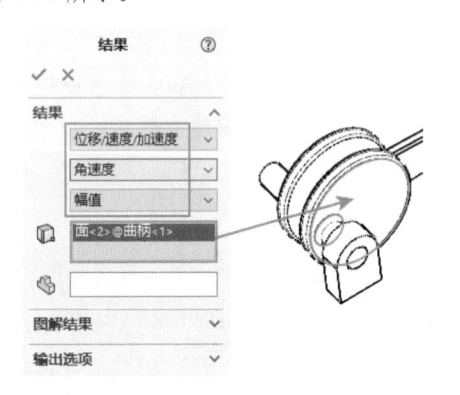

图 3-19 定义结果（2）

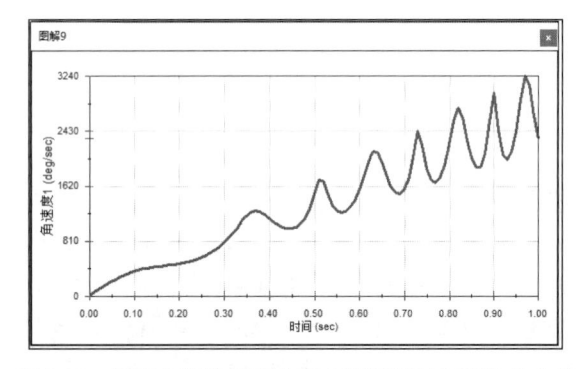

图 3-20 恒定力矩作用下曲柄角速度随时间变化的曲线

（6）创建恒速马达作用下曲柄角速度的图解。单击"运动算例 1"选项卡，进入该运动算例页面，通过步骤（5）的方法生成曲柄角速度的图解，结果如图 3-21 所示。

由图 3-20 和图 3-21 的对比可知，在恒速马达的作用下，曲柄的角速度将保持恒定，而在恒定力矩的作用下，曲柄的角速度将不能保持恒定。因此，在动力学仿真时，读者应根据实际需要选择使用马达和力。

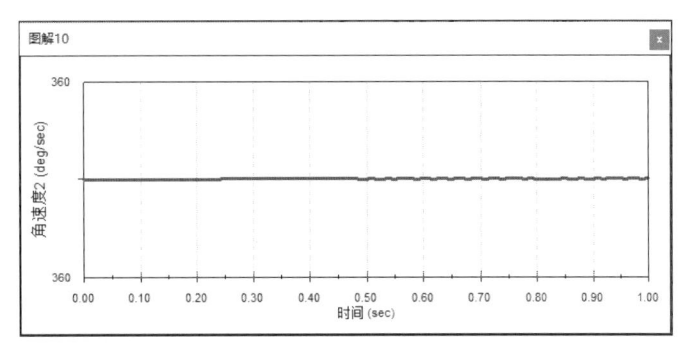

图 3-21　恒速马达作用下曲柄角速度随时间变化的曲线

练一练——牛头刨床机构

图 3-22 所示为牛头刨床机构示意图。其中,曲柄围绕其与机架相配合的轴以恒定速度(25RPM)做旋转运动,假设滑枕所受的工作阻力为 6000N,通过 SOLIDWORKS Motion 对牛头刨床机构进行动力学分析,计算该机构的行程速比系数及创建滑枕的运动图解。

【操作提示】

(1) 打开装配体文件。打开电子资源包中"源文件\原始文件\第 03 章\牛头刨床机构"文件夹下的"牛头刨床机构.SLDASM"文件。

(2) 检查零部件。检查零件"机架""滑枕导轨"为固定零件,其他零件为运动零件。

(3) 切换到运动算例页面。在 SOLIDWORKS 界面的左下角单击"运动算例 1"选项卡,切换到运动算例页面,将运动的"算例类型"设为"Motion 分析"。

(4) 添加驱动曲柄旋转的马达。为"曲柄"零件添加马达,将"马达类型"设为"旋转马达",通过"马达位置"选择框选择曲柄的圆孔面,如图 3-23 所示,保持默认的旋转方向,然后将"函数"设为"等速",将"速度"设为 25RPM。

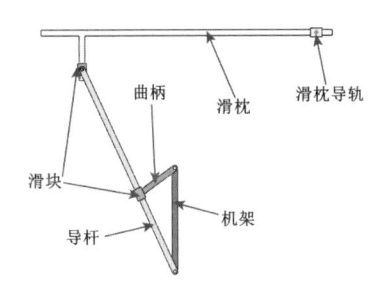

图 3-22　牛头刨床机构示意图

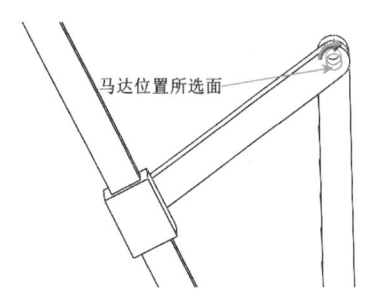

图 3-23　添加马达的位置

(5) 设置运动算例属性后运行仿真。将"每秒帧数"设为 50,将仿真结束时间设为 2.4s(本实例只仿真曲柄转动一周,由于"仿真时间=曲柄转动角度/曲柄角速度",因此仿真时间设为 2.4s),然后提交计算。

(6) 计算滑枕的行程。打开"结果"属性管理器,将"选取类别"设为"位移/速度/加速度",将"选取子类别"设为"质量中心位置",将"选取结果分量"设为"X 分量";通过"特征"选择框选择滑枕的任意一个面。所绘制的滑枕质心位置 X 坐标随时间变化的曲线如图 3-24 所示。

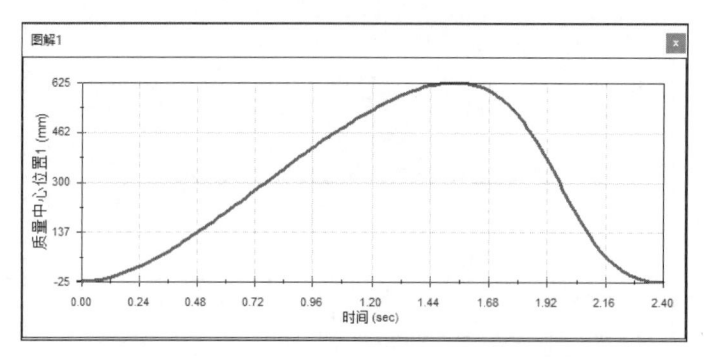

图 3-24 滑枕质心位置 X 坐标随时间变化的曲线

由图 3-24 可知，滑枕的行程 $L=625-(-25)=650$（mm）。当滑枕位于最左边位置时，其质心位置的 X 坐标为-25；位于最右边位置时，其质心位置的 X 坐标为 625。由于刨刀与滑枕同步移动，因此滑枕的行程即刨刀的行程。

（7）查看滑枕受到工作阻力的时间点。滑枕在向右的工作行程中会受到工作阻力，因此需要查看滑枕到达最右端的时间点，以对滑枕施加工作阻力。利用鼠标指针在图 3-24 所示的曲线上拖动，当鼠标指针在曲线峰值处停留片刻后，即可显示图 3-25 所示的数据显示框"625mm@1.52sec"，表示在 1.52s 的时间点，滑枕质心位置的 X 坐标达到最大值 625mm，在 1.52s 之后，滑枕开始向左移动，滑枕向左的空回行程中不再受到工作阻力。

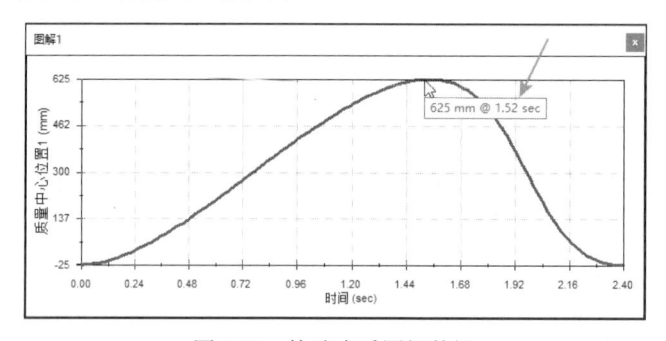

图 3-25 快速查看图解数据

📢 提示：

滑枕在工作行程的前后极限位置附近处均会有一段空刀距离，此时没有工作阻力，本实例为了简化，未考虑空刀距离。

（8）计算牛头刨床机构的行程速比系数。由图 3-25 可知，滑枕向右到达极限位置的时间为 1.52s，空回行程时间为 2.4-1.52=0.88（s）。根据行程速比系数定义，行程速比系数 $K=1.52/0.88\approx1.73$。当 $K>1$ 时，表明该牛头刨床机构具有急回特性，即工作行程刨刀的速度慢，便于保证切削质量；空回行程刨刀的速度快，可节约加工时间。

（9）添加阻碍滑枕平移的力。单击 MotionManager 工具栏中的"力"按钮，弹出"力/扭矩"属性管理器，在"类型"组框内单击"力"按钮；在"方向"组框内单击"只有作用力"按钮，通过"作用零件和作用应用点"选择框选择滑枕的右端面，单击"反向"按钮反转力的方向，最终力的方向如图 3-26 所示；在"力函数"组框内将"函数"设为"表达式"。弹出图 3-27 所示的"函数编制程序"对话框，将"值（y）"设为"力（牛顿）"，在"表达式定义"输入框中输入"IF(Time-1.52:6000,6000,0)"（表示当时间小于或等于 1.52s 时，滑枕受到的阻力为 6000；当时间大于 1.52s 时，滑枕受到的阻力为 0），将"最小 x 值"设为 0，将"最大 x 值"设为 2.4，以查看表达式的图表，最后单击"确定"按钮。返回"力/扭矩"属性管理器，单击"确定"按钮✓。

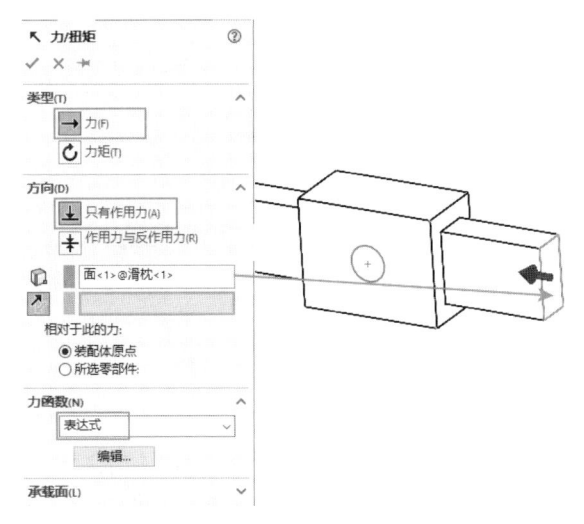

图 3-26　添加阻碍滑枕平移的力

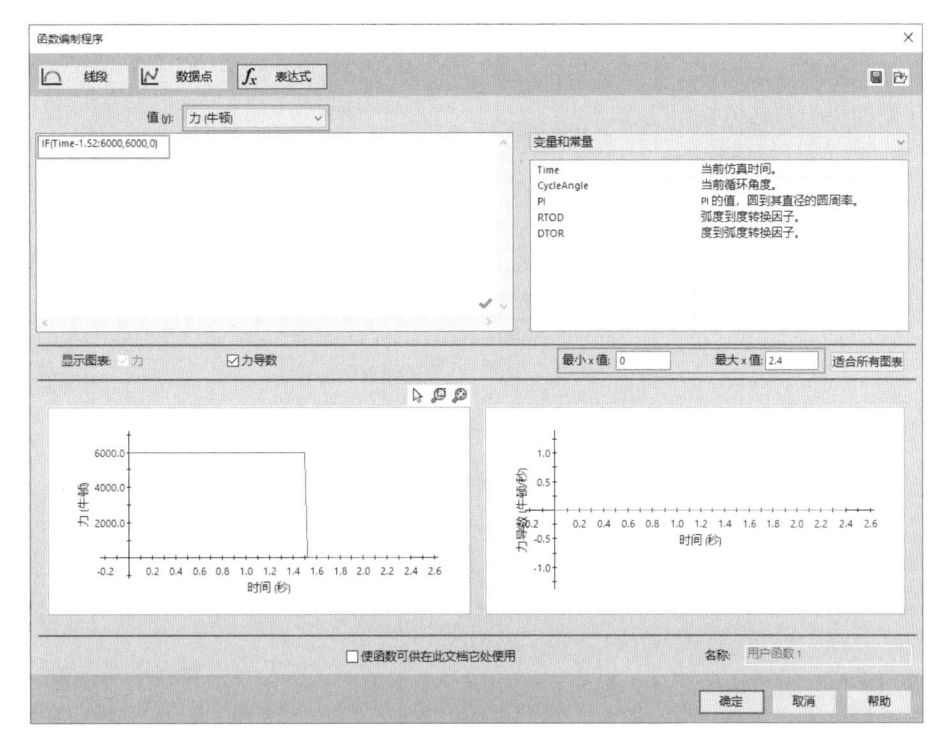

图 3-27　"函数编制程序"对话框

(10) 再次运行仿真。单击 MotionManager 工具栏中的"计算"按钮, 再次进行仿真计算。

(11) 创建滑枕速度、加速度的图解。按照步骤（6）的方法, 创建滑枕速度和加速度的图解, 如图 3-28 和图 3-29 所示。

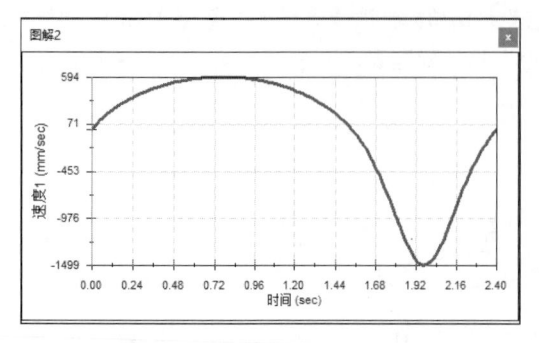

图 3-28　滑枕速度随时间变化的曲线

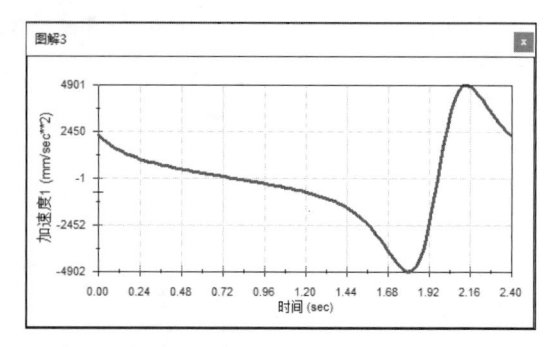

图 3-29　滑枕加速度随时间变化的曲线

3.2　引　　力

在 SOLIDWORKS Motion 动力学分析中需要考虑重力加速度的影响时, 需要在运动算例中添加引力。引力是一个非常重要的概念, 在一般情况下, 地球上的机械系统都会受到地球引力的作用, 引力会影响机械系统运动的稳定性。添加引力后, 可以使机械系统各零部件在引力场中受到引力的作用。在 SOLIDWORKS Motion 中, 用户可以通过添加引力来分析重力对机械系统的影响, 从而更好地理解机械系统的运动规律。本节首先介绍添加引力时所用到的"引力"属性管理器, 并通过具体实例演示添加引力的具体操作过程。

3.2.1　"引力"属性管理器

在当前运动算例页面单击 MotionManager 工具栏中的"引力"按钮, 弹出图 3-30 所示的"引力"属性管理器。通过该属性管理器可以对所添加引力的参数进行具体定义。

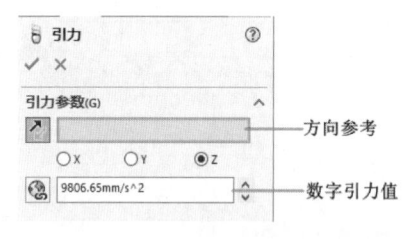

图 3-30　"引力"属性管理器

下面对"引力"属性管理器中的各参数栏进行具体介绍。

（1）方向参考。通过该选择框可以选择定义引力方向的实体。如果选择一个面, 则以该面的法线方向为引力的方向; 如果选择一条线, 则以该线的方向为引力的方向。当通过该选择框设置引力的方向后, 其下方的 X、Y、Z 单选按钮将变为不可用。

（2）反向 ↗。单击该按钮，将反转当前的引力方向。

（3）X/Y/Z。如果用户不通过"方向参考"选择框设置引力方向，也可通过选中 X、Y、Z 单选按钮来定义引力的方向。此时将以全局坐标系的 X 轴、Y 轴或 Z 轴的方向来定义引力的方向。

（4）数字引力值。该输入框用于输入引力值的大小。默认为地球的标准重力加速度。

📢 提示：

> 在 SOLIDWORKS Motion 中，引力需要定义两部分内容，即引力的方向和大小，通过"引力"属性管理器可完成引力两部分内容的定义。使用引力模拟元素有以下注意事项。
> （1）在每个运动算例中只能添加一个引力，如果添加一个引力后再次添加引力，系统只会对第一次所添加的引力参数进行修改。
> （2）当用户定义了引力之后，装配体中的所有零部件都会受到引力的作用。
> （3）马达所产生的运动优先于引力所产生的运动。如果用户添加一个马达使某一零部件向左移动并添加引力使该零部件向右移动，则该零部件将向左移动，但与未添加引力之前相比较，马达所消耗的能量将增加。

3.2.2 实例——单摆

图 3-31 所示为单摆示意图。在只有引力的作用下，球摆产生左右的往复运动。下面对该单摆进行动力学分析，并生成球摆运动的图解。

1. 生成一个运动算例

（1）打开装配体文件。打开电子资源包中"源文件\原始文件\第 03 章\单摆"文件夹下的"单摆.SLDASM"文件。

（2）检查装配体中各零件之间的配合。通过 SOLIDWORKS 操作界面左侧的 FeatureManager 设计树可以查看装配体中所包含的零件及所创建的配合，如图 3-32 所示。其中，支架为固定零件；球摆为运动零件，铰链 1 可使球摆相对于支架只能进行一个方向的旋转运动。

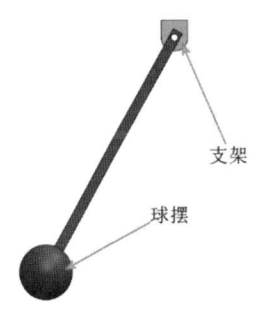

图 3-31 单摆示意图　　　　图 3-32 FeatureManager 设计树

（3）切换到运动算例页面。在 SOLIDWORKS 界面左下角单击"运动算例 1"选项卡，进入该运动算例页面，然后将 MotionManager 工具栏中的"算例类型"设为"Motion 分析"。

2. 前处理

（1）添加驱动球摆旋转的引力。单击 MotionManager 工具栏中的"引力"按钮，弹出"引力"

属性管理器,在"引力参数"组框内选中"Y"单选按钮,此时在图形窗口的右下角将显示引力方向的箭头,以标识当前所定义引力的方向,如图 3-33 所示;保持默认的引力大小(即引力的大小为 9806.65mm/s²),单击"确定"按钮✓,完成驱动球摆旋转引力的添加。

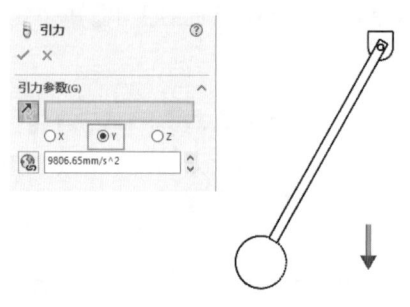

图 3-33 添加驱动球摆旋转的引力

（2）设置运动算例属性。单击 MotionManager 工具栏中的"运动算例属性"按钮,弹出"运动算例属性"属性管理器,在"Motion 分析"组框内将"每秒帧数"设为 50,其余参数采用默认设置,单击"确定"按钮✓。

3. 运行仿真及后处理

（1）设置仿真结束时间。在时间线视图中,将顶部更改栏右侧的键码点拖放至 2 秒处,即总的仿真时间为 2 秒。

（2）提交计算。单击 MotionManager 工具栏中的"计算"按钮,可对当前运动算例进行仿真计算。

（3）播放动画。完成分析计算后,单击 MotionManager 工具栏中的"从头播放"按钮▶,可以播放仿真的动画。

（4）创建球摆质心位置的图解。单击 MotionManager 工具栏中的"结果和图解"按钮,弹出"结果"属性管理器,在"结果"组框内的"选取类别"下拉列表中选择"位移/速度/加速度",在"选取子类别"下拉列表中选择"质量中心位置",在"选取结果分量"下拉列表中选择"X 分量",通过"特征"选择框选择球摆的任意一个面,其他参数保持默认,单击"确定"按钮✓,生成新的图解,结果如图 3-34 所示。

（5）创建球摆速度的图解。通过步骤（4）的方法创建球摆速度的图解,在"选取子类别"下拉列表中选择"线性速度",其他参数设置相同,结果如图 3-35 所示。

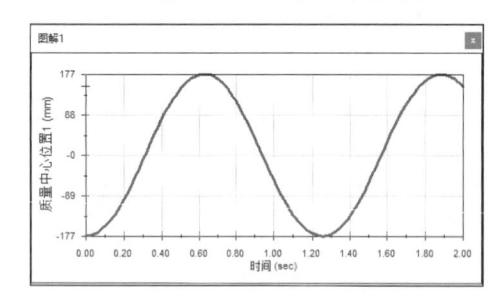

图 3-34 球摆质心位置 X 坐标随时间变化的曲线 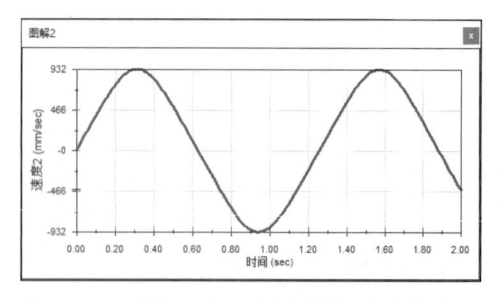　　图 3-35 球摆 X 方向速度随时间变化的曲线

练一练——小球下落

图 3-36 所示为小球下落示意图。当该小球释放后,在地球引力的作用下将自由下落。下面对该小球进行动力学分析,计算小球下落 1s 后的位移、速度和加速度。

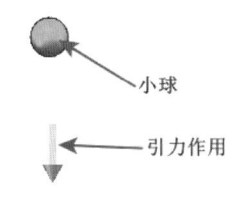

图 3-36 小球下落示意图

【操作提示】

(1)打开装配体文件。打开电子资源包中"源文件\原始文件\第 03 章\小球下落"文件夹下的"小球下落.SLDASM"文件。

(2)检查装配体中各零件之间的配合。在 SOLIDWORKS 操作界面左侧的 FeatureManager 设计树中可以查看装配体中所包含的零件及所创建的配合,如图 3-37 所示。该装配体中只有一个小球零件(该零件属于浮动零件)且未创建配合(本例无须创建配合)。

(3)切换到运动算例页面。在 SOLIDWORKS 界面的左下角单击"运动算例 1"选项卡,切换到运动算例页面,将运动的"算例类型"设为"Motion 分析"。

(4)添加引力。单击 MotionManager 工具栏中的"引力"按钮,弹出"引力"属性管理器,在"引力参数"组框内选中"Y"单选按钮,其他参数保持默认,如图 3-38 所示,单击"确定"按钮。

图 3-37 检查装配体中各零件之间的配合

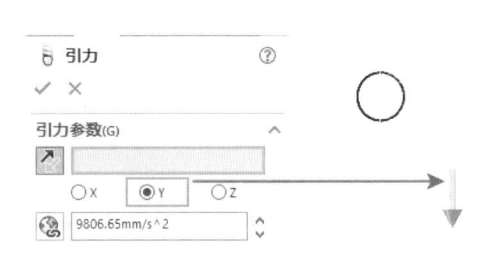

图 3-38 添加引力

(5)设置运动算例属性后运行仿真。将"每秒帧数"设为 100,将仿真结束时间设为 1s,然后提交计算。

(6)创建小球位移的图解。打开"结果"属性管理器,将"选取类别"设为"位移/速度/加速度",将"选取子类别"设为"线性位移",在"选取结果分量"下拉列表中选择"Y 分量",通过"特征"选择框选择小球的表面,所创建的图解如图 3-39 所示。由图 3-39 可知,在 1s 时,小球的位移为 −4903mm(负号表示位移的方向与全局坐标系 Y 轴的方向相反)。

(7)创建小球速度、加速度的图解。通过步骤(6)的方法创建小球速度、加速度的图解,在"选取子类别"下拉列表中选择"线性速度"和"线性加速度",其他参数设置相同,结果如图 3-40 和图 3-41 所示。由图 3-40 和图 3-41 可知,在 1s 时,小球的速度为-9807mm/s,加速度为-9807mm/s^2。

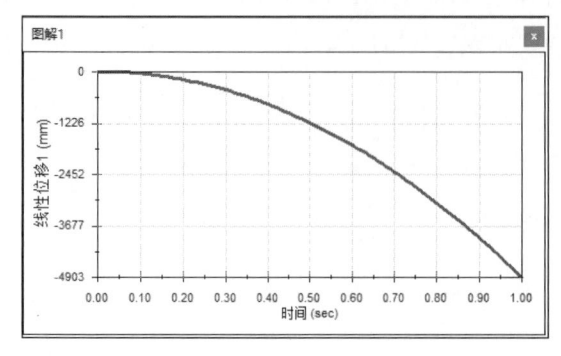

图 3-39　小球位移随时间变化的曲线

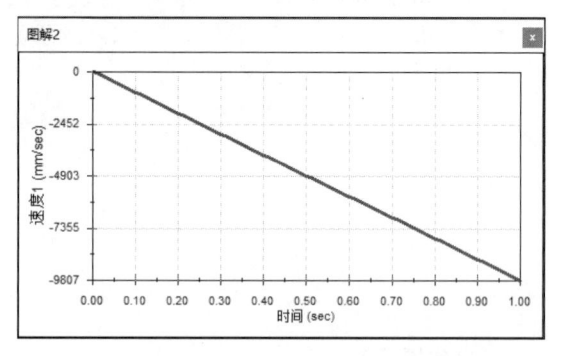

图 3-40　小球速度随时间变化的曲线

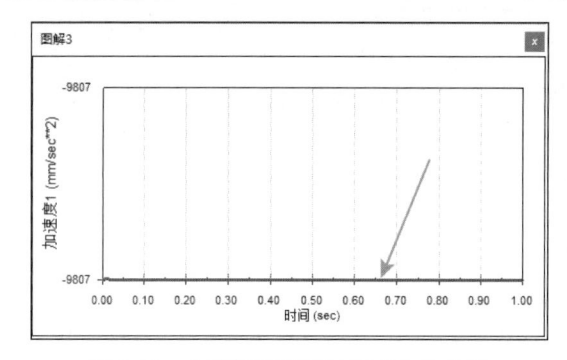

图 3-41　小球加速度随时间变化的曲线

第 4 章　添加弹簧和阻尼

内容简介

SOLIDWORKS Motion 动力学分析中经常会用到弹簧和阻尼这两类模拟元素。本章首先介绍添加弹簧所用到的"弹簧"属性管理器，然后通过具体实例演示添加弹簧的具体操作步骤。接着讲解添加阻尼所用到的"阻尼"属性管理器，并通过具体实例演示添加阻尼的具体操作步骤。

内容要点

- 线性弹簧
- 扭转弹簧
- 线性阻尼
- 扭转阻尼

案例效果

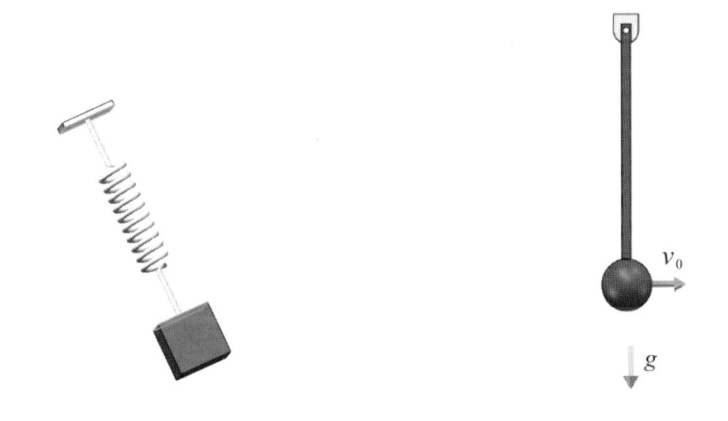

4.1　弹　　簧

在一个机械系统中，弹簧可用于控制某个零部件的运动，如在内燃机中控制气缸阀门开启和关闭的弹簧；弹簧还可以吸收振动和冲击所产生的能量，如在车辆悬挂系统中用于减振的弹簧；另外，弹簧还可以存储和释放能量，如钟表弹簧。在 SOLIDWORKS Motion 动力学分析中，弹簧是一个弹性元件，用于施加力和扭矩。本节将首先介绍添加弹簧时用到的"弹簧"属性管理器，并通过具体实例演示添加弹簧的具体操作过程。

4.1.1 "弹簧"属性管理器

在当前运动算例页面单击 MotionManager 工具栏中的"弹簧"按钮,弹出图 4-1 所示的"弹簧"属性管理器。该属性管理器可对弹簧的各种参数进行具体定义。例如,该属性管理器可以定义两种弹簧,分别是线性弹簧和扭转弹簧,下面分别进行介绍。

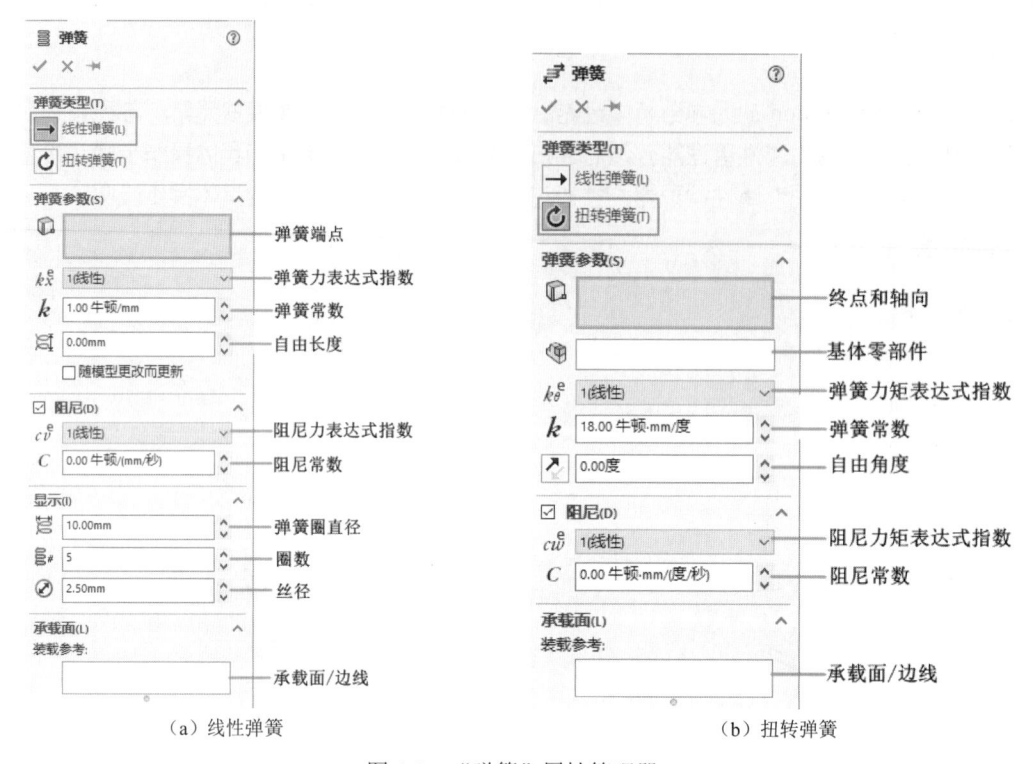

(a) 线性弹簧　　　　　　　　　　　　　(b) 扭转弹簧

图 4-1　"弹簧"属性管理器

1. 线性弹簧

当在"弹簧类型"组框内单击"线性弹簧"按钮 → 时,可以添加线性弹簧(即拉伸弹簧)。此时,与弹簧的平移距离相关的力将作用在两个零件之间,而且这两个零件须沿特定方向有一定的距离。

(1) 弹簧端点 。该选择框用于定义线性弹簧两个端点的位置。系统将把力应用到用户选择的第一个零件上,沿着所选两个端点的连线方向,将在第二个零件上应用大小相等且方向相反的反作用力。

(2) 弹簧力表达式指数 。如果将线性弹簧的弹簧力表示为 F,则弹簧力 F 可表示为

$$F = -k(x - x_0)^n \tag{4-1}$$

式中,x 为当前弹簧两个端点位置之间的距离;x_0 为弹簧的自由长度;k 为弹簧的刚度系数;n 为弹簧力表达式指数。弹簧力表达式指数的有效值有 −4、−3、−2、−1、1、2、3、4。

(3) 弹簧常数 k。表示弹簧的刚度系数,即式(4-1)中的 k。

(4) 自由长度。表示弹簧的自由长度,即式(4-1)中的 x_0。

(5) 随模型更改而更新。当勾选该复选框时,在打开"弹簧"属性管理器时,可以使弹簧的自由长度随模型更改而动态更新。

(6) 阻尼。勾选该复选框后,可以定义弹簧的阻尼。

(7) 阻尼力表达式指数 cv^n。如果将线性弹簧的阻尼力表示为 F_d,则阻尼力 F_d 可表示为

$$F_d = -cv^n \tag{4-2}$$

式中,c 为弹簧的阻尼系数;v 为当前弹簧两个端点位置之间的相对速度;n 为阻尼力表达式指数。阻尼力表达式指数的有效值有-4、-3、-2、-1、1、2、3、4。

(8) 阻尼常数 C。表示弹簧的阻尼系数,即式(4-2)中的 c。

(9) 弹簧圈直径。表示弹簧的中径。

(10) 圈数。表示弹簧的总圈数。

(11) 丝径。表示簧丝的直径。

📢 **提示:**

"显示"组框内的弹簧圈直径、圈数和丝径三个参数仅影响弹簧在图形窗口中的显示效果,而不对分析结果产生影响。

(12) 承载面/边线。用于指定承载面或边线。

2. 扭转弹簧

当在"弹簧类型"组框内单击"扭转弹簧"按钮时,可以添加扭转弹簧。此时,与扭转弹簧的旋转角度相关的力矩将作用在两个零件之间或一个零件与地面之间。

(1) 终点和轴向。该选择框用于定义扭转弹簧第一个端点的位置和扭转方向。如果选择了两个实体,则第二个所选实体用于设置扭转方向。

(2) 基体零部件。该选择框用于定义扭转弹簧第二个端点的位置。此时,系统将把指定扭转方向的力矩应用到用户通过"终点和轴向"选择框选择的第一个零件上,并将大小相等且方向相反的反作用力矩应用到通过"基体零部件"选择框所选择的零件上。如果该选择框保留为空白,则将扭转弹簧的第二个端点设置到地面上。

(3) 弹簧力矩表达式指数 $k\theta^n$。如果将扭转弹簧的扭转力矩表示为 T,则扭转力矩 T 可表示为

$$T = -k_T(\theta - \theta_0)^n \tag{4-3}$$

式中,θ 为当前扭转弹簧两个端点之间的旋转角度;θ_0 为扭转弹簧的自由角度;k_T 为扭转弹簧的刚度系数;n 为弹簧力矩表达式指数。弹簧力矩表达式指数的有效值有-4、-3、-2、-1、1、2、3、4。

(4) 弹簧常数 k。表示扭转弹簧的刚度系数,即式(4-3)中的 k_T。

(5) 自由角度。表示扭转弹簧的自由角度,即式(4-3)中的 θ_0。

(6) 反向。单击该按钮将反转扭转弹簧的扭转方向。

(7) 阻尼。勾选该复选框后,可以定义扭转弹簧的阻尼。

(8) 阻尼力矩表达式指数 cw^n。如果将扭转弹簧的阻尼力矩表示为 T_d,则阻尼力矩 T_d 可表示为

$$T_d = -c_T \omega^n \tag{4-4}$$

式中，c_T 为扭转弹簧的阻尼系数；ω 为当前扭转弹簧两个端点位置之间的相对角速度；n 为阻尼力矩表达式指数。阻尼力矩表达式指数的有效值有 −4、−3、−2、−1、1、2、3、4。

（9）阻尼常数 C。表示扭转弹簧的阻尼系数，即式（4-4）中的 c_T。

（10）承载面/边线。用于指定承载面或边线。

4.1.2 实例——弹簧振子的阻尼振动

图 4-2 所示为弹簧振子示意图。其中，振子的质量 M 为 187.224kg，弹簧的刚度系数 k 为 5N/mm，阻尼系数 c 为 0.05N·s/mm，弹簧的自由长度 L_0 为 400mm。在重力（重力加速度 g 为 9806.65mm/s^2）的作用下，弹簧振子系统将进行上下方向的往复阻尼振动。下面对该弹簧振子进行动力学分析，并生成分析结果的图解。

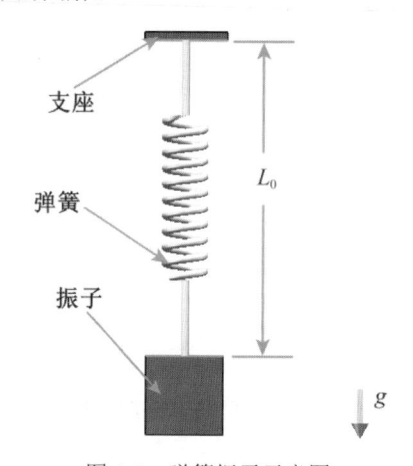

图 4-2 弹簧振子示意图

根据 SOLIDWORKS Motion 进行动力学分析的基本步骤，下面对弹簧振子的阻尼振动分析的具体操作步骤进行介绍。

1. 生成一个运动算例

（1）打开装配体文件。打开电子资源包中"源文件\原始文件\第 04 章\弹簧振子的阻尼振动"文件夹下的"弹簧振子.SLDASM"文件。

（2）检查装配体中各零件之间的配合。通过 SOLIDWORKS 操作界面左侧的 FeatureManager 设计树可以查看装配体中所包含的零件及各零件之间的配合，如图 4-3 所示。

由图 4-3 可知，支座零件为固定零件；重合 1 和重合 2 配合可使振子相对于支座只能进行一个方向的平移运动；距离 1 配合可将支座和振子的两个面之间的间距设为 400mm，该间距为弹簧的自由长度 L_0。其中，距离 1 配合在设置好各零件的初始位置之后应删除或压缩，本实例中将其压缩。右击距离 1 配合，在弹出的快捷工具栏中单击"压缩"按钮，如图 4-4 所示，将距离 1 配合压缩（该配合必须删除或压缩，否则振子无法运动）。

第 4 章　添加弹簧和阻尼

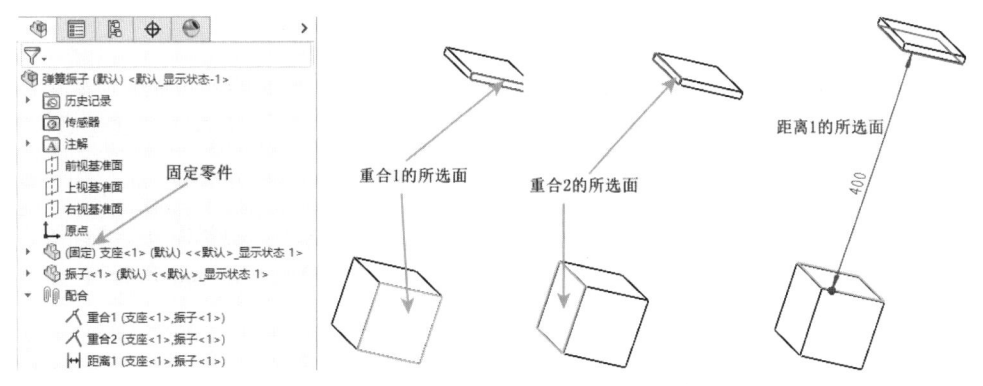

图 4-3　检查装配体中各零件之间的配合

🔊 提示：

为了设置 SOLIDWORKS Motion 动力学分析中各零件的初始位置，用户可以首先创建多余的配合，以将各零件设置到其初始位置，然后将多余的配合压缩。

（3）查看振子的质量。在 FeatureManager 设计树中选择振子零件，然后单击"评估"选项卡中的"质量属性"按钮，弹出"质量属性"对话框，可以看到振子的质量已经设为 187.224 千克，如图 4-5 所示。

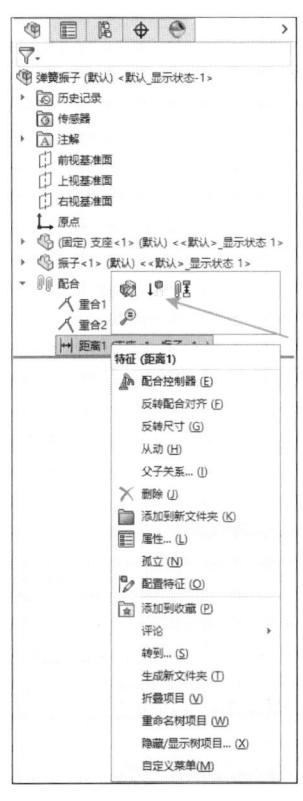

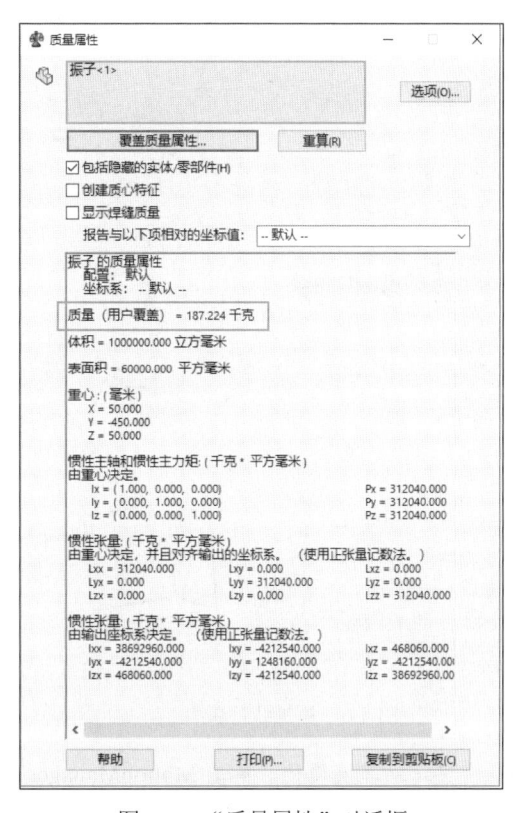

图 4-4　压缩配合　　　　　　　　　图 4-5　"质量属性"对话框

> **提示：**
> SOLIDWORKS会根据所创建零件的形状和零件所选择的材料自动计算零件的各种质量属性，如果用户需要自定义零件的质量属性，可以单击"质量属性"对话框中的"覆盖质量属性"按钮，通过弹出的对话框来自定义零件的各种质量属性。

（4）切换到运动算例页面。在SOLIDWORKS界面左下角单击"运动算例1"选项卡，进入该运动算例页面，然后将MotionManager工具栏中的"算例类型"设为"Motion分析"。

2. 前处理

（1）添加振子和支座之间的线性弹簧。单击MotionManager工具栏中的"弹簧"按钮，弹出"弹簧"属性管理器，在"弹簧类型"组框内单击"线性弹簧"按钮；通过"弹簧参数"组框内的"弹簧端点"选择框选择支座的底部面和振子的顶部面；将"弹簧力表达式指数"设为1（线性），将"弹簧常数"设为5.00牛顿/mm，将"自由长度"设为400.00mm；勾选"阻尼"复选框，将"阻尼力表达式指数"设为1（线性），将"阻尼常数"设为0.05牛顿/(mm/秒)；在"显示"组框内将"弹簧圈直径"设为50.00mm，将"圈数"设为10，将"丝径"设为10.00mm，如图4-6所示。最后单击"确定"按钮，完成线性弹簧的添加。

（2）添加引力。单击MotionManager工具栏中的"引力"按钮，弹出"引力"属性管理器，通过"方向参考"选择框选择振子侧面的任意一条边线，如图4-7所示，保持默认的引力大小（即数字引力值为9806.65mm/s²），单击"确定"按钮，完成引力的添加。

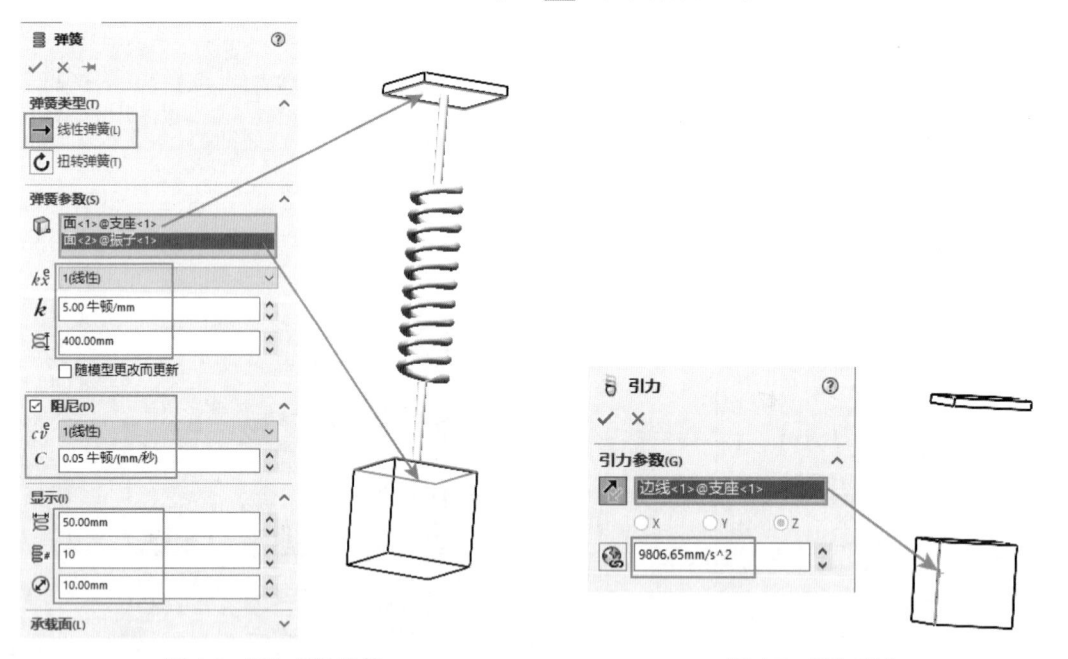

图4-6　添加线性弹簧　　　　　　图4-7　添加引力

（3）设置运动算例属性。单击MotionManager工具栏中的"运动算例属性"按钮，弹出"运动算例属性"属性管理器，在"Motion分析"组框内将"每秒帧数"设为50，其余参数采用默认设置，单击"确定"按钮✓。

3．运行仿真及后处理

（1）设置仿真结束时间。在时间线视图中，将顶部更改栏右侧的键码点拖放至 10 秒处，即总的仿真时间为 10 秒。

（2）提交计算。单击 MotionManager 工具栏中的"计算"按钮，可对当前运动算例进行仿真计算。

（3）播放动画。完成分析计算后，单击 MotionManager 工具栏中的"从头播放"按钮▶，可以播放仿真的动画。

（4）创建振子位移的图解。单击 MotionManager 工具栏中的"结果和图解"按钮，弹出"结果"属性管理器，在"结果"组框内的"选取类别"下拉列表中选择"位移/速度/加速度"，在"选取子类别"下拉列表中选择"线性位移"，在"选取结果分量"下拉列表中选择"Y 分量"，通过"特征"选择框选择振子的任意一个面或线，其他参数保持默认，最后单击"确定"按钮✓，生成新的图解，结果如图 4-8 所示。

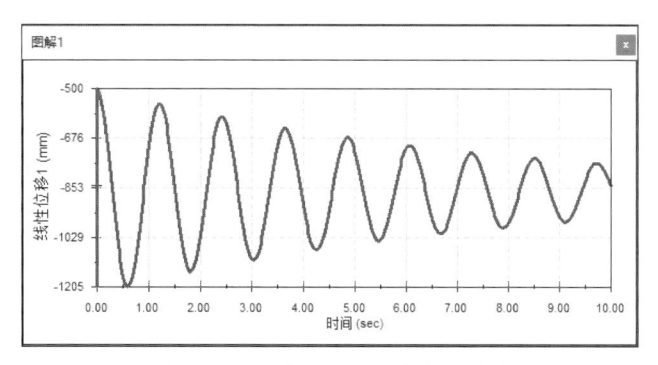

图 4-8 振子位移随时间变化的曲线

由图 4-8 可见，振子在有阻尼弹簧的作用下，其振动的幅度随着时间的增加而逐渐衰减，这与弹簧振子的阻尼振动规律相符。

（5）创建振子速度、加速度的图解。通过步骤（4）的方法，在"结果"属性管理器的"选取子类别"下拉列表中分别选择"线性速度"和"线性加速度"，其他参数设置与步骤（4）相同，分别创建振子速度和加速度的图解，结果如图 4-9 和图 4-10 所示。

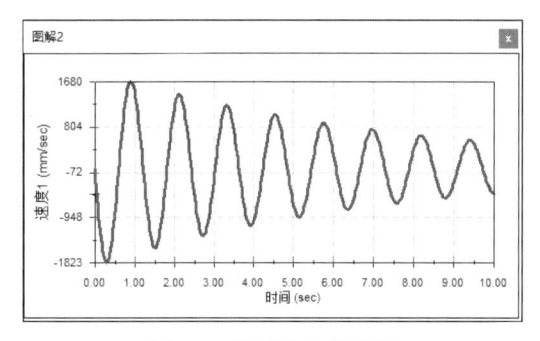

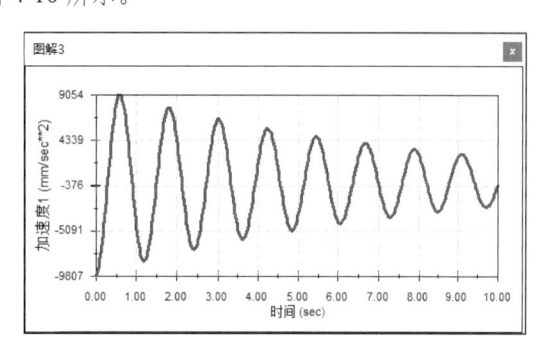

图 4-9 振子速度的图解　　　　　　　　图 4-10 振子加速度的图解

（6）创建弹簧位移的图解。再次打开"结果"属性管理器，在"结果"组框内的"选取类别"下拉列表中选择"位移/速度/加速度"，在"选取子类别"下拉列表中选择"线性位移"，在"选取结果分量"下拉列表中选择"幅值"，通过"特征"选择框在 MotionManager 设计树中选择模拟元素"线性弹簧1"，其他参数保持默认，创建弹簧位移的图解，如图 4-11 所示。其中，弹簧的初始长度为 400mm，在重力的作用下，其长度最大可伸长至 1105mm。

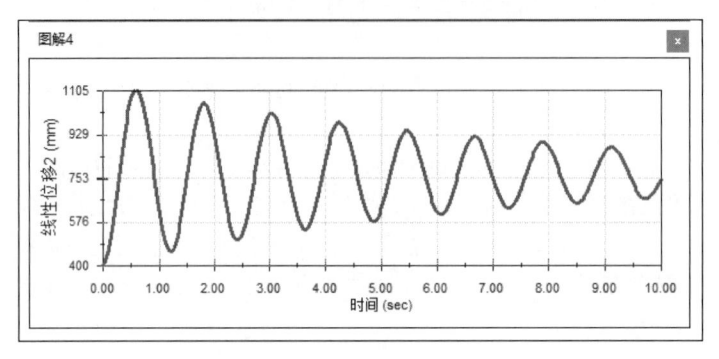

图 4-11　弹簧位移的图解

（7）创建弹簧速度的图解。通过步骤（6）的方法，在"结果"属性管理器的"选取子类别"下拉列表中选择"线性速度"，其他参数设置与步骤（6）相同，创建弹簧速度的图解，结果如图 4-12 所示。由图 4-12 可见，弹簧的最高速度为 1823mm/s。

（8）创建弹簧弹力的图解。再次打开"结果"属性管理器，在"结果"组框内的"选取类别"下拉列表中选择"力"，在"选取子类别"下拉列表中选择"反作用力"，在"选取结果分量"下拉列表中选择"幅值"，其他参数设置与步骤（7）相同，创建弹簧弹力的图解，结果如图 4-13 所示。由图 4-13 可见，最大的弹簧弹力为 3531N。

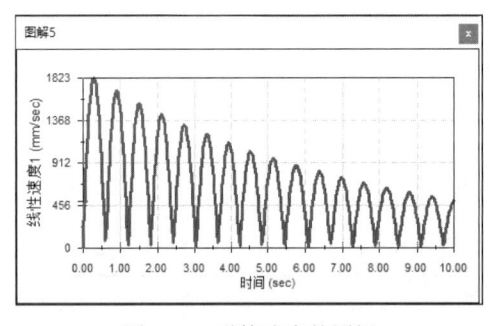

图 4-12　弹簧速度的图解　　　　　图 4-13　弹簧弹力的图解

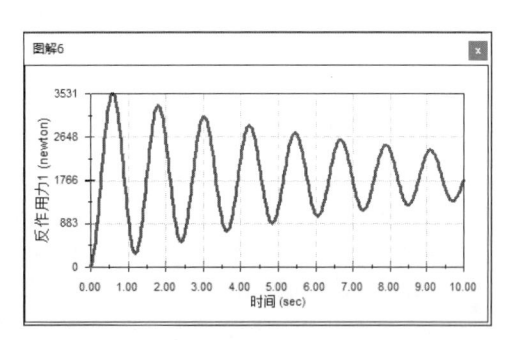

练一练——插床机构

图 4-14 所示为插床机构示意图。其中，飞轮围绕其与机架相配合的轴以恒定速度（60RPM）做旋转运动，最终推动滑块 2 做平移运动。下面通过 SOLIDWORKS Motion 对此插床机构进行动力学分析，创建滑块 1 和滑块 2 的运动图解。

第 4 章　添加弹簧和阻尼　83

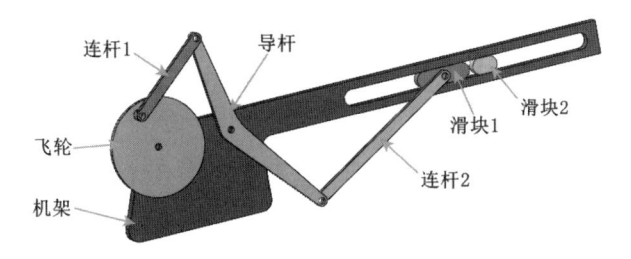

图 4-14　插床机构示意图

【操作提示】

(1) 打开装配体文件。打开电子资源包中"源文件\原始文件\第 04 章\插床机构"文件夹下的"插床机构.SLDASM"文件。

(2) 检查装配体中各零件之间的配合。通过 SOLIDWORKS 操作界面左侧的 FeatureManager 设计树可以查看装配体中所包含的零件及所创建的配合，如图 4-15 所示。其中，零件"机架"为固定零件，其他零件为运动零件。

由图 4-15 可知，铰链 1 配合可使飞轮相对于机架只能进行一个方向的旋转运动；铰链 2 配合可使连杆 1 相对于飞轮只能进行一个方向的旋转运动；铰链 3 配合可使导杆相对于连杆 1 只能进行一个方向的旋转运动；同心 1 和重合 1 的两个配合可使导杆相对于机架只能进行一个方向的旋转运动；铰链 4 配合可使连杆 2 相对于导杆只能进行一个方向的旋转运动；铰链 5 配合可使滑块 1 相对于连杆 2 只能进行一个方向的旋转运动；重合 2 和重合 3 的两个配合可使滑块 1 相对于机架只能进行一个方向的平移运动；重合 4 和重合 5 的两个配合可使滑块 2 相对于机架只能进行一个方向的平移运动。因此，该装配体中已经完成了配合的创建，无须再创建其他配合。

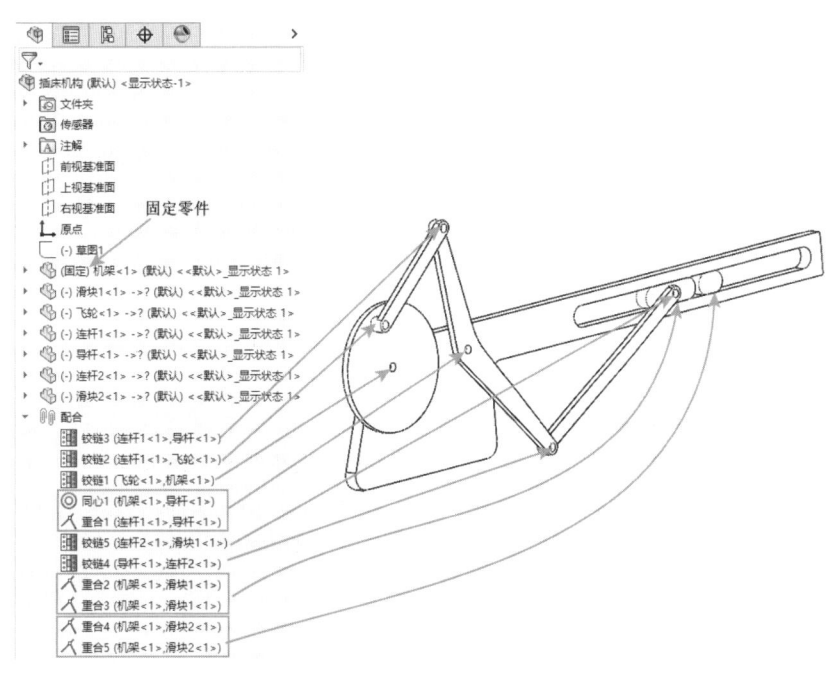

图 4-15　检查装配体中各零件之间的配合

（3）切换到运动算例页面。在SOLIDWORKS界面的左下角单击"运动算例1"选项卡，切换到运动算例页面，将运动的"算例类型"设为"Motion分析"。

（4）添加驱动飞轮旋转的马达。为"飞轮"零件添加马达，将"马达类型"设为"旋转马达"，通过"马达位置"选择框选择飞轮的圆孔面，反转马达的旋转方向，如图4-16所示，然后将"函数"设为"等速"，将"速度"设为60RPM。

（5）添加滑块2与机架之间的弹簧。添加一个弹簧，将"弹簧类型"设为"线性弹簧"，通过"弹簧端点"选择框选择滑块2的右侧圆弧面和机架的圆弧面，如图4-17所示，将"弹簧力表达式指数"设为1（线性），将"弹簧常数"设为8.00牛顿/mm，将"自由长度"设为90.00mm；勾选"阻尼"复选框，将"阻尼力表达式指数"设为1（线性），将"阻尼常数"设为0.10牛顿/(mm/秒)。

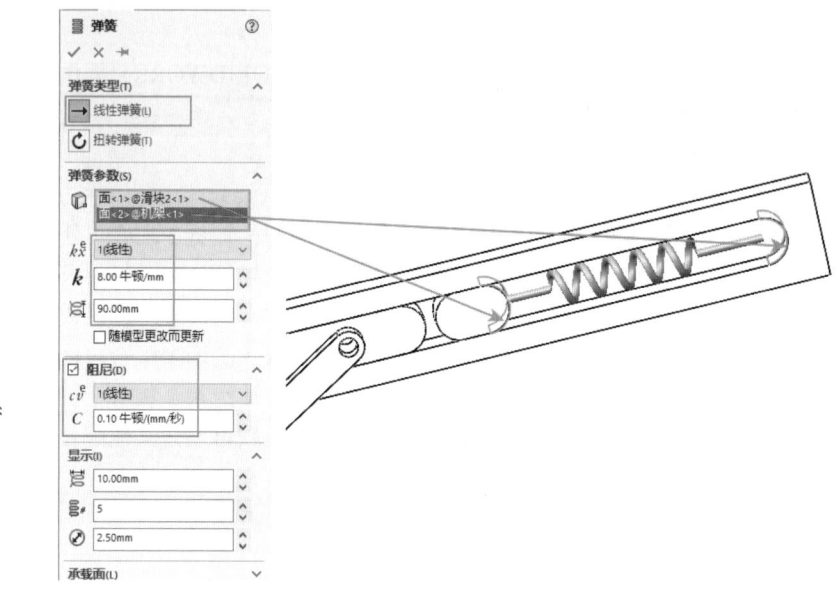

图4-16　添加马达的位置　　　　图4-17　添加滑块2与机架之间的弹簧

（6）添加滑块2与滑块1之间的接触。添加一个接触，将"接触类型"设为"实体"，通过"选择"组框内的"零部件"选择框选择滑块2和滑块1，如图4-18所示；在"材料"组框内，将第一个材料名称和第二个材料名称均设为Steel(Dry)。

（7）设置运动算例属性后运行仿真。将"每秒帧数"设为50，将仿真结束时间设为1s（本实例只仿真飞轮转动一周），然后提交计算。

（8）创建滑块1位移、速度、加速度的图解。打开"结果"属性管理器，将"选取类别"设为"位移/速度/加速度"，将"选取子类别"设为"线性位移"，将"选取结果分量"设为"Y分量"；通过"特征"选择框选择滑块1的任意一个面或线，创建滑块1位移的图解，如图4-19所示。通过此方法创建滑块1速度、加速度的图解，如图4-20和图4-21所示。

（9）创建滑块2位移、速度、加速度的图解。通过步骤（8）的方法创建滑块2位移、速度和加速度的图解，如图4-22~图4-24所示。

图 4-18　添加滑块 2 与滑块 1 之间的接触

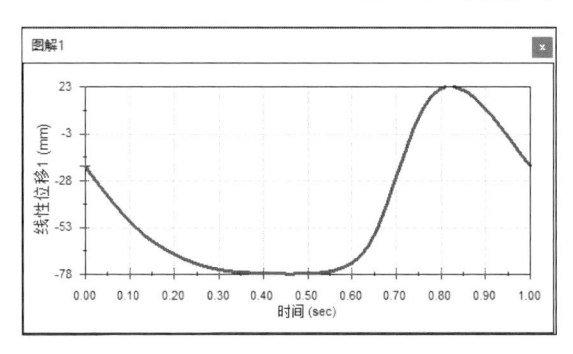

图 4-19　滑块 1 位移的图解

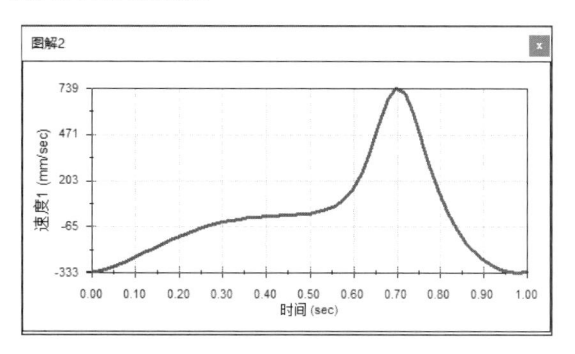

图 4-20　滑块 1 速度的图解

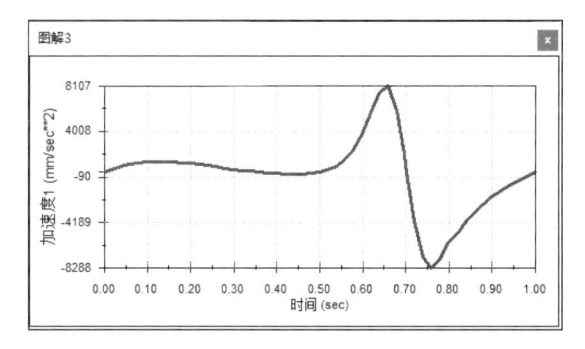

图 4-21　滑块 1 加速度的图解

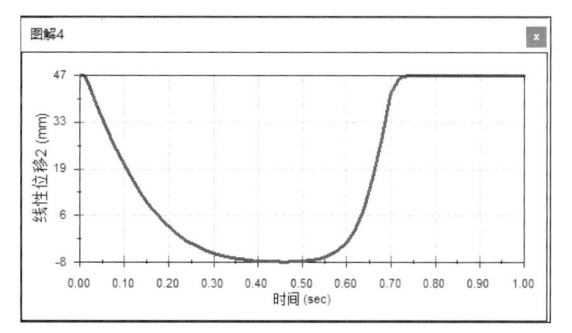

图 4-22　滑块 2 位移的图解

（10）创建弹簧弹力的图解。再次打开"结果"属性管理器，将"选取类别"设为"力"，将"选取子类别"设为"反作用力"，将"选取结果分量"设为"幅值"；通过"特征"选择框选择"线性弹簧 1"，创建弹簧弹力的图解，如图 4-25 所示。由图 4-25 可见，最大的弹簧力为 436N。

图 4-23　滑块 2 速度的图解

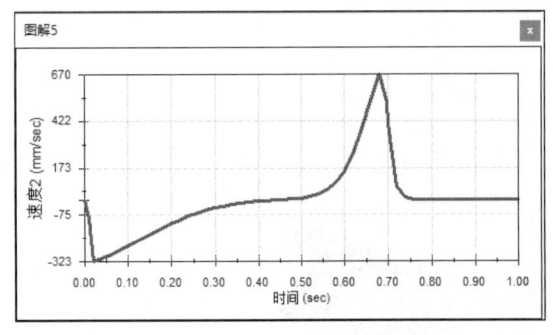

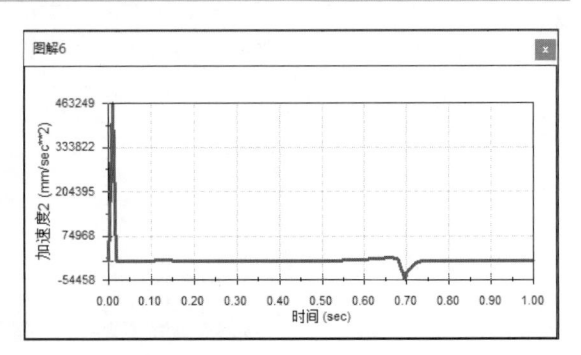

图 4-24　滑块 2 加速度的图解

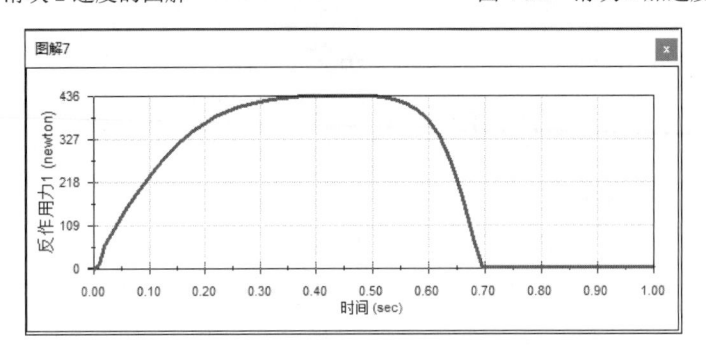

图 4-25　弹簧弹力的图解

4.2　阻　　尼

在一个机械系统中，能耗散该机械系统能量的任意影响因素，都可以称为阻尼。在 SOLIDWORKS Motion 动力学分析中所添加的阻尼是一个模拟元素，它消耗能量，可以逐步降低零部件运动的响应，对零部件的运动起到反力或反力矩的作用。本节首先介绍添加阻尼时所用到的"阻尼"属性管理器，并通过具体实例演示添加阻尼的具体操作过程。

4.2.1　"阻尼"属性管理器

在当前运动算例页面单击 MotionManager 工具栏中的"阻尼"按钮，将弹出图 4-26 所示的"阻尼"属性管理器。该属性管理器可对所添加阻尼的参数进行具体定义，如定义两种阻尼，分别是线性阻尼和扭转阻尼，下面分别进行介绍。

1. 线性阻尼

在"阻尼类型"组框内单击"线性阻尼"按钮，可以添加线性阻尼。此时，将沿特定方向并以一定距离在两个零件之间产生相互作用的阻尼力。

（1）阻尼端点。该选择框用于定义线性阻尼两个端点的位置。系统将把力应用到用户选择的第一个零件上，沿着所选两个端点的连线方向，将在第二个零件上应用大小相等且方向相反的反作用力。

(a) 线性阻尼　　　　　　　　　　　　　　(b) 扭转阻尼

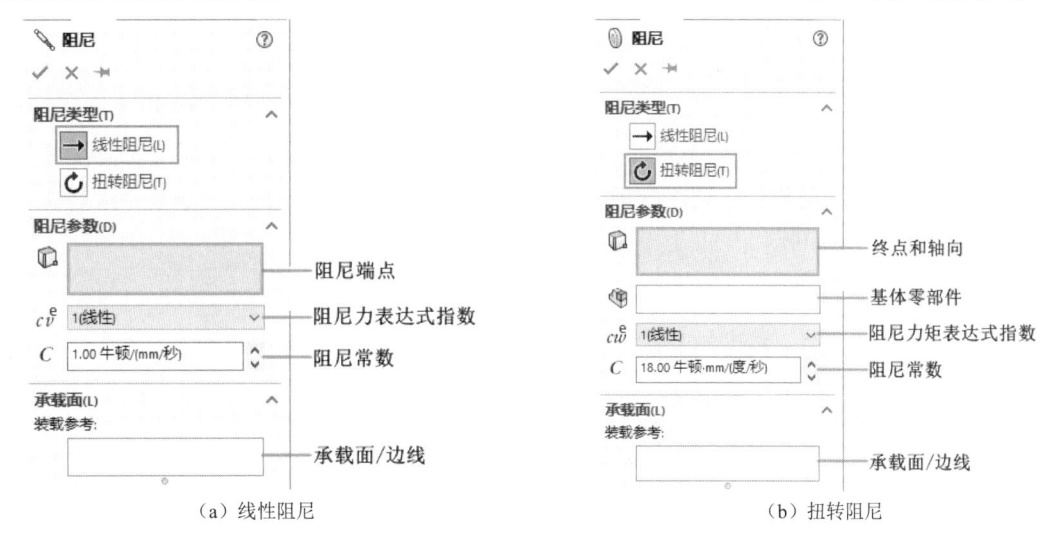

图 4-26 "阻尼"属性管理器

(2) 阻尼力表达式指数 $c\overset{e}{v}$。如果将线性阻尼的阻尼力表示为 F_d,则阻尼力 F_d 可表示为

$$F_d = -cv^n \tag{4-5}$$

式中,c 为阻尼系数;v 为当前阻尼两个端点位置之间的相对速度;n 为阻尼力表达式指数。阻尼力表达式指数的有效值有 –4、–3、–2、–1、1、2、3、4。

(3) 阻尼常数 C。表示线性阻尼的阻尼系数,即式(4-5)中的 c。

(4) 承载面/边线。用于指定承载面或边线。

2. 扭转阻尼

在"阻尼类型"组框内单击"扭转阻尼"按钮 ,可以添加扭转阻尼。此时,将沿特定旋转方向并以一定角度在两个零件之间或一个零件与地面之间产生相互作用的阻尼力矩。

(1) 终点和轴向 。该选择框用于定义扭转阻尼第一个端点的位置和扭转方向。如果选择了两个零件,则第二个所选零件用于设置扭转方向。

(2) 基体零部件。该选择框用于定义扭转阻尼第二个端点的位置。此时,系统将把指定扭转方向的力矩应用到用户通过"终点和轴向"选择框选择的第一个零件上,并将大小相等且方向相反的反作用力矩应用到通过"基体零部件"选择框所选的零件上。如果该选择框保留为空白,则将扭转弹簧的第二个端点设置到地面上。

(3) 阻尼力矩表达式指数 $c\overset{e}{\omega}$。如果将扭转阻尼的阻尼力矩表示为 T_d,则阻尼力矩 T_d 可表示为

$$T_d = -c_T \omega^n \tag{4-6}$$

式中,c_T 为阻尼系数;ω 为当前扭转阻尼两个端点位置之间的相对角速度;n 为阻尼力矩表达式指数。阻尼力矩表达式指数的有效值有 –4、–3、–2、–1、1、2、3、4。

(4) 阻尼常数 C。表示扭转阻尼的阻尼系数,即式(4-6)中的 c_T。

(5) 承载面/边线。用于指定承载面或边线。

4.2.2 实例——带阻尼单摆

图 4-27 所示为单摆示意图，球摆的初始速度 v_0=1000mm/s，在重力加速度 g 的作用下，将相对于支架产生左右的往复旋转运动。下面分别考虑无阻尼和有阻尼的情况，对该单摆进行动力学分析，并生成球摆运动的图解。

1. 生成一个运动算例

（1）打开装配体文件。打开电子资源包中"源文件\原始文件\第 04 章\带阻尼单摆"文件夹下的"单摆.SLDASM"文件。

（2）检查装配体中各零件之间的配合。通过 SOLIDWORKS 操作界面左侧的 FeatureManager 设计树可以查看装配体中所包含的零件及所创建的配合，如图 4-28 所示。其中，支架为固定零件；球摆为运动零件；铰链 1 可使球摆相对于支架只能进行一个方向的旋转运动。

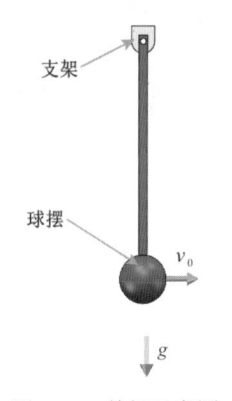

图 4-27 单摆示意图

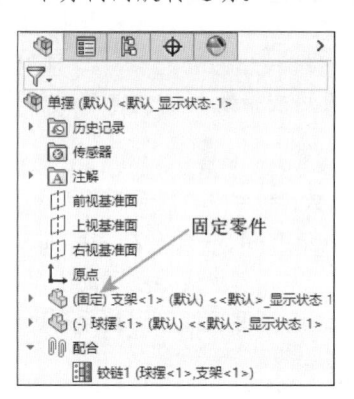

图 4-28 FeatureManager 设计树

（3）切换到运动算例页面。在 SOLIDWORKS 界面左下角单击"运动算例 1"选项卡，进入该运动算例页面，然后将 MotionManager 工具栏中的"算例类型"设为"Motion 分析"。

2. 前处理

（1）添加球摆的初始速度。在 MotionManager 设计树中右击零件球摆，弹出图 4-29 所示的快捷菜单，选择"初始速度"命令；弹出图 4-30 所示的"初始速度"属性管理器，通过"初始线性速度"的"参考"选择框选择支架的一条水平边线，然后将初始速度的大小设置为 1000mm/s，单击"确定"按钮✓，完成球摆初始速度的添加。

（2）添加引力。单击 MotionManager 工具栏中的"引力"按钮，弹出"引力"属性管理器，在"引力参数"组框内通过"方向参考"选择框选择零件支架右侧的一条垂直边线，如图 4-31 所示，此时在图形窗口的右下角将显示引力方向的箭头，以标识当前所定义引力的方向；保持默认的引力大小（即引力的大小为 9806.65mm/s^2），单击"确定"按钮✓，完成引力的添加。

（3）设置运动算例属性。单击 MotionManager 工具栏中的"运动算例属性"按钮，弹出"运动算例属性"属性管理器，在"Motion 分析"组框内将"每秒帧数"设为 50，其余参数采用默认设置，单击"确定"按钮✓。

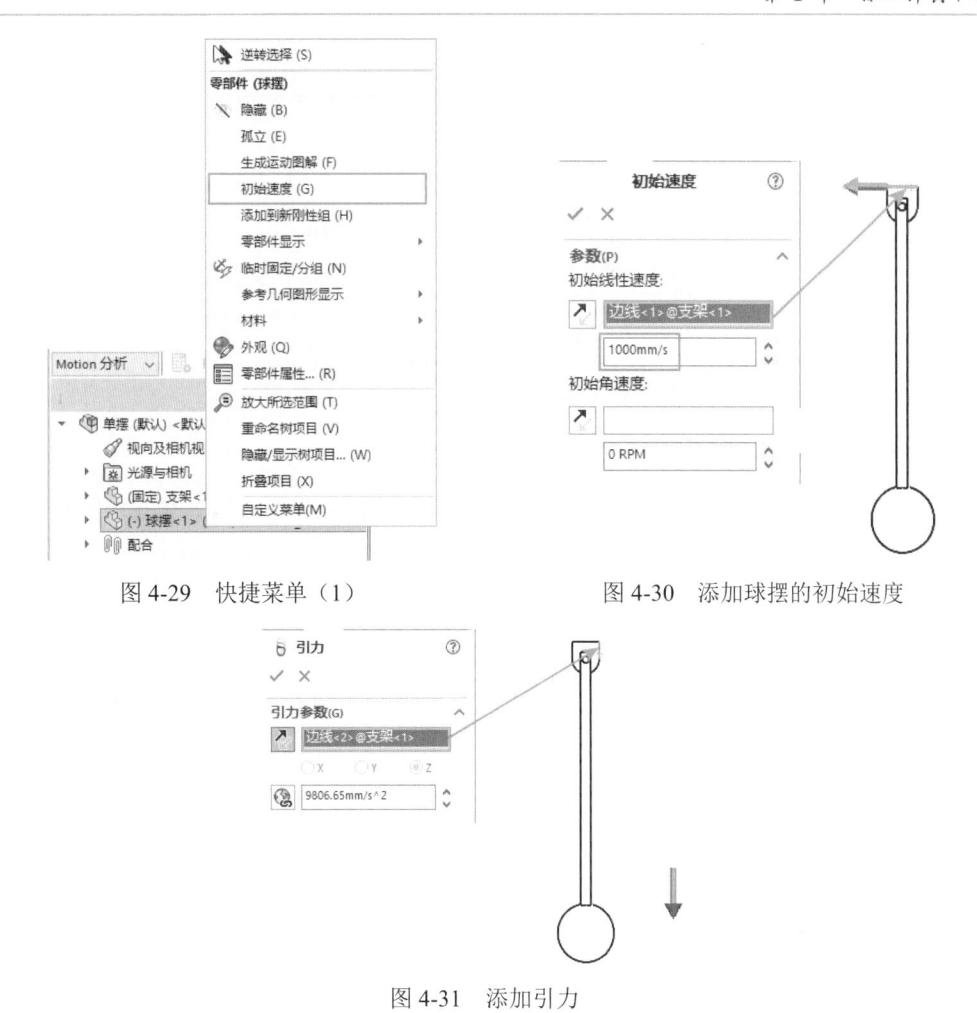

图 4-29　快捷菜单（1）　　　　图 4-30　添加球摆的初始速度

图 4-31　添加引力

3．运行仿真及后处理

（1）设置仿真结束时间。在时间线视图中，将顶部更改栏右侧的键码点拖放至 2 秒处，即总的仿真时间为 2 秒。

（2）提交计算。单击 MotionManager 工具栏中的"计算"按钮，可对当前运动算例进行仿真计算。

（3）播放动画。完成分析计算后，单击 MotionManager 工具栏中的"从头播放"按钮，可以播放仿真的动画。

（4）创建球摆角位移的图解。单击 MotionManager 工具栏中的"结果和图解"按钮，弹出"结果"属性管理器，在"结果"组框内的"选取类别"下拉列表中选择"位移/速度/加速度"，在"选取子类别"下拉列表中选择"角位移"，在"选取结果分量"下拉列表中选择"幅值"，通过"特征"选择框选择球摆的任意一个面，其他参数保持默认，单击"确定"按钮，生成新的图解，结果如图 4-32 所示。由图 4-32 可见，在不考虑阻尼的情况下，球摆的最大角位移为 32°，并且球摆的最大角位移不会随着时间的递增而向下衰减。

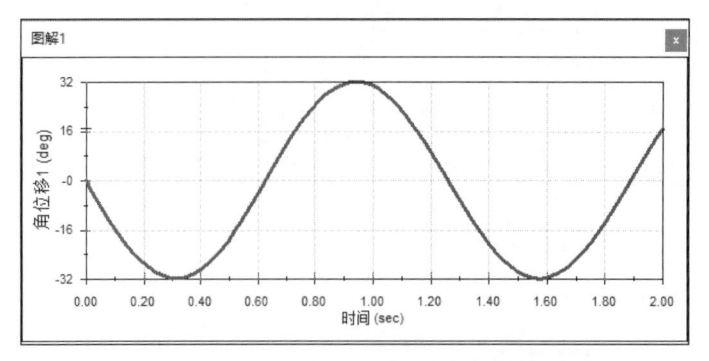

图 4-32 无阻尼情况下球摆角位移的图解

4．添加阻尼并重新进行仿真

（1）添加扭转阻尼。单击 MotionManager 工具栏中的"阻尼"按钮，弹出"阻尼"属性管理器，在"阻尼类型"组框内单击"扭转阻尼"按钮；通过"阻尼参数"组框内的"终点和轴向"选择框选择球摆上部的圆孔面，通过"基体零部件"选择框选择零件支架；将"阻尼力矩表达式指数"设为 1（线性），将"阻尼常数"设为 4.00 牛顿·mm/（度/秒），如图 4-33 所示；最后单击"确定"按钮，完成扭转阻尼的添加。

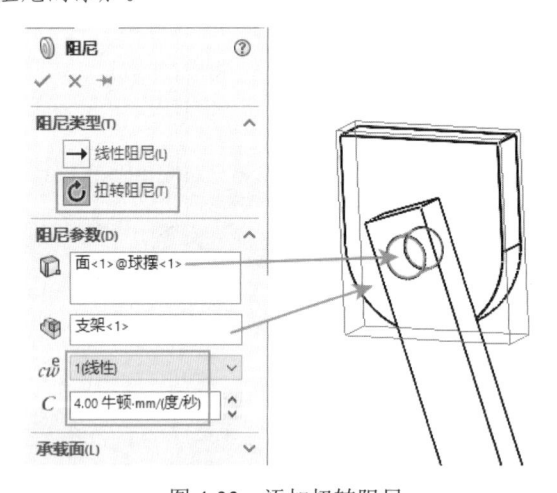

图 4-33 添加扭转阻尼

（2）再次提交计算。单击 MotionManager 工具栏中的"计算"按钮，可对当前运动算例重新进行仿真计算。

（3）查看球摆角位移的图解。在 MotionManager 设计树中展开"结果"文件夹，然后右击其中的图解 1，弹出图 4-34 所示的快捷菜单，选择"显示图解"命令，显示的图解如图 4-35 所示。由图 4-35 可见，在考虑阻尼的情况下，球摆的最大角位移为 29°，并且球摆的最大角位移会随着时间的递增而向下逐渐衰减。由此可见，模拟元素阻尼可以对零部件的运动响应起到负作用，即趋于减少或降低物体的运动响应。

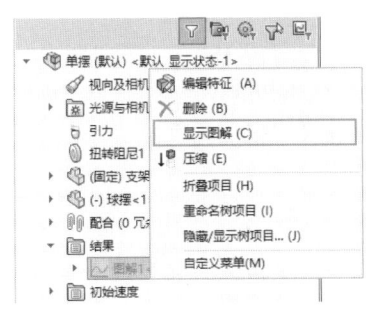

图 4-34　快捷菜单（2） 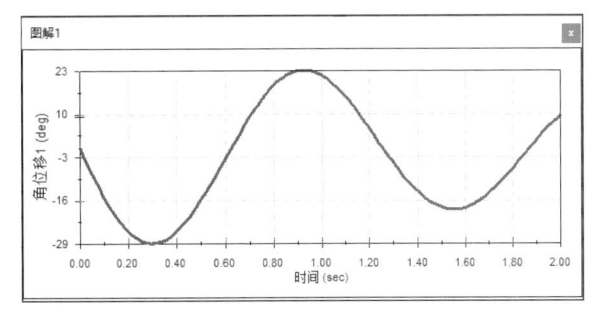　　　　图 4-35　有阻尼情况下球摆角位移的图解

（4）创建扭转阻尼角位移的图解。打开"结果"属性管理器，在"结果"组框内的"选取类别"下拉列表中选择"位移/速度/加速度"，在"选取子类别"下拉列表中选择"角位移"，在"选取结果分量"下拉列表中选择"幅值"，通过"特征"选择框在 MotionManager 设计树中选择模拟元素"扭转阻尼1"，其他参数保持默认，创建扭转阻尼角位移的图解，如图 4-36 所示。由图 4-36 可见，扭转阻尼的角度最大可扭转至−29°。

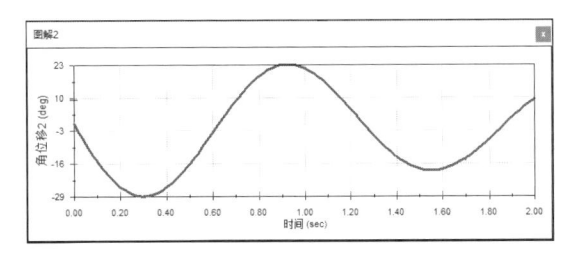

图 4-36　扭转阻尼角位移的图解

（5）创建扭转阻尼角速度的图解。通过步骤（4）的方法，在"结果"属性管理器的"选取子类别"下拉列表中选择"角速度"，其他参数设置与步骤（4）相同，创建扭转阻尼角速度的图解，结果如图 4-37 所示。由图 4-37 可见，扭转阻尼的最高角速度为 162°/s。

（6）创建扭转阻尼力矩的图解。再次打开"结果"属性管理器，在"结果"组框内的"选取类别"下拉列表中选择"力"，在"选取子类别"下拉列表中选择"反力矩"，在"选取结果分量"下拉列表中选择"幅值"，其他参数设置与步骤（4）相同，创建扭转阻尼力矩的图解，结果如图 4-38 所示。由图 4-38 可见，最大的扭转阻尼力矩为 647N·mm。

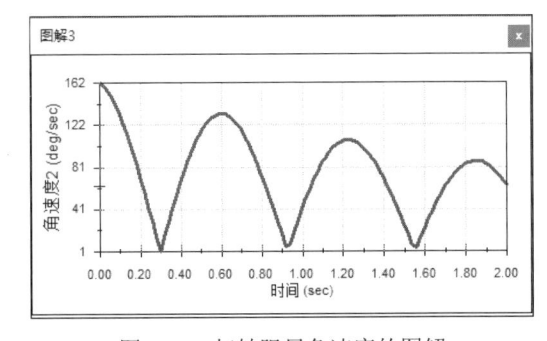

图 4-37　扭转阻尼角速度的图解 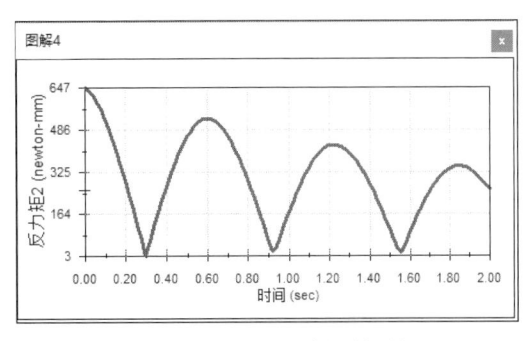　　　　图 4-38　扭转阻尼力矩的图解

练一练——关门器

图 4-39 所示为关门器机构示意图。当门打开后，在关门器内部弹簧的作用下，门会自动关闭；为了防止门关闭过快，一般需要在关门器内部添加阻尼。下面对该关门器机构进行动力学分析，创建门的运动图解。

【操作提示】

（1）打开装配体文件。打开电子资源包中"源文件\原始文件\第 04 章\关门器"文件夹下的"关门器.SLDASM"文件。

（2）检查各零件。在 SOLIDWORKS 操作界面左侧的 FeatureManager 设计树中可以查看装配体中所包含的零件及所创建的配合，如图 4-40 所示。其中，零件"底座 1""合页下页片""门框"为固定零件，其他零件为运动零件。

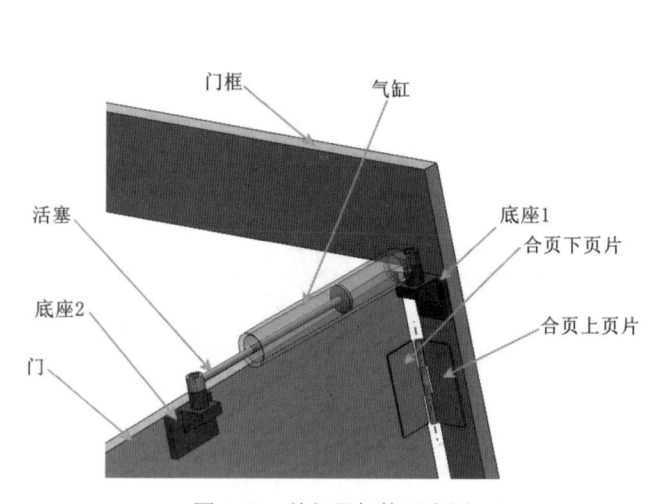

图 4-39　关门器机构示意图

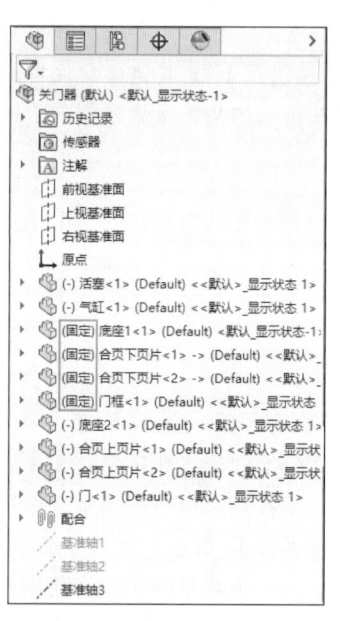

图 4-40　FeatureManager 设计树

（3）切换到运动算例页面。在 SOLIDWORKS 界面的左下角单击"运动算例 1"选项卡，切换到运动算例页面，将运动的"算例类型"设为"Motion 分析"。

（4）更改气缸的透明度。在图形窗口中右击气缸零件，在弹出的快捷工具栏中单击"更改透明度"按钮，显示气缸的内部结构，以便于添加弹簧和阻尼时选择实体。

（5）添加活塞与气缸之间的弹簧。添加一个弹簧，将"弹簧类型"设为"线性弹簧"，通过"弹簧端点"选择框选择活塞的圆边线和气缸内部的圆边线，如图 4-41 所示，将"弹簧力表达式指数"设为 1（线性），将"弹簧常数"设为 2.00 牛顿/mm，将"自由长度"设为 180.00mm（读者也可以在添加弹簧时勾选"阻尼"复选框，然后定义弹簧的阻尼，本练习为了使读者进一步熟悉添加阻尼的操作，所以将添加阻尼作为一个单独的步骤）。

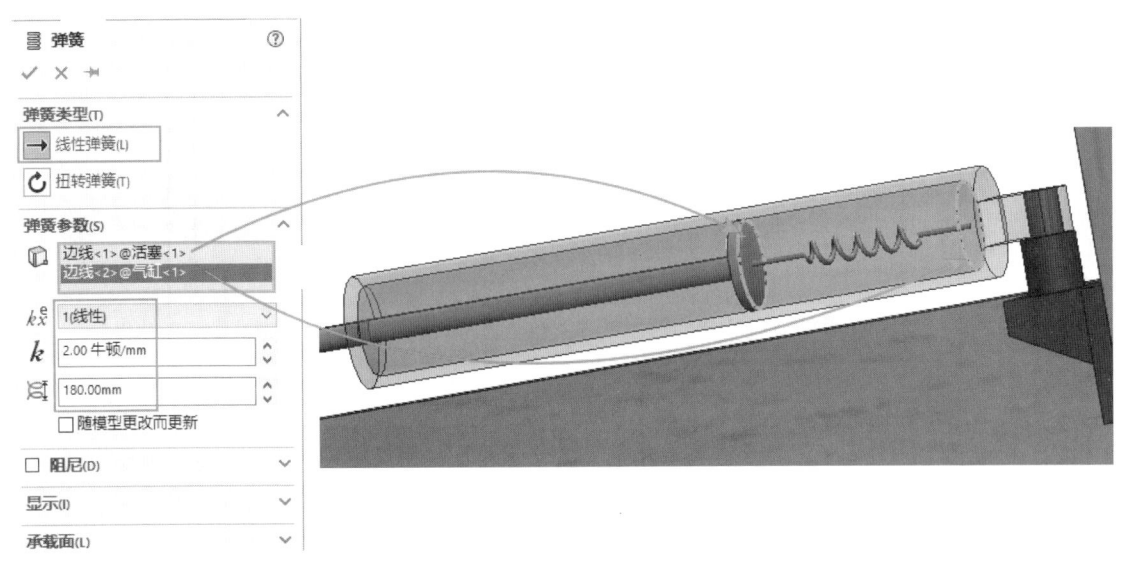

图 4-41 添加活塞与气缸之间的弹簧

（6）添加活塞与气缸之间的阻尼。添加一个阻尼，将"阻尼类型"设为"线性阻尼"，通过"阻尼端点"选择框选择活塞的圆边线和气缸内部的圆边线，如图 4-42 所示，将"阻尼力表达式指数"设为 1（线性），将"阻尼常数"设为 10.00 牛顿/（mm/秒）。

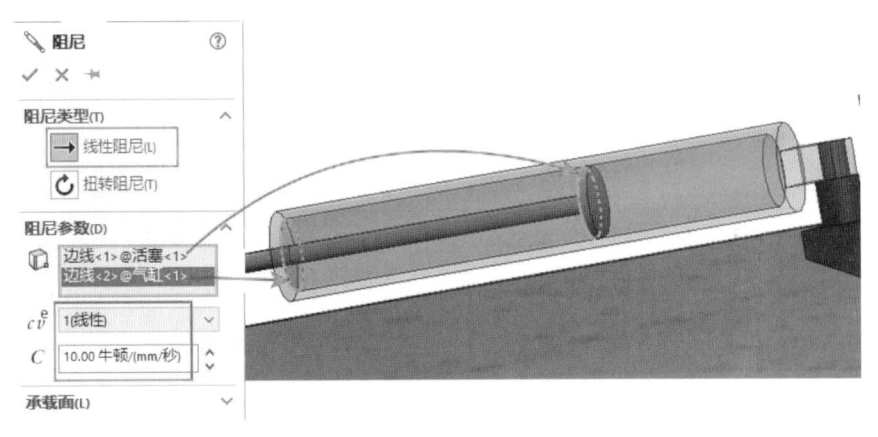

图 4-42 添加活塞与气缸之间的阻尼

（7）设置运动算例属性后运行仿真。将"每秒帧数"设为 50，将仿真结束时间设为 40s，然后提交计算。

（8）创建门角速度的图解。打开"结果"属性管理器，将"选取类别"设为"位移/速度/加速度"，将"选取子类别"设为"角速度"，在"选取结果分量"下拉列表中选择"幅值"，通过"特征"选择框选择门的任意一个面，所创建的图解如图 4-43 所示。由图 4-43 可知，在 28s 左右，门的角速度变为 0。

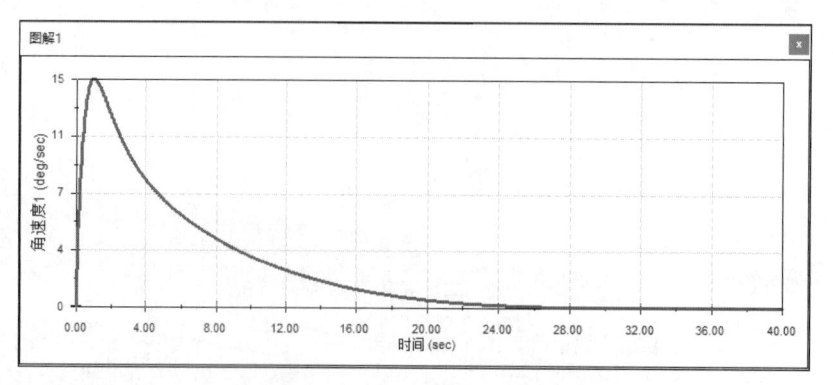

图 4-43　门角速度的图解

（9）创建阻尼力的图解。再次打开"结果"属性管理器，在"结果"组框内的"选取类别"下拉列表中选择"力"，在"选取子类别"下拉列表中选择"反作用力"，在"选取结果分量"下拉列表中选择"幅值"，通过"特征"选择框选择"线性阻尼 1"，创建阻尼力的图解，结果如图 4-44 所示。由图 4-44 可知，最大的阻尼力为 132N。

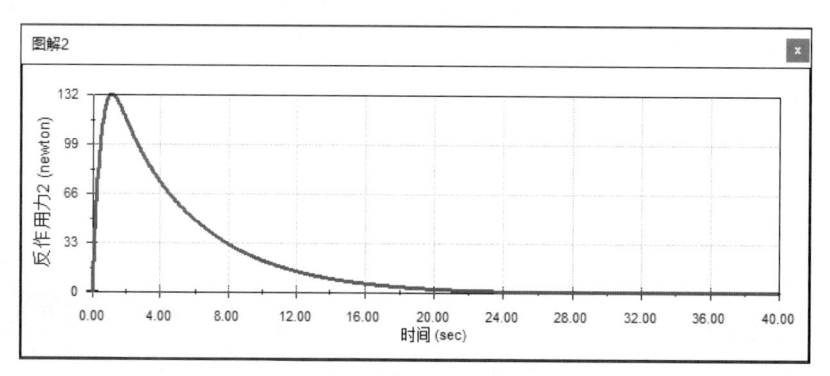

图 4-44　阻尼力的图解

第 5 章 添 加 接 触

内容简介

SOLIDWORKS Motion 动力学分析中通过添加接触来防止零件在运动过程中彼此穿透。本章首先介绍 SOLIDWORKS Motion 中可以添加的两种接触类型，然后通过具体实例演示添加两种接触的具体操作步骤。

内容要点

- 实体接触
- 实体接触计算的精度
- 曲线接触

案例效果

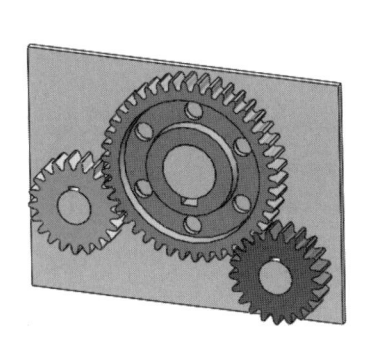

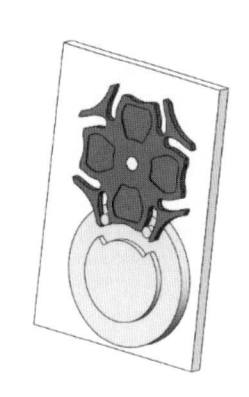

5.1 实体接触

在 SOLIDWORKS Motion 动力学分析中，为了防止零件在运动过程中彼此穿透，有时需要在发生滚动、滑动或碰撞的零部件之间添加接触。SOLIDWORKS Motion 中提供了两种接触类型，分别是实体接触和曲线接触，本节首先介绍实体接触。

实体接触属于三维接触，它是在两个或多个零部件之间定义的。在求解过程中，软件将在每一帧计算零部件之间发生干涉的边界框。一旦满足条件，则会在两个零部件之间进一步计算干涉，而且将计算的冲击力一并应用到两个零部件中，以计算两个零部件的接触运动响应。实体接触易于使用，但由于实体接触比曲线接触增加了一个维度，因此其计算量比曲线接触大。

5.1.1 添加实体接触

在当前运动算例页面单击 MotionManager 工具栏中的"接触"按钮，弹出图 5-1 所示的"接触"属性管理器。该属性管理器可对接触的各种参数进行具体定义。当在"接触类型"组框内单击"实体"按钮时，可以添加实体接触。

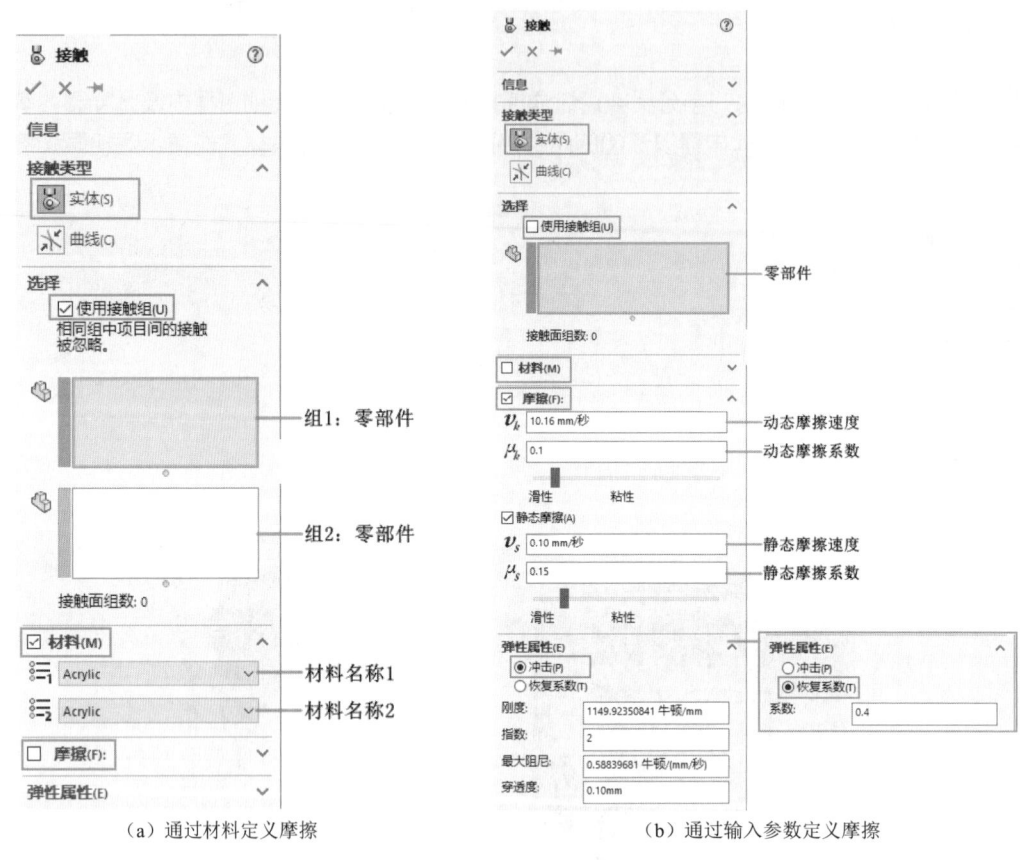

（a）通过材料定义摩擦　　　　　（b）通过输入参数定义摩擦

图 5-1 "接触"属性管理器

下面对添加实体接触所用到的各参数栏进行简要介绍。

1．选择

"选择"组框用于选择添加实体接触的零部件。

（1）使用接触组。当勾选该复选框时，软件会忽略接触组内各零部件之间的接触，只考虑两组之间每对零部件组合之间的接触。

（2）零部件。该选择框用于选择发生接触的零部件。在选择零部件时，无论用户选择零部件的什么特征，其所对应的零部件都将被选择并用于接触分析（该栏仅在取消勾选"使用接触组"复选框时显示）。此时，SOLIDWORKS Motion 将考虑所有所选零部件之间的接触，自动生成多个接触对。

（3）组1：零部件。该选择框用于选择第一个接触组中的零部件（该栏仅在勾选"使用接触组"复选框时显示）。

（4）组2：零部件。该选择框用于选择第二个接触组中的零部件（该栏仅在勾选"使用接触组"复选框时显示）。

2. 材料

"材料"组框可以通过选择材料来定义接触参数（仅在勾选"材料"复选框时可用）。根据用户所选定材料的材料属性来计算发生接触后零部件的运动响应。此时所选定材料的材料属性将覆盖原来所指定给每个零部件的材料属性。用户只需在"材料名称1"和"材料名称2"下拉列表中选择两种材料即可，所选材料的顺序无关紧要。因此，"材料名称1"设为"Aluminum(Dry)"、"材料名称2"设为"Steel(Dry)"与"材料名称1"设为"Steel(Dry)"、"材料名称2"设为"Aluminum(Dry)"的实际效果相同。

3. 摩擦

"摩擦"组框可通过手动输入来定义发生接触的零部件之间的摩擦参数（仅在取消勾选"材料"复选框时可用）。当取消勾选"摩擦"复选框时，表示在该接触分析中不考虑零部件之间的摩擦；当勾选"摩擦"复选框时，可以设置以下参数栏。

（1）动态摩擦速度 v_k，即动摩擦临界速度。当两个发生接触零部件的相对运动速度等于或大于该数值时，产生动摩擦，此时将使用动态摩擦系数来计算摩擦力。

（2）动态摩擦系数 μ_k，即动摩擦系数。它是两个接触零部件出现相对运动时的摩擦系数，可用来计算两个接触零部件产生动摩擦时的摩擦力。如果两个发生接触零部件之间的相对速度大于或等于动态摩擦速度时，使用该摩擦系数计算摩擦力。其数值为0～1。

（3）静态摩擦。勾选该复选框时，表示在接触计算中考虑静态摩擦（即静摩擦）。

（4）静态摩擦速度 v_s，即静摩擦临界速度。它是克服静态摩擦力以使静止零部件开始移动的速度。

（5）静态摩擦系数 μ_s，即静态摩擦系数。当两个发生接触的零部件处于相对静止时，静态摩擦系数是一个常数，可用来计算克服零部件之间静摩擦所需的力。如果两个发生接触零部件之间的相对速度低于或等于静态摩擦速度时，使用该摩擦系数来计算摩擦力。其数值为0～1。

提示：

　　SOLIDWORKS Motion 使用库仑摩擦理论来求解摩擦力，摩擦力是基于静态摩擦系数和动态摩擦系数这两个不同的系数计算的。在现实生活中，静态摩擦速度为零，但对于 SOLIDWORKS Motion 的求解器而言，就需要指定一个比较小的非零数值，以避免初始状态的异常。要明确的是，如果两个零部件在接触时的相对速度由负过渡到正，当相对速度为零时，摩擦力的大小不能瞬时地从正值转换到负值。SOLIDWORKS Motion 在应用摩擦系数时需要指定静态摩擦速度和动态摩擦速度，当两个发生接触的零部件之间的相对速度在静态摩擦速度和动态摩擦速度之间时，摩擦系数就在静态摩擦系数和动态摩擦系数之间变动，摩擦系数与相对速度之间的关系曲线如图 5-2 所示。从图 5-2 中可以看出，SOLIDWORKS Motion 是通过拟合出一条光滑的摩擦系数与相对速度关系曲线来计算摩擦力的。

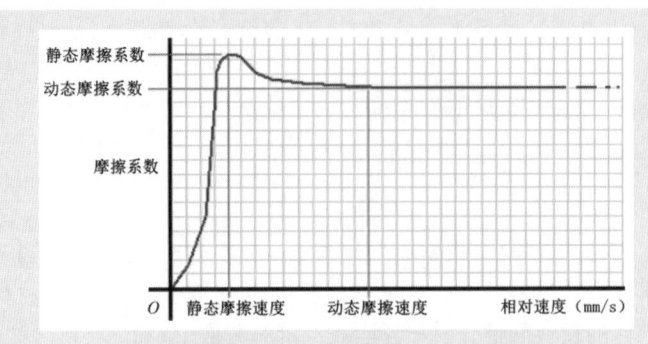

图 5-2 摩擦系数与相对速度之间的关系曲线

4. 弹性属性

当用户已通过实验或仿真数据获得弹性属性参数时，可以通过"弹性属性"组框手动输入各弹性属性参数（仅在取消勾选"材料"复选框时可用）。

默认情况下，SOLIDWORKS Motion 假设所有参与动力学分析的零部件都是刚体。添加接触可用于模拟两个或更多零部件之间的碰撞。几乎所有的碰撞都将产生相对较高的速度，从而导致零部件的弹塑性变形，造成严重的局部应变，而且发生碰撞的区域也会发生显著变化，因此有必要使用近似方法。

在 SOLIDWORKS Motion 中，可使用两种近似方法：冲击方法和恢复系数方法。现实中的接触可以分为两种情况，一种是时断时续的接触，如下落的钢球与铁板之间的碰撞，在这种情况下，两个零部件从不接触发展到接触，再发展到不接触。由于存在两个零部件之间的相对运动，在接触的位置，两个零部件开始出现材料压缩，零部件的动能转换成材料的压缩势能，并伴随着能量的损失，当两个零部件的相对速度为零时，两个构件又要开始弹起并分开，势能转换成动能，并伴随着能量的损失。另一种是连续的接触，在这种情况下，两个零部件在发生碰撞后将发展到始终接触，这时系统会把这种接触定义成一种非线性弹簧的形式，零部件材料的弹性模量当成弹簧的刚度，阻尼当成能量损失。连续的接触推荐使用冲击方法，时断时续的接触推荐使用恢复系数方法。

（1）冲击方法。当选中"冲击"单选按钮时，表示使用冲击方法，此时，将使用下面的表达式来计算发生碰撞时的接触力。

$$F_n = k \cdot g^e + \text{STEP}(g, 0, 0, d_{\max}, c_{\max}) \cdot \frac{\mathrm{d}g}{\mathrm{d}t} \tag{5-1}$$

式中，F_n 为接触力；k 为接触刚度；g 为发生接触零部件之间的穿透量；e 为弹力指数；$d_{\max}$ 为最大穿透深度；$c_{\max}$ 为阻尼系数的最大值；$\frac{\mathrm{d}g}{\mathrm{d}t}$ 为接触点的穿透速度。当两个零部件的表面之间发生接触时，这两个零部件就会在接触的位置产生接触力。通过式（5-1）可知，冲击方法所计算的接触力由两部分组成：一是由于两个零部件之间相互切入而产生的弹性力；二是由相对速度产生的阻尼力。

使用冲击方法时，需要输入以下弹性属性参数。

1）刚度：碰撞过程中两个零部件之间相接触边界处的材料刚度，即式（5-1）中的 k。
2）指数：接触过程中的弹性力表达式指数，即式（5-1）中的 e。
3）最大阻尼：接触中阻尼系数的最大值，即式（5-1）中的 $c_{\max}$。

4）穿透度：接触中的最大穿透深度，即式（5-1）中的 $d_{\max}$。

通过式（5-1）中使用的过渡函数 STEP(g,0,$d_{\max}$,$c_{\max}$)可知，SOLIDWORKS Motion 使用了一种简化的方法来计算接触力中的阻尼力。假定阻尼系数（测量消耗能量的能力）从 0（冲击的开始时刻）增加到最大值 $c_{\max}$，当满足特定的变形量时，将这个变形值称为穿透度 $d_{\max}$。对任何大于穿透度 $d_{\max}$ 的变形，阻尼系数为常数并等于 $c_{\max}$。最大阻尼系数 $c_{\max}$ 典型的数值为接触刚度 k 的 0.1%～1%。

上述这些参数不仅与零部件的材料有关，而且与零部件发生接触位置的几何形状有关，因此无法通过材料属性表查找。在实际的 SOLIDWORKS Motion 动力学分析中，要想获取上述参数的准确数值是比较困难的，因此有时需要使用这些参数的近似值。此时，通过 SOLIDWORKS Motion 计算所得到的碰撞特征（如冲击力、碰撞区域的加速度等）只能是近似解。如果需要计算碰撞特征的准确解，则需要使用更加高级的计算方法，如使用 SOLIDWORKS Simulation 的非线性动力学模块进行分析计算。

但是，一般而言，由于零部件之间碰撞持续的时间通常都非常短暂，因此在碰撞发生一定时间之后，当发生碰撞的零部件相互接触且碰撞初期的碰撞特征不再对后续的计算结果产生影响时，通过 SOLIDWORKS Motion 计算所得到的接触力是准确的，并可以获取接触力的数值。

是否采用弹性属性参数的近似值主要取决于用户的分析目的。如果 SOLIDWORKS Motion 动力学分析的一个重要目的是计算碰撞特征，则需要花费一定的时间来获取准确的弹性属性参数，或者使用更高级的计算方法。但是，在通常情况下，用户对碰撞特征的精确结果不感兴趣，而只想研究整个机械系统的动力学属性，此时，可以使用弹性属性参数的近似值，也能得到该机械系统动力学属性的精确结果。

为了帮助用户输入弹性属性参数，SOLIDWORKS Motion 给出了两种材料的零部件发生接触时弹性属性参数的近似值。图 5-3 所示为选择不同材料时的弹性属性参数。如果用户所使用的零部件材料成分与 SOLIDWORKS Motion 给出的材料成分相类似，则可以在接触中参考这些数值。如果需要计算更精确的碰撞特征的结果，则必须输入弹性属性参数的准确数值。

（a）钢材料零部件与钢材料零部件接触　　（b）钢材料零部件与铝材料零部件接触

图 5-3　选择不同材料时的弹性属性参数

（2）恢复系数方法。当选中"恢复系数"单选按钮时，将使用恢复系数方法。此时，发生碰撞的两个零部件存在下面的关系式。

$$v_2' - v_1' = e(v_1 - v_2) \tag{5-2}$$

式中，v_1 和 v_2 为碰撞前第一个零部件和第二个零部件的速度；v_1' 和 v_2' 为碰撞后第一个零部件和第二个零部件的速度；e 为恢复系数。

恢复系数 e 是两个零部件在碰撞前后的相对速度的比值，可以在"弹性属性"组框内的"系数"栏中输入，其取值范围为 0～1。其中，1 代表完全弹性的撞击，即没有能量损失；0 代表完全塑性撞击，即零件在撞击后粘附在一起，而且能量可能已经损失了。恢复系数 e 与零部件发生接触位置的几何形状有关，在很多情况下，可以使用标准化的方法来测量恢复系数，或通过多种表格进行查找。

恢复系数方法不需要指定阻尼系数，并且对能量耗散计算准确，因此，如果用户关注仿真中的能量耗散，推荐使用这种方法。另外，该方法不适合持续撞击（撞击在很长一段时间内在发生接触的位置发展，即连续的接触）的仿真，持续撞击的情况下推荐使用冲击方法。

5.1.2　设置实体接触计算的精度

在完成实体接触的添加后，可以通过"运动算例属性"属性管理器来设置实体接触计算的精度，具体操作方法如下：在当前运动算例页面单击 MotionManager 工具栏中的"运动算例属性"按钮，弹出图 5-4 所示的"运动算例属性"属性管理器，通过"3D 接触分辨率"和"使用精确接触"可以设置实体接触计算的精度。

1．3D 接触分辨率

在默认情况下，SOLIDWORKS Motion 将发生接触零部件的表面划分为多个三角形网格单元来描述零部件的外形。此时，网格越密，三角形的边数越多，越接近零部件的实际形状。三角形的边数受控于"运动算例属性"属性管理器中的"3D 接触分辨率"滑块，当滑块向右侧移动时，多边形的边数越多，对零部件外形的描述就越准确，接触计算的精度也越高。3D 接触分辨率的取值范围为 1～100 的整数，如果将 3D 接触分辨率设置得过低，也就是将零部件划分为过于粗糙的网格，可能会产生不准确的计算结果，有时，甚至会因系统无法捕捉到零部件之间的接触而导致求解失败。

2．使用精确接触

如果将"3D 接触分辨率"设为最大值还无法解决问题（求解不充分或求解失败），可以勾选"使用精确接触"复选框。此时，系统将采用零部件表面的精确描述，即通过使用代表零部件的方程式来计算接触。由于这是零部件外形最为精确的描述，接触计算的精度也最高，因此会占用较多的计算资源，在使用时需要谨慎。如果接触零部件的外形复杂或在处理类似于点状的零部件时，可以勾选该复选框。

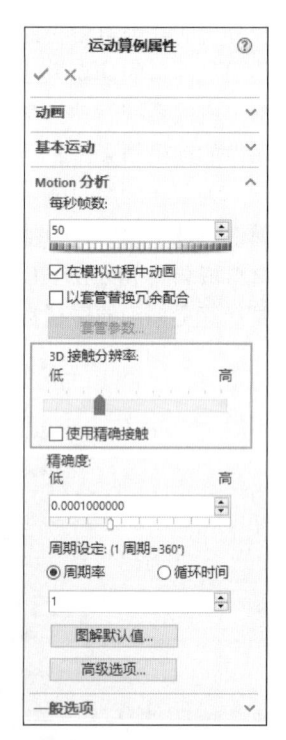

图 5-4　"运动算例属性"属性管理器

图 5-5 所示为两个不同 3D 接触分辨率下的零部件外形及一个使用精确接触的零部件外形。

（a）3D 接触分辨率低　　　　　（b）3D 接触分辨率高　　　　　（c）使用精确接触

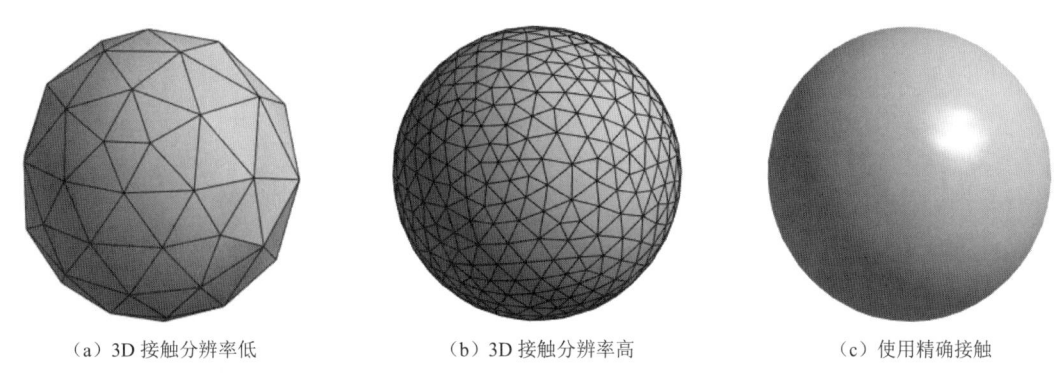

图 5-5　不同 3D 接触分辨率和使用精确接触的零部件外形

5.1.3　实例——齿轮传动

图 5-6 所示为齿轮传动机构示意图。其中，齿轮的模数为 12mm；两个小齿轮的齿数为 21；大齿轮的齿数为 42；左侧小齿轮 1 围绕其与机架相配合的轴以恒定速度（60RPM）做旋转运动。下面对该齿轮传动机构进行动力学分析，并生成分析结果的图解。

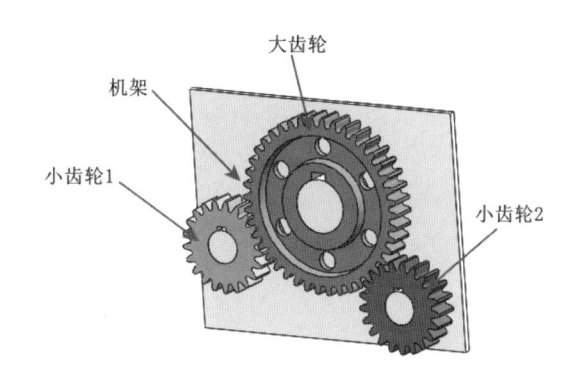

图 5-6　齿轮传动机构示意图

根据 SOLIDWORKS Motion 进行动力学分析的基本步骤，下面对齿轮传动机构动力学分析的具体操作步骤进行介绍。

1. 生成一个运动算例

（1）打开装配体文件。打开电子资源包中"源文件\原始文件\第 05 章\齿轮传动"文件夹下的"齿轮传动.SLDASM"文件。

（2）检查装配体中各零件之间的配合。通过 SOLIDWORKS 操作界面左侧的 FeatureManager 设计树可以查看装配体中所包含的零件及各零件之间的配合，如图 5-7 所示。由图 5-7 可知，机架零件为固定零件；铰链 1、铰链 2、铰链 3 三个配合可使小齿轮 1、大齿轮、小齿轮 2 相对于机架只能进行一个方向的旋转运动。

(3)切换到运动算例页面。在 SOLIDWORKS 界面左下角单击"运动算例 1"选项卡,进入该运动算例页面,然后将 MotionManager 工具栏中的"算例类型"设为"Motion 分析"。

2. 前处理

(1)添加驱动小齿轮 1 旋转的马达。单击 MotionManager 工具栏中的"马达"按钮,弹出"马达"属性管理器,在"马达类型"组框内单击"旋转马达"按钮;通过"零部件/方向"组框内的"马达位置"选择框选择小齿轮 1 内部的圆孔面,采用默认的逆时针方向;在"运动"组框内选择"函数"为"等速",设置马达的"速度"为 60RPM,如图 5-8 所示。最后单击"确定"按钮,完成驱动小齿轮 1 旋转马达的添加。

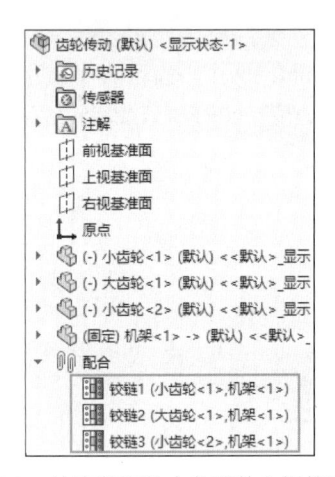

图 5-7 检查装配体中各零件之间的配合　　图 5-8 添加驱动小齿轮 1 旋转的马达

(2)添加小齿轮 1 和大齿轮之间的实体接触。单击 MotionManager 工具栏中的"接触"按钮,弹出"接触"属性管理器,在"接触类型"组框内单击"实体"按钮;通过"选择"组框内的"零部件"选择框选择小齿轮 1 和大齿轮;在"材料"组框内将第一个材料名称和第二个材料名称均设为"Steel(Dry)",如图 5-9 所示。最后单击"确定"按钮,完成小齿轮 1 和大齿轮之间接触的添加。

(3)添加小齿轮 2 和大齿轮之间的实体接触。通过步骤(2)的方法添加小齿轮 2 和大齿轮之间的接触,通过"选择"组框内的"零部件"选择框选择大齿轮和小齿轮 2,其他参数与步骤(2)相同。

> **提示:**
> 在步骤(2)中,读者可以通过"选择"组框内的"零部件"选择框选择小齿轮 1、大齿轮和小齿轮 2 三个零件,一次性添加小齿轮 1、大齿轮和小齿轮 2 相互之间的接触。此时系统会自动生成多个接触对。

(4)添加引力。单击 MotionManager 工具栏中的"引力"按钮,弹出"引力"属性管理器,选中"Y"单选按钮,如图 5-10 所示,保持默认的引力大小,单击"确定"按钮✓,添加 Y 轴负方向的引力。

图 5-9　添加小齿轮 1 和大齿轮之间的接触　　　　图 5-10　添加引力

（5）设置运动算例属性。单击 MotionManager 工具栏中的"运动算例属性"按钮,弹出"运动算例属性"属性管理器,在"Motion 分析"组框内将"每秒帧数"设为 200,将"3D 接触分辨率"的滑块向右拖动至数值为 90 的位置,如图 5-11 所示,其余参数采用默认设置,单击"确定"按钮✓。

3. 运行仿真及后处理

（1）设置仿真结束时间。在时间线视图中,将顶部更改栏右侧的键码点拖放至 1 秒处,即总的仿真时间为 1 秒,在仿真时间内使小齿轮 1 仅旋转 1 圈。

（2）提交计算。单击 MotionManager 工具栏中的"计算"按钮,可对当前运动算例进行仿真计算。

（3）播放动画。完成分析计算后,单击 MotionManager 工具栏中的"从头播放"按钮▶,可以播放仿真的动画,可观察到齿轮的各轮齿在传动过程中保持了很好的啮合状态,没有干涉或脱离啮合的现象,如图 5-12 所示。

（4）创建各齿轮角速度的图解。单击 MotionManager 工具栏中的"结果和图解"按钮,弹出"结果"属性管理器,在"结果"组框内依次选择"位移/速度/加速度""角速度""幅值",通过"特征"选择框选择各齿轮的任意一个面,分别创建各齿轮角速度的图解,结果如图 5-13～图 5-15 所示。

通过齿轮传动比的计算可知,当小齿轮 1 的角速度为 360°/s 时,大齿轮的角速度应为 180°/s,小齿轮 2 的角速度应为 360°/s,但是由于齿轮的轮齿在传动过程中会发生相互之间的碰撞,实际的角速度应在一定范围内上下波动,因此,这些图解在一定程度上反映了齿轮传动时各齿轮角速度的真实状态。

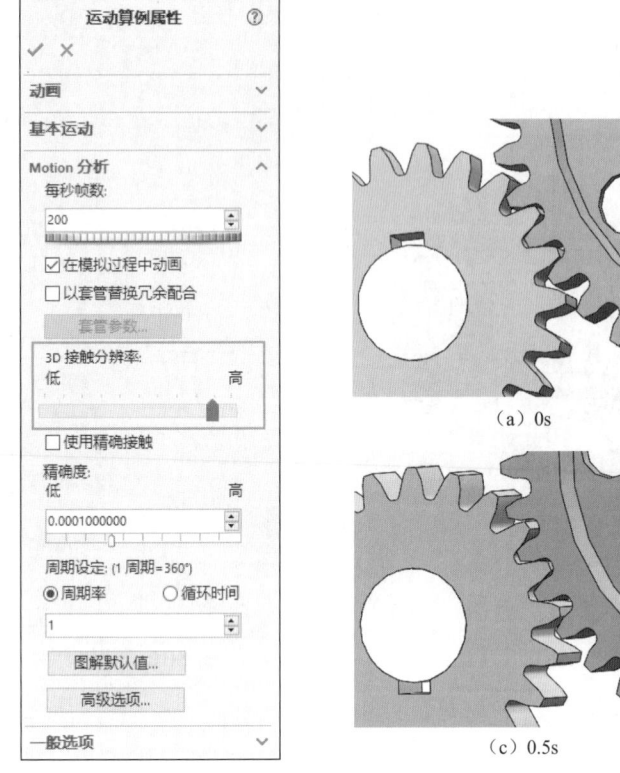

图 5-11　调整 3D 接触分辨率

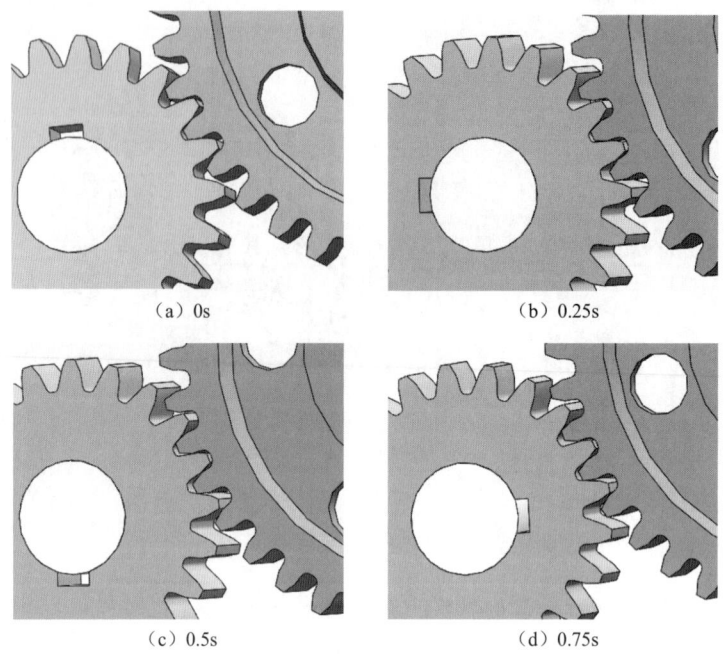

图 5-12　播放的齿轮传动动画

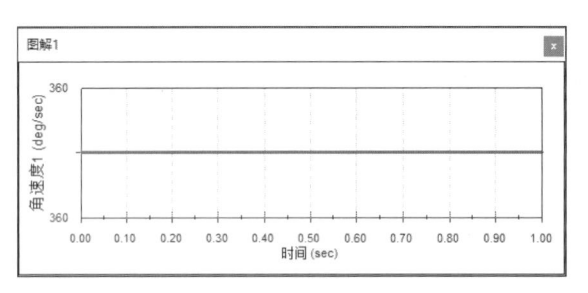

图 5-13　小齿轮 1 角速度的图解

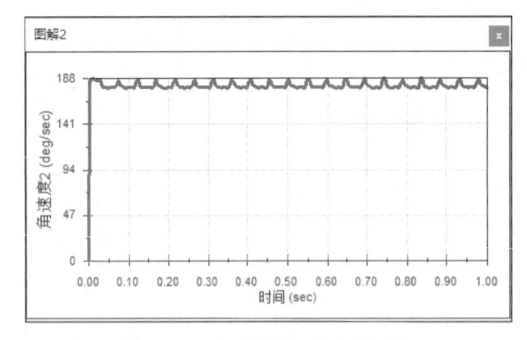

图 5-14　大齿轮角速度的图解

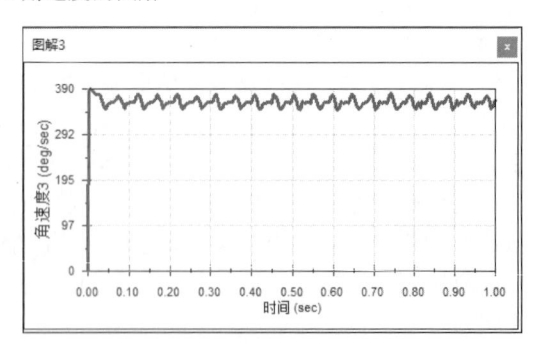

图 5-15　小齿轮 2 角速度的图解

（5）创建小齿轮 1 与大齿轮接触力的图解。通过步骤（4）的方法打开"结果"属性管理器，在"结果"组框内依次选择"力""接触力""幅值"，通过"特征"选择框选择小齿轮 1 和大齿轮相啮合的齿轮面，如图 5-16 所示。单击"确定"按钮，创建接触力的图解，结果如图 5-17 所示。由图 5-17 可见，在轮齿相互碰撞的初期，接触力非常大，达到 38774 N，由于此时得到的接触力为冲击力，而冲击力的大小取决于接触刚度，该值为高度的近似值，应当被忽略。

在图 5-17 所示的图解中双击 Y 轴，弹出图 5-18 所示的"格式化轴"对话框，切换到"比例"选项卡，取消勾选"终点"复选框，然后在该复选框后面的输入框中输入 1300，单击"确定"按钮，将 Y 轴的最大刻度值设为 1300，结果如图 5-19 所示。

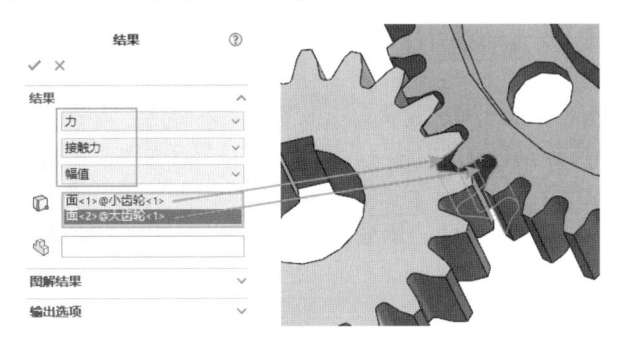

图 5-16 创建小齿轮 1 与大齿轮接触力的图解

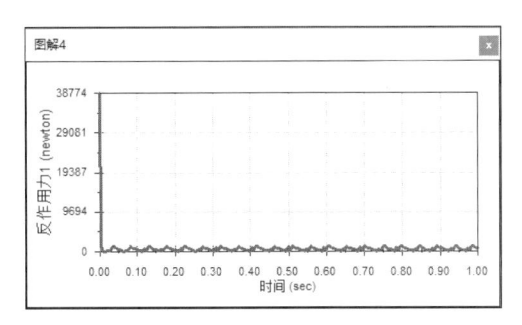

图 5-17 小齿轮 1 与大齿轮接触力的图解（1）

图 5-18 "格式化轴"对话框

由图 5-19 可知，小齿轮 1 与大齿轮的接触力随时间而发生周期性变化，在 1s 的仿真时间内，接触力包含 21 个峰值，这是由于小齿轮 1 共有 21 个齿，在小齿轮旋转一圈的过程中，共发生 21 次轮齿之间的撞击。

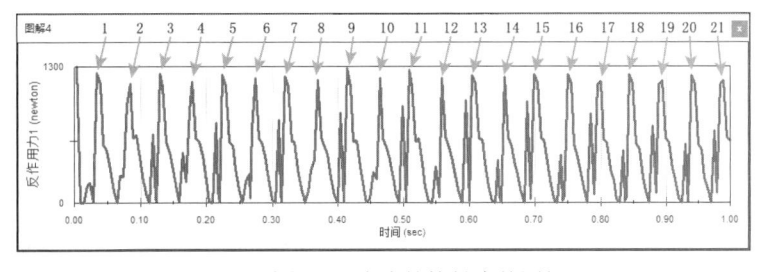

图 5-19 小齿轮 1 与大齿轮接触力的图解（2）

🔊 提示：

在系统默认生成的图解中，包含 X 轴和 Y 轴。其中，X 轴表示时间；Y 轴表示所绘制图解的变量。X 轴的刻度范围取决于仿真持续的时间，Y 轴的刻度范围取决于变量的最小值和最大值。双击坐标轴或右击坐标轴后选择"轴属性"命令，均可以弹出"格式化轴"对话框，通过该对话框，可以对坐标轴的样式、刻度、字体等进行修改。

4. 添加配合后重新进行仿真

（1）复制运动算例。在 SOLIDWORKS 界面的左下角右击"运动算例 1"选项卡，在弹出的快捷菜单中选择"复制算例"命令，复制出一个新的"运动算例 2"选项卡。单击"运动算例 2"选项卡，进入该运动算例页面。

（2）添加小齿轮 1 与大齿轮之间的齿轮配合。单击"装配体"选项卡中的"配合"按钮 ⬤，弹出"齿轮配合 1"属性管理器，单击"机械"选项卡，在"配合类型"组框内单击"齿轮"按钮 ⬤，通过"配合选择"选择框选择小齿轮 1 的圆孔面和大齿轮的圆孔面，将"比率"第二个输入框中的默认值修改为 200mm，如图 5-20 所示。最后单击"确定"按钮 ✓，完成第一个齿轮配合的创建。

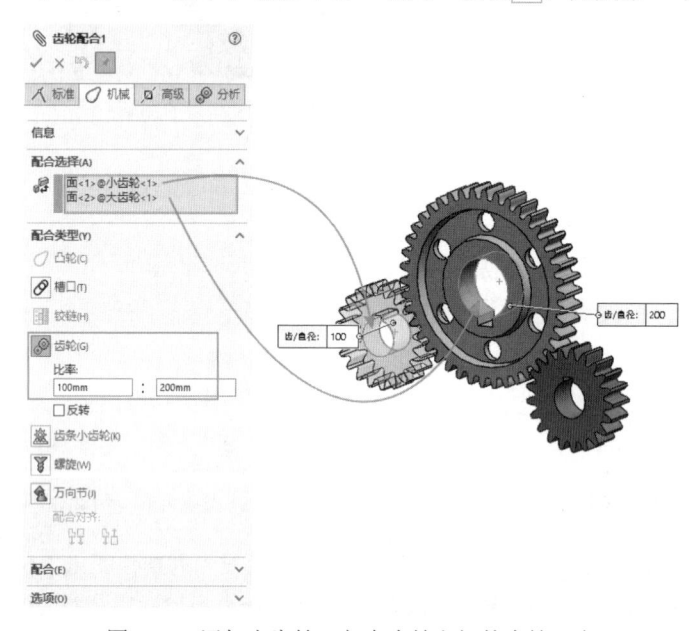

图 5-20　添加小齿轮 1 与大齿轮之间的齿轮配合

🔊 提示：

在创建齿轮配合时，系统将根据用户所选择的圆柱面或圆形边线的大小来输入齿轮传动比率的默认值。当输入框中为默认值时，背景颜色为白色；当输入框中为修改值时，背景颜色为黄色。在"比率"输入框中，用户应输入两个齿轮分度圆直径 d 的比率，而分度圆直径与齿数成正比（因为 $d=mz$，其中 m 为模数，z 为齿数）。本实例中，小齿轮 1 的齿数为 21，大齿轮的齿数为 42，由于 21/42=100/200，因此在第二个输入框中应输入 200mm。另外，此处添加的配合为当地配合，如果单击 SOLIDWORKS 界面左下角的"模型"选项卡，则无法看到此处所创建的齿轮配合。

（3）添加小齿轮 2 与大齿轮之间的齿轮配合。根据步骤（2）的方法创建小齿轮 2 与大齿轮之间的齿轮配合，其参数设置如图 5-21 所示。

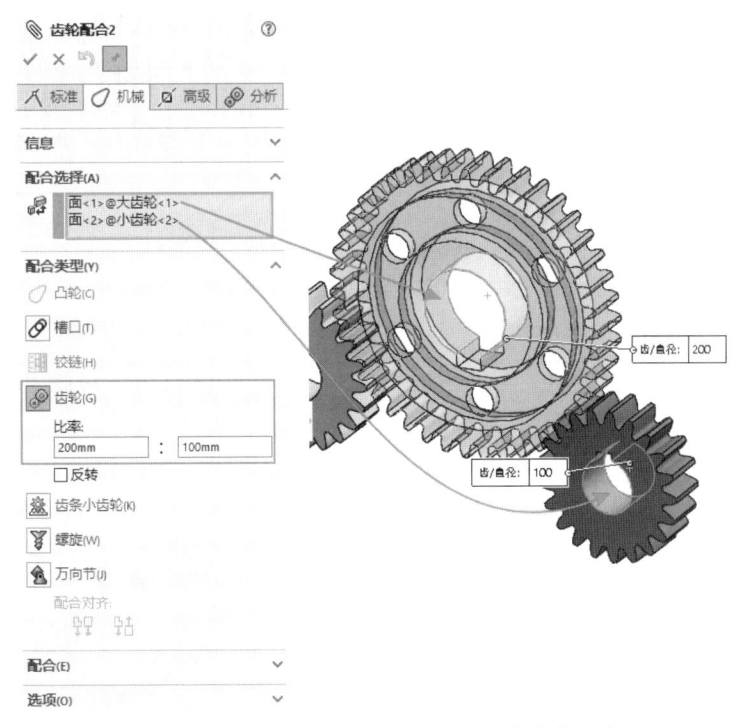

图 5-21　添加小齿轮 2 与大齿轮之间的齿轮配合

（4）再次提交计算。单击 MotionManager 工具栏中的"计算"按钮，可对当前运动算例重新进行仿真计算。

（5）查看各齿轮角速度和接触力的图解。在 MotionManager 设计树中展开"结果"文件夹，然后右击其中的某个图解，在弹出的快捷菜单中选择"显示图解"命令，可以查看各齿轮角速度和小齿轮 1 与大齿轮接触力的图解，如图 5-22～图 5-25 所示。

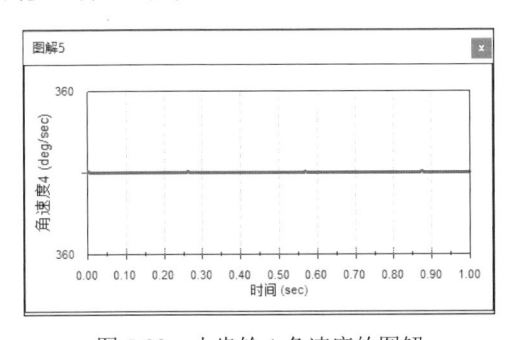

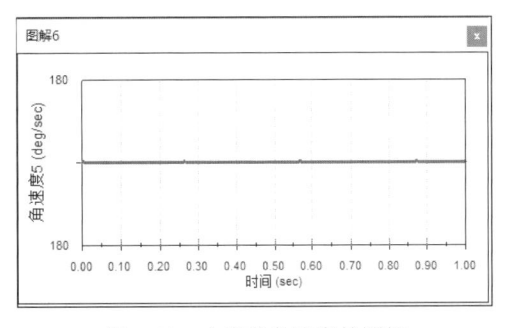

图 5-22　小齿轮 1 角速度的图解

图 5-23　大齿轮角速度的图解

该运动算例中所显示的各齿轮角速度与理论值完全一致，而且小齿轮 1 与大齿轮接触力也呈现出随时间而更加有规律的周期性变化。

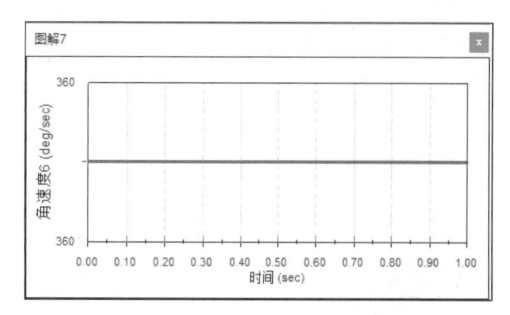

图 5-24 小齿轮 2 角速度的图解 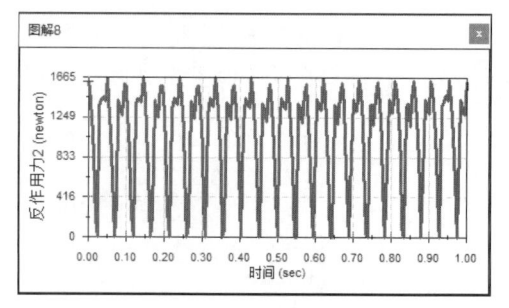　　　　图 5-25 小齿轮 1 与大齿轮接触力的图解

练一练——闭锁机构

图 5-26 所示为闭锁机构示意图。其中，托架和锁身之间装有弹簧，通过手动操作锁杆，可使锁片与锁扣相互锁住，此时该弹簧锁关闭。下面通过 SOLIDWORKS Motion 对此闭锁机构进行动力学分析，分析关闭该弹簧锁所需要的最大力。

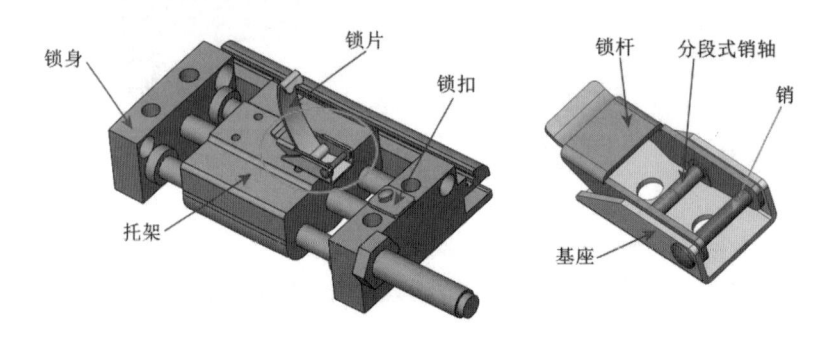

图 5-26 闭锁机构示意图

【操作提示】

（1）打开装配体文件。打开电子资源包中"源文件\原始文件\第 05 章\闭锁机构"文件夹下的"闭锁机构.SLDASM"文件。

（2）检查零部件及配合。通过 SOLIDWORKS 操作界面左侧的 FeatureManager 设计树可以查看装配体中所包含的零件及所创建的配合，如图 5-27 所示。其中，零件"锁身""锁扣"为固定零件；其他零件为运动零件。

由图 5-27 可知，同心 1 配合可使托架围绕锁身中间轴的轴心线进行旋转运动和沿轴心线方向进行平移运动；同心 2 配合可使锁片围绕分段式销轴的轴心线进行旋转运动和沿轴心线方向进行平移运动；同心 3 和重合 1 的两个配合可使锁杆相对于基座只能进行一个方向的旋转运动。其中，托架围绕锁身中间轴的轴心线可进行的旋转运动、锁片沿分段式销轴的轴心线方向可进行的平移运动都需要进行约束。接下来，将通过添加马达来阻止这两个零件的上述运动。

（3）切换到运动算例页面。单击"运动算例 1"选项卡，切换到运动算例页面，将运动的"算例类型"设为"Motion 分析"。

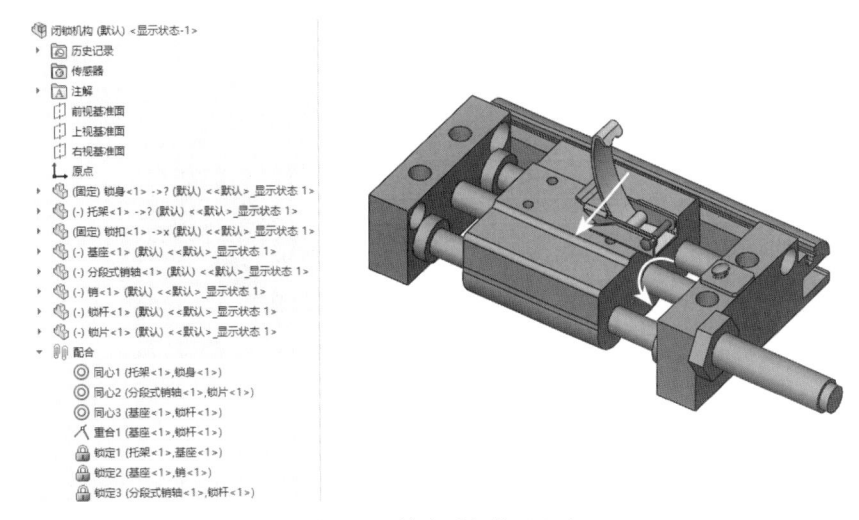

图 5-27　检查零部件及配合

（4）添加限制托架旋转的马达。为"托架"零件添加马达，将"马达类型"设为"旋转马达"，通过"马达位置"选择框选择托架中间圆孔的边线，然后将"函数"设为"距离"，将"位移"设为 0 度，将"开始时间"设为 0.00 秒，将"持续时间"设为 3.50 秒，如图 5-28 所示。

（5）添加限制锁片平移的马达。为"锁片"零件添加马达，将"马达类型"设为"线性马达（驱动器）"，通过"马达位置"选择框选择锁片的上表面，然后将"函数"设为"距离"，将"位移"设为 0mm，将"开始时间"设为 0.00 秒，将"持续时间"设为 3.50 秒，如图 5-29 所示。

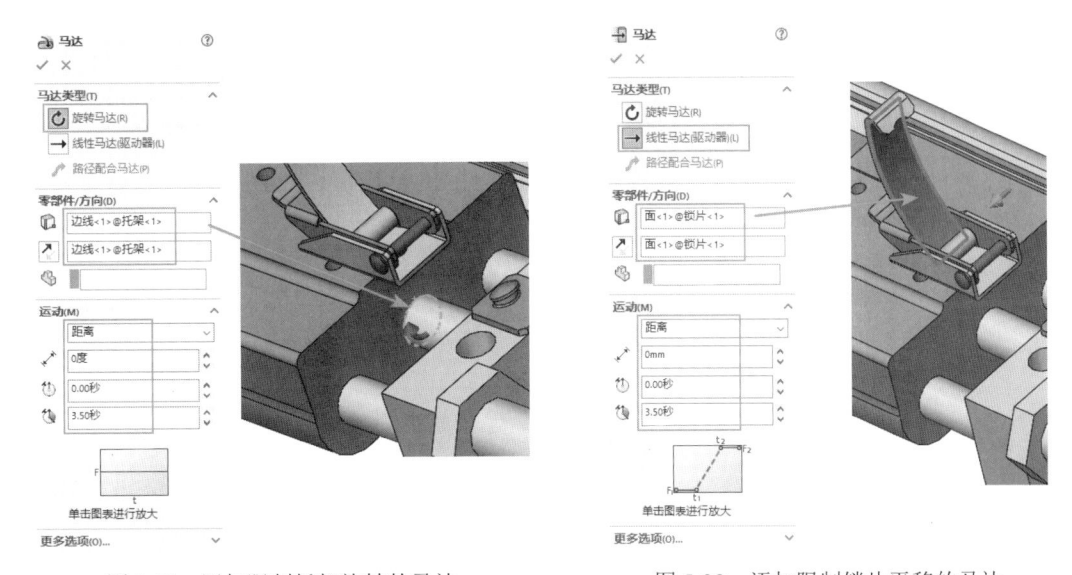

图 5-28　添加限制托架旋转的马达　　　　图 5-29　添加限制锁片平移的马达

（6）添加驱动锁杆旋转的马达。为"锁杆"零件添加马达，将"马达类型"设为"旋转马达"，通过"马达位置"选择框选择锁杆零件中的"基准轴 1"，然后将"函数"设为"表达式"，如图 5-30 所示，此时将弹出"函数编制程序"对话框。

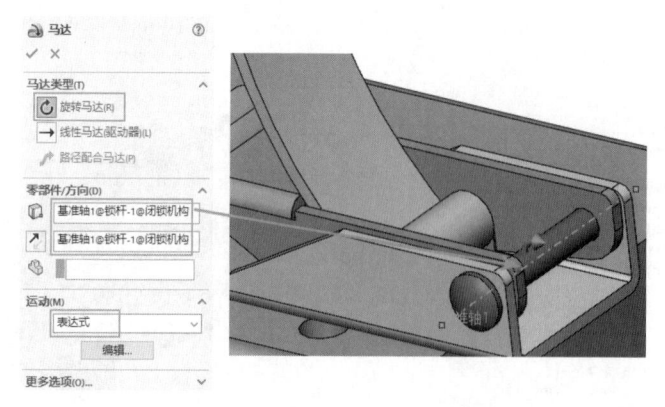

图 5-30 添加驱动锁杆旋转的马达

在"表达式定义"输入框中输入"STEP(Time,0,0,1,90)+STEP(Time,1.5,0,3,-90)",单击"表达式"按钮,此时"函数编制程序"对话框将自动更新位移、速度、加速度和猝动的图表,如图 5-31 所示,单击"确定"按钮,完成驱动锁杆旋转马达的添加。

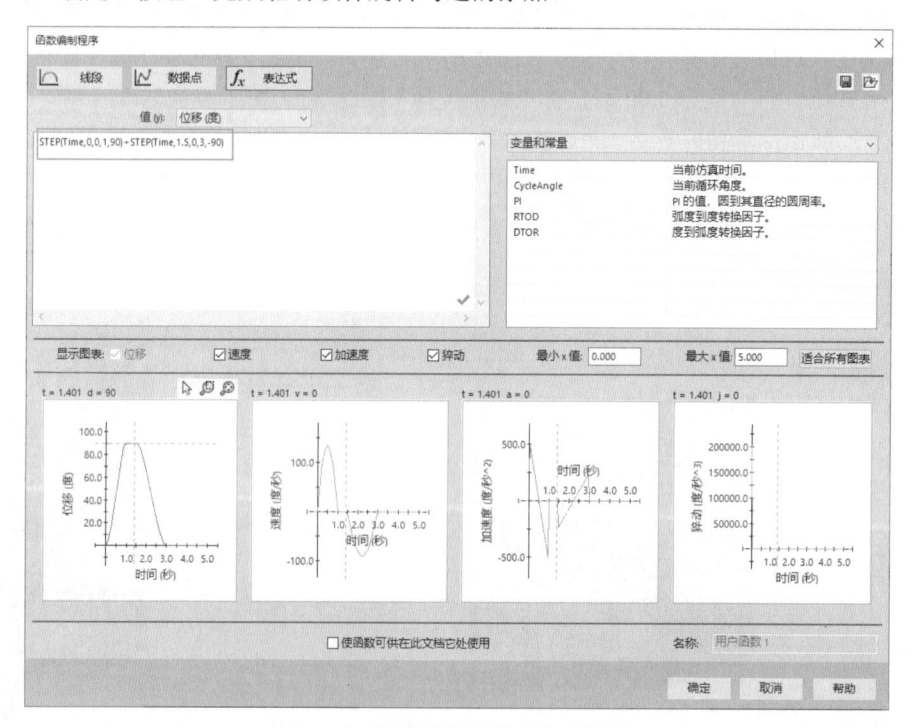

图 5-31 "函数编制程序"对话框

◀》 提示:

由图 5-31 左下角的位移图表可知,表达式"STEP(Time,0,0,1,90)+STEP(Time,1.5,0,3,-90)"可使锁杆在 0~1 秒内转动到 90°,在 1~1.5 秒内保持不动,在 1.5~3 秒内转动-90°,返回初始位置。

(7)添加托架与锁身之间的弹簧。添加一个弹簧,将"弹簧类型"设为"线性弹簧",通过"弹簧端点"选择框选择托架中间圆孔的边线和锁身右侧圆柱的边线,如图 5-32 所示,将"弹簧力表达式指数"设为 1(线性),将"弹簧常数"设为 10.00 牛顿/mm;勾选"阻尼"复选框,将"阻尼力表达式指数"设为 1(线性),将"阻尼常数"设为 0.10 牛顿/(mm/秒)。

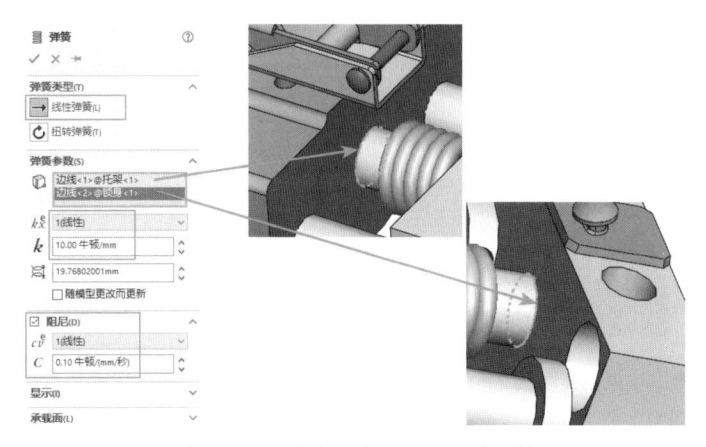

图 5-32　添加托架与锁身之间的弹簧

(8) 添加锁片、锁杆、锁扣之间的实体接触。添加一个接触,将"接触类型"设为"实体",通过"选择"组框内的"零部件"选择框选择零件锁片、锁杆和锁扣,如图 5-33 所示;在"材料"组框内,将第一个材料名称和第二个材料名称均设为"Steel(Dry)"。

(9) 添加引力。在"引力"属性管理器中选中"X"单选按钮,添加 X 轴负方向的引力。

(10) 设置运动算例属性后运行仿真。将"每秒帧数"设为 50,将仿真结束时间设为 3.5s,然后提交计算。

(11) 播放动画。播放动画可以发现,锁片可将锁扣勾住,然后将弹簧锁关闭,如图 5-34 所示。

(a) 1s　　(b) 2s　　(c) 2.5s　　(d) 3s

图 5-33　添加接触　　　　图 5-34　播放动画

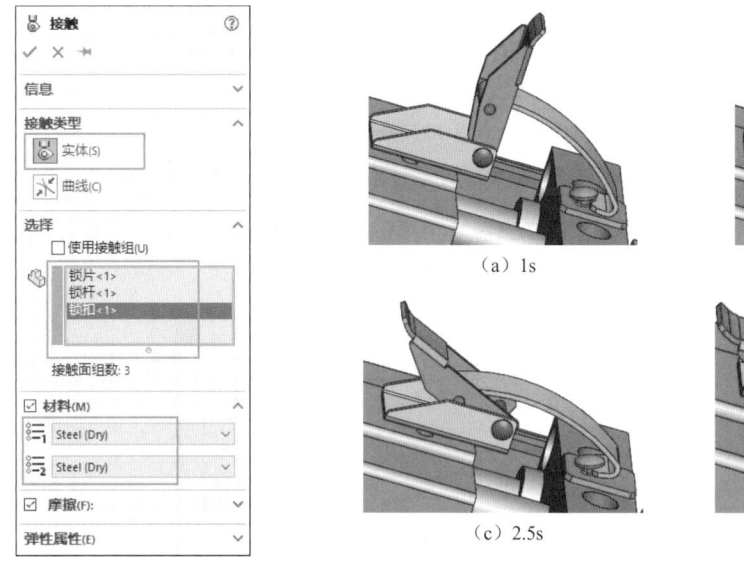

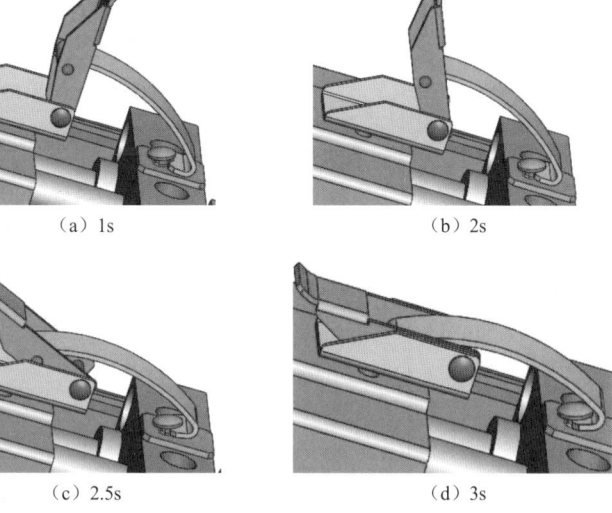

（12）创建锁片与锁扣接触力的图解。打开"结果"属性管理器，在"结果"组框内依次选择"力""接触力""幅值"，通过"特征"选择框依次选择锁片和锁扣的表面，如图 5-35 所示。创建锁片与锁扣接触力的图解，如图 5-36 所示。由图 5-36 可见，大约在 2.85s 以后，接触力发生剧烈的振荡，其中的每个峰值都对应着一个冲击（或碰撞）力。

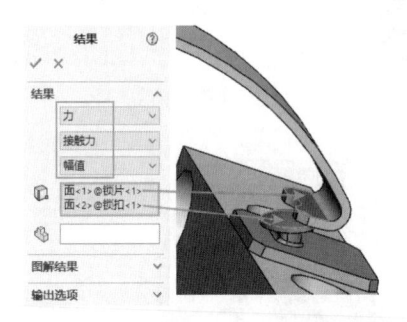

图 5-35　创建锁片与锁扣接触力的图解

图 5-36　锁片与锁扣接触力的图解

通过播放 2.85s 以后的动画可知，在弹簧锁最后的关闭阶段，锁片发生轻微的振动。由于此时所计算的接触力都是高度的近似值，因此在这个时间段内的接触力应当被忽略。

（13）修改坐标轴的刻度范围。在图 5-36 所示的图解中，将 X 轴的最小值修改为 1.5，最大值修改为 3；将 Y 轴的最大值修改为 100，修改后的接触力图解如图 5-37 所示。单击选中图解中的曲线，然后将鼠标指针移动至数据点上，当拖动鼠标指针至 2.42s 处时，显示的最大接触力为 36N。

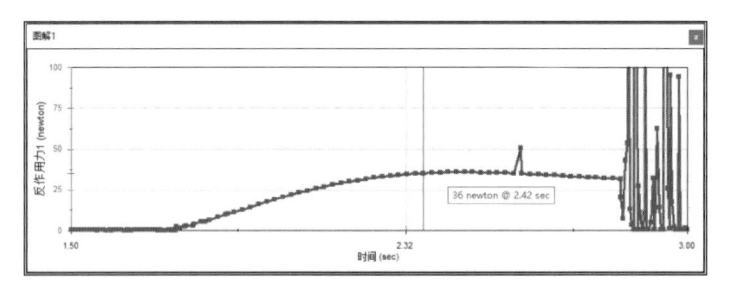

图 5-37　修改后的锁片与锁扣接触力的图解

（14）创建驱动锁杆旋转的马达力矩图解。打开"结果"属性管理器，在"结果"组框内依次选择"力""马达力矩""幅值"，通过"特征"选择框在 MotionManager 设计树中选择驱动锁杆旋转的模拟元素"旋转马达 2"，创建马达力矩的图解，如图 5-38 所示。

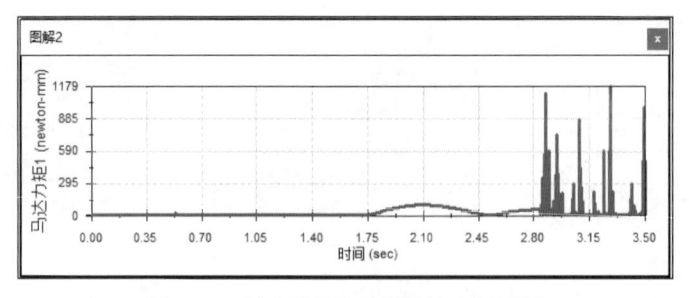

图 5-38　驱动锁杆旋转的马达力矩图解

由图 5-38 可见，马达力矩在约 2.85s 后也出现了与图 5-36 所示相类似的振荡，此处应该忽略这个时间段的马达力矩的图解，理由在步骤（12）中已经讲述，此处不再赘述。

（15）修改坐标轴的刻度范围。在图 5-38 所示的图解中，将 X 轴的最小值修改为 1.5，最大值修改为 3；将 Y 轴的最大值修改为 150，修改后的马达力矩图解如图 5-39 所示。由图 5-39 可见，当处于 2.08s 时，计算得到的最大马达力矩为 96N·mm。

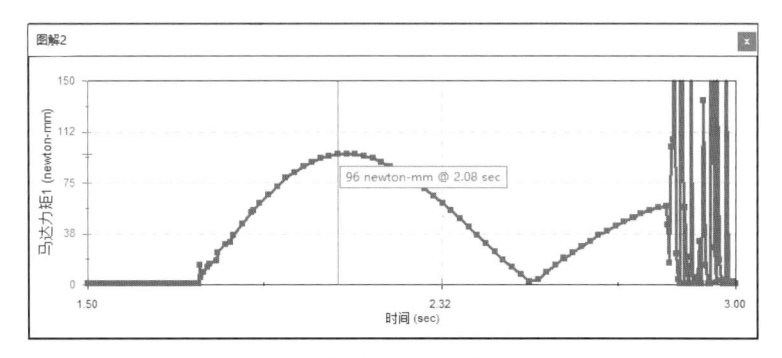

图 5-39　修改后的马达力矩图解

（16）测量力臂的长度。通过时间线将时间栏设为 2.08s，单击"评估"选项卡中的"测量"按钮，在图形窗口中依次选择锁杆的基准轴 1 和锁杆的外边线，测量得到两者的距离为 25.04mm，如图 5-40 所示。

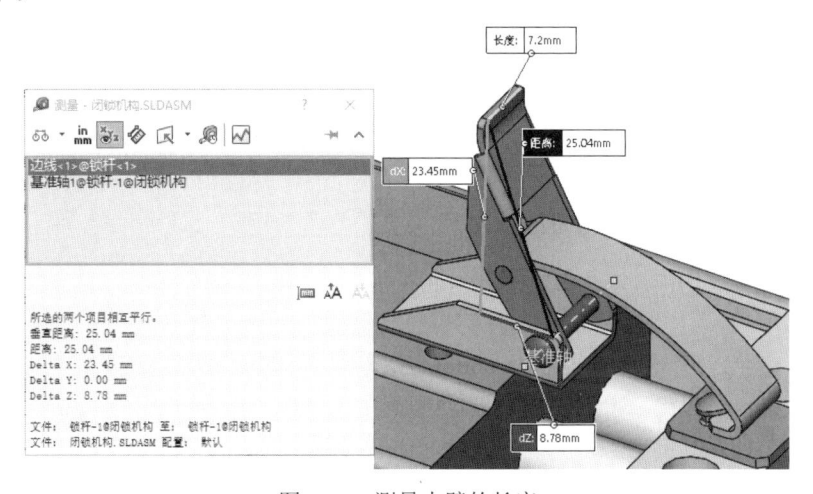

图 5-40　测量力臂的长度

（17）计算关闭弹簧锁所需要的力。通过公式 $F=M/L=96/25.04≈3.8$（N）计算可知，关闭该弹簧锁所需要的最大力为 3.8N。

📢 提示：

手动关闭弹簧锁时，需要拉动锁杆的边缘使锁杆绕基准轴 1 进行旋转。在步骤（15）中已获取驱动锁杆旋转的最大马达力矩为 96N·mm，在步骤（16）中已测量得到力臂的长度，通过公式 $F=M/L$（式中，F 为力；M 为力对旋转轴的力矩；L 为力臂）即可计算得到关闭该弹簧锁所需要的最大力。

5.2 曲线接触

曲线接触属于二维接触，它可以由两组曲线（包括直线、零部件的外部边线、闭环轮廓线、样条曲线、圆弧或连续曲线等各类曲线）进行定义，每组曲线既可以是闭合曲线，也可以是开环曲线。在求解过程中，软件将监控曲线轮廓的位置，如果两组曲线之间开始穿透，则施加力来阻止这种情况的发生。与实体接触相比较，由于曲线接触比实体接触少一个维度，因此曲线接触通常求解更快。

在实际的 SOLIDWORKS Motion 动力学分析中，对于大多数接触问题，由于实体接触易于使用，一般推荐使用实体接触。如果接触路径比较明确且可以使用闭合或开环曲线定义，也可以使用曲线接触。然而，如果用于定义接触的曲线包围了整个零部件，而这些曲线又非常复杂，推荐采用实体接触。

5.2.1 添加曲线接触

在当前运动算例页面单击 MotionManager 工具栏中的"接触"按钮 ，弹出图 5-41 所示的"接触"属性管理器，在"接触类型"组框内单击"曲线"按钮 时，可以添加曲线接触。

在添加曲线接触的"接触"属性管理器中，"材料""摩擦""弹性属性"组框内各参数栏的含义与添加实体接触时相同，此处不再赘述。下面主要介绍"选择"组框内的各参数栏。

（1）曲线 1：该选择框用于指定接触中的第一组曲线。
（2）曲线 2：该选择框用于指定与第一组曲线进行接触的第二组曲线。
（3）向外法向方向 ：单击该按钮时，可以更改包含选定曲线的零部件上接触力的法线方向。
（4）SelectionManager：单击该按钮时，将弹出协助选择曲线的 SelectionManager（选择管理器）对话框，如图 5-42 所示。

图 5-41 "接触"属性管理器

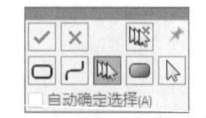

图 5-42 SelectionManager（选择管理器）对话框

下面对 SelectionManager 对话框中的各按钮作简要介绍。

1) 确定 ✓：接受当前的选择。
2) 取消 ×：取消当前的选择并关闭 SelectionManager 对话框。
3) 清除所有：清除当前选择集中的所有项目但不关闭 SelectionManager 对话框。
4) 选择闭环：在选择闭环的任何一条曲线时，将一次性选择整个闭环的所有曲线（仅用于选择草图中的曲线）。
5) 选择开环：在选择开环的任何一条曲线时，将一次性选择整个开环的所有曲线（仅用于选择草图中的曲线）。
6) 选择组：在选择一条或多条曲线时，可以延伸以包括在所选曲线两端与其相切的所有曲线。
7) 选择区域：用于选择 2D 草图中围成一个区域的所有曲线。
8) 标准选择：使用标准选择，此时与未激活 SelectionManager 对话框时的选择功能相同。
9) 自动确定选择：当 SelectionManager 对话框被固定，并且使用闭环、开环或选择区域时，显示该复选框。此时将自动接受选择并将其放入选择框中。

（5）曲线始终接触：当勾选该复选框时，表示重合基准面内的两组曲线在动力学分析期间始终相互接触；当取消勾选该复选框时，表示重合基准面或平行基准面内的两组曲线之间的接触属于间歇接触，即两组曲线可能相互分离或重新发生接触。

📢 提示：

　　由于曲线接触属于二维接触，在为定义曲线接触而选择两组曲线时，这两组曲线所在的基准面要么相互重合，要么相互平行，否则无法定义两组曲线之间的曲线接触。如图 5-43 所示，由于所选择的两条曲线所在的基准面相互垂直，因此无法定义它们之间的曲线接触。由此可知，实体接触的使用范围比曲线接触的使用范围更广。

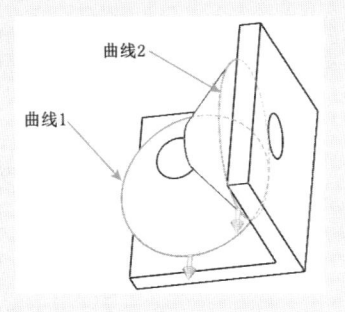

图 5-43　无法定义曲线接触的示例

5.2.2　实例——槽轮机构

在许多机械设备中，特别是自动和半自动的机械设备中，由于生产工艺的要求，往往需要使用一种间歇机构来实现周期性的转位、动作以及做带有瞬时停歇或停歇区的断续性运动。间歇机构的运动特点是单方向、有规律、时动时停。如图 5-44 所示，槽轮机构就是一个典型的间歇机构，该机构主要由机架、槽轮和拨盘（转臂）所组成，假设拨盘围绕其与机架相配合的轴以恒定速度（60RPM）做旋转运动。下面对该槽轮机构进行动力学分析，并生成槽轮运动的图解。

1. 生成一个运动算例

（1）打开装配体文件。打开电子资源包中"源文件\原始文件\第 05 章\槽轮机构"文件夹下的"槽轮机构.SLDASM"文件。

（2）检查装配体中各零件之间的配合。通过 SOLIDWORKS 操作界面左侧的 FeatureManager 设计树可以查看装配体中所包含的零件及所创建的配合，如图 5-45 所示。

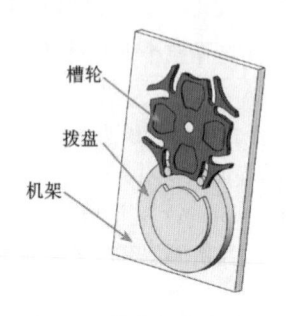

图 5-44　槽轮机构示意图

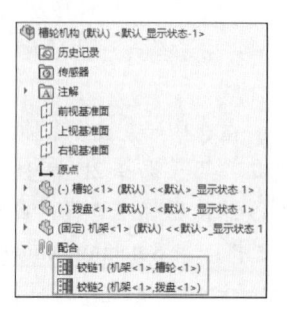

图 5-45　FeatureManager 设计树

由图 5-45 可知，在装配体中，机架为固定零件，铰链 1、铰链 2 两个配合可使槽轮、拨盘相对于机架只能进行一个方向的旋转运动。

（3）切换到运动算例页面。在 SOLIDWORKS 界面左下角单击"运动算例 1"选项卡，进入该运动算例页面，然后将 MotionManager 工具栏中的"算例类型"设为"Motion 分析"。

2. 前处理

（1）添加驱动拨盘旋转的马达。单击 MotionManager 工具栏中的"马达"按钮，弹出"马达"属性管理器，在"马达类型"组框内单击"旋转马达"按钮；通过"零部件/方向"组框内的"马达位置"选择框选择拨盘与机架相配合的圆孔面，如图 5-46 所示，采用默认的逆时针方向；在"运动"组框内选择"函数"为"等速"，设置马达的"速度"为 60RPM，最后单击"确定"按钮，完成驱动拨盘旋转马达的添加。

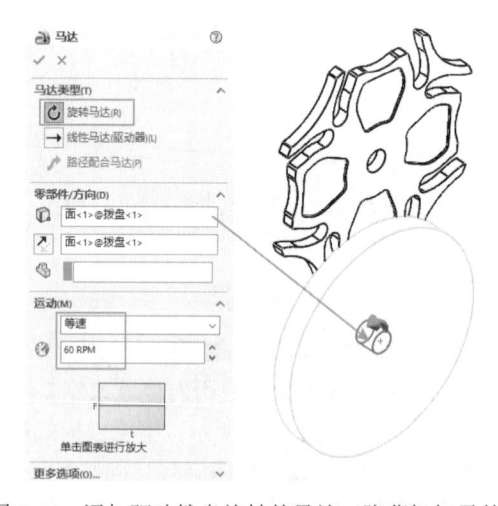

图 5-46　添加驱动拨盘旋转的马达（隐藏机架零件）

（2）添加拨盘和槽轮之间的第一个曲线接触。单击 MotionManager 工具栏中的"接触"按钮 ，弹出"接触"属性管理器，在"接触类型"组框内单击"曲线"按钮 ；通过"选择"组框内的"曲线 1"选择框选择拨盘其中一个小圆柱体上表面的外边线，通过"曲线 2"选择框选择槽轮上表面的所有外边线，单击"曲线 2"选择框前的"向外法线方向"按钮 ，将第二组曲线的法线方向调整为指向槽轮外部；在"材料"组框内，将第一个材料名称和第二个材料名称均设为"Steel(Dry)"，其他参数保持默认，如图 5-47 所示。最后单击"确定"按钮 ，完成拨盘和槽轮之间第一个曲线接触的添加。

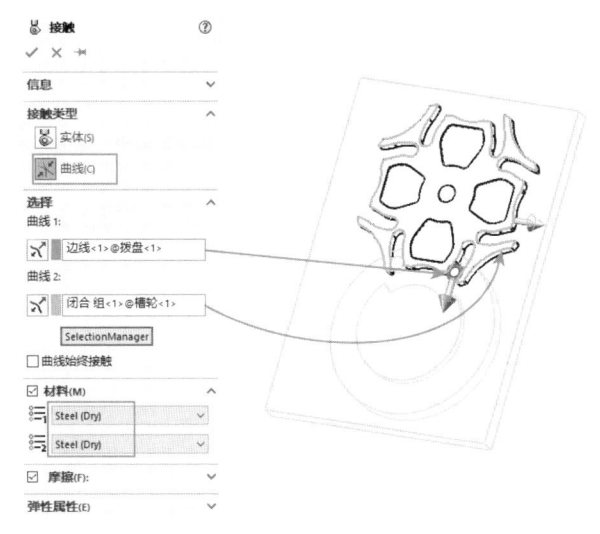

图 5-47 添加拨盘和槽轮之间的第一个曲线接触

📢 提示：

在选择槽轮上表面的所有外边线作为曲线接触的第二组曲线时，为了便于选择多条曲线，读者可以单击"接触"属性管理器中的 SelectionManager 按钮，激活 SelectionManager 对话框。然后，单击 SelectionManager 对话框中的"选择组"按钮 ，在图形窗口中单击选择槽轮上表面的任一外边线，在所选外边线的两个端点处将显示"相切"按钮 ，单击选中任一"相切"按钮（此时所选中的"相切"按钮的背景颜色将变为粉红色），系统将自动选中所有外边线，如图 5-48 所示，最后单击 SelectionManager 对话框中的"确定"按钮 ，即可完成第二组曲线的选择。另外，由于这两组曲线的接触属于间歇接触，因此在"接触"属性管理器中不要勾选"曲线始终接触"复选框。

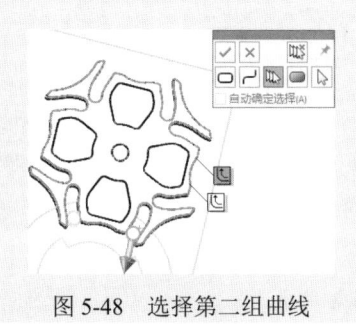

图 5-48 选择第二组曲线

（3）添加拨盘和槽轮之间的第二个曲线接触。通过步骤（2）的方法添加拨盘另外一个小圆柱体上表面外边线与槽轮上表面所有外边线之间的接触，所选曲线如图5-49所示，其他参数设置与步骤（2）相同。

（4）添加拨盘和槽轮之间的第三个曲线接触。通过步骤（2）的方法添加拨盘上凸台外边线与槽轮上表面其中一条外边线的接触，所选曲线如图5-50所示，其他参数设置与步骤（2）相同。

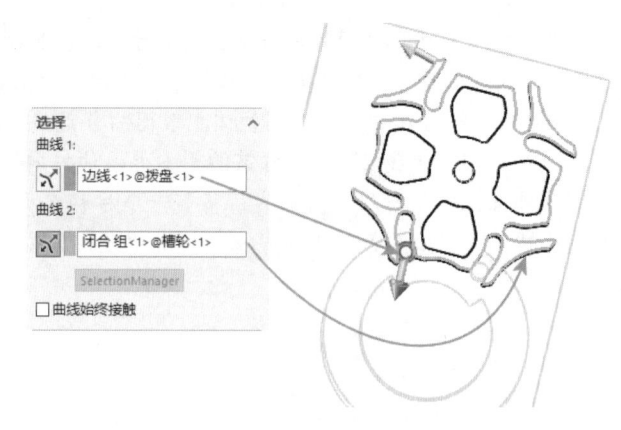

图5-49　添加拨盘和槽轮之间的第二个曲线接触

（5）添加拨盘和槽轮之间的第四~六个曲线接触。通过步骤（4）的方法添加拨盘上凸台外边线与槽轮上表面另外三条外边线的接触，所选曲线分别如图5-51~图5-53所示。

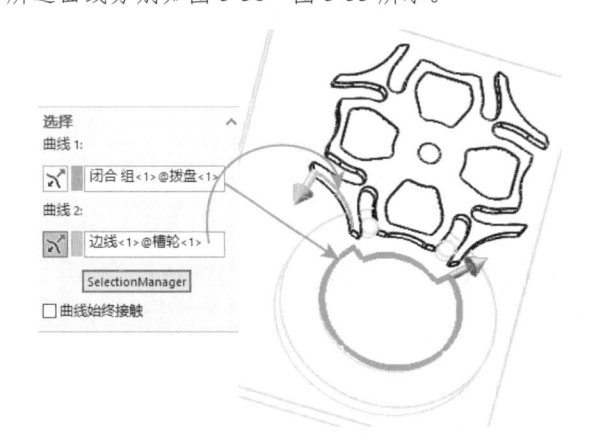

图5-50　添加第三个曲线接触的所选曲线

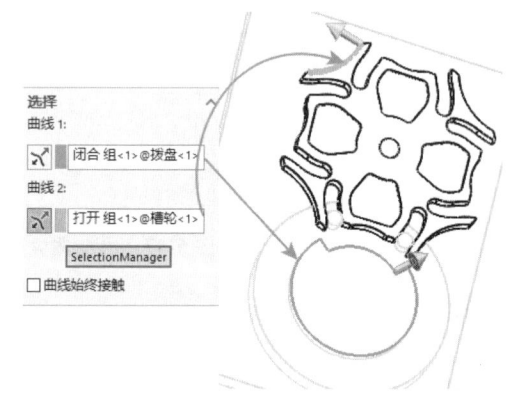

图5-51　添加第四个曲线接触的所选曲线

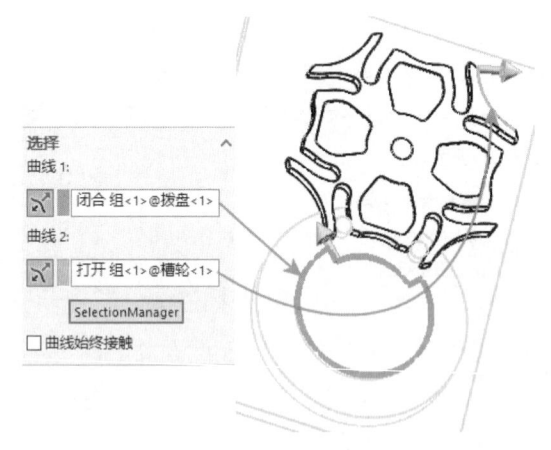

图5-52　添加第五个曲线接触的所选曲线

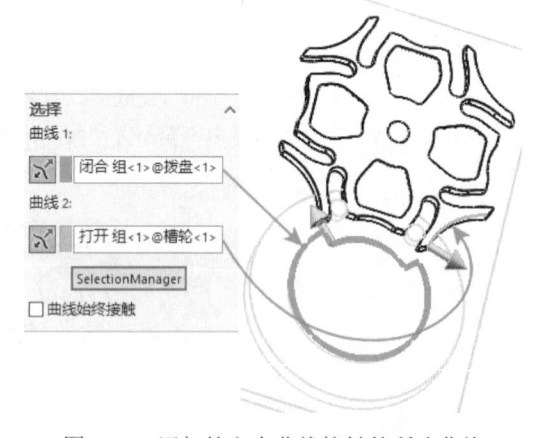

图5-53　添加第六个曲线接触的所选曲线

◀)) **提示：**

在添加曲线接触时，要随时通过图形窗口观察所选曲线的法线方向。如果法线方向与需要不相符，则单击当前选择框前的"向外法向方向"按钮可以调整曲线的法线方向。

（6）设置运动算例属性。单击 MotionManager 工具栏中的"运动算例属性"按钮，弹出"运动算例属性"属性管理器，在"Motion 分析"组框内将"每秒帧数"设为 50，其余参数采用默认设置，单击"确定"按钮。

◀)) **提示：**

由于本实例中只添加了曲线接触，并未添加实体接触，而"运动算例属性"属性管理器中的"3D 接触分辨率"和"使用精确接触"选项只影响实体接触的计算精度。因此，如果读者在"运动算例属性"属性管理器中对"3D 接触分辨率"和"使用精确接触"选项进行设置，将不会对本实例的分析结果产生影响。

3. 运行仿真及后处理

（1）设置仿真结束时间。在时间线视图中，将顶部更改栏右侧的键码点拖放至 4 秒处，即总的仿真时间为 4 秒。

◀)) **提示：**

由于拨盘的转速为 60RPM，即每秒旋转 1 圈；拨盘每旋转 1 圈，将槽轮拨动 90°。因此，拨盘旋转 4 圈时槽轮旋转 1 圈，此处将仿真时间设为 4s，即仿真过程中拨盘推动槽轮旋转 1 圈。

（2）提交计算。单击 MotionManager 工具栏中的"计算"按钮，可对当前运动算例进行仿真计算。

（3）播放动画。完成分析计算后，单击 MotionManager 工具栏中的"从头播放"按钮，可以播放仿真的动画。

（4）创建槽轮角位移的图解。单击 MotionManager 工具栏中的"结果和图解"按钮，弹出"结果"属性管理器，在"结果"组框内依次选择"位移/速度/加速度""角位移""幅值"，通过"特征"选择框选择槽轮的任意一个面，其他参数保持默认，单击"确定"按钮，生成新的图解，结果如图 5-54 所示。由图 5-54 可见，在 4s 的仿真过程中，槽轮共旋转了 360°。

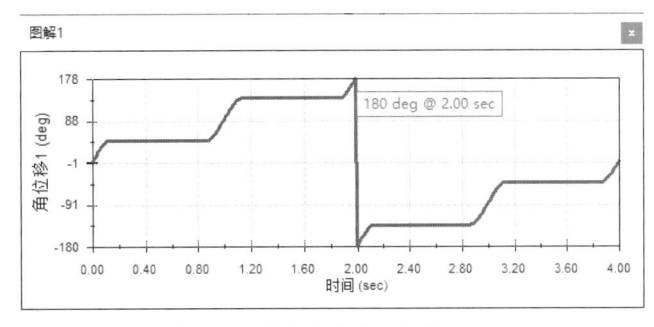

图 5-54 槽轮角位移的图解（1）

> **提示：**
> 由图 5-54 可见，在约 2s 时角位移发生突变，角位移从 180° 急速跳转至-180°，这是由于当槽轮转动至 180° 时，系统将从-180° 开始重新计算角位移。下面以图 5-55 所示的转动零部件进行解释：某一零部件绕轴心 O 旋转，且初始时该零部件与 X 轴之间的夹角为 0°，当该零部件转动至 180° 时，如果继续转动，则将直接跳转至-180°。

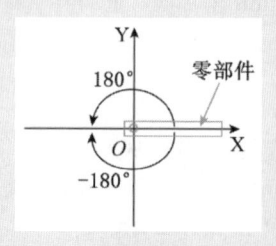

图 5-55　角位移突变示意图

（5）创建第一个曲线接触的接触力图解。再次打开"结果"属性管理器，在"结果"组框内依次选择"力""接触力""幅值"，通过"特征"选择框选择 MotionManager 设计树中的模拟元素"曲线接触 1"，其他参数保持默认，生成新的图解，结果如图 5-56 所示。由图 5-56 可见，接触力在发生接触的初始时均出现了峰值，这些峰值为高度的近似值，应当被忽略。

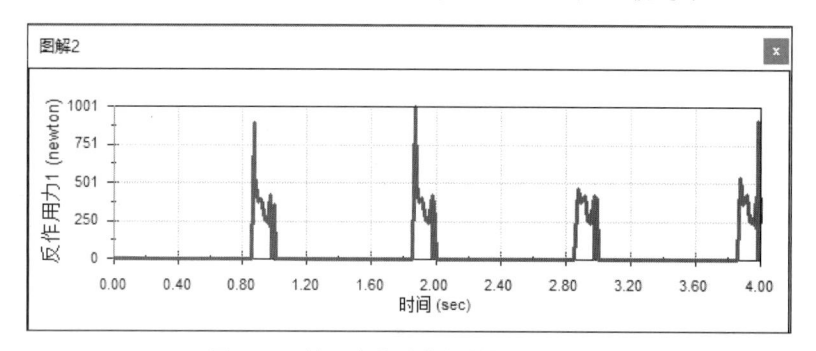

图 5-56　第一个曲线接触的接触力图解

4. 通过实体接触重新进行仿真

（1）复制运动算例。在 SOLIDWORKS 界面左下角右击"运动算例 1"选项卡，在弹出的快捷菜单中选择"复制算例"命令，复制出一个新的"运动算例 2"选项卡。单击"运动算例 2"选项卡，进入该运动算例页面。

（2）删除曲线接触。在 MotionManager 设计树中选中"曲线接触 7"至"曲线接触 12"共 6 个模拟元素后右击，然后在弹出的快捷菜单中选择"删除"命令，如图 5-57 所示。此时将弹出图 5-58 所示的"确认删除"对话框，单击"全部是"按钮，将所有的曲线接触删除。

（3）添加拨盘和槽轮之间的实体接触。单击 MotionManager 工具栏中的"接触"按钮，弹出"接触"属性管理器，在"接触类型"组框内单击"实体"按钮；通过"选择"组框内的"零部件"选择框选择拨盘和槽轮；在"材料"组框内，将第一个材料名称和第二个材料名称均设为"Steel(Dry)"，如图 5-59 所示，添加拨盘和槽轮之间的实体接触。

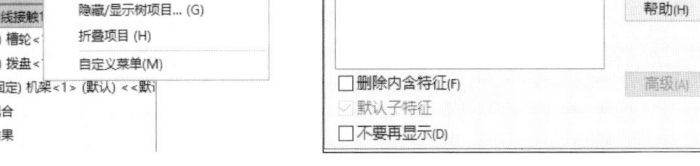

图 5-57 删除曲线接触 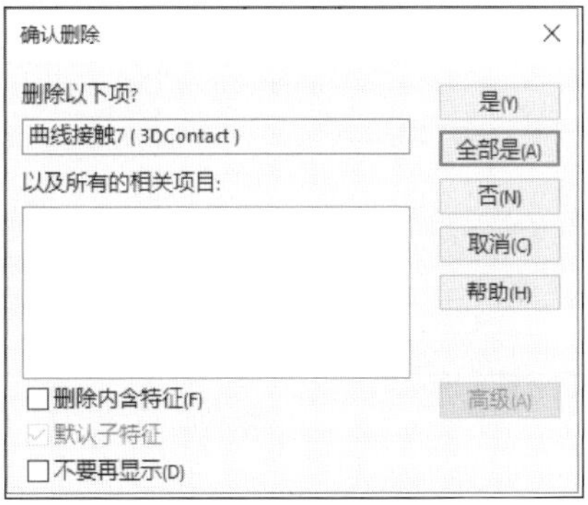　　图 5-58 "确认删除"对话框 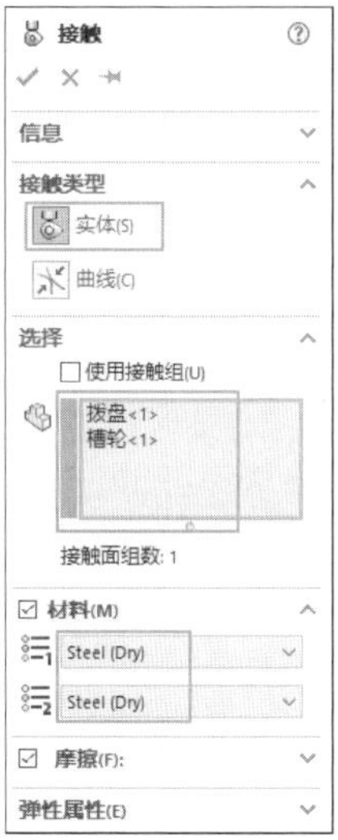　　图 5-59 "接触"属性管理器

（4）再次提交计算。单击 MotionManager 工具栏中的"计算"按钮，可对当前运动算例重新进行仿真计算。

（5）播放动画。完成分析计算后，单击 MotionManager 工具栏中的"从头播放"按钮，可以播放仿真的动画。通过动画可见，在仿真过程中，拨盘和槽轮在接触时发生了相互之间的穿透，如图 5-60 所示。

（6）设置运动算例属性。单击 MotionManager 工具栏中的"运动算例属性"按钮，弹出"运动算例属性"属性管理器，在"Motion 分析"组框内将"每秒帧数"设为 100，以保存更多的动画帧数；勾选"使用精确接触"复选框，如图 5-61 所示，单击"确定"按钮。

（7）再次播放动画。完成分析计算后，单击 MotionManager 工具栏中的"从头播放"按钮，可以播放仿真的动画。通过动画可见，在仿真过程中，拨盘和槽轮之间能够很好地贴合，未发生穿透的异常现象。

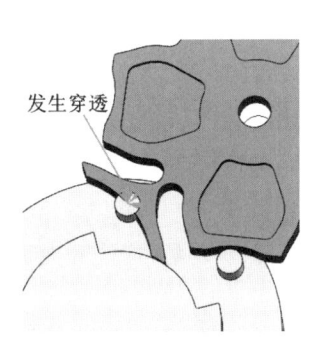

图 5-60 仿真过程中发生穿透 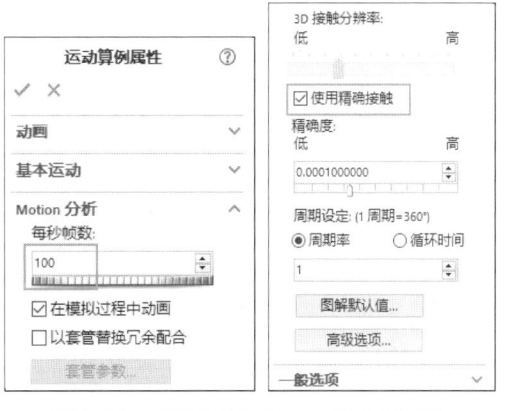　　图 5-61 "运动算例属性"属性管理器

(8) 查看槽轮角位移的图解。在 MotionManager 设计树中展开"结果"文件夹，然后右击其中的图解 3，在弹出的快捷菜单中选择"显示图解"命令，显示的图解如图 5-62 所示。该图解与图 5-54 中的图解基本相同，说明曲线接触和实体接触都能够对该槽轮机构的运动进行仿真。

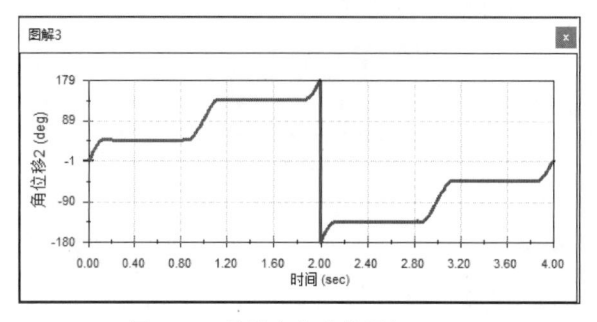

图 5-62　槽轮角位移的图解（2）

(9) 查看拨盘与槽轮之间的接触力图解。在 MotionManager 设计树中右击"结果"文件夹下的图解 4，在弹出的快捷菜单中选择"编辑特征"命令，打开"结果"属性管理器，通过"特征"选择框依次选择拨盘的任意一个面和槽轮的任意一个面，其他参数保持默认，如图 5-63 所示。创建拨盘与槽轮之间的接触力图解，结果如图 5-64 所示。由于"运动算例 2"中所计算的接触力是"运动算例 1"中计算的所有曲线接触的接触力的合计值，因此，该图解与图 5-56 中的图解区别较大。

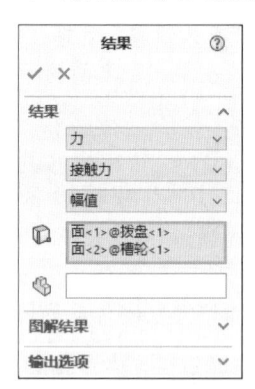

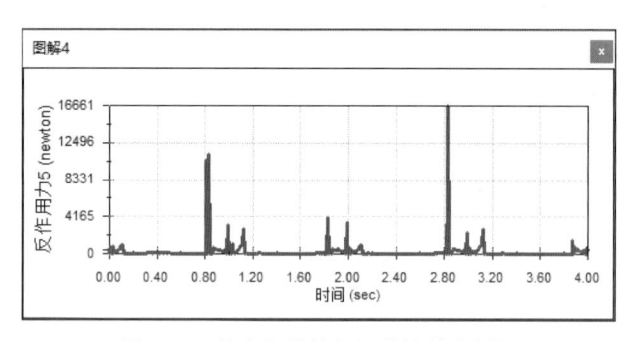

图 5-63　"结果"属性管理器　　　　图 5-64　拨盘与槽轮之间的接触力图解

练一练——棘轮机构

棘轮机构是一种常见的传动装置，它可以实现间歇进给、单向驱动等功能，因此在机械设备中的应用非常广泛。图 5-65 所示为棘轮机构示意图，棘轮围绕其与机架相配合的轴以恒定速度（3RPM）做旋转运动。下面对该棘轮机构进行动力学分析，并创建棘爪和棘轮之间接触力的图解。

【操作提示】

(1) 打开装配体文件。打开电子资源包中"源文件\原始文件\第 05 章\棘轮机构"文件夹下的"棘轮机构.SLDASM"文件。

(2) 检查各零件。在 SOLIDWORKS 操作界面左侧的 FeatureManager 设计树中可以查看装配体中所包含的零件及所创建的配合，如图 5-66 所示。其中，"机架"为固定零件，铰链 1、铰链 2 两个配合可使棘爪、棘轮相对于机架只能进行一个方向的旋转运动。

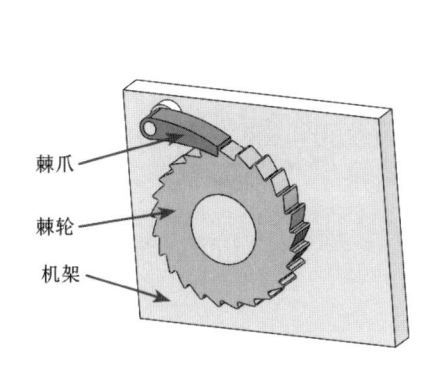

图 5-65 棘轮机构示意图

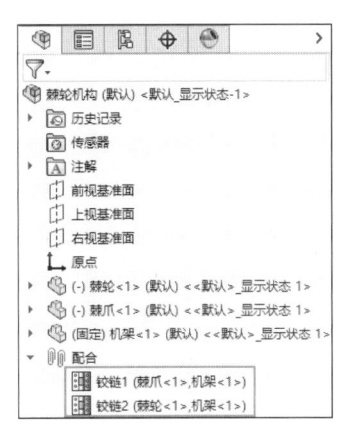

图 5-66 FeatureManager 设计树

(3) 切换到运动算例页面。单击"运动算例 1"选项卡,切换到运动算例页面,将运动的"算例类型"设为"Motion 分析"。

(4) 添加驱动棘轮旋转的马达。为"棘轮"零件添加马达,将"马达类型"设为"旋转马达",通过"马达位置"选择框选择棘轮零件的圆孔面,然后调整马达的旋转方向,将"函数"设为"等速",将"速度"设为 3RPM,如图 5-67 所示。

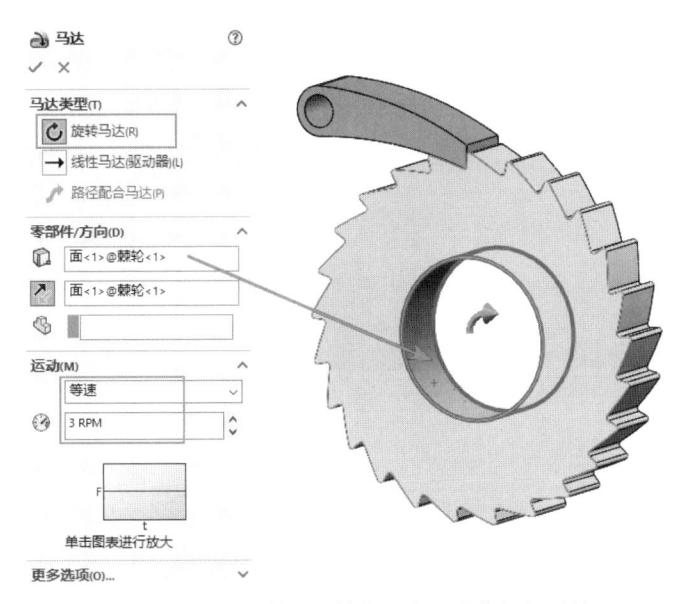

图 5-67 添加驱动棘轮旋转的马达(隐藏机架零件)

(5) 添加使棘爪回位的弹簧。添加一个弹簧,将"弹簧类型"设为"扭转弹簧",通过"终点和轴向"选择框选择棘爪的圆孔面,如图 5-68 所示,将"弹簧力矩表达式指数"设为 1(线性),将"弹簧常数"设为 10.00 牛顿·mm/度。

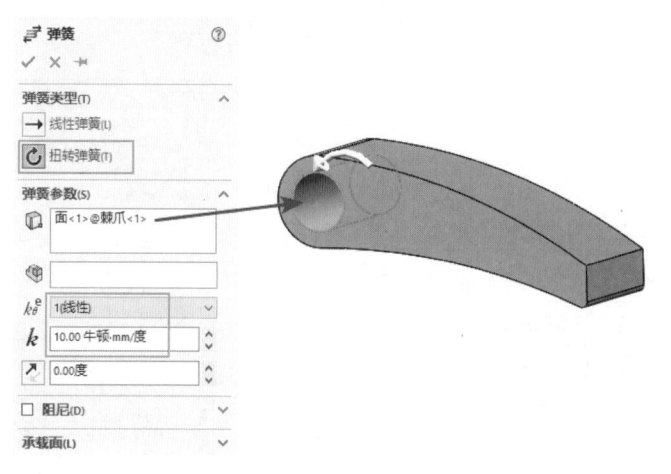

图 5-68 添加使棘爪回位的弹簧

(6) 添加棘轮与棘爪之间的曲线接触。添加一个接触，将"接触类型"设为"曲线"，通过"选择"组框内的"曲线 1"选择框选择棘爪上表面的三条外边线，通过"曲线 2"选择框选择棘轮上表面的所有外边线，调整接触力的法线方向，如图 5-69 所示；在"材料"组框内，将第一个材料名称和第二个材料名称均设为"Steel(Dry)"。

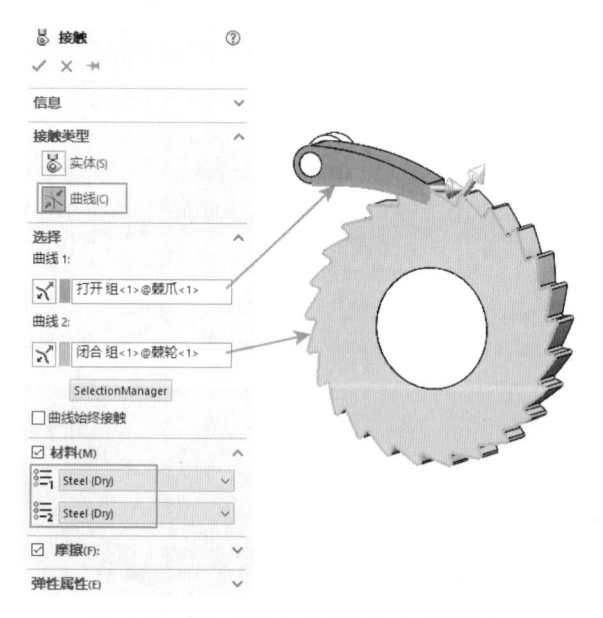

图 5-69 添加棘轮与棘爪之间的曲线接触

(7) 添加引力。在"引力"属性管理器选中"Y"单选按钮，添加 Y 轴负方向的引力。
(8) 设置运动算例属性后运行仿真。将"每秒帧数"设为 100，将仿真结束时间设为 20s（即棘轮转动一圈），然后提交计算。
(9) 播放动画。播放动画可以看到棘轮与棘爪之间可以很好地接触。
(10) 创建扭转弹簧力矩的图解。打开"结果"属性管理器，在"结果"组框内依次选择"力"

"反力矩""幅值",然后通过"特征"选择框在 MotionManager 设计树中选择模拟元素"转矩弹簧1",所创建的图解如图 5-70 所示。由图 5-70 可知,使棘爪回位的扭转弹簧的最大扭转力矩为 53 N·mm。

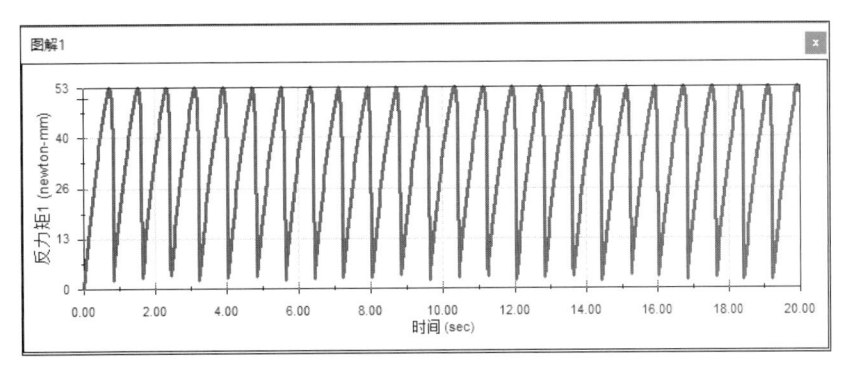

图 5-70 扭转弹簧力矩的图解

(11)创建棘轮与棘爪接触力的图解。再次打开"结果"属性管理器,在"结果"组框内依次选择"力""接触力""幅值",然后通过"特征"选择框在 MotionManager 设计树中选择模拟元素"曲线接触1",所创建的图解如图 5-71 所示。由图 5-71 可知,棘轮与棘爪之间最大的接触力约为 2.9N。

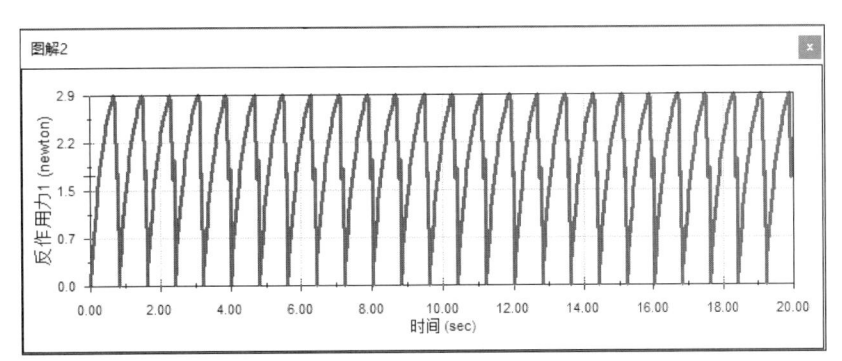

图 5-71 棘轮与棘爪接触力的图解

(12)复制算例。将"运动算例 1"进行复制,复制出一个新的"运动算例 2",并进入该运动算例页面。

(13)添加棘轮与棘爪之间的实体接触。首先在 MotionManager 设计树中将模拟元素"曲线接触2"压缩。然后添加一个实体接触,将"接触类型"设为"实体",通过"选择"组框内的"零部件"选择框选择棘爪和棘轮;在"材料"组框内将第一个材料名称和第二个材料名称均设为"Steel(Dry)",如图 5-72 所示。

(14)设置运动算例属性并运行仿真。打开"运动算例属性"属性管理器,将"3D 接触分辨率"滑块向右拖动至数值为 90 的位置,如图 5-73 所示。然后重新运行仿真,完成仿真后的 MotionManager 设计树如图 5-74 所示。

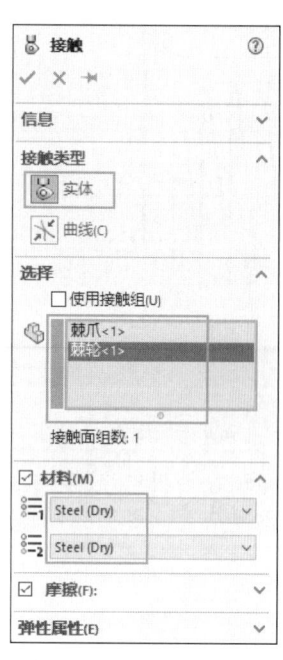

图 5-72 添加棘轮与棘爪之间的实体接触 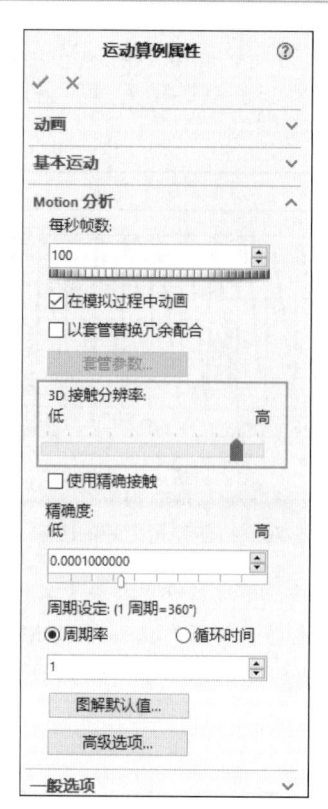　　图 5-73 设置运动算例属性 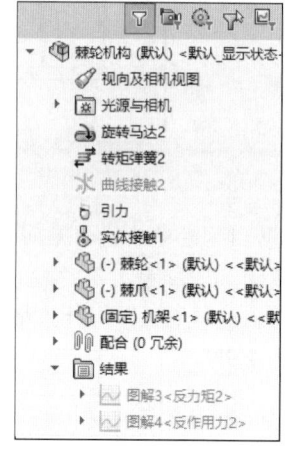　　图 5-74 MotionManager 设计树

(15) 查看扭转弹簧力矩的图解。显示"结果"文件夹下的图解 3，如图 5-75 所示。该图解与图 5-70 中的图解基本相同。

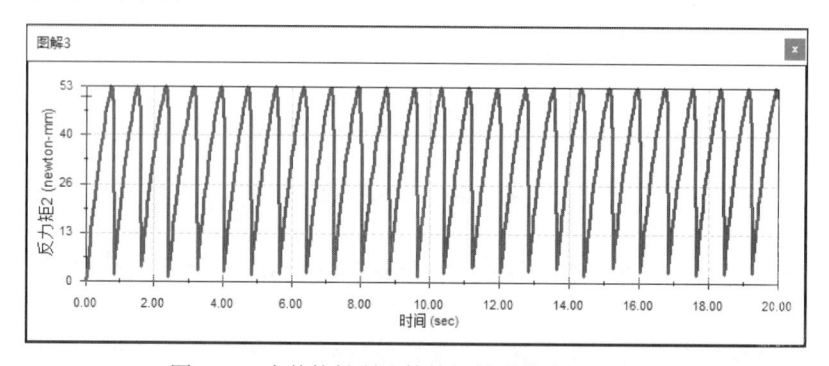

图 5-75 实体接触所计算的扭转弹簧力矩的图解

(16) 查看棘轮与棘爪接触力的图解。右击"结果"文件夹下的图解 4，在弹出的快捷菜单中选择"编辑特征"命令，在弹出的"结果"属性管理器中通过"特征"选择框选择棘爪和棘轮，所获得的图解如图 5-76 所示。将该图解中的 Y 轴最大刻度值设置为 3，结果如图 5-77 所示。由图 5-77 可见，在忽略接触力的峰值后，接触力的变化规律与图 5-71 相似，且最大接触力约为 2.7N。

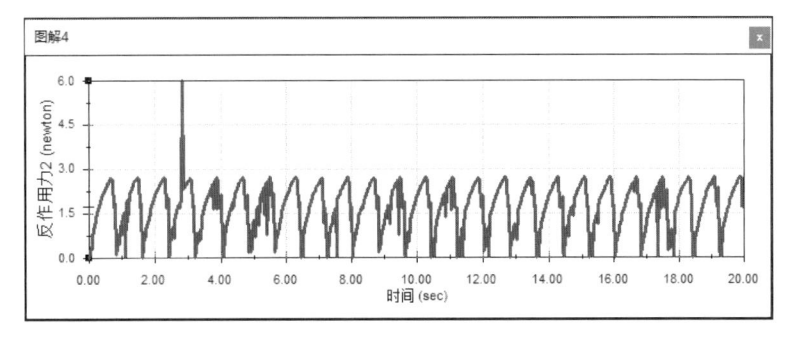

图 5-76 实体接触所计算的棘轮与棘爪接触力的图解（1）

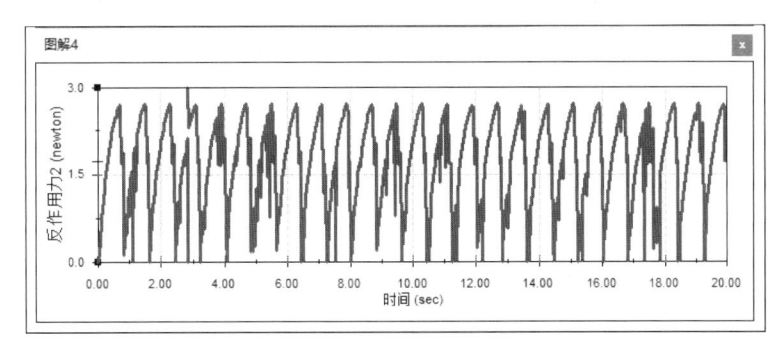

图 5-77 实体接触所计算的棘轮与棘爪接触力的图解（2）

第 6 章　运动算例属性高级设置及后处理

内容简介

在 SOLIDWORKS Motion 当前的运动算例中添加了各种模拟元素之后，一般需要在仿真计算之前对运动算例属性进行设置；在完成仿真计算后，需要根据用户的需要对计算结果进行后处理。本章介绍了 SOLIDWORKS Motion 对运动算例属性高级设置和后处理的相关知识，并通过具体实例演示了运动算例属性高级设置和后处理的具体操作步骤。

内容要点

- 图解默认值
- 运动算例属性的高级选项
- 干涉检查
- 创建图解

案例效果

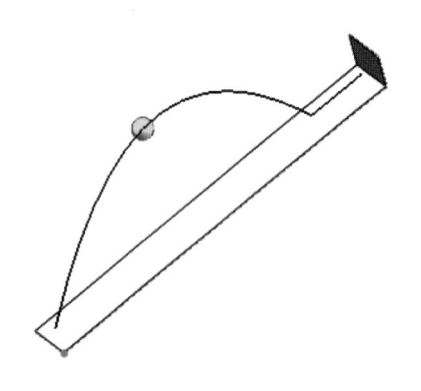

6.1　运动算例属性高级设置

为了使读者能够顺利学习第 1~5 章的内容，第 1.5.3 小节已经对运动算例属性设置所用到的"运动算例属性"属性管理器进行了简单介绍。

在实际 SOLIDWORKS Motion 动力学分析中，尤其是在求解复杂装配体或接触问题时，可能会遇到因求解无法收敛而导致仿真计算提前终止的情况。这时，可能就需要对运动算例属性进行一些高级设置。下面将对运动算例属性的高级设置进行具体介绍。

6.1.1 运动算例属性高级设置的选项

在当前运动算例页面单击 MotionManager 工具栏中的"运动算例属性"按钮 ⚙，弹出图 6-1 所示的"运动算例属性"属性管理器，通过该属性管理器可对当前运动算例的各种模拟属性的参数进行定义。下面仅对运动算例属性高级设置的三个选项，即精确度、图解默认值和高级选项进行具体介绍，其他选项的说明请参阅第 1.5.3 小节和第 5.1.2 小节。

1. 精确度

在 SOLIDWORKS Motion 中使用一组耦合的微分代数方程（Differential-Algebraic Equation，DAE）来定义动力学方程。通过一种积分器来求解这些方程即可得到动力学方程的一个解。积分器分两个阶段获得解：首先，它会基于过去的计算结果或初始值来预测下一个时间步长的结果；然后，依靠该时刻的实际计算数据来修正该结果，直到计算结果达到指定的精确度标准。

"精确度"选项用于控制求解结果要达到什么样的准确度。在实际的 SOLIDWORKS Motion 分析中，读者需要在精确度和求解效率之间进行权衡。如果精确度设置得过高，虽然计算结果的准确度得到了提升，但积分器将花费很长时间进行计算；反之，如果精确度设置得过低，虽然可以很快完成仿真计算，但计算结果可能因不太准确而无法采用。

"精确度"的默认值为 0.0001，这适合大多数情况。如果在模拟过程中机械系统突然发生改变，则可能需要减小此数值。

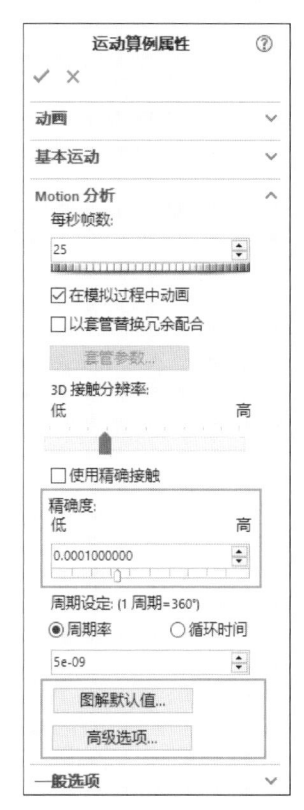

图 6-1 "运动算例属性"属性管理器

例如，力或马达的大小突然发生改变，在表达式（如 IF、MIN、MAX、SIGN、MOD 和 DIM）中使用了不可微的内部函数等情况。

在对一个新建的虚拟样机进行 SOLIDWORKS Motion 动力学分析时，应该至少进行两次仿真分析，首先采用默认的精确度进行分析，然后将精确度降低一个数量级，再进行一次分析，并比较两次分析的结果。如果两种不同精确度的分析结果有较大差别，则应该再将默认的精确度提高一个数量级再次分析。只有两种不同精确度的分析结果基本相同时，才可以认为获得了较可靠的仿真结果，而且此时的精确度才是最佳的精确度。

2. 图解默认值

通过该选项可以修改当前运动算例图解的默认值。当单击该按钮时，将弹出"图解默认值"对话框，下面对该对话框中各选项的含义进行简单介绍。

（1）"图表"选项卡。单击"图表"选项卡，将显示"图表"界面，如图 6-2 所示。

1）边界。用于设置曲线图的外边界框。

① 自动。以默认的线宽、样式和颜色显示曲线图的外边界框。

② 无。不显示曲线图的外边界框。
③ 自定义。将通过"样式""颜色""重量"下拉列表来设置曲线图外边界框的样式、颜色和线宽。

2)区域。用于设置曲线图区域的背景色。
① 自动。将曲线图区域的背景色设置为白色。
② 无。将曲线图区域的背景色设置为与曲线图区域外部相同的颜色。
③ 自定义。将通过"背景"下拉列表来设置曲线图区域的背景色。

3)外侧。用于指定曲线图的外部区域颜色。

图 6-2 "图解默认值"对话框("图表"选项卡)

4)轴/栅格线。用于设置曲线图的坐标轴及曲线图区域内的栅格线。
①(X)轴类别。用于设置是否显示 X 轴。
②(Y)轴数值。用于设置是否显示 Y 轴。
③ 单 Y 轴。勾选该复选框时,即使图解中存在多条曲线,也仅显示一个 Y 轴。默认情况下取消勾选该复选框,此时将为图解中的每条曲线显示一个 Y 轴。
④(X)轴类别栅格线。在 X 轴的主刻度线处显示垂直栅格线。
⑤(Y)轴数值栅格线。在 Y 轴的主刻度线处显示水平栅格线。

5)样本。用于提供边界、区域和外侧组框中各选项设置后的效果预览。

为了便于读者理解"图表"选项卡中各选项对图解显示效果的控制,请参考图 6-3。

(2)"布局"选项卡。单击"布局"选项卡,将显示"布局"界面,如图 6-4 所示。

1)图解布局。用于设置多个图解在图形窗口中的布局。
① 水平图解。用于指定图形窗口水平方向所显示的图解数量。该参数同时也控制图解的初始水平尺寸。图解的初始水平尺寸为当前图形窗口的水平尺寸除以该参数。

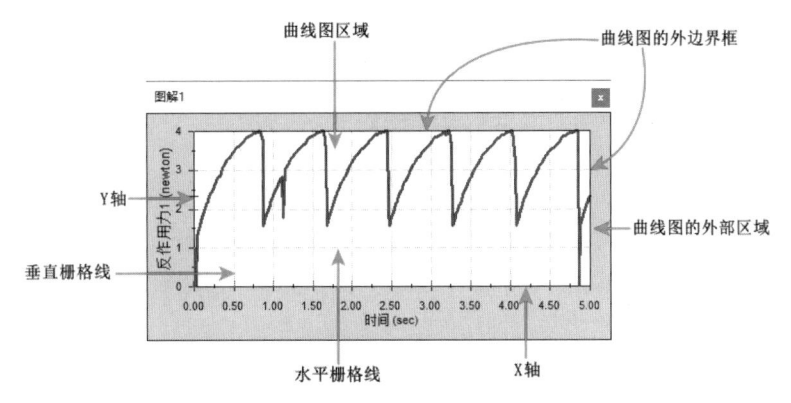

图 6-3 "图表"选项卡中各选项对图解显示效果的控制

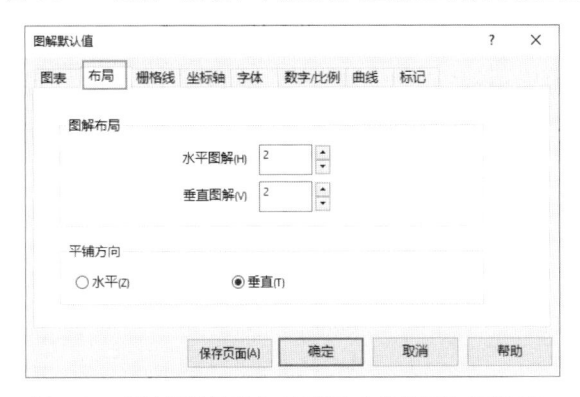

图 6-4 "图解默认值"对话框("布局"选项卡)

② 垂直图解。用于指定图形窗口垂直方向所显示的图解数量。该参数同时也控制图解的初始垂直尺寸。图解的初始垂直尺寸为当前图形窗口的垂直尺寸除以该参数。

2)平铺方向。用于设置多个图解在图形窗口中的平铺方向。

① 水平。指定从图形窗口的右下角开始首先向右依次水平平铺图解。

② 垂直。指定从图形窗口的右下角开始首先向上依次垂直平铺图解。

为了便于读者理解"布局"选项卡中各选项对多个图解显示效果的控制,如果将"垂直图解"参数设为 M,将"水平图解"参数设为 N,则在创建 $M\times N$ 个图解时,各图解在图形窗口中的布局情况如图 6-5 所示。

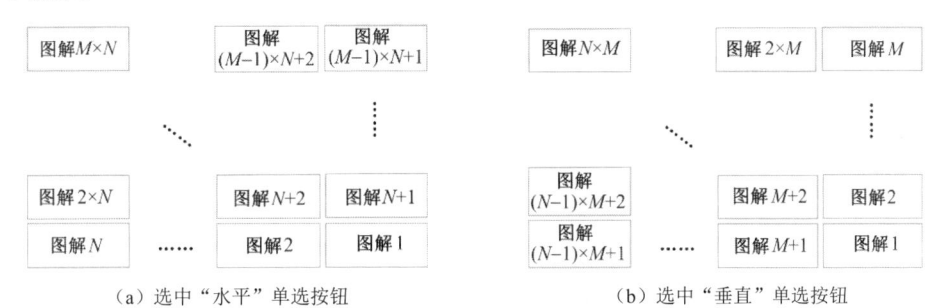

(a)选中"水平"单选按钮　　(b)选中"垂直"单选按钮

图 6-5 "布局"选项卡中各选项对多个图解显示效果的控制

(3)"栅格线"选项卡。单击"栅格线"选项卡,将显示"栅格线"界面,如图 6-6 所示。其中,通过"X 轴栅格线"组框可设置垂直栅格线,通过"Y 轴栅格线"组框可设置水平栅格线,底部的"样本"组框用于提供栅格线设置后的效果预览。

1)自动。以默认线宽的黑色实线显示栅格线。

2)无。不显示栅格线。

3)自定义。通过下方的"样式""颜色""重量"下拉列表来设置栅格线的样式、颜色和线宽。

(4)"坐标轴"选项卡。单击"坐标轴"选项卡,将显示"坐标轴"界面,如图 6-7 所示。

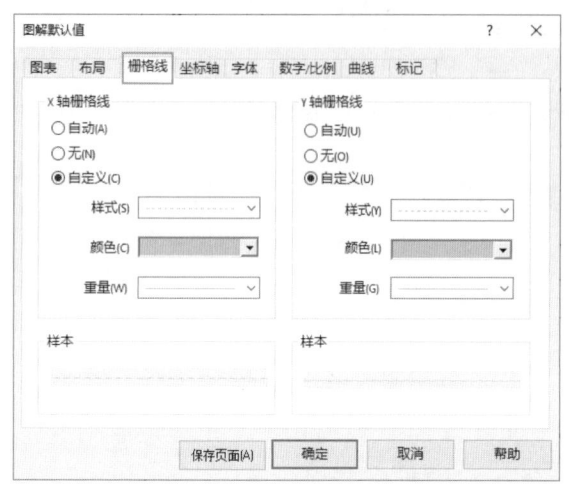

图 6-6 "图解默认值"对话框("栅格线"选项卡)　　图 6-7 "图解默认值"对话框("坐标轴"选项卡)

1)坐标轴。左上角的"坐标轴"组框用于选择需要修改的坐标轴。在完成 X 轴或 Y 轴的修改时,需要单击"保存页面"按钮以对所进行的修改予以保存,然后选取另一个坐标轴进行修改。当选中"Y 轴"单选按钮时,可以通过"Y 轴数"输入框来调整 Y 轴的数量(在同一图解中显示一个以上的曲线图时才可使用该选项)。

左下角的"坐标轴"组框用于设置坐标轴的样式、颜色和线宽。"自动"表示以默认线宽的黑色实线显示坐标轴;"无"表示不显示坐标轴;"自定义"表示将通过下方的"样式""颜色""重量"下拉列表来设置坐标轴的样式、颜色和线宽。

2)主刻度线类型和次刻度线类型。"无"表示不显示刻度线;"里面"表示刻度线从坐标轴向曲线图的内部延伸;"外面"表示刻度线从坐标轴向曲线图的外部延伸;"交叉"表示刻度线同时向曲线图的内部和外部延伸。

3)刻度线标志。"无"表示不沿坐标轴显示主刻度线的标签;"在轴旁边"表示沿坐标轴显示主刻度线的标签。

4)显示移动记号。勾选该复选框时,在播放动画时将在 Y 轴上显示一个曲线当前值的刻度线(该选项仅在对 Y 轴进行设置时显示)。

为了便于读者理解"坐标轴"选项卡中各选项对图解显示效果的控制,请参考图 6-8。

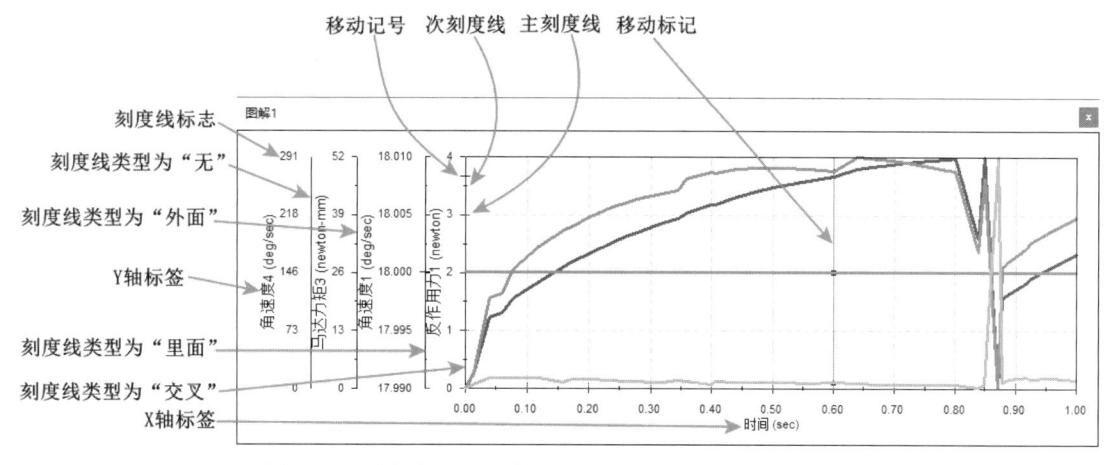

图 6-8 "坐标轴"选项卡中各选项对图解显示效果的控制

(5)"字体"选项卡。单击"字体"选项卡,将显示"字体"界面,如图 6-9 所示。

通过"字体"选项卡可以设置坐标轴刻度线标志和坐标轴标签的字体。当选中"坐标轴"组框内的"X 轴"或"Y 轴"单选按钮时,可以设置 X 轴或 Y 轴刻度线标志的字体;当选中"X 轴标签"或"Y 轴标签"单选按钮时,可以设置 X 轴或 Y 轴标签的字体(刻度线标志和坐标轴标签的示例见图 6-8)。

(6)"数字/比例"选项卡。单击"数字/比例"选项卡,将显示"数字/比例"界面,如图 6-10 所示。

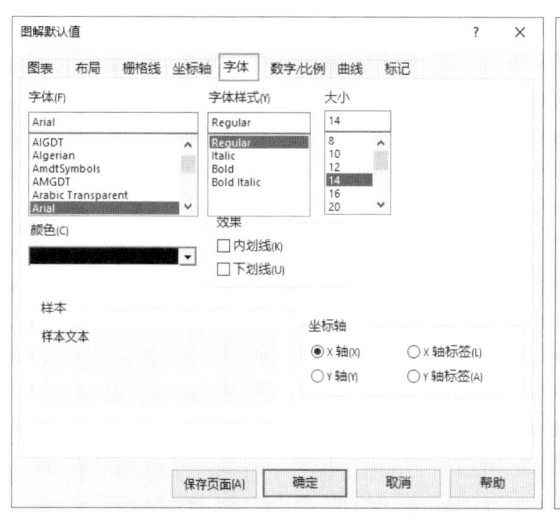

图 6-9 "图解默认值"对话框("字体"选项卡)

图 6-10 "图解默认值"对话框("数字/比例"选项卡)

1)坐标轴。用于选择需要设置的 X 轴或 Y 轴。

2)自动。用于设置坐标轴刻度线的数值范围。"起点"表示坐标轴的最小值;"终点"表示坐标轴的最大值;"主单位"表示坐标轴两个相邻主刻度线之间的间距;"次单位"表示坐标轴次刻度线与其相邻主刻度线之间的间距。

3）数字格式。"常规"表示以常规数字的形式显示刻度线标志；"科学计数"表示以科学计数法的形式显示刻度线标志；"小数位数"用于输入刻度线标志的小数位数；"使用1000分隔符（,）"表示以逗号的形式在刻度线标志的数字中使用千位分隔符。

（7）"曲线"选项卡。单击"曲线"选项卡，将显示"曲线"界面，如图6-11所示。

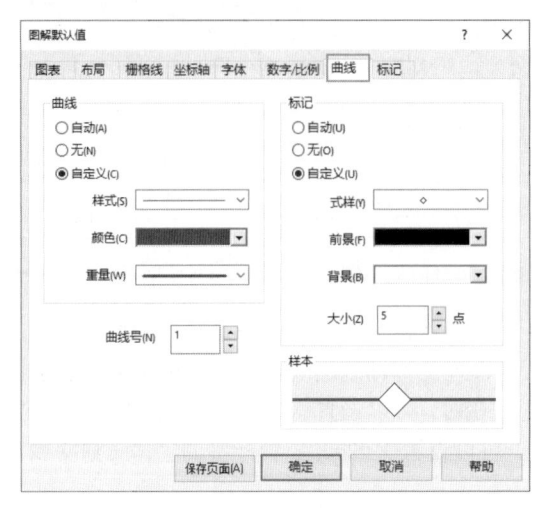

图6-11 "图解默认值"对话框（"曲线"选项卡）

1）曲线。"自动"表示将以默认线宽的黑色实线来显示曲线；"无"表示不显示曲线；"自定义"表示将通过其下方的"样式""颜色""重量"下拉列表来设置曲线的样式、颜色和线宽；"曲线号"用于指定要修改其属性的曲线（在同一图解上显示有多条曲线时使用）。

2）标记。"自动"表示将以黑色边界、白色背景的菱形框绘制曲线的标记；"无"表示不在此选定曲线上绘制标记；"自定义"表示将通过其下方的"式样""前景""背景""大小"来指定曲线标记的样式、前景颜色、背景颜色和大小。如果选中"自动"或"自定义"单选按钮，曲线标记将沿曲线在每个数据点处绘制。

图6-12所示为以大小为8的矩形框为标记的曲线图示例。

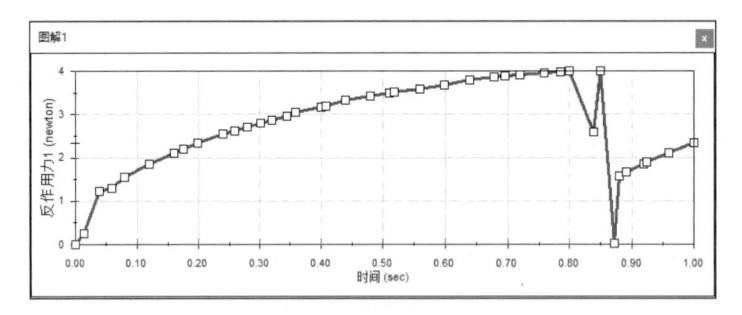

图6-12 以大小为8的矩形框为标记的曲线图示例

（8）"标记"选项卡。单击"标记"选项卡，将显示"标记"界面，如图6-13所示。此选项卡中的"标记"是指图解中的移动标记。

图 6-13 "图解默认值"对话框("标记"选项卡)

当在"移动标记类型"组框内选中"直线"单选按钮时,可将曲线的移动标记显示为直线,此时将通过"直线"组框内的"样式""颜色""重量"下拉列表来设置移动标记的样式、颜色和线宽;当选中"无"单选按钮时,表示将取消曲线移动标记的显示;当选中"符号"单选按钮时,可将曲线的移动标记显示为符号,此时将通过"符号"组框内的"式样""前景""背景""大小"来设置移动标记的样式、前景颜色、背景颜色和大小。

3. 高级选项

通过该选项可以对当前运动算例的积分器进行高级设置。当单击"高级选项"按钮时,弹出图 6-14 所示的"高级 Motion 分析选项"对话框。

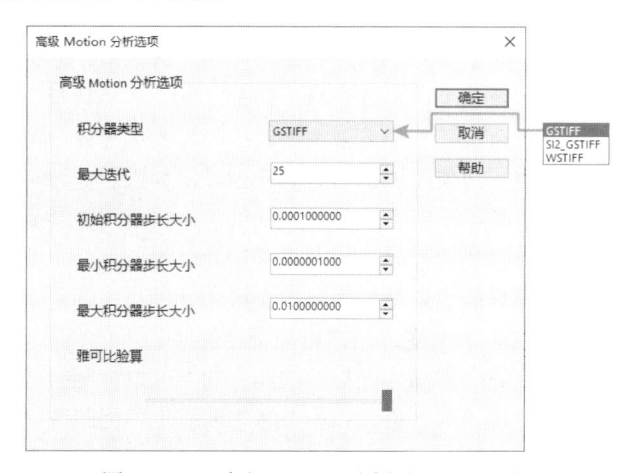

图 6-14 "高级 Motion 分析选项"对话框

下面对该对话框中各选项的含义进行简单介绍。

(1) 积分器类型。SOLIDWORKS Motion 提供了三种积分器,分别是 GSTIFF(默认值)、SI2_GSTIFF 和 WSTIFF,对应于三种不同的刚性积分方法。

1）GSTIFF。GSTIFF 积分器采用由 C.W.Gear 开发的 GSTIFF 积分方法，这是一种变阶、变步长的积分方法。它是 SOLIDWORKS Motion 默认的积分器。当计算各种动力学分析问题的位移时，GSTIFF 方法是最快和最精确的方法。

2）SI2_GSTIFF。SI2_GSTIFF 是 GSTIFF 积分方法的变体。该积分方法可以对动力学方程式中的速度和加速度项提供更佳的误差控制。如果机械系统的运动足够平稳，用 SI2_GSTIFF 计算得到的速度和加速度结果比使用 GSTIFF 或 WSTIFF 计算得到的结果更加精确，即使对于具有高频振动的运动也是如此。SI2_GSTIFF 在较小步长下的计算结果也更加精确，但计算速度比较慢。

3）WSTIFF。WSTIFF 是另一种变阶、变步长的刚性积分方法。它与 GSTIFF 在公式及表现上都非常近似。两者都使用了向后差分的方程。区别在于 GSTIFF 内部使用的系数是基于固定步长的假设计算而得的，而在 WSTIFF 中这些系数是步长的函数。因此，如果在积分的过程中突然发生步长大小改变，GSTIFF 在求解过程中将产生一个小的误差，而 WSTIFF 可以在不损失任何精度的情况下解决这个问题。因此使用 WSTIFF，可以对步长大小改变的问题处理得更加顺滑。步长大小突然改变一般发生在以下情况：存在不连续的力、不连续运动或在模型中存在接触等突发事件。

（2）最大迭代。该参数用于控制积分器在为给定的时间步长搜索求解时所迭代的最大次数。默认值是 25，可适用于大多数动力学问题。不建议提高该参数，因为该参数一般不会导致求解不收敛。

（3）初始积分器步长大小。该参数用于指定积分器所使用的第一个积分时间步长的数值，它可以控制初始的求解速度及其初始的求解精确度。当用户增加此参数值时，将提升后续的仿真计算速度；当用户的仿真计算在初始阶段就遇到困难时，应考虑减小该参数值。通常情况下无须修改该参数。

（4）最小积分器步长大小。在积分过程中，如果仿真计算的误差太大，积分器将减小时间步长并尝试再次求解，直到满足所需的精确度。但是，积分器不会无限减小时间步长，该参数即用于设置时间步长的下限。通常情况下无须修改该参数。如果仿真计算的时间过长，用户可通过增加此参数值来减少仿真计算的时间。

（5）最大积分器步长大小。该参数用于设置积分时间步长的上限，它是求解过程中积分器可能采用的最大时间步长。提高该参数值可以加速求解，但是，如果该参数值设置得过大，积分器有可能因采用了过大的一个积分步长而进入一个无法恢复的区间，最终导致求解失败。减小该参数值对计算结果的精确度不会产生影响。当使用 GSTIFF 积分器时，如果积分时间步长过大，速度和加速度可能不连续，此时用户可以通过减小该参数值来降低误差。如果用户知道运动很顺滑且没有突然改变时，则可以提高该参数值以加速求解。当遇到求解不收敛的问题时，修改该参数值或许会有所帮助。减小这个数值会降低积分器的求解速度，但不会影响计算结果的精确度。

如果力或运动在短时间内发生了突变，用户可能需要减小该参数值，以确保积分器不会出错。如果发生接触的两个零部件中有一个零部件在接触法线方向上的厚度相对较薄，而且积分器无法识别这个接触时，用户可能需要减小该参数值。以一个球在薄板上的弹跳为例，如果时间步长过大，积分器可能在前一个积分步没有检测到球体和薄板之间的接触，而在下一个积分步球体有可能已经穿过了薄板。在这种情况下，应减小该参数值以使积分器采用更小的时间步长，这样才不会发生两个零部件之间的接触问题。

（6）雅可比验算。该参数用于指定雅可比矩阵重新验算的频率。雅可比矩阵是一个偏微分矩阵，用于在迭代过程中求解初始非线性动力学方程的线性近似值。频繁地对雅可比矩阵进行重新验算会占用更多的仿真计算时间,但对提高计算结果的精确度会有所帮助。默认设置是最精确的,同时也是最耗时的,即雅可比矩阵在每次迭代时都要进行验算。如果装配体的运动在一段时间内不会有大幅度的改变,则可以减小该参数值以加快求解速度;但不要将该参数值设置得过低,因为这有可能会导致积分器求解失败。

> **提示:**
>
> 当在运动算例中遇到求解收敛问题时,最需要调整的参数是精确度、最大积分器步长大小以及 3D 接触分辨率(对于实体接触问题)。如果更改上面的任何一个参数对求解收敛都没有帮助,则需要查看该运动算例中所定义的表达式内所包含的数学函数是否是顺滑且可微分的。例如,可以尝试使用 STEP 函数来代替 IF 函数。

6.1.2 实例——钢球投射

一个钢球在地面以 3000mm/s 的速度(与地面之间的投射角度为 60°)发射后着陆,如图 6-15 所示。下面对该钢球进行动力学分析,并尝试通过修改运动算例属性的参数来完成仿真计算。

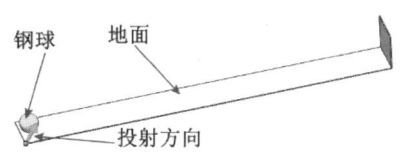

图 6-15 钢球投射示意图

1. 生成一个运动算例

(1) 打开装配体文件。打开电子资源包中"源文件\原始文件\第 06 章\钢球投射"文件夹下的"钢球投射.SLDASM"文件。

(2) 检查装配体中各零件之间的配合。通过 SOLIDWORKS 操作界面左侧的 FeatureManager 设计树可以查看装配体中所包含的零件及各零件之间的配合,如图 6-16 所示。其中,地面零件为固定零件;被压缩的三个配合仅用于对钢球进行定位,因此钢球可无限制地自由运动。

(3) 切换到运动算例页面。在 SOLIDWORKS 界面左下角单击"运动算例 1"选项卡,进入该运动算例页面,然后将 MotionManager 工具栏中的"算例类型"设为"Motion 分析"。

2. 前处理

(1) 添加钢球的初始速度。在 MotionManager 设计树中右击零部件钢球,在弹出的快捷菜单中选择"初始速度"命令,弹出图 6-17 所示的"初始速度"属性管理器,通过"初始线性速度"组框内的"参考"选择框选择地面零件的一条草图线(该草图线与水平地面之间的夹角为 60°),然后将初始速度的大小设置为 3000mm/s,单击"确定"按钮 ✓,完成钢球初始速度的添加。

(2) 添加钢球和地面之间的实体接触。单击 MotionManager 工具栏中的"接触"按钮 ,弹出"接触"属性管理器,在"接触类型"组框内单击"实体"按钮 ;通过"选择"组框内的"零部件"选择框选择钢球和地面;在"材料"组框内将第一个材料名称和第二个材料名称均设为"Steel(Dry)",如图 6-18 所示。最后单击"确定"按钮 ✓,完成钢球和地面之间实体接触的添加。

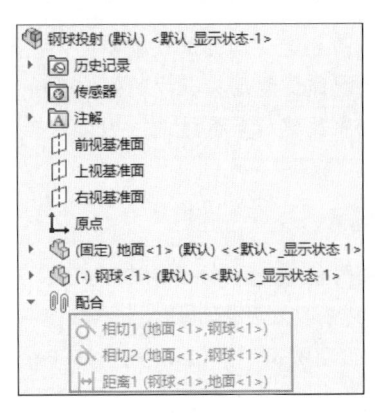

图 6-16　检查装配体中各零件之间的配合 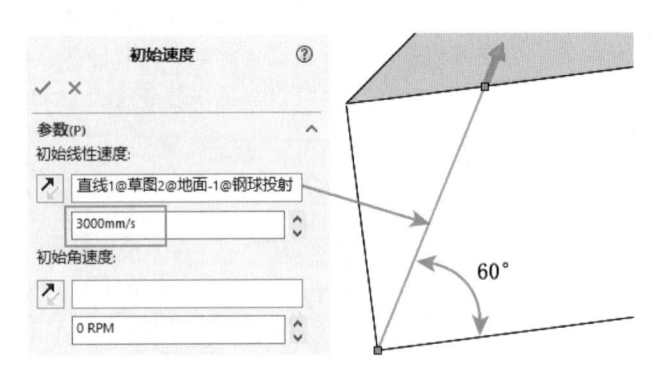　　　　　图 6-17　添加钢球的初始速度

（3）添加引力。单击 MotionManager 工具栏中的"引力"按钮，弹出"引力"属性管理器，选中"Z"单选按钮，然后单击"反向"按钮调整引力的方向，如图 6-19 所示，保持默认的引力大小。单击"确定"按钮，添加 Z 轴方向的引力。

3. 运行仿真及修改运动算例属性

（1）设置仿真结束时间。在时间线视图中，将顶部更改栏右侧的键码点拖放至 1 秒处，即总的仿真时间为 1 秒。

（2）提交计算。单击 MotionManager 工具栏中的"计算"按钮，可对当前运动算例进行仿真计算。

（3）播放动画。完成分析计算后，单击 MotionManager 工具栏中的"从头播放"按钮，可以播放仿真的动画，通过动画可观察到系统并未检测到钢球和地面之间的接触，钢球直接穿过地面，如图 6-20 所示。

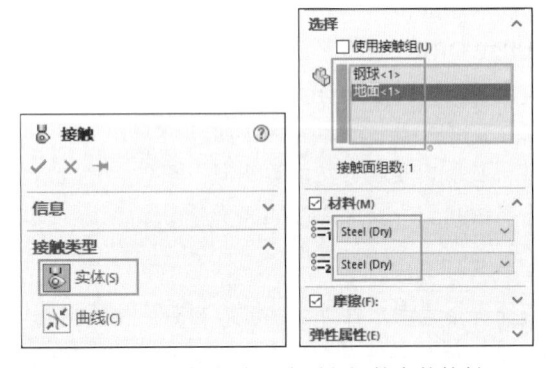

图 6-18　添加钢球和地面之间的实体接触 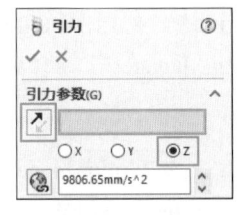　　　图 6-19　添加引力 　　　图 6-20　播放动画（0.6s）（1）

（4）复制并重命名运动算例。在 SOLIDWORKS 界面左下角右击"运动算例 1"选项卡，在弹出的快捷菜单中选择"复制算例"命令，复制出四个新的运动算例，然后依次将新复制出来的运动算例重命名为"3D 接触分辨率""使用精确接触""精确度""最大积分器步长大小"，结果如图 6-21 所示。

图 6-21　复制并重命名运动算例

(5) 修改 3D 接触分辨率。单击"3D 接触分辨率"选项卡，进入该运动算例页面。单击 MotionManager 工具栏中的"运动算例属性"按钮，弹出"运动算例属性"属性管理器，将"3D 接触分辨率"的滑块向右拖动至最右侧数值为 100 的位置，如图 6-22 所示，其余参数采用默认设置，单击"确定"按钮。

(6) 提交计算并播放动画。对当前运动算例进行仿真计算后再次播放动画，可观察到系统仍未检测到钢球和地面之间的接触，钢球直接穿过地面（图 6-20）。

(7) 使用精确接触。单击"使用精确接触"选项卡，进入该运动算例页面。打开"运动算例属性"属性管理器，勾选"使用精确接触"复选框，其余参数采用默认设置，如图 6-23 所示。

(8) 提交计算并播放动画。对当前运动算例进行仿真计算后播放动画，可观察到系统已经检测到钢球和地面之间的接触，钢球接触到地面后在地面上滚动，如图 6-24 所示。

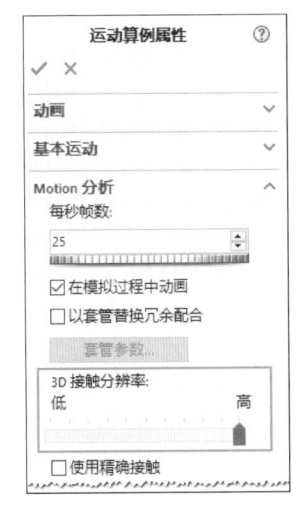

图 6-22　修改 3D 接触分辨率

(9) 第一次调整精确度并提交计算。单击"精确度"选项卡，进入该运动算例页面。打开"运动算例属性"属性管理器，将"精确度"从默认的 0.0001 调整为 0.0000000100，其余参数采用默认设置，如图 6-25 所示。对当前运动算例进行仿真计算后播放动画，可观察到系统仍未检测到钢球和地面之间的接触，钢球直接穿过地面（图 6-20）。

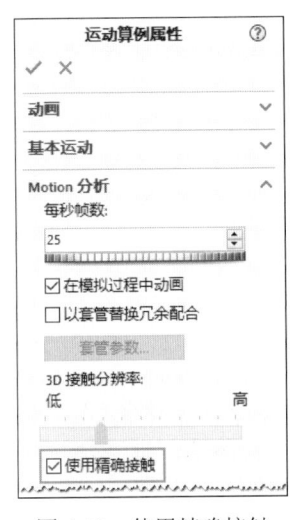

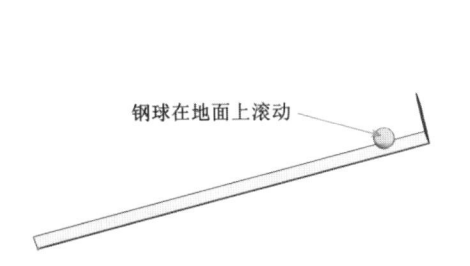

图 6-23　使用精确接触　　图 6-24　播放动画（0.6s）（2）　　图 6-25　调整精确度

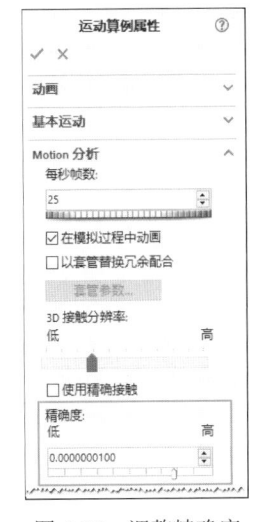

(10) 第二次调整精确度并提交计算。再次打开"运动算例属性"属性管理器，将"精确度"设为 0.000000001，然后再次提交计算，系统在仿真计算过程中弹出图 6-26 所示的对话框，提示积分器在 0.5200119007s 时无法启动/重新启动，并列出了导致该问题的可能原因。

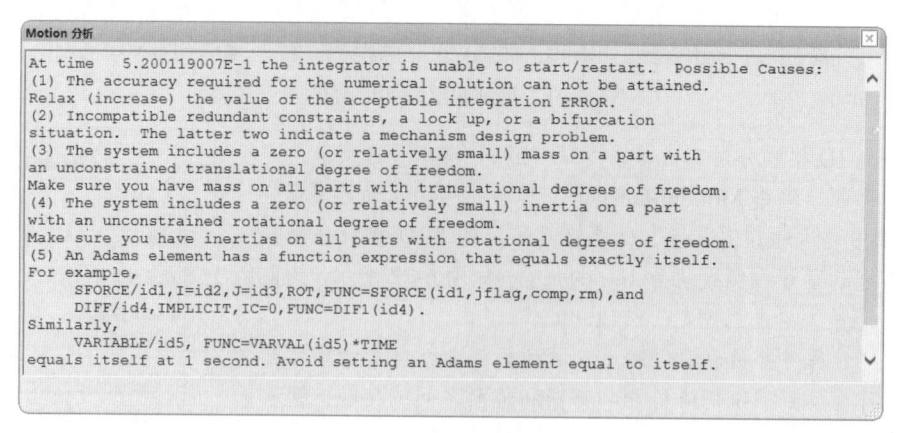

```
Motion 分析
At time   5.200119007E-1 the integrator is unable to start/restart.  Possible Causes:
(1) The accuracy required for the numerical solution can not be attained.
Relax (increase) the value of the acceptable integration ERROR.
(2) Incompatible redundant constraints, a lock up, or a bifurcation
situation.  The latter two indicate a mechanism design problem.
(3) The system includes a zero (or relatively small) mass on a part with
an unconstrained translational degree of freedom.
Make sure you have mass on all parts with translational degrees of freedom.
(4) The system includes a zero (or relatively small) inertia on a part
with an unconstrained rotational degree of freedom.
Make sure you have inertias on all parts with rotational degrees of freedom.
(5) An Adams element has a function expression that equals exactly itself.
For example,
     SFORCE/id1,I=id2,J=id3,ROT,FUNC=SFORCE(id1,jflag,comp,rm),and
     DIFF/id4,IMPLICIT,IC=0,FUNC=DIF1(id4).
Similarly,
     VARIABLE/id5, FUNC=VARVAL(id5)*TIME
equals itself at 1 second. Avoid setting an Adams element equal to itself.
```

图 6-26 "Motion 分析"对话框

（11）更改积分器并提交计算。再次打开"运动算例属性"属性管理器，单击"高级选项"按钮，弹出"高级 Motion 分析选项"对话框，将"积分器类型"由默认的 GSTIFF 修改为 WSTIFF，如图 6-27 所示。完成设置后再次提交计算，此次能够完成仿真计算。再次播放动画，可观察到系统已经检测到钢球和地面之间的接触（图 6-24）。由此可见，本例中由于在发生接触突发事件后步长大小会突然改变，而使用 WSTIFF 积分器能够对步长大小突然改变这一问题处理得更加顺滑。

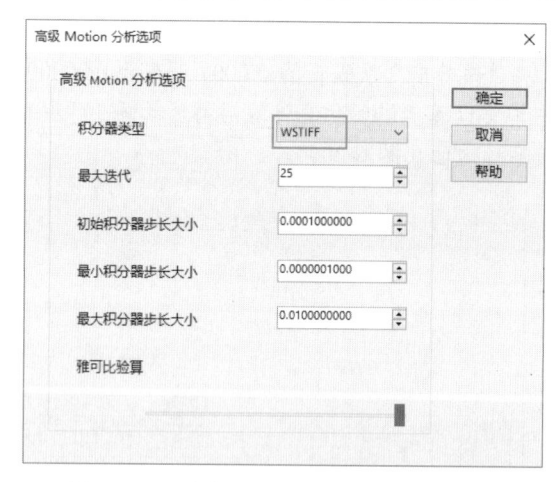

图 6-27 "高级 Motion 分析选项"对话框

（12）修改最大积分器步长大小。单击"最大积分器步长大小"选项卡，进入该运动算例页面。打开"运动算例属性"属性管理器后单击"高级选项"按钮，弹出"高级 Motion 分析选项"对话框，将"最大积分器步长大小"由默认的 0.01 修改为 0.001。完成设置后，提交计算并播放动画，可观察到在减小该参数值后，系统已经检测到钢球和地面之间的接触（图 6-24）。

（13）查看钢球的落地时间和钢球投射的最大高度。打开"结果"属性管理器，在"结果"组框内依次选择"位移/速度/加速度""线性位移""Z 分量"，通过"特征"选择框选择钢球的外表面，创建的位移图解如图 6-28 所示。由图 6-28 可知，在 0.53s 时钢球落地，钢球投射的最大高度为 343（370−27）mm。

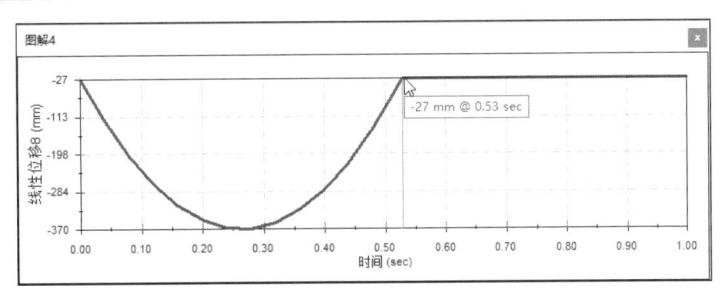

图 6-28　钢球在 Z 方向的位移图解

（14）查看钢球落地时距发射点的水平距离。再次打开"结果"属性管理器，在"结果"组框内依次选择"位移/速度/加速度""线性位移""X 分量"，通过"特征"选择框选择钢球的外表面，创建的位移图解如图 6-29 所示。由图 6-29 可知，在 0.53s 时钢球落地，其距发射点的水平距离为 798（823–25）mm。

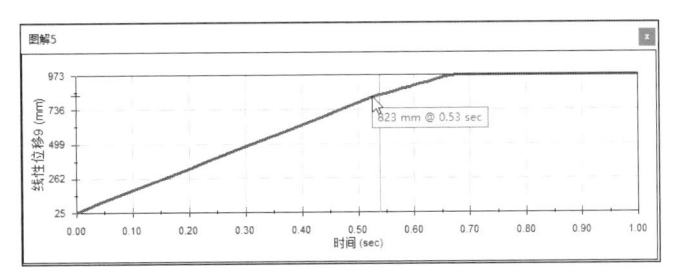

图 6-29　钢球在 X 方向的位移图解

提示：

图 6-28 和图 6-29 两个图解都是在"最大积分器步长大小"运动算例中所创建的图解，读者可在其他运动算例中创建图解，以比较在使用精确接触、提高精确度、修改最大积分器步长大小后所得到结果的异同。

练一练——闭锁机构

本练一练中所使用的模型（图 6-30）与第 5.1 节中的练一练所使用的模型稍有不同，其中对锁扣零件的厚度进行了修改。下面通过 SOLIDWORKS Motion 对此闭锁机构进行动力学分析，并尝试通过修改运动算例属性的参数来完成仿真计算。

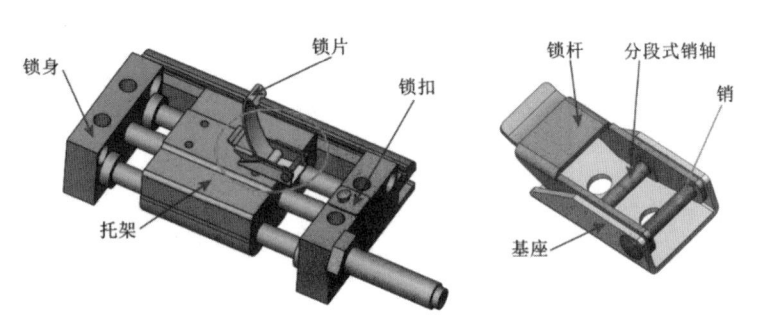

图 6-30　闭锁机构示意图

【操作提示】

（1）打开装配体文件。打开电子资源包中"源文件\原始文件\第 06 章\闭锁机构 2"文件夹下的"闭锁机构.SLDASM"文件。

（2）前处理。按照第 5.1 节中练一练的步骤（2）～步骤（9），完成本练一练的前处理工作，此处不再赘述。

（3）运行仿真。将仿真结束时间设为 3.5s，然后提交计算。

（4）播放动画。播放动画可以发现，锁片将直接穿透锁扣，如图 6-31 所示。

（5）复制并重命名运动算例。复制出三个新的运动算例，依次将各个运动算例重命名为"3D 接触分辨率""使用精确接触""最大积分器步长大小"，如图 6-32 所示。

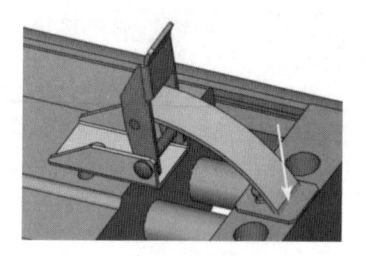

图 6-31　播放动画（1.5s）

图 6-32　复制并重命名运动算例

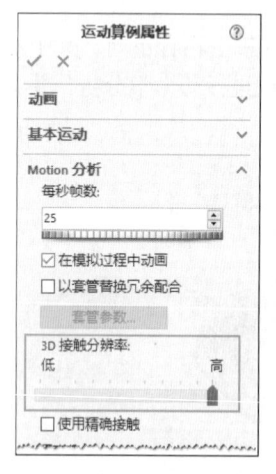

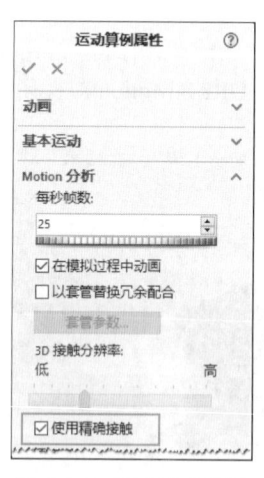

（6）修改 3D 接触分辨率。切换到"3D 接触分辨率"运动算例页面，将"3D 接触分辨率"设为最大值 100，如图 6-33 所示。

（7）运行仿真并播放动画。对当前运动算例进行仿真计算后播放动画，可观察到系统仍未检测到锁片和锁扣之间的接触，锁片直接穿过锁扣（图 6-31）。

（8）使用精确接触。切换到"使用精确接触"运动算例页面，勾选"使用精确接触"复选框，如图 6-34 所示。

（9）运行仿真并播放动画。对当前运动算例进行仿真计算后播放动画，可观察到系统已经检测到锁片和锁扣之间的接触，锁片可将锁扣勾住，然后将弹簧锁关闭，如图 6-35 所示。

图 6-33　修改 3D 接触分辨率　　图 6-34　使用精确接触　　图 6-35　播放动画（2.8s）

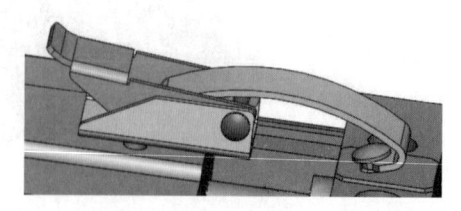

（10）修改最大积分器步长大小。切换到"最大积分器步长大小"运动算例页面，打开"运动算例属性"属性管理器后单击"高级选项"按钮，弹出"高级 Motion 分析选项"对话框，将"最大积分器步长大小"由默认的 0.01 修改为 0.001。对当前运动算例进行仿真计算后播放动画，可观察到锁片能够将锁扣勾住（图 6-35）。

6.2 后 处 理

在完成运动算例的仿真计算后，通过后处理可以查看用户所感兴趣的各种数据，以合理选用所设计机械系统中的各种元器件（如马达、弹簧、阻尼器等），或对有缺陷的设计进行有效的改进。

第 1.5.4 小节中已对后处理的相关知识进行了简单介绍，通过这些知识，读者能够完成简单的后处理工作。但是，在实际的 SOLIDWORKS Motion 动力学分析中，可能需要对仿真结果进行各种各样的后处理工作，因此，本节将对后处理的相关知识进行系统介绍。

6.2.1 后处理的内容

在 SOLIDWORKS Motion 动力学分析的后处理工作中，经常会用到播放和保存动画、干涉检查、创建图解、输出到电子表格、输出到 CSV 文件、输出到 ADAMS、创建 SOLIDWORKS Motion 结果数据传感器和输出到有限元分析（Finite Element Analysis，FEA），下面分别予以介绍。

1．播放和保存动画

在完成仿真计算后，通过播放动画可直观、快速地发现仿真计算中出现的问题，以便于调整模拟元素或运动算例属性的各种参数。在 MotionManager 工具栏中提供了用于播放和保存动画的各种工具，第 1.3.2 小节已经对这些工具按钮进行了介绍，此处不再赘述。当用户单击"保存动画"按钮 时，弹出图 6-36 所示的对话框，当完成该对话框中的参数设置后，单击"保存"按钮，可将当前播放的动画进行保存。

2．干涉检查

利用 SOLIDWORKS"评估"选项卡中的"干涉检查"按钮 可以检查装配体中零部件之间的干涉，但只能检查零部件在一个静态位置的干涉。在 SOLIDWORKS Motion 中可以检查零部件运动时的干涉，即在每个零部件的运动轨迹中进行干涉检查。

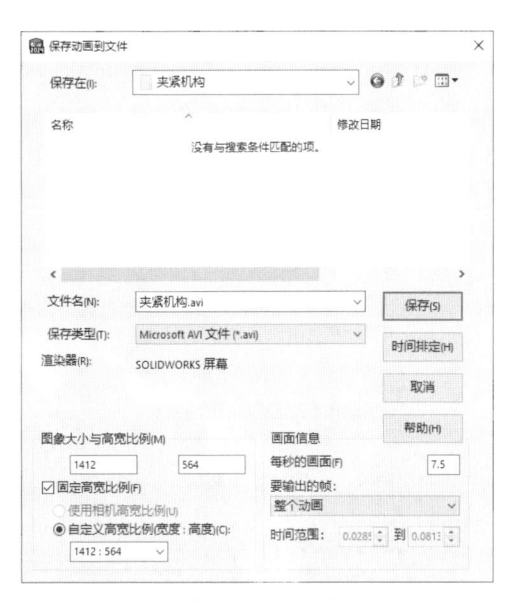

图 6-36 "保存动画到文件"对话框

当完成仿真运算后，在 MotionManager 设计树中右击树形目录最顶层的装配体文件名称，然后在弹出的快捷菜单中选择"检查干涉"命令，如图 6-37 所示，弹出图 6-38 所示的"随时间延长查找干涉"对话框。

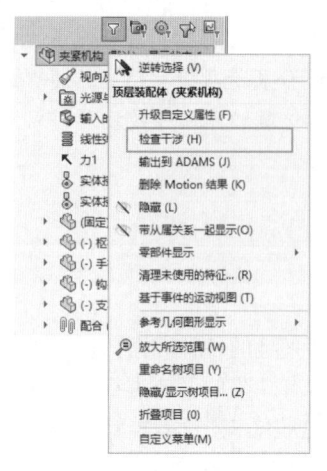

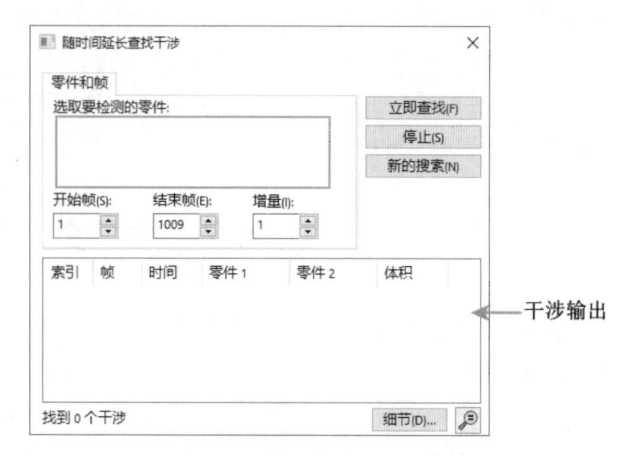

图 6-37　快捷菜单（1）　　　　　图 6-38　"随时间延长查找干涉"对话框

下面对该对话框中的各选项进行简单介绍。

（1）选取要检测的零件。用于选择两个或者多个用于干涉检查的零件。

（2）开始帧。用于设置开始干涉检查的第一个帧。

（3）结束帧。用于设置结束干涉检查的最后一个帧。

（4）增量。为干涉检查指定帧增量。例如，设置为 2 表示每 2 个帧检查一次干涉，设置为 3 表示每 3 个帧检查一次干涉。

（5）立即查找。启动干涉检查。

（6）停止。停止干涉检查。

（7）新的搜索。清除所有原选定干涉检查的零件并重置"随时间延长查找干涉"对话框。

（8）干涉输出。该列表框中将列举出查找出的每个干涉并显示该干涉的索引、帧、时间、零件及体积。完成干涉检查后，当单击该列表框中的某一行时，系统将自动跳转至该行的动画帧，并在图形窗口中高亮显示零件的干涉区域，如图 6-39 所示。

（9）细节。在"干涉输出"列表框中选择某一行后单击该按钮，将显示干涉的详细信息，如图 6-40 所示。

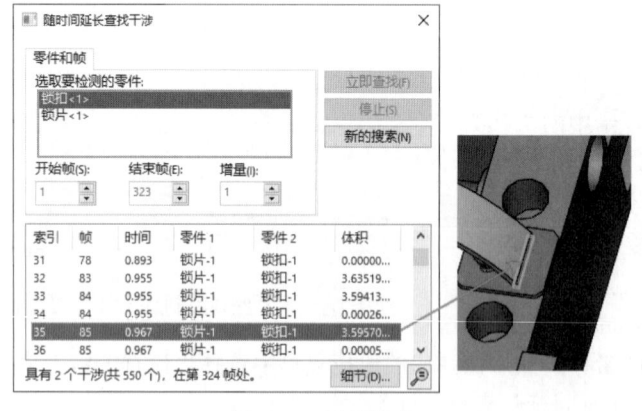

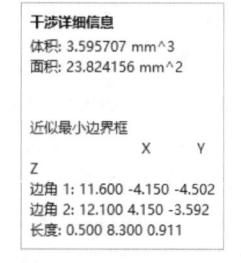

图 6-39　干涉输出　　　　　　　　图 6-40　干涉的详细信息

（10）放大所选范围🔍。在"干涉输出"列表框中选择某一行后单击该按钮，将自动在图形窗口中放大发生干涉的区域。

3．创建图解

在完成仿真计算后，通过图解可以查看各种详细的计算结果。第1.5.4小节中已经对创建图解所使用的"结果"属性管理器进行了介绍，下面对SOLIDWORKS Motion动力学分析中能够创建的图解类型进行具体介绍。

（1）位移、速度与加速度。在"结果"属性管理器中将"结果"组框内的"选取类别"设为"位移/速度/加速度"，可以创建位移、速度与加速度类型的图解，如图6-41所示。

图6-41　创建位移、速度与加速度类型的图解

下面对该图解类型中所包含的子类型进行简单介绍。

1）跟踪路径。用于跟踪装配体中某个点的运动路径。此时通过"特征"选择框可以选择零部件的某个点（或可以确定某个点的位置的线）。所绘制的运动路径将出现在图形窗口中，但不创建曲线图。

2）质量中心位置。用于标绘运动中装配体内某个零件质心的位置，此时通过"特征"选择框可以选择零部件的某个面，所选定零部件的质心将以小球形符号🌐予以标识。

3）线性位移/线性速度/线性加速度。主要用于标绘某个运动零部件相对于另一个零部件或相对于装配体原点的线性位移、线性速度或线性加速度。如果将"选取结果分量"设为"幅值"，则计算直角坐标系中结果在向量方向上的幅值；如果设为"径向分量"（仅限线性速度），则计算极坐标系中速度向量的径向分量；如果设为"相切分量"（仅限线性加速度），则计算与运动路径相切方向的加速度向量分量；如果设为"法向分量"（仅限线性加速度），则计算与运动路径垂直方向的加速度向量分量。此时通过"特征"选择框既可以选择零部件的某个面、线或点，也可以选择某一模拟元素（用于计算模拟元素的运动结果）或某个配合（用于计算定义该配合的第一个零部件几何中心相对于第二个零部件几何中心的运动结果）。

4）角位移/角速度/角加速度。主要用于标绘某个运动零部件相对于另一个零部件或相对于装配体原点的角位移、角速度或角加速度。此时通过"特征"选择框可以选择零部件的某个面、某一模拟元素（如旋转马达）或某个配合（如同轴心配合）。

此外，在创建角位移图解时，还可以通过"特征"选择框选择不同零部件上的两个点和第三个点（所选择的三个点不能共线）来指定角度，此时，可在点随装配体运动时标绘三个点所定义的角度变化图解，其示例如图6-42所示。

（2）力或力矩。在"结果"属性管理器中将"结果"组框内的"选取类别"设为"力"，可以创建力或力矩类型的图解，如图6-43所示。

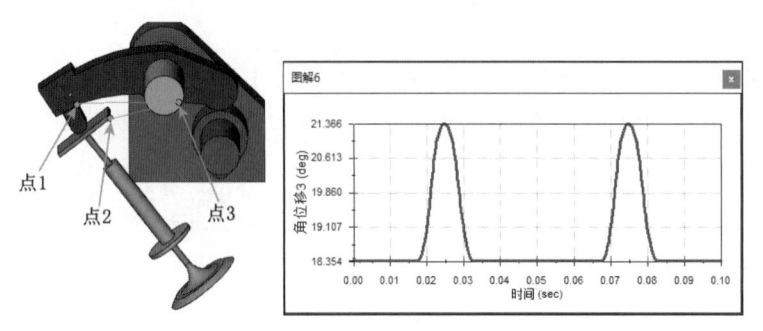

图6-42 创建角位移图解的示例

图6-43 创建力与力矩类型图解

下面对该图解类型中所包含的子类型进行简单介绍。

1）马达力。用于标绘装配体中由于线性马达所产生的力。此时通过"特征"选择框可以选择线性马达。

2）马达力矩。用于标绘装配体中由于旋转马达所产生的力矩。此时通过"特征"选择框可以选择旋转马达。

3）反作用力。主要用于标绘装配体中由于线性弹簧、线性阻尼、力等模拟元素所产生的力。此时通过"特征"选择框可以选择线性弹簧、线性阻尼、力等。另外，通过"特征"选择框也可以选择一个配合以计算施加在该配合上的反作用力。

4）反力矩。主要用于标绘装配体中由于扭转弹簧、扭转阻尼、力矩等模拟元素所产生的力矩。此时通过"特征"选择框可以选择扭转弹簧、扭转阻尼、力矩等模拟元素。另外，通过"特征"选择框也可以选择一个配合以计算施加在该配合上的反力矩。

5）摩擦力。用于标绘由于摩擦而应用到装配体中的力。当计算曲线接触的摩擦力时，通过"特征"选择框直接选择该曲线接触；当计算实体接触的摩擦力时，通过"特征"选择框依次选择定义该实体接触的不同零部件的两个面；当计算某个配合的摩擦力时，通过"特征"选择框选择该配合。

6）摩擦力矩。用于标绘由于摩擦而应用到装配体中的力矩。此时，通过"特征"选择框可以选择某一配合。

7）接触力。用于标绘装配体中由于接触所产生的力。当计算曲线接触的接触力时，通过"特征"选择框直接选择该曲线接触；当计算实体接触的接触力时，通过"特征"选择框依次选择定义该实体接触的不同零部件的两个面。

◀))提示：

在创建力或力矩类型的图解时，如果通过"特征"选择框选择一个配合，还可以同时选择定义该配合的两个零部件中的某一个面，以确定在哪个面上计算力或力矩。如果用户不选取面，默认将在定义该配合的第一个面上计算力或力矩。

（3）动量、能量与功率。在"结果"属性管理器中将"结果"组框内的"选取类别"设为"动量/能量/力量（英文为Power，软件将其翻译为力量，此处意为功率）"，可以创建动量、能量与功率类型的图解,如图 6-44 所示。

下面对该图解类型中所包含的子类型进行简单介绍。

1) 平移力矩,即平移动量。表示由于零部件的平移或线性运动而产生的动量。

2) 角力矩,即角动量。表示由于零部件的旋转运动而产生的动量。

3) 平移运动能,即平移动能。表示由于零部件的平移或线性运动而产生的动能。

4) 角运动能,即角动能。表示由于零部件的旋转运动而产生的动能。

5) 总运动能,即总动能。表示由于零部件的运动而产生的总动能。

6) 势能差。表示零部件势能的变化。

7) 能源消耗,即功率消耗(简称功耗)。表示马达驱动零部件所需要的功率。

(4) 其他。在"结果"属性管理器中将"结果"组框内的"选取类别"设为"其他数量",可以创建其他类型的图解,如图 6-45 所示。

图 6-44 创建动量、能量与功率类型的图解　　图 6-45 创建其他类型图解

下面对该图解类型中所包含的子类型进行简单介绍。

1) 欧拉角度。欧拉角度表示零部件在三维空间中有限转动的三个相对转角,分别由章动角 θ、旋进角(即进动角)ψ 和自转角 Φ 组成。

2) 俯仰/偏航/滚转。俯仰角、偏航角和滚转角一般用于车辆、飞行器的姿态估计中。其中,俯仰角表示机体轴(沿机头方向)与地平面(水平面)之间的夹角;偏航角表示实际航向与计划航向的夹角;滚转角表示机体绕前后轴线转动的角度。

3) Rodriguez 参数,即罗德里格斯参数。它可用于描述两坐标系之间的方向关系。通过归一化的罗德里格斯参数可以指定移动零部件的旋转方位。

4) 勃兰特角度。勃兰特角度(Bryant angle)是不同于欧拉角度的另外一种表示旋转角度的方法。关于勃兰特角度更详细的信息,读者可以参考 SOLIDWORKS 的帮助文档。

5) 投影角度。表示通过投影角度来指定移动零部件的旋转方位。其中,"绕 X 轴"结果分量用于计算将选定零部件的 Y-Z 基准面与参考坐标系的基准面对齐而所需的旋转角度;"绕 Y 轴"结果分量用于计算将选定零部件的 X-Z 基准面与参考坐标系的基准面对齐而所需的旋转角度;"绕 Z 轴"结果分量用于计算将选定零部件的 X-Y 基准面与参考坐标系的基准面对齐而所需的旋转角度。

6) 反射载荷质量。表示在线性马达的马达传动轴上所感知到的装配体质量。

7) 反射载荷惯性。表示在旋转马达的马达传动轴上所感知到的装配体惯性。

> **提示：**
>
> 图解既可以在仿真计算之前创建，也可以在仿真计算之后创建。在仿真计算之前所创建的图解，在完成仿真计算后才能够正常显示计算结果。在对装配体进行保存时，可同时自动保存当前运动算例图解的显示状态。如果在操作中不慎将当前分析结果删除，则无法再创建新的显示计算结果的图解（已正常显示的计算结果图解不受影响）。在运行新的仿真分析后，将出现新的计算结果，所有现有图解将根据新的计算结果数据重新构建。图解与"特征"选择框中所选择的对象相关联，如果与图解相关联的对象被删除，则该图解前将出现错误标识❌，如图 6-46 所示。

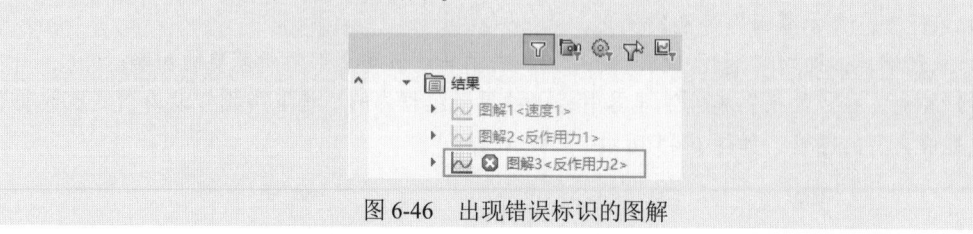

图 6-46 出现错误标识的图解

4．输出到电子表格

下面介绍将图解（非跟踪路径的图解）及标绘图解的数据输出到电子表格的具体操作方法。

（1）在 MotionManager 设计树中右击某一个已显示的图解，在弹出的快捷菜单中选择"输出到电子表格"命令，如图 6-47 所示。

（2）如果用户的计算机中安装有能够打开电子表格的 Excel 程序，系统将自动打开 Excel 程序，并将图解显示为 Excel 的图表，如图 6-48 所示。

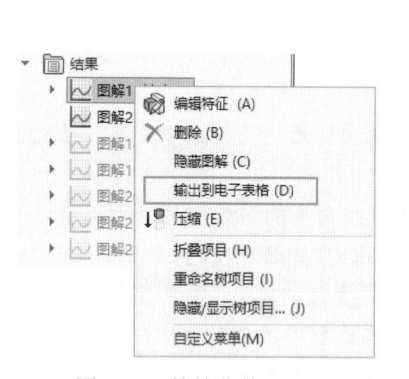

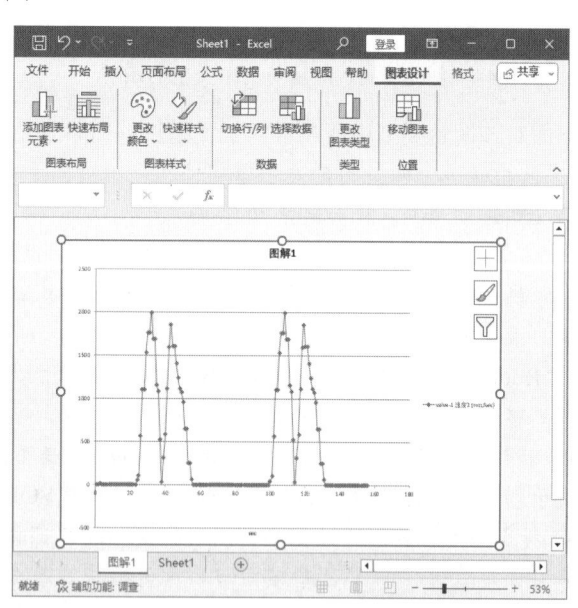

图 6-47 快捷菜单（2）　　图 6-48 Excel 程序的图表

（3）如果在 Excel 程序中切换到工作表 Sheet1，用户还可以查看标绘该图解的详细数据，如图 6-49 所示，用户可根据需要对图表和数据进行修改和保存。

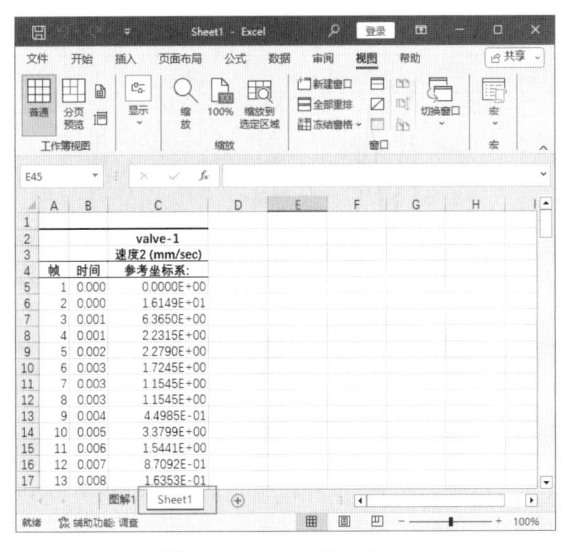

图 6-49　Excel 的工作表

5. 输出到 CSV 文件

下面介绍将图解的数据输出到 CSV 文件，分为以下两种情况。

（1）将跟踪路径的图解数据输出到 CSV 文件。

1）在 MotionManager 设计树中右击某一个已显示的跟踪路径图解，在弹出的快捷菜单中选择"输出到 CSV 文件"命令，如图 6-50 所示。

2）弹出"输出 CSV"对话框，如图 6-51 所示。输入要保存的 CSV 文件名称，单击"保存"按钮，可将当前的图解数据输出到 CSV 文件。

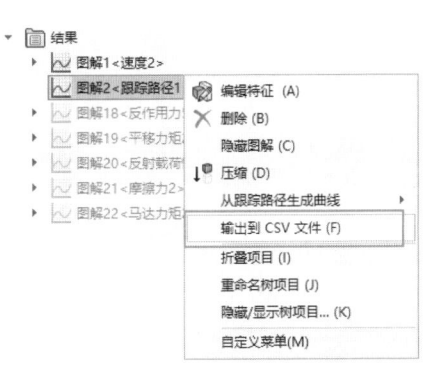

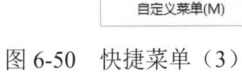

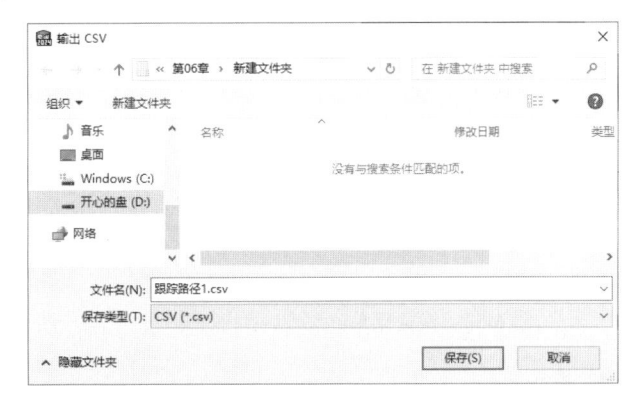

图 6-50　快捷菜单（3）　　　　图 6-51　"输出 CSV"对话框

（2）将非跟踪路径的图解数据输出到 CSV 文件。

1）在一个已显示的非跟踪路径图解中右击，在弹出的快捷菜单中选择"输出 CSV"命令，如图 6-52 所示。

2）弹出"另存为"对话框，输入要保存的 CSV 文件名称，单击"保存"按钮，可将当前的图解数据输出到 CSV 文件。

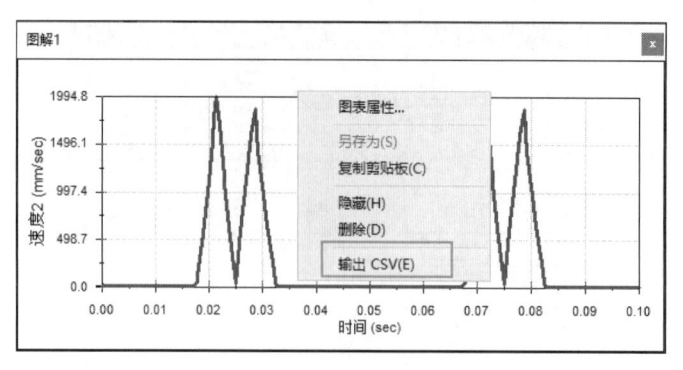

图 6-52 快捷菜单（4）

6. 输出到 ADAMS

SOLIDWORKS Motion 可以将创建的虚拟样机输出到 ADAMS 中，以完成更加复杂的动力学仿真分析。输出到 ADAMS 的操作步骤如下。

（1）在 MotionManager 设计树中右击树形目录最顶层的装配体文件名称，然后在弹出的快捷菜单中选择"输出到 ADAMS"命令，如图 6-53 所示。

（2）弹出"输出到 ADAMS 为"对话框，如图 6-54 所示，输入要保存的 ADAMS 模型文件名称，单击"保存"按钮。

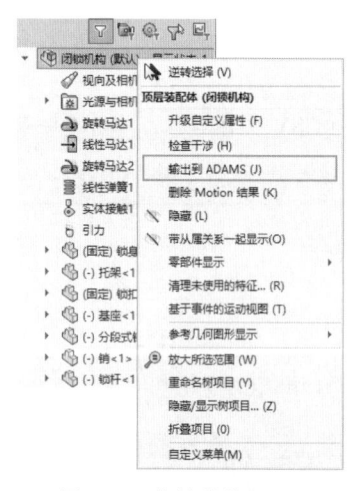

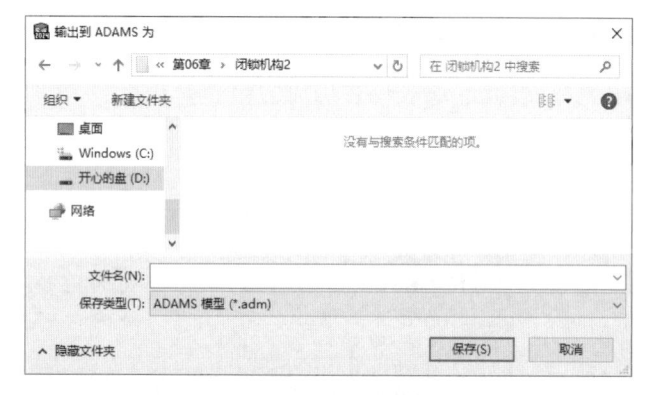

图 6-53 快捷菜单（5）　　　　　图 6-54 "输出到 ADAMS 为"对话框

提示：

用户无法输出在 SOLIDWORKS Motion 中对模拟元素（如弹簧、马达或接触等）所进行的键码点操作，也不能输出已经压缩的特征。

7. 创建 SOLIDWORKS Motion 结果数据传感器

通过定义一个 SOLIDWORKS Motion 分析结果数据的传感器，可以跟踪某个运动算例的计算结果。下面对创建 SOLIDWORKS Motion 结果数据传感器的两个方法进行简要介绍。

（1）通过创建新图解来定义 SOLIDWORKS Motion 结果数据的传感器。在创建新图解时，勾选"结果"属性管理器中"图解结果"组框内的"生成新的运动数据传感器"复选框，然后设置传感器的其他属性，如图 6-55 所示。下面对"结果"属性管理器中的"传感器属性"和"传感器警戒"两个组框进行简要介绍。

1）传感器属性。"单位"栏用于指示计算结果数值所用的单位。"准则"栏用于选择定义传感器的规则。其中，"模型最大值"表示通过结果的最大值来定义传感器；"模型最小值"表示通过结果的最小值来定义传感器；"模型平均值"表示通过结果的平均值来定义传感器；RMS 表示通过结果的均方根值来定义传感器；"特定时间（秒）的值"表示通过在用户设置的时间点处计算的结果数值来定义传感器。

2）传感器警戒。当勾选"传感器警戒"复选框时，在传感器数值超出指定阈值时即发出警告。对于带数值的传感器，需要通过"运算符"栏来指定一个运算符，并通过"阈值"栏设置一到两个数值。可用的运算符包括大于、小于、完全等于、不大于、不小于、不完全等于、介于、不介于。

完成"结果"属性管理器的设置后，单击"确定"按钮，此时将自动在 FeatureManager 设计树的"传感器"文件夹中创建一个基于当前设置的 SOLIDWORKS Motion 结果数据的传感器。

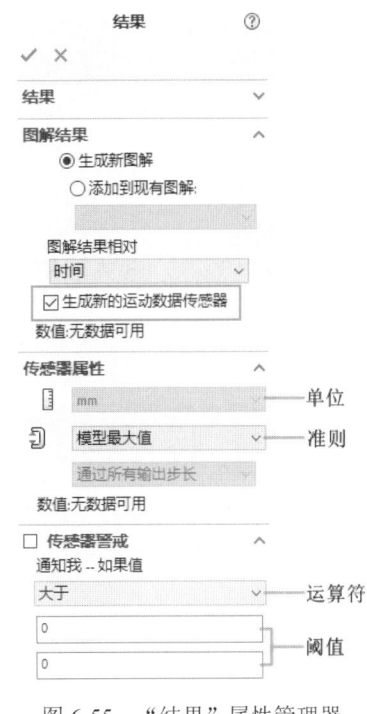

图 6-55 "结果"属性管理器

（2）直接定义一个参照现有 SOLIDWORKS Motion 结果的新传感器。

1）在 FeatureManager 设计树中右击"传感器"文件夹，弹出的快捷菜单中选择"添加传感器"命令，弹出"传感器"属性管理器，如图 6-56 所示。

2）将"传感器类型"设为"Motion 数据"，通过"运动算例"栏选择其中的一个运动算例，通过"运动算例结果"选择一个图解的结果，然后设置传感器的其他属性（其中各栏参数的含义与图 6-55 相同，此处不再赘述），最后单击"确定"按钮。

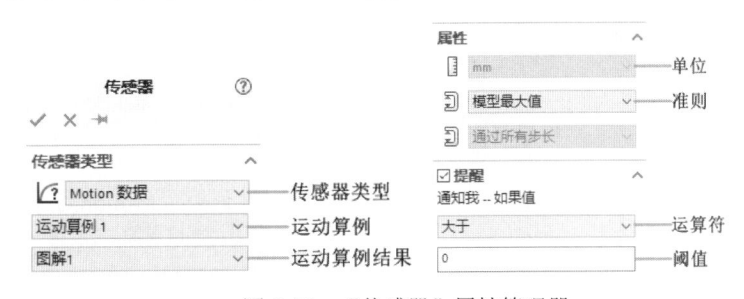

图 6-56 "传感器"属性管理器

8．输出到有限元分析

SOLIDWORKS Motion 可以输出反作用力的结果，此结果可以输出到有限元分析程序中，以作为应用到有限元模型中的力载荷。通过此方法，能够首先使用 SOLIDWORKS Motion 计算零部件运动时所受到的冲击力，然后在有限元分析程序中利用这些结果数据来计算零部件的变形和应力。

另外，如果用户安装了 SOLIDWORKS 软件的有限元分析插件 SOLIDWORKS Simulation，那么还可以使 SOLIDWORKS Motion 和 SOLIDWORKS Simulation 协同工作，将 SOLIDWORKS Motion 的输出结果无缝输入到 SOLIDWORKS Simulation，然后通过 SOLIDWORKS Simulation 进行有限元分析。其具体操作方法详见本书第 11 章。

6.2.2 实例——四连杆机构

图 6-57 所示为四连杆机构示意图。该机构由机架、曲柄、连杆和摇杆组成，假设曲柄围绕其与机架相配合的轴沿逆时针方向以 45°/s 的恒定角速度做旋转运动。下面对该四连杆机构进行动力学分析，并对分析结果进行后处理。

1. 生成一个运动算例

（1）打开装配体文件。打开电子资源包中"源文件\原始文件\第 06 章\四连杆机构"文件夹下的"四连杆机构.SLDASM"文件。

（2）检查装配体中各零件之间的配合。通过 SOLIDWORKS 操作界面左侧的 FeatureManager 设计树可以查看装配体中所包含的零件及所创建的配合，如图 6-58 所示。由图 6-58 可知，在装配体中，机架为固定零件；铰链 1、铰链 2、铰链 3、铰链 4 这四个配合可使曲柄、连杆、摇杆只能进行一个方向的旋转运动。

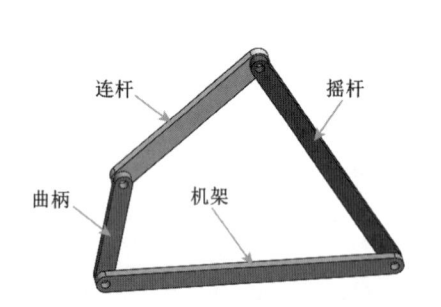

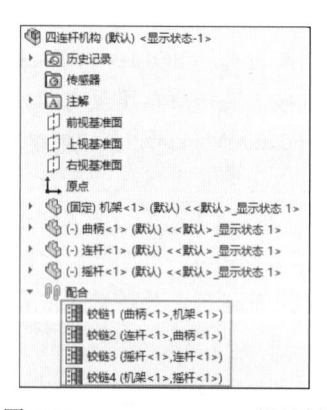

图 6-57　四连杆机构示意图　　　　图 6-58　FeatureManager 设计树

（3）切换到运动算例页面。在 SOLIDWORKS 界面左下角单击"运动算例 1"选项卡，进入该运动算例页面，然后将 MotionManager 工具栏中的"算例类型"设为"Motion 分析"。

2. 前处理

（1）添加驱动曲柄旋转的马达。单击 MotionManager 工具栏中的"马达"按钮，弹出"马达"属性管理器，在"马达类型"组框内单击"旋转马达"按钮；通过"零部件/方向"组框内的"马达位置"选择框选择曲柄与机架相配合的圆孔面，调整旋转方向为逆时针；在"运动"组框内选择"函数"为"等速"，设置马达的"速度"为 7.5RPM，如图 6-59 所示。最后单击"确定"按钮，完成驱动曲柄旋转马达的添加。

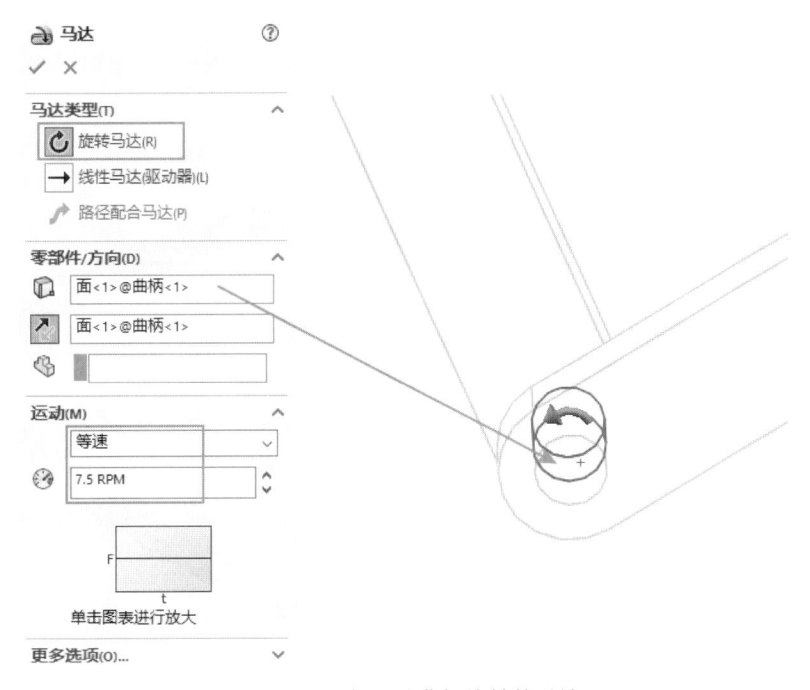

图 6-59 添加驱动曲柄旋转的马达

提示：

当用户在"马达"属性管理器的"速度"栏中输入马达的转速时，可以直接输入"45°/s"，然后按 Enter 键，此时系统会自动进行单位换算，最终显示为 7.5RPM。

（2）添加引力。单击 MotionManager 工具栏中的"引力"按钮，弹出"引力"属性管理器，选中"Y"单选按钮，保持默认引力大小。单击"确定"按钮，添加 Y 轴负方向的引力。

3．运行仿真

（1）设置仿真结束时间。在时间线视图中，将顶部更改栏右侧的键码点拖放至 8 秒处，即总的仿真时间为 8 秒。

（2）提交计算。单击 MotionManager 工具栏中的"计算"按钮，可对当前运动算例进行仿真计算。

4．后处理

（1）播放动画。完成分析计算后，单击 MotionManager 工具栏中的"从头播放"按钮，可以播放仿真的动画。

（2）创建摇杆上某个点的跟踪路径图解。单击 MotionManager 工具栏中的"结果和图解"按钮，弹出"结果"属性管理器，在"结果"组框内依次选择"位移/速度/加速度""跟踪路径"，通过"特征"选择框选择摇杆上的点 1（可以通过 FeatureManager 设计树来快速选择点 1），勾选"在图形窗口中显示向量"复选框，此时在图形窗口中将显示跟踪路径向量的标识，如图 6-60 所示。最后单击"确定"按钮，所创建的跟踪路径将会显示在图形窗口中。

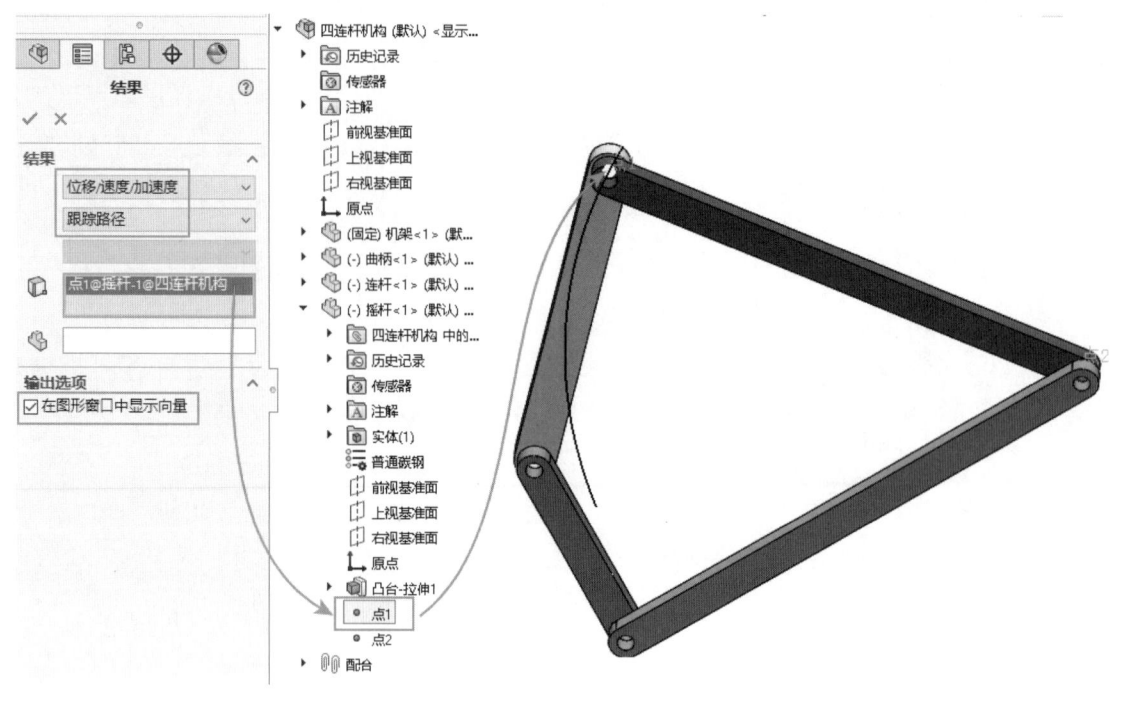

图 6-60 创建摇杆上点 1 的跟踪路径图解

（3）将摇杆上点 1 的跟踪路径数据输出到 CSV 文件。在 MotionManager 设计树中右击"结果"文件夹下的图解 1，然后在弹出的快捷菜单中选择"输出到 CSV 文件"命令，如图 6-61 所示。弹出图 6-62 所示的对话框，保持默认的文件名，单击"保存"按钮。

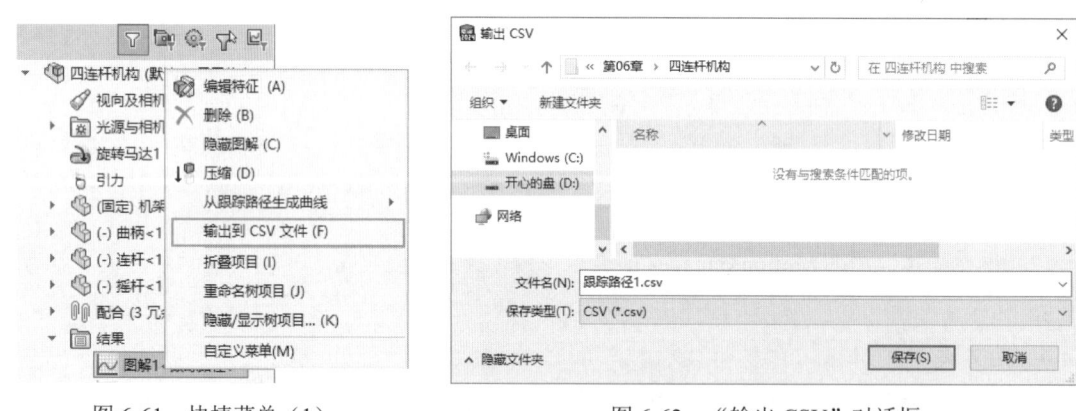

图 6-61 快捷菜单（1）　　　　图 6-62 "输出 CSV"对话框

（4）查看摇杆上点 1 的跟踪路径数据。在文件目录中找到所保存的"跟踪路径 1.csv"文件，通过 Excel 程序打开后可以查看点 1 的跟踪路径在全局坐标系中的坐标位置数据，如图 6-63 所示。

（5）创建摇杆上某个点的线性速度的图解。再次打开"结果"属性管理器，在"结果"组框内依次选择"位移/速度/加速度""线性速度""幅值"，通过"特征"选择框选择摇杆上的点 1，勾选"在图形窗口中显示向量"复选框，其他参数保持默认，所创建的图解如图 6-64 所示。

第 6 章　运动算例属性高级设置及后处理　155

图 6-63　摇杆上点 1 的跟踪路径数据

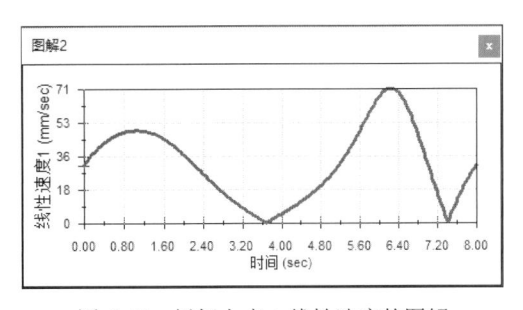

图 6-64　摇杆上点 1 线性速度的图解

（6）查看摇杆上点 1 的线性速度的向量。再次从头开始播放仿真动画，在动画过程中将显示点 1 线性速度向量的标识，向量的长度用于标识线性速度的大小，箭头用于标识线性速度的方向，如图 6-65 所示。通过此方法可以直观地查看线性速度的变化情况，最后右击 MotionManager 设计树中"结果"文件夹下的图解 2，在弹出的快捷菜单中选择"编辑特征"命令，然后在弹出的"结果"属性管理器中取消勾选"在图形窗口中显示向量"复选框，取消摇杆上点 1 的线性速度向量的显示。

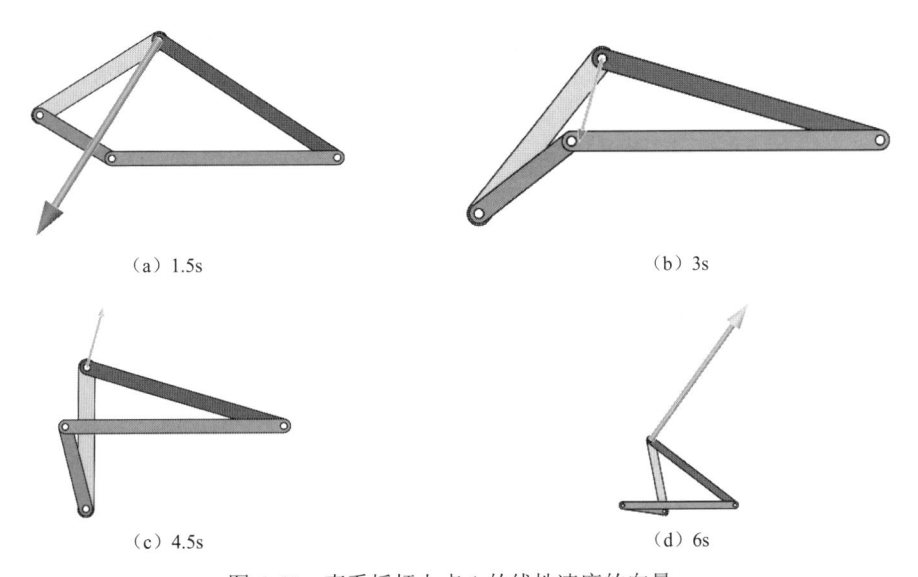

（a）1.5s

（b）3s

（c）4.5s

（d）6s

图 6-65　查看摇杆上点 1 的线性速度的向量

（7）创建摇杆和连杆之间角位移的图解。再次打开"结果"属性管理器，在"结果"组框内依次选择"位移/速度/加速度""角位移""幅值"，通过"特征"选择框依次选择摇杆上的点1、连杆上的点2和点1共三个点，然后勾选"在图形窗口中显示向量"复选框，如图6-66所示。此时的图形窗口中将显示表示角位移向量的标识，所创建的角位移图解如图6-67所示。

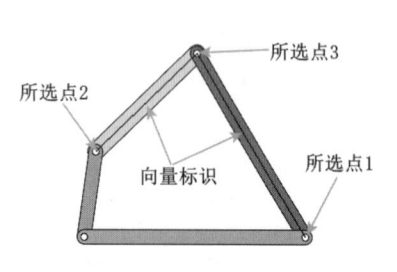

图6-66　所选择的三个点示意图

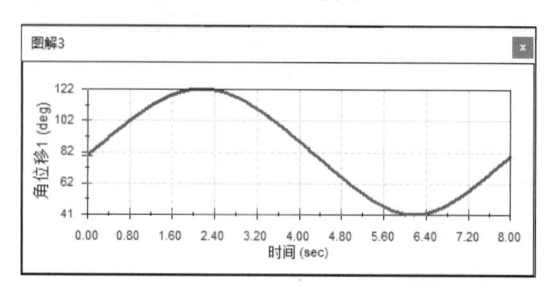

图6-67　摇杆和连杆之间角位移的图解

（8）创建马达力矩的图解。再次打开"结果"属性管理器，在"结果"组框内依次选择"力""马达力矩""幅值"，通过"特征"选择框在MotionManager设计树中选择模拟元素"旋转马达1"，创建马达力矩的图解，如图6-68所示。由图6-68可知，马达最大力矩约为59N·mm（此图解有助于用户选择合适的马达）。

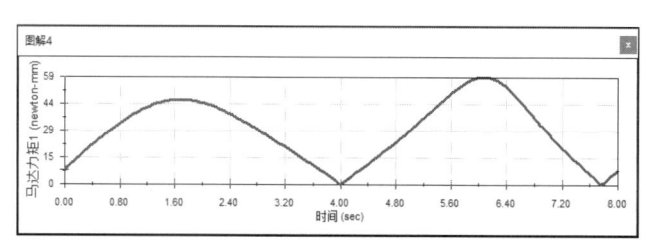

图6-68　马达力矩的图解

（9）创建连杆相对于曲柄线性加速度X分量的图解。再次打开"结果"属性管理器，在"结果"组框内依次选择"位移/速度/加速度""线性加速度""X分量"，通过"特征"选择框选择连杆的一个面（此时将显示连杆质心位置的标识），通过"参考零件"选择框选择曲柄（此时将显示曲柄的坐标系），如图6-69所示。所创建的图解如图6-70所示。

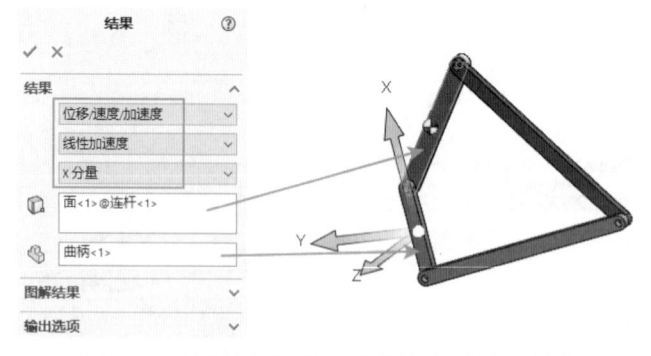

图6-69　创建连杆相对于曲柄线性加速度的图解

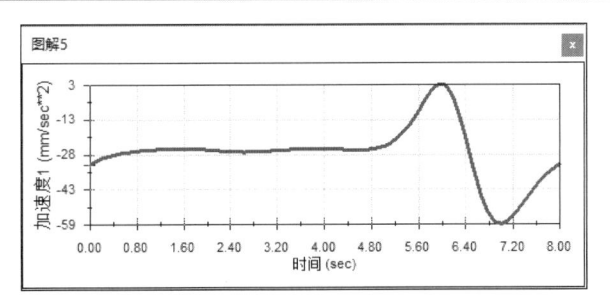

图 6-70 连杆相对于曲柄线性加速度 X 分量的图解

（10）修改图表的标题。在图 6-70 中的图解空白处右击，在弹出的快捷菜单中选择"图表属性"命令，如图 6-71 所示。弹出"图表属性"对话框，切换到"标题"选项卡，取消勾选"使用特征名称"复选框，然后在"图表标题"输入框中输入"连杆相对于曲柄线性加速度 X 分量的图解"，如图 6-72 所示。最后单击"确定"按钮，修改标题后的图解如图 6-73 所示。

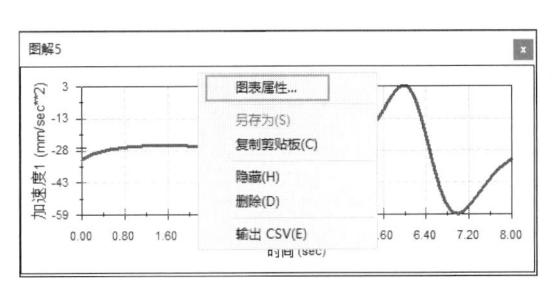

图 6-71 快捷菜单（2）

图 6-72 "图表属性"对话框

（11）修改坐标轴的主、次刻度线。在图 6-73 所示的图解中双击 X 轴（或右击 X 轴，在弹出的快捷菜单中选择"轴属性"命令），弹出"格式化轴"对话框，切换到"比例"选项卡，取消勾选"主单位"和"次单位"复选框，分别将主单位和次单位设为 1 和 0.5，如图 6-74 所示。通过此方法，将 Y 轴的起点设为 –60，终点设为 5，主单位设为 10，次单位设为 5，修改完成后的图解如图 6-75 所示。

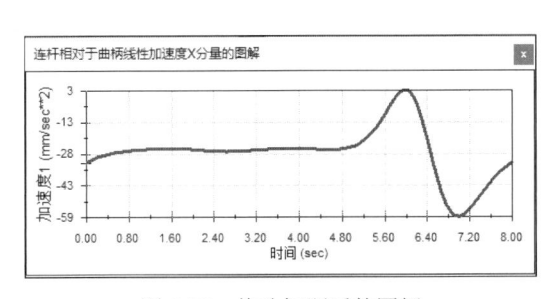

图 6-73 修改标题后的图解

图 6-74 "格式化轴"对话框

（12）修改曲线的标记。右击图 6-75 中的曲线，在弹出的快捷菜单中选择"曲线属性"命令，弹出"格式化图解曲线"对话框，选中"标记"组框中的"自定义"单选按钮，其他参数保持默认，如图 6-76 所示。单击"确定"按钮，修改完成后的图解如图 6-77 所示。

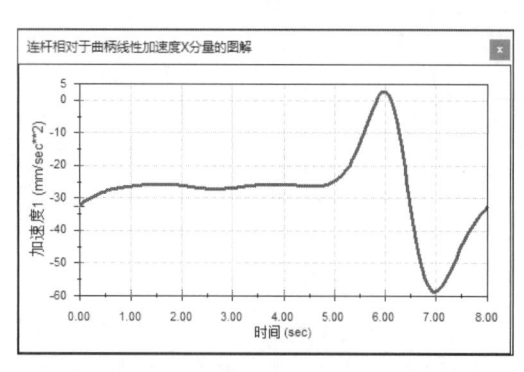

图 6-75 修改坐标轴主、次刻度线后的图解

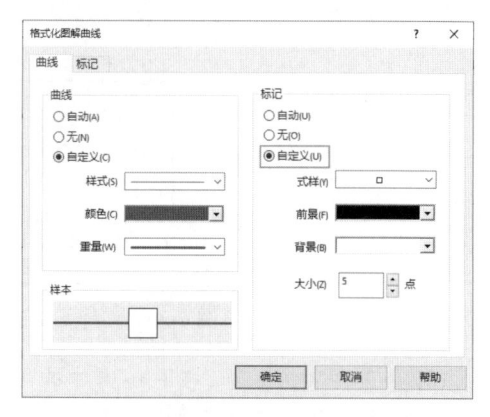

图 6-76 "格式化图解曲线"对话框

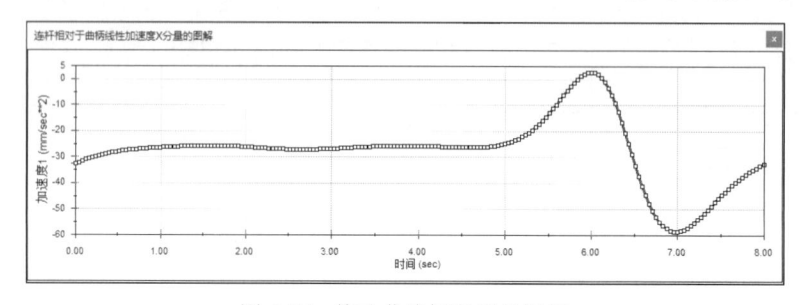

图 6-77 修改曲线标记后的图解

练一练——千斤顶

图 6-78 所示为千斤顶示意图。假设支座上承受垂直向下大小为 9800N 的力,马达以 60RPM 的恒定转速驱动螺杆。下面对该千斤顶进行动力学分析,并对分析结果进行后处理。

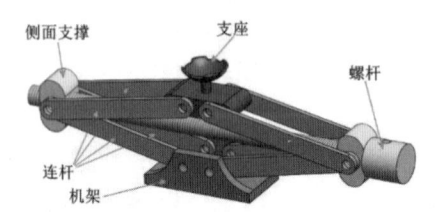

图 6-78 千斤顶示意图

【操作提示】

(1) 打开装配体文件。打开电子资源包中"源文件\原始文件\第 06 章\千斤顶"文件夹下的"千斤顶.SLDASM"文件。

(2) 切换到运动算例页面。单击"运动算例 1"选项卡,切换到运动算例页面,将运动的"算例类型"设为"Motion 分析"。

(3) 添加驱动螺杆旋转的马达。为"螺杆"零件添加马达,将"马达类型"设为"旋转马达",通过"马达位置"选择框选择螺杆零件的圆柱面,然后调整马达的旋转方向,将"函数"设为"等速",将"速度"设为 60RPM,如图 6-79 所示。

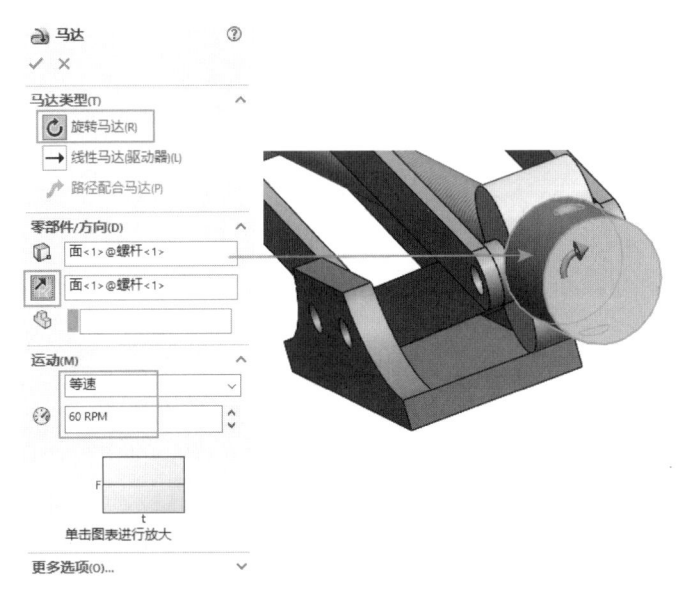

第 6 章　运动算例属性高级设置及后处理

图 6-79　添加驱动螺杆旋转的马达

（4）添加作用在支座上的力。添加一个力，将"类型"设为"力"，"方向"设为"只有作用力"，通过"作用零件和作用应用点"选择框选择支座零件的一条圆边线，此时图形窗口中会显示力的作用方向，保持默认的力方向，将"函数"设为"常量"，然后将力的大小设为 9800 牛顿，如图 6-80 所示。

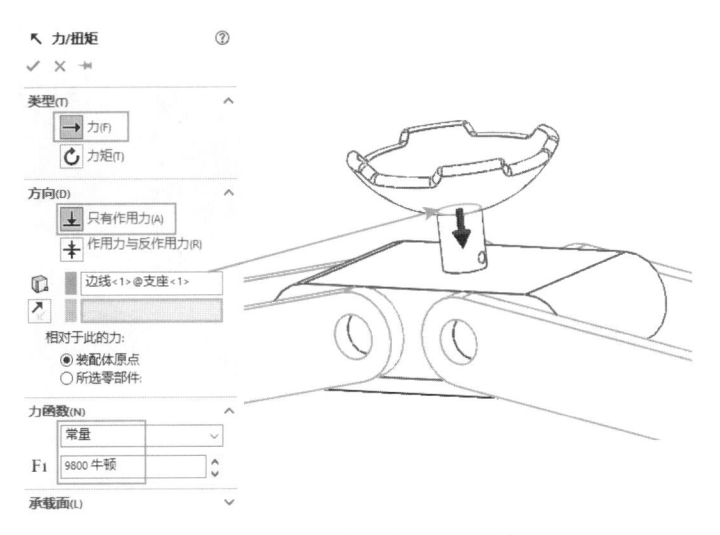

图 6-80　添加作用在支座上的力

（5）添加引力。在"引力"属性管理器中选中"Y"单选按钮，添加 Y 轴负方向的引力。
（6）运行仿真。将仿真结束时间设为 20s，然后提交计算。
（7）播放动画。播放动画后可以看到通过该千斤顶的机构能够将螺杆的旋转运动转变为支座向上的平移运动，实现举升起重物的目的。

（8）创建连杆上某个点的跟踪路径图解。打开"结果"属性管理器，在"结果"组框内依次选择"位移/速度/加速度""跟踪路径"，然后通过"特征"选择框选择右上连杆的一条边线，图形窗口中会以一个白色圆点显示所选点的位置，如图 6-81 所示，创建该点的跟踪路径图解。然后在 MotionManager 设计树中右击"结果"文件夹下的图解 1，在弹出的快捷菜单中选择"显示图解"命令，所显示的跟踪路径如图 6-82 所示（查看后隐藏该图解的显示）。

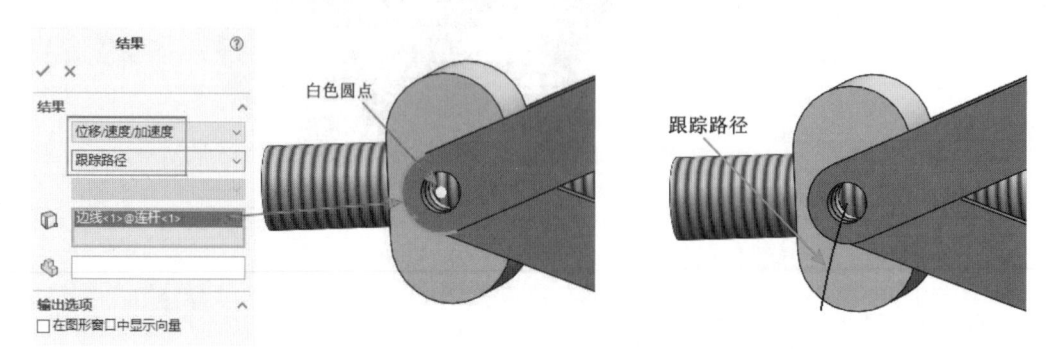

图 6-81　创建连杆上某个点的跟踪路径图解　　　　　图 6-82　所显示的跟踪路径

（9）创建两个连杆之间角位移的图解。打开"结果"属性管理器，在"结果"组框内依次选择"位移/速度/加速度""角位移""幅值"，然后通过"特征"选择框依次选择右侧两个连杆的各一个面，如图 6-83 所示。所创建的图解如图 6-84 所示。由图 6-84 可知，在千斤顶的举升过程中，两个连杆之间的夹角约由 22°增大至 43°。

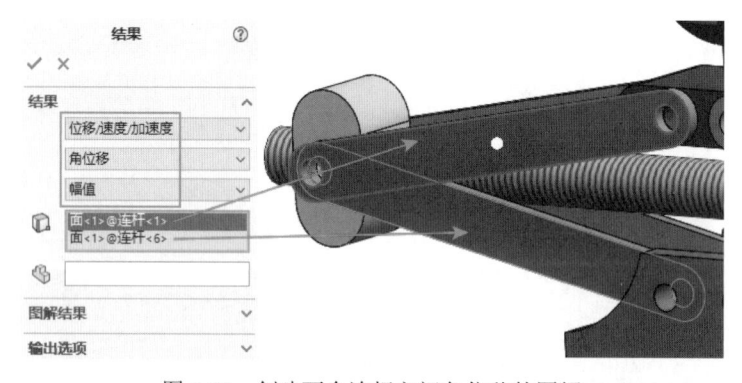

图 6-83　创建两个连杆之间角位移的图解

（10）创建支座线性位移的图解。打开"结果"属性管理器，在"结果"组框内依次选择"位移/速度/加速度""线性位移""Y 分量"，通过"特征"选择框选择支座上的一个面，如图 6-85 所示。所创建的图解如图 6-86 所示。由图 6-86 可知，在千斤顶的举升过程中，支座升高的距离约为 69（230−161）mm。

（11）修改支座线性位移的图解。在 MotionManager 设计树中右击"结果"文件夹下的图解 3，在弹出的快捷菜单中选择"编辑特征"命令，弹出"结果"属性管理器，将"图解结果相对"设为"新结果"，将"定义新结果"依次设为"位移/速度/加速度""角位移""幅值""旋转马达 1"，如图 6-87 所示。修改后的支座线性位移的图解如图 6-88 所示。

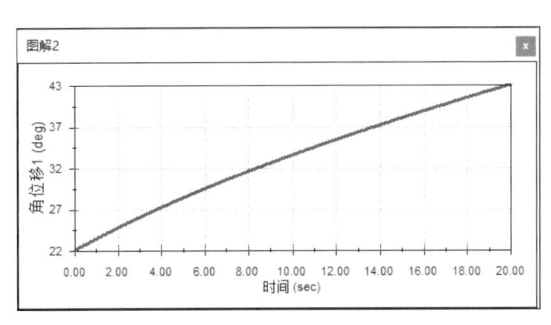

第6章 运动算例属性高级设置及后处理 | 161

图 6-84 两个连杆之间角位移的图解

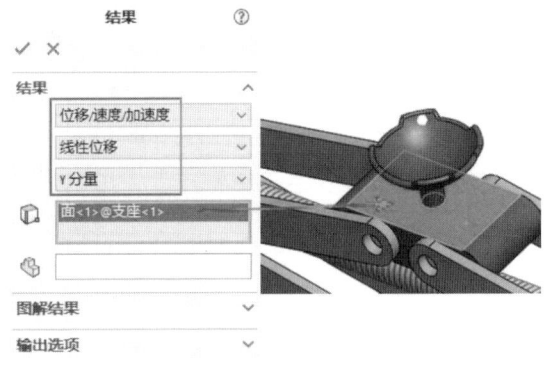

图 6-85 创建支座线性位移的图解

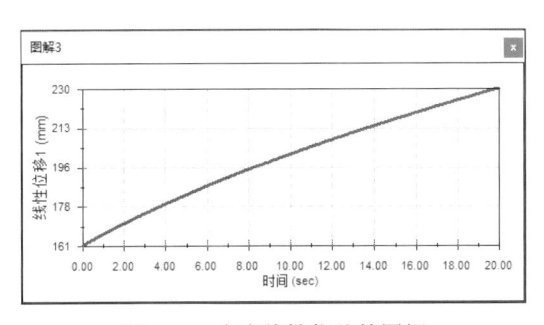

图 6-86 支座线性位移的图解

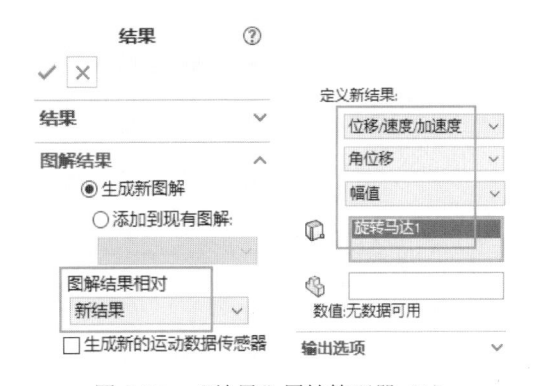

图 6-87 "结果"属性管理器（1）

📢 提示：

由图 6-88 可知，X 轴中的角位移数值并未包含 -180° 和 180° 的数据，这是因为在默认情况下，"运动算例属性"属性管理器中的"每秒帧数"为 25。由于默认情况下的每秒帧数太少，系统未捕捉到机构运动过程中的关键位置（如极限位置和平衡位置等，本实例中为螺杆旋转至 180° 的极限位置），因此本实例需要增加每秒帧数。

（12）修改运动算例属性后再次提交计算。打开"运动算例属性"属性管理器，将"每秒帧数"设为 60，然后再次对当前运动算例提交计算，再次显示的图解如图 6-89 所示。

（13）创建马达力矩的图解。打开"结果"属性管理器，在"结果"组框内依次选择"力""马达力矩""幅值"，通过"特征"选择框选择"旋转马达1"，所创建的图解如图 6-90 所示。由图 6-90 可知，马达所需的最大力矩约为 7974N·mm。

（14）创建马达功率的图解。打开"结果"属性管理器，在"结果"组框内依次选择"动量/能量/力量""能源消耗"，通过"特征"选择框选择"旋转马达1"，选中"添加到现有图解"单选按钮，并从其下拉列表中选择"图解2"，如图 6-91 所示。添加马达功率后的图解 2 如图 6-92 所示。由图 6-92 可知，马达所需的最大功率约为 50W，并且随着两个连杆之间夹角的增大，马达的功率消耗在逐渐减小。

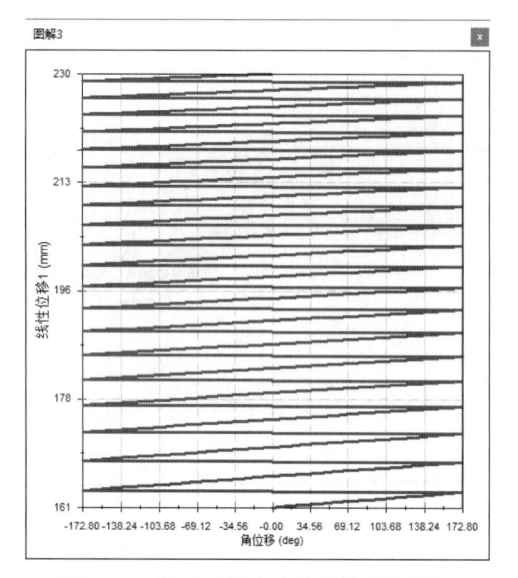

图 6-88 修改后的支座线性位移的图解

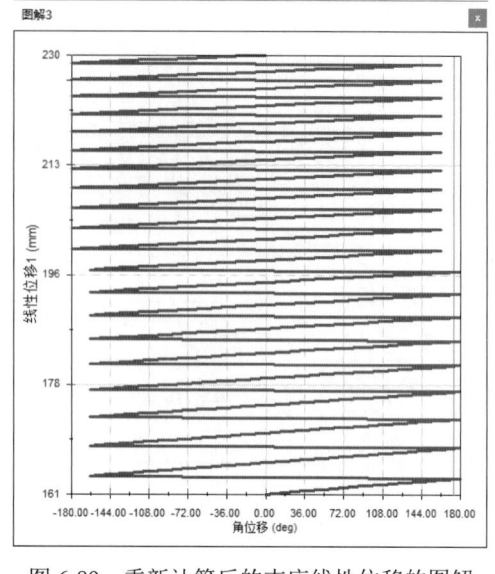

图 6-89 重新计算后的支座线性位移的图解

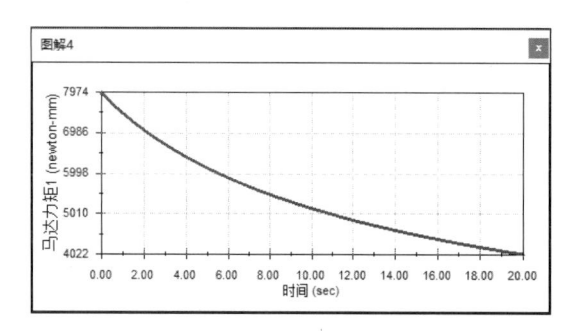

图 6-90 马达力矩的图解

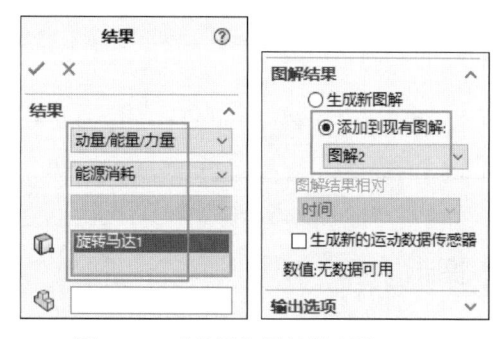

图 6-91 "结果"属性管理器（2）

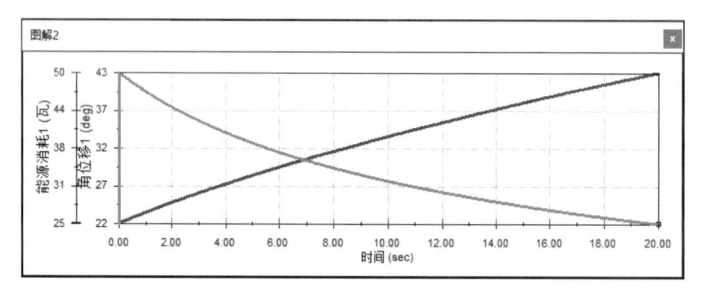

图 6-92 添加马达功率后的图解 2

第 7 章 冗余约束

内容简介

在 SOLIDWORKS Motion 动力学分析中，经常会遇到冗余约束的问题。冗余约束可能会导致错误的零件载荷传递路线和错误的力计算。本章首先简单介绍与冗余约束有关的基础知识，然后讲解手动和自动移除冗余约束的方法，并通过具体实例演示手动和自动移除冗余约束的操作方法。

内容要点

➢ 冗余约束的影响
➢ 冗余约束的检查
➢ 使用柔性配合
➢ 自动移除冗余约束

案例效果

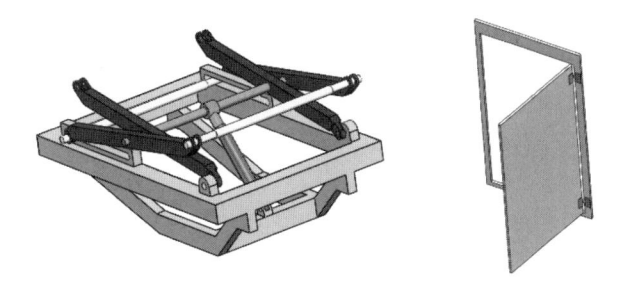

7.1 冗余约束概述

在三维空间中，任何一个自由物体都有 6 个自由度：沿 X、Y、Z 轴的 3 个平移自由度和绕 X、Y、Z 轴的 3 个旋转自由度。SOLIDWORKS 中的刚体也有 6 个自由度，当在刚体之间添加配合时，会从机械系统中移除一定数量的自由度。不仅各种配合关系所限制的自由度数量各有差异，依据建立配合时所选取的实体类型，同一种配合关系所施加的自由度约束也有所不同。表 7-1 列出了一些常见的配合及其约束的自由度。从该表中可以看出，配合关系的种类以及建立配合时所选取的实体类型共同决定了配合关系所限制的自由度数目。

表 7-1　一些常见的配合及其约束的自由度

配合类型	约束的平移自由度	约束的旋转自由度	约束的总自由度	配合类型	约束的平移自由度	约束的旋转自由度	约束的总自由度
重合（点对线）	2	0	2	平行（线对面）	0	1	1
重合（点对点）	3	0	3	垂直（面对面）	0	1	1
重合（线对线）	2	2	4	垂直（线对面）	0	2	2
同轴心（圆柱面对圆柱面）	2	2	4	垂直（线对线）	0	1	1
同轴心（球面对球面）	3	0	3	锁定	3	3	6
平行（面对面）	0	2	2	铰链	3	2	5
平行（线对线）	0	2	2	万向节	3	1	4

在 SOLIDWORKS 中向机械系统施加配合关系时，若多个配合关系共同对某一自由度施加限制，将导致冗余约束的产生。冗余约束等同于在 SOLIDWORKS 模型中对某一自由度的过度限制，也可以说，冗余约束意味着有两个或更多的配合都试图控制某一个特定的自由度。

将实际机械系统转换成数学模型进行求解时，经常会遇到冗余约束的问题。冗余约束是多刚体动力学分析中的一个典型问题，本节将简单介绍 SOLIDWORKS Motion 动力学分析中与冗余约束相关的知识。

1. 代数约束方程

在 SOLIDWORKS Motion 中创建的配合，其本质是将代数约束方程引入描述机械系统的微分代数方程中，以移除特定的自由度。

下面以锁定配合为例，介绍 SOLIDWORKS Motion 使用 6 个代数约束方程来描述该配合所约束的自由度。具体如下：

$$X_i - X_j = 0 \tag{7-1}$$

$$Y_i - Y_j = 0 \tag{7-2}$$

$$Z_i - Z_j = 0 \tag{7-3}$$

$$Z_i \cdot X_j = 0 \tag{7-4}$$

$$Z_i \cdot Y_j = 0 \tag{7-5}$$

$$X_i \cdot Y_j = 0 \tag{7-6}$$

其中，方程式（7-1）～式（7-3）用于约束 3 个平移自由度；方程式（7-4）～式（7-6）用于约束 3 个旋转自由度；i 标记在第一个零件上；j 标记在第二个零件上。方程式（7-1）～式（7-6）可以理解如下。

(1) 方程式（7-1）：表示在全局坐标系下，i、j 标记的 X 坐标的值相等。

(2) 方程式（7-2）：表示在全局坐标系下，i、j 标记的 Y 坐标的值相等。

(3) 方程式（7-3）：表示在全局坐标系下，i、j 标记的 Z 坐标的值相等。

（4）方程式（7-4）：表示 i 标记的 Z 轴与 j 标记的 X 轴垂直（即围绕公共 Y 轴无旋转）。

（5）方程式（7-5）：表示 i 标记的 Z 轴与 j 标记的 Y 轴垂直（即围绕公共 X 轴无旋转）。

（6）方程式（7-6）：表示 i 标记的 X 轴与 j 标记的 Y 轴垂直（即围绕公共 Z 轴无旋转）。

> **提示：**
>
> 方程式（7-4）~式（7-6）中的符号"·"表示点积运算。当两个矢量的点积为 0 时，两个矢量相互垂直。SOLIDWORKS Motion 中的每个锁定配合将使用以上 6 个方程，其他配合将使用其中的部分方程。

2. 冗余约束的影响

根据前述关于代数约束方程的介绍可知，若对某一自由度施加多个约束，将产生冗余约束，换言之，这相当于引入了冗余的代数约束方程。在简单情况下，SOLIDWORKS Motion 的积分器将自动移除某些冗余约束方程以消除冗余，并得到正确的分析结果。但在复杂情况下，积分器也许无法正确移除冗余的代数约束方程，这将影响到分析结果，此时虽然能够完成仿真计算，但会得到错误的分析结果。此时，冗余约束可能会导致下面两种错误：①求解时仿真了错误的零件载荷传递路线；②错误的力计算。

3. 冗余约束的检查

在运行运动算例后，可以看到 MotionManager 设计树中"配合"项目后面以括号的形式显示了模型中所存在的冗余约束，如图 7-1 所示。右击"配合"并在弹出的快捷菜单中选择"自由度"命令，此时将弹出图 7-2 所示的"自由度"对话框。

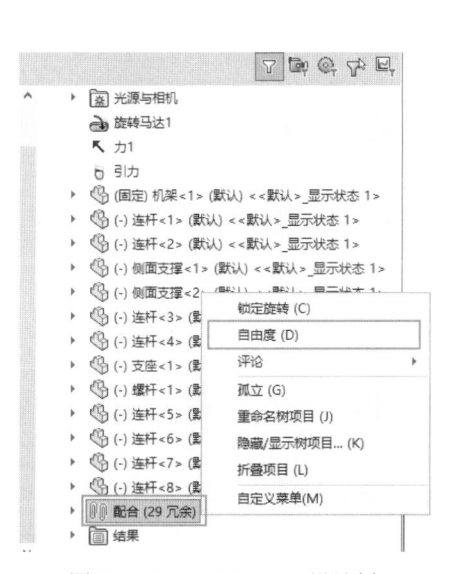

图 7-1 MotionManager 设计树　　　　图 7-2 "自由度"对话框

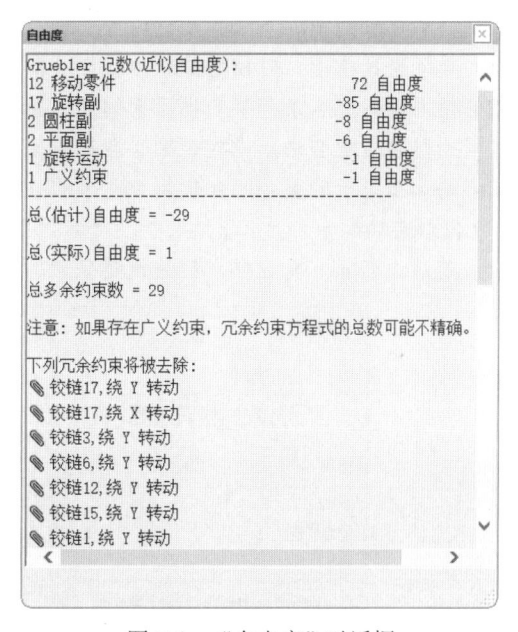

通过"自由度"对话框可以查看移动零件的数量、配合的数量（体现为运动副）、估计和实际的自由度、总多余约束数。

SOLIDWORKS Motion 在仿真过程中为了得到唯一解，在仿真初始化之前，SOLIDWORKS Motion 的积分器将执行机构冗余检测。若检测到冗余约束，积分器将尝试消除这些冗余。只有在成功消除冗余约束后，积分器才会继续进行仿真运算。在仿真过程的每个时间步长内，积分器都会重新评估冗余约束，并在必要时予以消除。程序选择强制移除哪些冗余约束是由程序内部完成的，用户无法介入，程序移除的冗余约束将会显示在"自由度"对话框中。

程序移除冗余约束遵循特定的优先级顺序，积分器按照以下顺序进行操作：①旋转约束；②平移约束；③运动输入（即马达）。依据此顺序，积分器首先寻找可被移除的旋转约束，随后寻找可被移除的平移约束。若在移除旋转约束和平移约束后仍然存在冗余约束，则积分器将试图移除运动输入。若所有尝试均未成功，积分器将终止求解，并向用户发出消息，通知用户检查机构中可能存在的冗余或不相容的约束（或考虑检查是否存在锁定位置的情况）。

7.2 手动移除冗余约束

由于冗余约束可能会导致错误的分析结果，因此，在对当前算例进行仿真计算之前，要尽量移除所有的冗余约束。用户可以手动移除所有冗余约束，或者让 SOLIDWORKS Motion 尝试自动移除冗余约束。本节将介绍手动移除冗余约束的方法，并通过具体实例演示其操作过程。

7.2.1 手动移除冗余约束的方法

手动移除冗余约束的方法主要有以下三种。

（1）重新定义模型。对模型重新进行定义，使之无冗余约束，或者冗余约束尽可能减少。

（2）使用新的配合来代替产生冗余约束的配合。例如，在使用一个面对面的重合配合和一个圆柱面之间的同轴心配合来生成旋转副时会产生冗余约束，此时可以直接使用铰链配合来定义这个旋转副或者用点在线上的重合配合来代替两个圆柱面之间的同轴心配合。

（3）使用柔性配合。识别出所有产生冗余的配合，打开这些配合的属性管理器，切换到"分析"选项卡，勾选"套管"复选框，然后设置套管的参数来移除冗余约束，如图 7-3 所示。

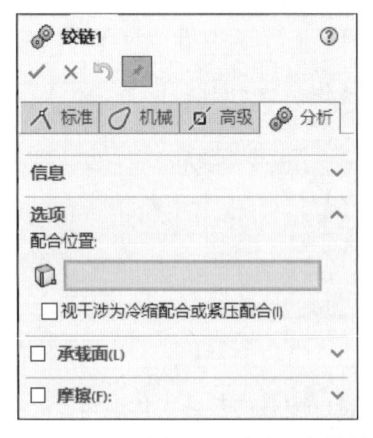

图 7-3 通过配合的属性管理器设置套管参数

7.2.2 实例——剪式升降机

图 7-4 所示为剪式升降机示意图的一部分。其中仅包含基座、液压缸、活塞、第一层剪式支架和第二层剪式支架,其余零部件均已被压缩。下面对该机构进行动力学分析,并通过手动方式来移除所存在的冗余约束。

1. 生成一个运动算例

(1) 打开装配体文件。打开电子资源包中"源文件\原始文件\第 07 章\剪式升降机"文件夹下的"剪式升降机.SLDASM"文件。

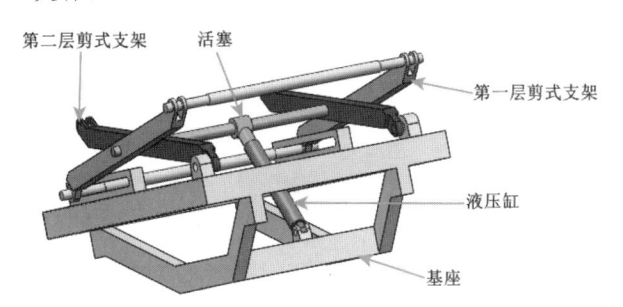

图 7-4 剪式升降机示意图(部分)

(2) 查看装配体。通过 SOLIDWORKS 操作界面左侧的 FeatureManager 设计树可以查看装配体中所包含的零件及所创建的配合,如图 7-5 所示。由图 7-5 可知,在装配体中,基座为固定零件,平台以及第三~第六层剪式支架均已被压缩。查看装配体的已有配合后移动装配体可知,在已有配合的作用下,唯一允许的运动就是剪式支架在垂直方向的伸缩运动,如图 7-6 所示。

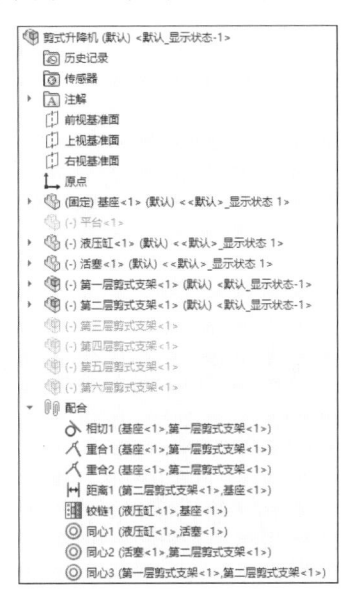

图 7-5 FeatureManager 设计树

图 7-6 剪式支架的运动

(3)切换到运动算例页面。在 SOLIDWORKS 界面左下角单击"运动算例 1"选项卡，进入该运动算例页面，然后将 MotionManager 工具栏中的"算例类型"设为"Motion 分析"。

2．前处理

(1)添加驱动活塞移动的马达。单击 MotionManager 工具栏中的"马达"按钮，弹出"马达"属性管理器，在"马达类型"组框内单击"线性马达（驱动器）"按钮；通过"零部件/方向"组框内的"马达位置"选择框选择活塞的圆柱面，通过"要相对此项而移动的零部件"选择框选择液压缸的外圆柱面；在"运动"组框内选择"函数"为"振荡"，设置"位移"为 100mm，"频率"为 1Hz，"相移"为 0 度，如图 7-7 所示。最后单击"确定"按钮，完成驱动活塞移动马达的添加。

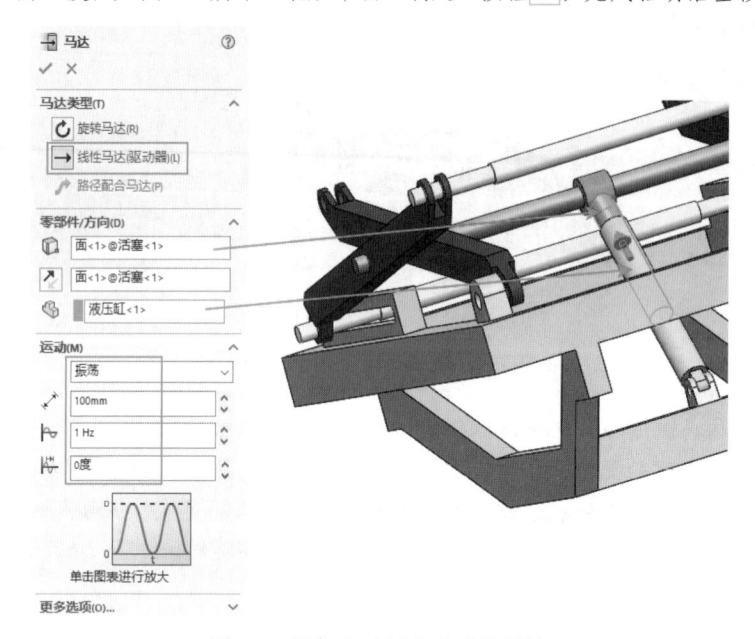

图 7-7 添加驱动活塞移动的马达

(2)设置运动算例属性。单击 MotionManager 工具栏中的"运动算例属性"按钮，弹出"运动算例属性"属性管理器，在"Motion 分析"组框内将"每秒帧数"设为 50。

3．运行仿真

(1)设置仿真结束时间。在时间线视图中，将顶部更改栏右侧的键码点拖放至 5 秒处，即总的仿真时间为 5 秒。

(2)提交计算。单击 MotionManager 工具栏中的"计算"按钮，可对当前运动算例进行仿真计算。

4．查看自由度并复制运动算例

(1)查看自由度。完成仿真计算后，在 MotionManager 设计树的"配合"项目后面以括号的形式显示了模型中所存在的冗余约束为 1，如图 7-8 所示。右击"配合"项目并在弹出的快捷菜单中选择"自由度"命令，弹出图 7-9 所示的"自由度"对话框。

图 7-8 MotionManager 设计树（1）　　　　图 7-9 "自由度"对话框（1）

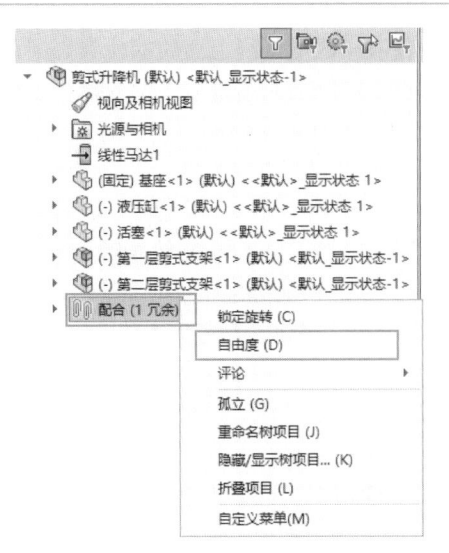

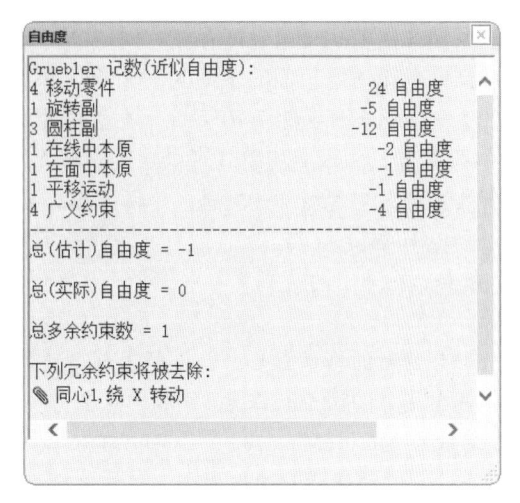

通过"自由度"对话框可知，该机构总的自由度为 0，可按照设计预期进行运动。但此时机构中存在一个冗余约束，并显示绕 X 转动的冗余约束"同心 1"将被去除。

（2）复制运动算例。在 SOLIDWORKS 界面左下角右击"运动算例 1"选项卡，在弹出的快捷菜单中选择"复制算例"命令，复制出一个新的运动算例，即"运动算例 2"。

5. 使用新的配合代替产生冗余约束的配合

（1）查看"同心 1"配合绕 X 转动的方向。由于"同心 1"配合约束了绕本地 X 轴的旋转而产生了 1 个冗余约束，下面查看该配合本地 X 轴的方向。首先单击"运动算例 1"选项卡，进入该运动算例页面。由图 7-5 可知，"同心 1"配合是液压缸和活塞之间的一个配合。打开"结果"属性管理器，在"结果"组框内依次选择"力""反作用力""X 分量"，通过"特征"选择框选择"同心 1"配合，在图形窗口中可见 X 方向沿着液压缸和活塞两个零件的共同轴线，如图 7-10 所示。最后单击"结果"属性管理器中的"取消"按钮 ×，关闭"结果"属性管理器。

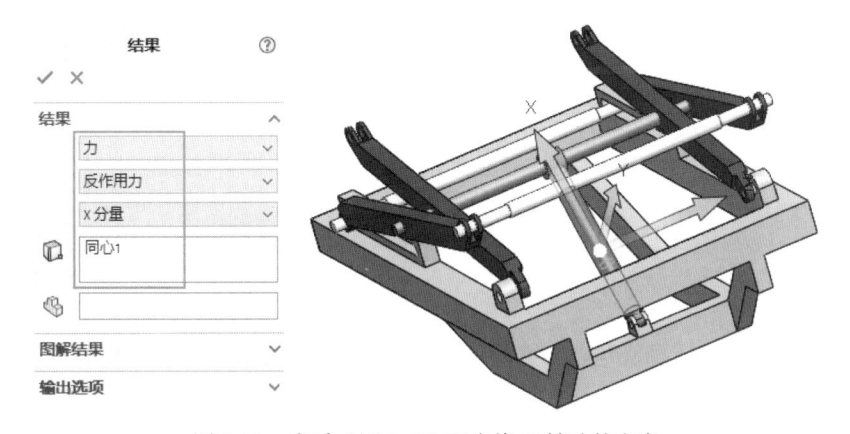

图 7-10 查看"同心 1"配合绕 X 转动的方向

由图 7-5 可知，液压缸和基座之间存在"铰链 1"配合，使液压缸无法绕上面的本地 X 轴旋转；而活塞和第二层剪式支架之间存在"同心 2"配合，使活塞也无法绕上面的本地 X 轴旋转。由于液压缸和活塞都无法绕上面的本地 X 轴旋转，因此这个"同心 1"配合是冗余的。

（2）删除配合。由图 7-10 可知，在机构的运动中活塞和液压缸需要保持同轴心，因此不能删除"同心 1"配合。在本实例中，可以通过删除"铰链 1"配合（该配合约束 5 个自由度），然后创建两个标准配合来实现相同的功能（这两个配合要求只约束 4 个自由度，绕本地 X 轴转动自由度的约束由"同心 1"配合来实现），即可实现移除冗余约束的目的。右击 MotionManager 设计树中的"铰链 1"配合，在弹出的快捷菜单中选择"从运动算例中删除"命令，将该运动算例中的"铰链 1"配合删除。

（3）创建新的当地配合。为了便于创建新的配合，可将液压缸进行移动。在液压缸末端的孔内存在事先创建好的两个点"点 1"和"点 2"，其中"点 1"位于孔的轴线上且在两个平行面的中间位置。首先在 MotionManager 设计树中右击"剪式升降机"，在弹出的快捷菜单中选择"删除 Motion 结果"命令，以创建新的本地配合。然后单击"装配体"选项卡中的"配合"按钮 , 打开"配合"属性管理器，将配合类型设置为"重合"，通过"配合选择"组框内的"要配合的实体"选择框依次选择液压缸的"点 1"和基座上支架孔的轴线，如图 7-11 所示，创建一个新的重合配合。用相同的方式，通过液压缸末端的一条边线和基座上支架的一个端面创建另一个新的重合配合，如图 7-12 所示。

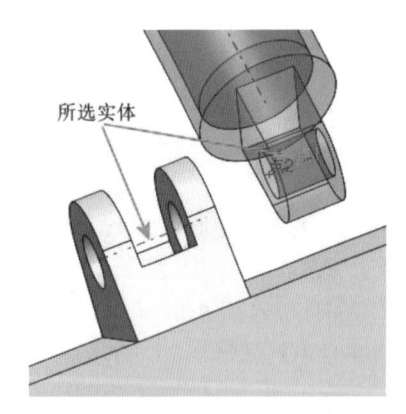

图 7-11　创建新的重合配合所选实体示意图（1） 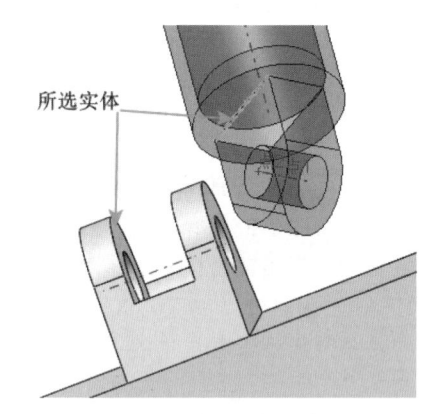　　图 7-12　创建新的重合配合所选实体示意图（2）

> **提示：**
> 步骤（3）中创建第一个重合配合时，所选实体为点和线，此配合可以约束 2 个平移自由度；创建第二个重合配合时，所选实体为线和面，此配合可以约束 1 个平移自由度和 1 个旋转自由度共 2 个自由度。这两个重合配合可以约束 4 个自由度，比前面删除的"铰链 1"配合少约束 1 个旋转自由度，因此可以实现移除冗余约束的目的。

（4）重新查看自由度。再次运行仿真，可见 MotionManager 设计树的"配合"项目后面显示模型中所存在的冗余约束为 0，如图 7-13 所示。再次打开"自由度"对话框，如图 7-14 所示。通过"自由度"对话框可知，冗余约束已被移除。

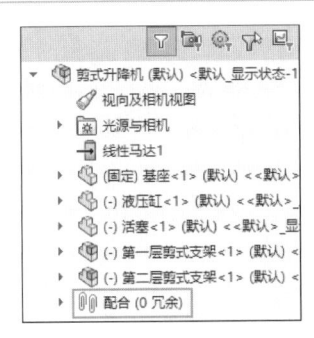

图 7-13　MotionManager 设计树（2）　　　　图 7-14　"自由度"对话框（2）

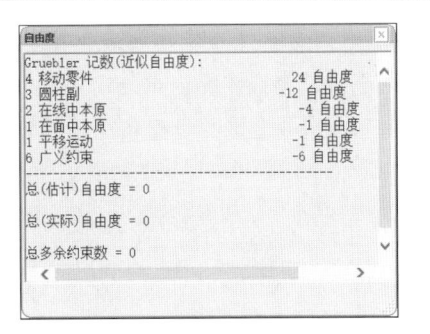

6. 使用柔性配合

（1）删除原"同心 1"配合。单击"运动算例 2"选项卡，进入该运动算例页面。为了不影响其他运动算例，下面将"同心 1"配合从当前运动算例中删除。右击 MotionManager 设计树中的"同心 1"配合，在弹出的快捷菜单中选择"从运动算例中删除"命令，将该配合从当前运动算例删除。

（2）创建一个与"同心 1"配合完全相同的当地配合。单击"装配体"选项卡中的"配合"按钮，打开"配合"属性管理器，将配合类型设置为"同轴心"，通过"配合选择"组框内的"要配合的实体"选择框依次选择液压缸的内圆孔面和活塞的外圆柱面，如图 7-15 所示，创建一个新的当地"同心 4"配合（该配合与"同心 1"配合完全相同，只是该配合为本地配合）。

（3）查看自由度。运行该运动算例后打开"自由度"对话框，如图 7-16 所示。由图 7-16 与图 7-9 的对比可知，当前运动算例中的冗余约束已经由"同心 4"代替了"同心 1"。

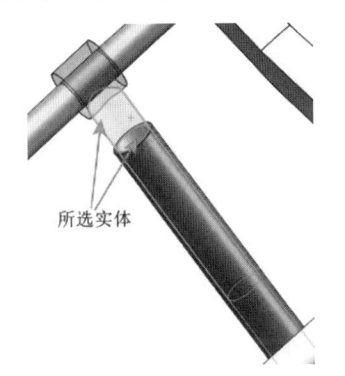

图 7-15　创建新的同心配合所选实体示意图　　　　图 7-16　"自由度"对话框（3）

（4）将产生冗余的配合设为柔性配合。通过步骤（3）的查看自由度得知，"同心 4"配合是冗余的，下面将该配合设为柔性配合。在 MotionManager 设计树中右击当地"同心 4"配合，在弹出的快捷菜单中选择"编辑特征"命令，弹出"同心 4"配合的属性管理器，切换到"分析"选项卡，勾选"套管"复选框，其他参数保持默认，如图 7-17 所示。

当手动将该配合设为柔性配合时，图标将显示在 MotionManager 设计树中该配合图标的旁边，如图 7-18 所示。

（5）再次查看自由度。重新运行该运动算例并再次打开"自由度"对话框，如图 7-19 所示。由图 7-19 与图 7-16 的对比可知，当将"同心 4"配合设为柔性配合时，其本质上是移除了一个圆柱副

(每个圆柱副可移除包含 2 个平移自由度和 2 个旋转自由度的共计 4 个自由度)。当将某一个配合更改为柔性配合时,允许该配合在一定程度内发生变形,即存在一些松弛,以移除冗余的约束。读者可以将套管设想为包含有一些松弛度的弹簧和阻尼系统。

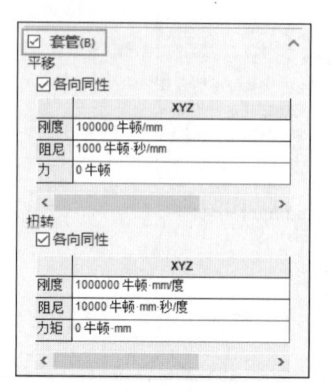

图 7-17 "同心 4"配合的属性管理器

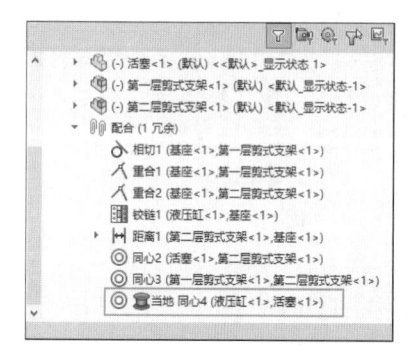

图 7-18 MotionManager 设计树(3)

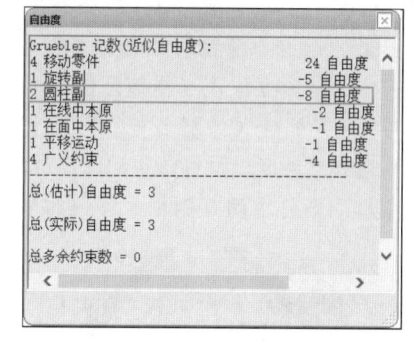

图 7-19 "自由度"对话框(4)

提示:

在默认设置下创建的配合通常为刚性配合,然而,这并不完全符合现实情况。由于材料本身具备弹性和塑性变形的特性,物理世界中不存在绝对刚性的物体。因此,将产生冗余约束的配合定义为柔性配合,不仅可以有效消除冗余约束,还能在无须更改设计者的设计意图的前提下更加准确地模拟现实中的机械系统。

练一练——滑轨

图 7-20 所示为滑轨机构示意图。其中包含固定轨、中轨、活动轨三个零件。下面对该机构进行动力学分析,并手动移除所存在的冗余约束。

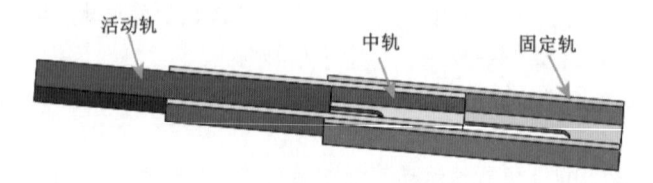

图 7-20 滑轨机构示意图

第 7 章 冗余约束

【操作提示】

(1) 打开装配体文件。打开电子资源包中"源文件\原始文件\第 07 章\滑轨"文件夹下的"滑轨.SLDASM"文件。

(2) 切换到运动算例页面。单击"运动算例 1"选项卡，切换到运动算例页面，将运动的"算例类型"设为"Motion 分析"。

(3) 添加驱动活动轨移动的马达。为"活动轨"零件添加马达，将"马达类型"设为"线性马达（驱动器）"，通过"马达位置"选择框选择活动轨零件的左侧端面，将"函数"设为"等速"，将"速度"设为 10mm/s，如图 7-21 所示。

(4) 添加实体接触。添加一个接触，将"接触类型"设为"实体"；在"选择"组框内勾选"使用接触组"复选框，通过"组 1：零部件"选择框选择中轨零件，通过"组 2：零部件"选择框选择活动轨和固定轨两个零件；然后将"材料"组框内的"材料名称 1"和"材料名称 2"均设为"Steel(Dry)"，如图 7-22 所示。

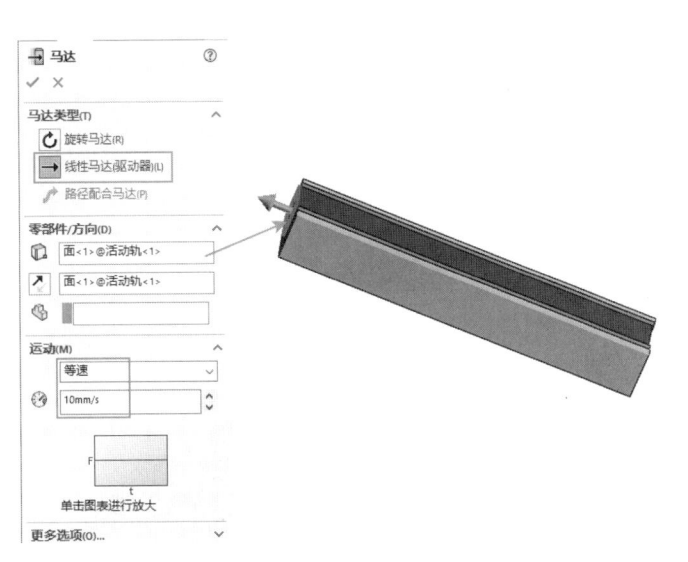

图 7-21　添加驱动活动轨移动的马达 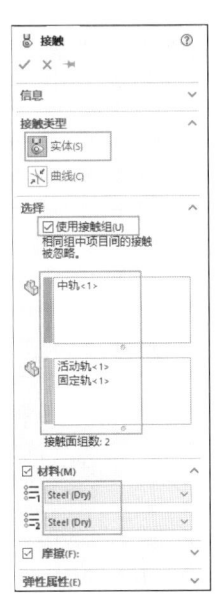　　　图 7-22　添加实体接触

(5) 运行仿真。将仿真结束时间设为 11.9s，然后提交计算。

(6) 查看自由度。右击 MotionManager 设计树中的"配合"，在弹出的快捷菜单中选择"自由度"命令，打开"自由度"对话框，如图 7-23 所示。通过"自由度"对话框可知，该运动算例中存在 2 个冗余约束，并显示绕 X 转动的冗余约束"重合 2"和"重合 3"将被去除。

(7) 复制运动算例。右击"运动算例 1"选项卡，在弹出的快捷菜单中选择"复制算例"命令，复制出"运动算例 2"选项卡。

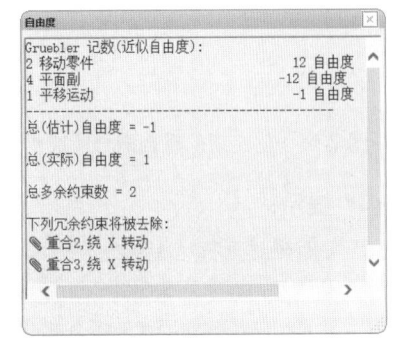

图 7-23　"自由度"对话框（1）

(8)查看"重合2""重合3"配合绕X转动的方向。进入"运动算例1"页面,打开"结果"属性管理器,在"结果"组框内依次选择"力""反作用力""X分量",通过"特征"选择框分别选择"重合2"和"重合3"配合,在图形窗口中可以查看"重合2"本地X轴的方向和"重合3"本地X轴的方向,如图7-24和图7-25所示,最后取消创建图解的操作。

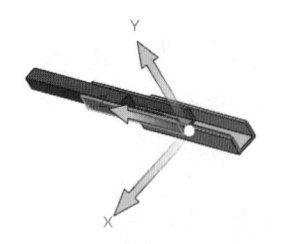

图7-24 "重合2"本地X轴的方向 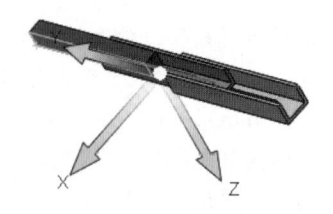　　图7-25 "重合3"本地X轴的方向

(9)从当前运动算例中删除"重合2"和"重合3"配合。右击MotionManager设计树中的"重合2"和"重合3"配合,在弹出的快捷菜单中选择"从运动算例中删除"命令,将"重合2"和"重合3"配合删除。

(10)创建新的当地配合。在MotionManager设计树中右击"滑轨",在弹出的快捷菜单中选择"删除Motion结果"命令。然后打开"配合"属性管理器,将配合类型设置为"重合",通过固定轨的一个内侧面和中轨的一条边线创建新的当地"重合5"配合,如图7-26所示。用相同的方式,通过中轨的一个内侧面和活动轨的一条边线创建新的当地"重合6"配合,如图7-27所示。

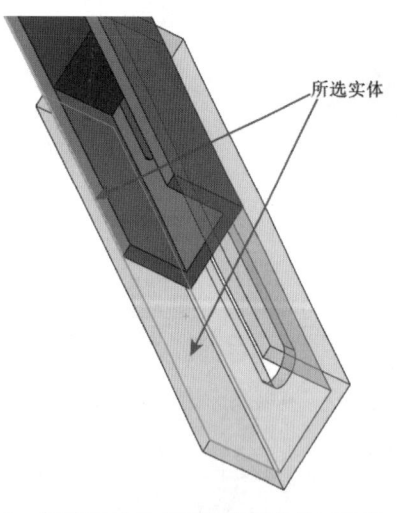

图7-26 创建新的重合配合所选实体示意图(1) 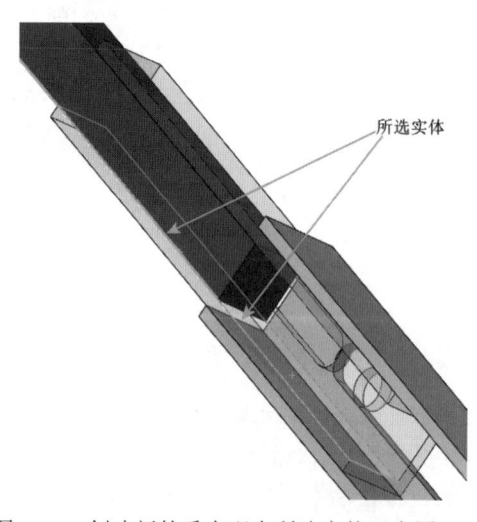　　图7-27 创建新的重合配合所选实体示意图(2)

📢 提示:

通过查看"重合2"配合和"重合3"配合的属性管理器可知,原有的"重合2"配合和"重合3"配合均通过两个面来创建,如图7-28所示。通过面对面的重合配合可以约束1个平移自由度和2个旋转自由度,而新创建的本地重合配合是线对面的重合配合,只约束1个平移自由度和1个旋转自由度,比前面删除的面对面重合配合少约束1个旋转自由度,因此可以实现移除冗余约束的目的。

图 7-28 "重合 2"配合和"重合 3"配合的属性管理器

（11）重新查看自由度。再次运行仿真，打开"自由度"对话框，如图 7-29 所示，可见 2 个冗余约束已被移除。

（12）使用柔性配合。进入"运动算例 2"页面，将"重合 2"和"重合 3"配合从当前运动算例删除，然后创建与以上两个重合配合参数完全相同的当地"重合 7"和"重合 8"配合。在创建"重合 7"配合时，将"重合 7"配合的属性管理器切换到"分析"选项卡，勾选"套管"复选框，其他参数保持默认，如图 7-30 所示，即将"重合 7"配合设为柔性配合。通过相同的方法将"重合 8"配合也设为柔性配合。

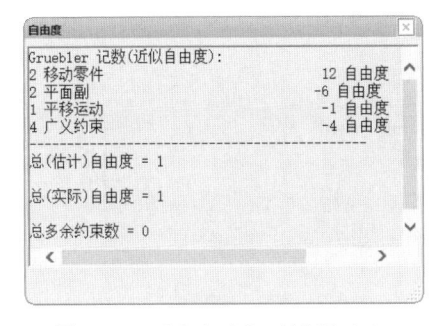

图 7-29 "自由度"对话框（2）

图 7-30 "重合 7"配合的属性管理器

（13）重新查看自由度。再次运行仿真，打开"自由度"对话框，如图 7-31 所示，可见 2 个冗余约束已被移除。

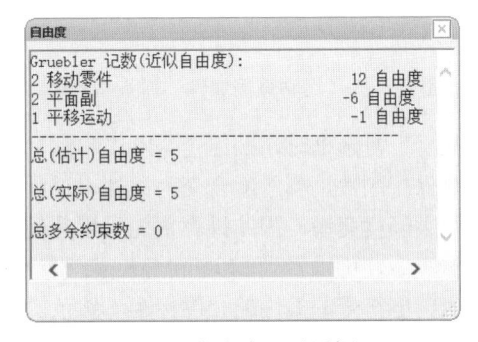

图 7-31 "自由度"对话框（3）

7.3 自动移除冗余约束

第 7.2 节讲解了手动移除冗余约束的方法，其中使用配合代替的方法要求对引发冗余约束的配合关系进行细致的分析，这对于不熟悉自由度分析计算的用户可能存在一定困难。另外，虽然手动将某些配合设置为柔性配合的方法适用于所有情况，但是当模型复杂时会耗费大量的时间。基于上述原因，本节将介绍 SOLIDWORKS Motion 所提供的自动移除冗余约束的方法，并通过具体实例演示其操作过程。

7.3.1 自动移除冗余约束的方法

自动移除冗余约束的操作方法比较简单，具体操作步骤如下：单击 MotionManager 工具栏中的"运动算例属性"按钮⚙，打开"运动算例属性"属性管理器，在"Motion 分析"组框内勾选"以套管替换冗余配合"复选框，然后单击"套管参数"按钮，打开"套管参数"对话框，设置套管的具体参数，如图 7-32 所示，最后单击两次"确定"按钮。

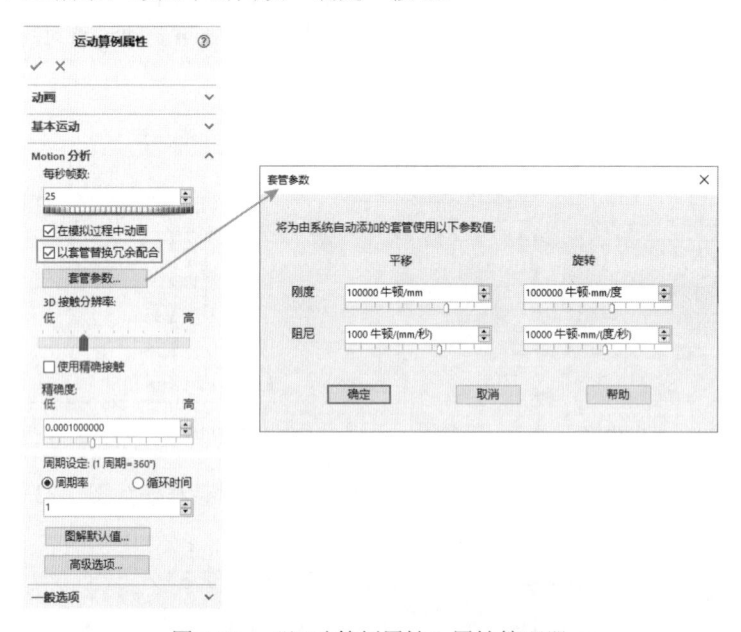

图 7-32 "运动算例属性"属性管理器

在勾选"以套管替换冗余配合"复选框时，一组全局刚度和阻尼属性被设置到由算法所选定的配合中。由算法来决定哪些配合保持刚性，哪些配合变为柔性，这种方法效率高且适用于大多数情况。由于这种方法将使模拟时间大幅度变慢，因此推荐优先采用其他方法。

在完成上面的设置并运行仿真后，可以看到 MotionManager 设计树中的"配合"文件夹下的某些配合图标的右侧出现了带黄色闪电符号的柔性配合图标⚡，黄色的闪电符号表明该柔性配合是由 SOLIDWORKS Motion 自动强制转换的，而不是用第 7.2 节所述的手动移除冗余的方法创建的。

无论是手动将某些配合设为柔性配合，还是由程序自动选择将某些配合设为柔性配合，都可能存在以下局限性。

（1）在某些模型中，使用柔性配合将减缓求解速度。

（2）有些配合类型并不支持使用柔性配合。

（3）如果机构从一个动力学状态开始，当模型达到初始平衡时，初始力可能存在一个峰值（刚性配合上不存在该问题）。峰值的产生是因为零件的初始状态不平衡，柔性配合需要抵抗速度、加速度的快速变化。如果模型从强迫运动开始（如恒定速度），尝试在一定时间内将运动从 0 提高到预定值以消除或减小这种现象（例如，使用一个步进函数在一定时间内将速度从 0 提高到预定值）。

（4）在使用柔性约束时，用户需要输入一个最佳的配合刚度和阻尼参数。

7.3.2 实例——门机构

图 7-33 所示为门机构示意图。该机构由门、门框两个零件组成。下面对该门机构进行动力学分析，并通过自动方法来移除机构中的冗余约束。

1．生成一个运动算例

（1）打开装配体文件。打开电子资源包中"源文件\原始文件\第 07 章\门机构"文件夹下的"门机构.SLDASM"文件。

（2）查看装配体。通过 SOLIDWORKS 操作界面左侧的 FeatureManager 设计树可以查看装配体，如图 7-34 所示。由图 7-34 可知，在装配体中，门和门框均为固定零件，且装配体中尚未创建配合。

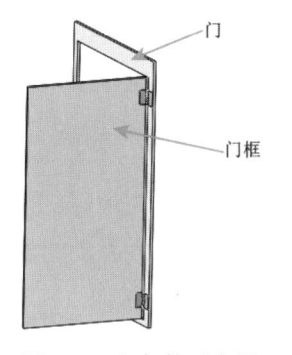

图 7-33　门机构示意图　　　　图 7-34　FeatureManager 设计树

（3）切换到运动算例页面。在 SOLIDWORKS 界面左下角单击"运动算例 1"选项卡，进入该运动算例页面，然后将 MotionManager 工具栏中的"算例类型"设为"Motion 分析"。

2．前处理

（1）将门零件设为运动零件。在 FeatureManager 设计树中右击门零件，在弹出的快捷菜单中选择"浮动"命令，将门零件设为运动零件。

（2）创建铰链配合。单击"装配体"选项卡中的"配合"按钮⊘，打开"配合"属性管理器，将配合类型设置为"铰链"，通过"配合选择"组框内的"同轴心选择"选择框选择门折页上的内圆孔面和门框折页上的内圆孔面，通过"重合选择"选择框选择门折页上的一个端面和门框折页上的一个端面，如图7-35所示，创建第一个当地铰链配合（此配合是在门顶部折页处创建的）。然后依据此方法在门底部折页处创建第二个当地铰链配合。

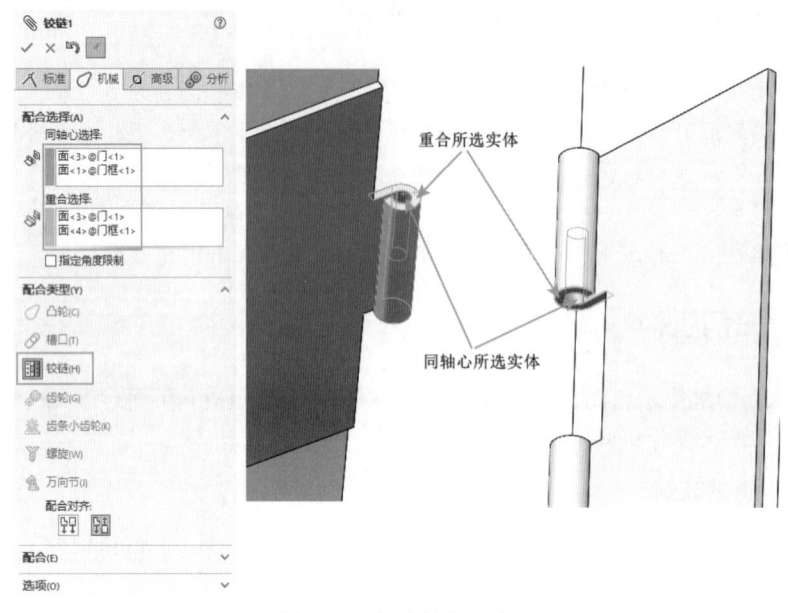

图7-35 创建铰链配合

（3）设置门的初始位置。为了使门的初始位置与门框垂直，需要创建一个用于定位的垂直配合。单击"装配体"选项卡中的"配合"按钮，打开"配合"属性管理器，将配合类型设置为"垂直"，勾选"选项"组框内的"只用于定位"复选框，通过"配合选择"组框内的"要配合的实体"选择框选择门的外表面和门框的外表面，如图7-36所示，创建一个用于定位的垂直配合（此用于定位的配合不会出现在MotionManager设计树的"配合"文件夹中）。

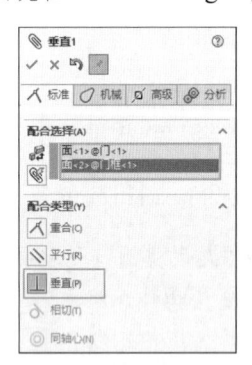

图7-36 创建垂直配合

（4）添加驱动门旋转的马达。单击MotionManager工具栏中的"马达"按钮，弹出"马达"属性管理器，在"马达类型"组框内单击"旋转马达"按钮；通过"零部件/方向"组框内的"马达位置"选择框选择门顶部折页的一条内边线，如图7-37所示；在"运动"组框内选择"函数"为"距离"，设置"位移"为90度，"开始时间"为0.00秒，"持续时间"为1.00秒。

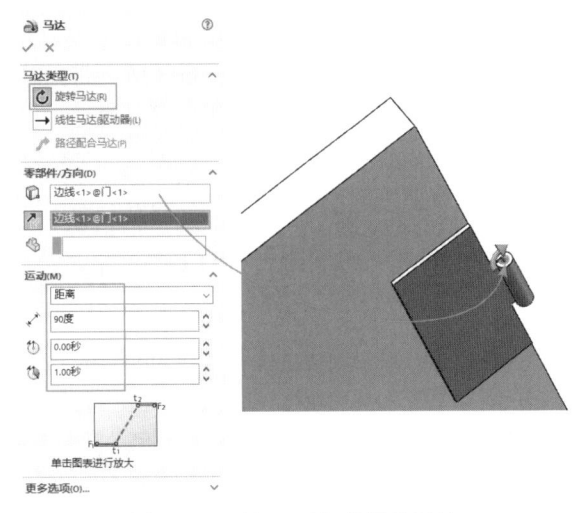

图 7-37 添加驱动门旋转的马达

（5）添加引力。单击 MotionManager 工具栏的"引力"按钮，弹出"引力"属性管理器，在"引力参数"组框内选中"Y"单选按钮，保持默认的引力大小，单击"确定"按钮。

（6）设置运动算例属性。单击 MotionManager 工具栏中的"运动算例属性"按钮，弹出"运动算例属性"属性管理器，在"Motion 分析"组框内将"每秒帧数"设为 50，其他参数保持默认。

3．运行仿真

（1）设置仿真结束时间。在时间线视图中，将顶部更改栏右侧的键码点拖放至 1 秒处，即总的仿真时间为 1 秒。

（2）提交计算。单击 MotionManager 工具栏中的"计算"按钮，可对当前运动算例进行仿真计算。

4．查看自由度并创建铰链配合的图解

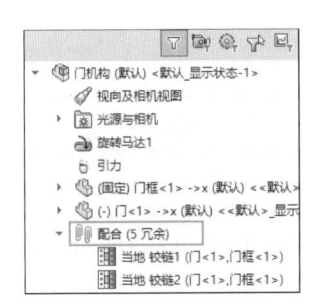

（1）查看自由度。完成仿真计算后，在 MotionManager 设计树的"配合"项目后面以括号的形式显示了模型中所存在的冗余约束为 5，如图 7-38 所示。右击"配合"项目并在弹出的快捷菜单中选择"自由度"命令，弹出图 7-39 所示的"自由度"对话框。

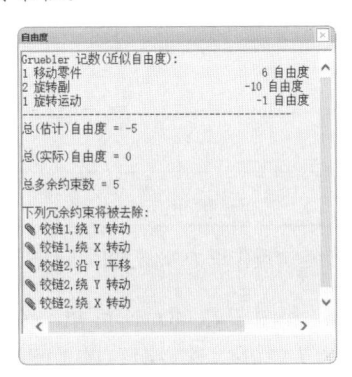

图 7-38 MotionManager 设计树（1）

图 7-39 "自由度"对话框

通过"自由度"对话框可知，该机构总的自由度为0，机构可按照设计预期进行运动，但此时机构中存在5个冗余约束。SOLIDWORKS Motion 为了得到唯一解，将强制移除5个冗余约束，选择移除哪些自由度由程序内部完成，而无须用户介入，但用户可以通过"自由度"对话框查看程序将移除的冗余约束。要使门绕折页的轴线旋转，在理论上只需创建一个铰链配合（一个铰链配合即可移除5个自由度）即可实现，但这与现实中的门机构不符，一般情况下门机构很少只使用一个折页。通过上述分析可知，产生冗余约束的原因是第二个铰链配合。

（2）查看门的质量。在创建铰链配合的图解之前，首先查看门的质量。单击"评估"选项卡中的"质量属性"按钮 ，弹出"质量属性"对话框，选择门零件，可见门的质量为 28.021 千克，如图 7-40 所示。由于该运动算例中设置的重力加速度大小为 9806.65mm/s^2，因此在引力的作用下，门在全局坐标系 Y 轴方向的作用力大小约为 274.8N。

（3）创建铰链配合的反作用力图解。打开"结果"属性管理器，在"结果"组框内依次选择"力""反作用力""Y 分量"，通过"特征"选择框选择铰链 1 配合，单击"确定"按钮 。弹出图 7-41 所示的对话框，提示"此运动算例具有冗余约束，可导致力的结果无效。您想以套管替换冗余约束以确保力的结果有效吗？注意此可使运动算例计算变慢。"为了查看存在冗余约束时的计算结果，单击"否"按钮，所创建的图解如图 7-42 所示。通过相同的方法创建铰链 2 配合的反作用力图解，如图 7-43 所示。

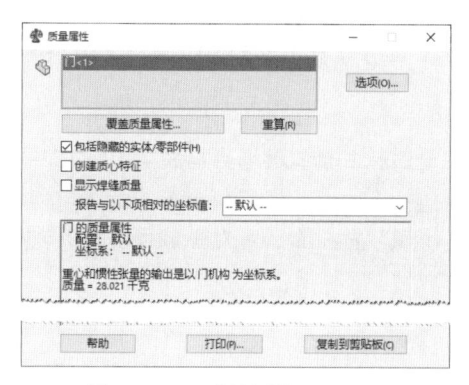

图 7-40 "质量属性"对话框

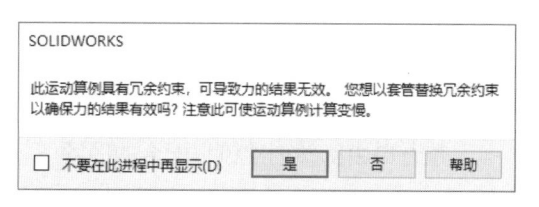

图 7-41 SOLIDWORKS 对话框

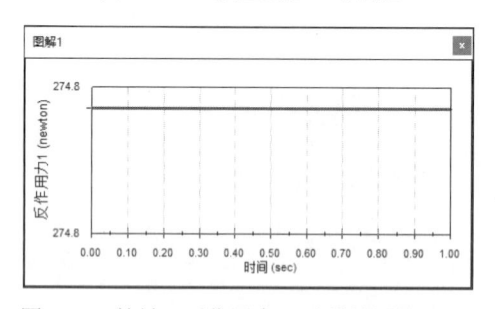

图 7-42 铰链 1 反作用力 Y 分量的图解（1）

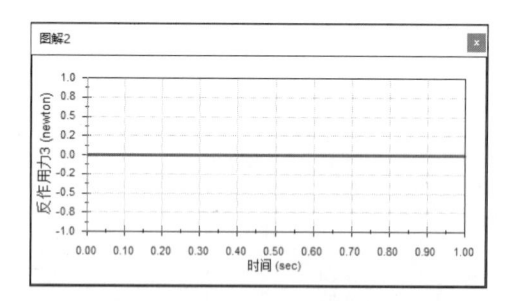

图 7-43 铰链 2 反作用力 Y 分量的图解（1）

通过图 7-42 和图 7-43 的对比可知，铰链 1 配合 Y 方向的反作用力为 274.8N，而铰链 2 配合 Y 方向的反作用力为 0.0N。这说明铰链 1 配合承担了门所有的重力，而铰链 2 配合没有承担门的任何重力。显然，这两个铰链上的反作用力分布是不正确的。这说明，当机构存在冗余约束时，

SOLIDWORKS Motion 虽能够正确求解机构的运动，但关于力分布的计算可能是不正确的。

5. 自动移除冗余约束

（1）自动将机构中的配合设置为柔性配合。单击 MotionManager 工具栏中的"运动算例属性"按钮，打开"运动算例属性"属性管理器，在"Motion 分析"组框内勾选"以套管替换冗余配合"复选框，如图 7-44 所示。然后单击"套管参数"按钮，打开"套管参数"对话框，如图 7-45 所示，保持默认的套管参数，最后单击两次"确定"按钮，关闭"运动算例属性"属性管理器。

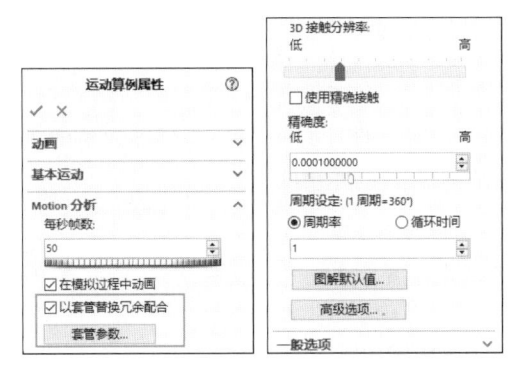

图 7-44 "运动算例属性"属性管理器

（2）重新查看自由度。再次运行仿真，可见 MotionManager 设计树的"配合"项目后面显示模型中所存在的冗余约束为 0，可知冗余约束已被移除，如图 7-46 所示。另外，两个铰链配合图标的右侧均出现了带黄色闪电符号的柔性配合图标，表明这两个柔性配合是由 SOLIDWORKS Motion 自动强制转换的。

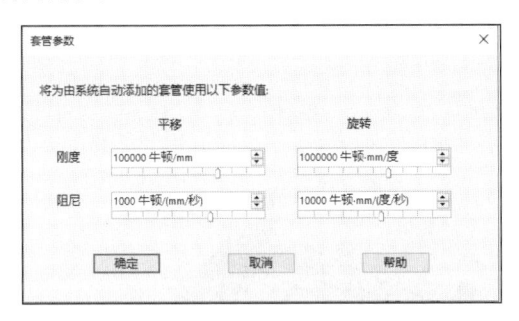

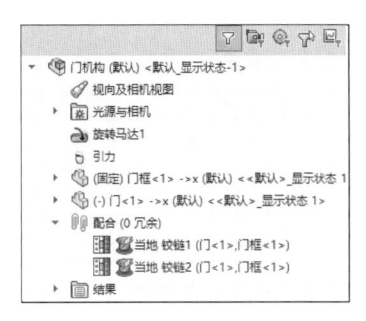

图 7-45 "套管参数"对话框　　　图 7-46　MotionManager 设计树（2）

（3）再次查看铰链配合的反作用力图解。重新显示两个铰链配合的反作用力图解，如图 7-47 和图 7-48 所示。由这两张图可知，两个铰链配合反作用力的 Y 分量均为 137.4N，门的重力现在正确地被两个铰链配合分担了。

📢 提示：

> 读者也可以手动将两个铰链配合设为柔性配合，然后打开"运动算例属性"属性管理器，在"Motion 分析"组框内取消勾选"以套管替换冗余配合"复选框。再次提交求解，也可以得到图 7-47 和图 7-48 所示的铰链配合的反作用力图解。

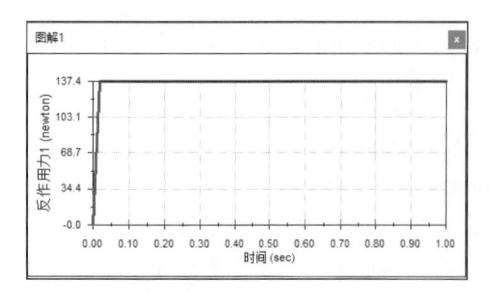

图 7-47 铰链 1 反作用力 Y 分量的图解（2） 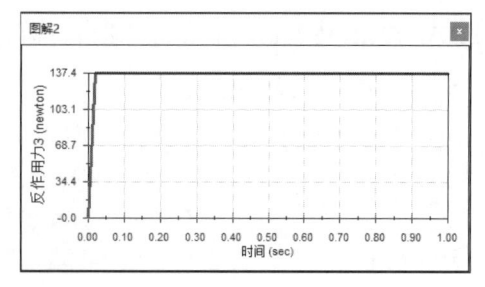　　　图 7-48 铰链 2 反作用力 Y 分量的图解（2）

练一练——剪式升降机

本练一练的源文件仍为图 7-4 所示的剪式升降机，但零部件的装配方式有所变化。下面对该机构进行动力学分析，并自动移除所存在的冗余约束。

【操作提示】

（1）打开装配体文件。打开电子资源包中"源文件\原始文件\第 07 章\剪式升降机 2"文件夹下的"剪式升降机 2.SLDASM"文件。

（2）查看装配体。通过 SOLIDWORKS 操作界面左侧的 FeatureManager 设计树可以查看装配体中所包含的零件及所创建的配合，如图 7-49 所示。由图 7-49 与图 7-5 的对比可知，该装配体在第 7.2.2 小节源文件的基础上，除了使用"重合 3"和"重合 4"配合替代"铰链 1"配合之外，又新建了"重合 5"配合和"同心 4"配合。其中，"重合 5"配合与"重合 2"配合、"同心 4"配合与"同心 3"配合对称分布在剪式升降机的两侧，如图 7-50 所示。在进行仿真计算时，仅需要在剪式升降机的单侧定义配合关系。因此，新增的"重合 5"配合与"同心 4"配合在此情境下被视为冗余。然而，从实际工程应用的角度来看，引入这两个配合能够更贴近现实工况，因为它们能使剪式升降机在两侧均匀地承受载荷。

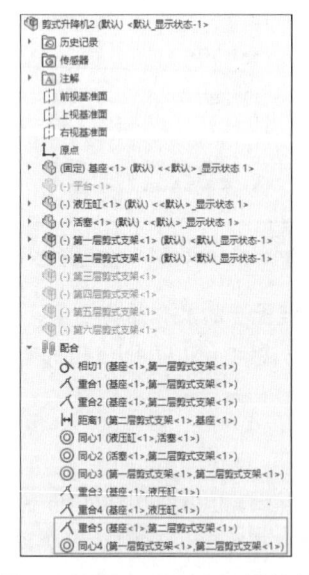

图 7-49　FeatureManager 设计树 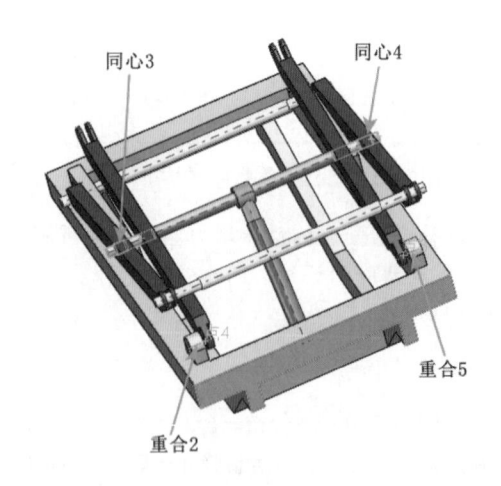　　　图 7-50　查看配合

（3）切换到运动算例页面。在 SOLIDWORKS 界面左下角单击"运动算例 1"选项卡，进入该运动算例页面，然后将 MotionManager 工具栏中的"算例类型"设为"Motion 分析"。

（4）前处理并运行仿真。根据第 7.2.2 小节中的步骤（2）和步骤（3），完成该运动算例的前处理并运行仿真。

（5）查看自由度。右击 MotionManager 设计树中的"配合"，在弹出的快捷菜单中选择"自由度"命令，弹出"自由度"对话框，如图 7-51 所示。通过"自由度"对话框可知，该运动算例中存在 6 个冗余约束，并详细列出了将被移除的冗余约束。

（6）创建重合配合的反作用力图解。打开"结果"属性管理器，在"结果"组框内依次选择"力""反作用力""Z 分量"，通过"特征"选择框选择"重合 2"配合，单击"确定"按钮✓。弹出图 7-52 所示的对话框，为了查看存在冗余约束时的计算结果，单击"否"按钮，所创建的图解如图 7-53 所示。通过相同的方法创建"重合 5"配合的反作用力图解，如图 7-54 所示。由于"重合 2"和"重合 5"两个配合位于剪式升降机的相对两侧且相互对称，因此两个配合的图解应该完全相同，但在存在冗余的情况下，SOLIDWORKS Motion 计算得出的力的分布不符合实际情况。

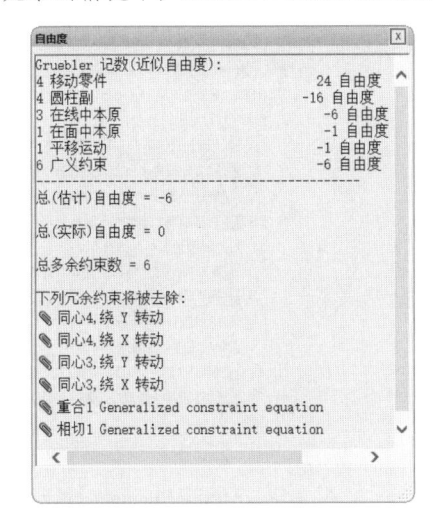

图 7-51 "自由度"对话框

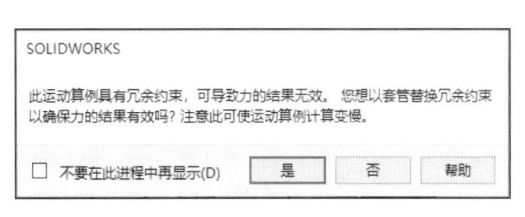

图 7-52 SOLIDWORKS 对话框

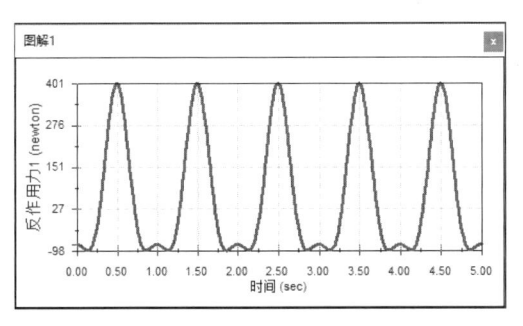

图 7-53 重合 2 反作用力 Z 分量的图解（1）

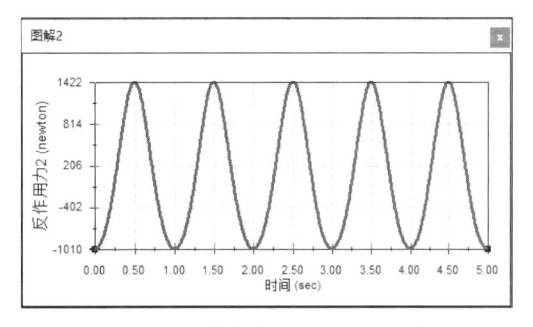

图 7-54 重合 5 反作用力 Z 分量的图解（1）

（7）创建同心配合的反作用力图解。根据与步骤（6）相同的方法，创建"同心 3"和"同心 4"的反作用力图解，如图 7-55 和图 7-56 所示。由于存在冗余约束，这两个图解也不相同。

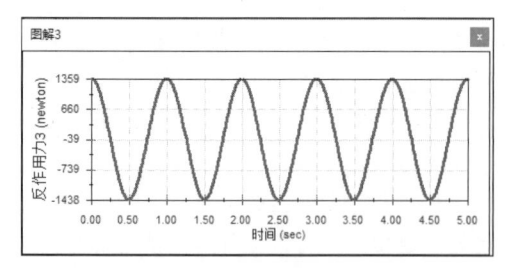

图 7-55 同心 3 反作用力 Z 分量的图解 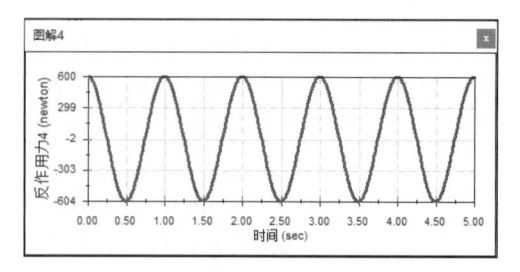　　　　图 7-56 同心 4 反作用力 Z 分量的图解

（8）自动将机构中的配合设置为柔性配合。打开"运动算例属性"属性管理器，在"Motion 分析"组框内勾选"以套管替换冗余配合"复选框，如图 7-57 所示，保持默认的套管参数。

（9）重新查看自由度。再次运行仿真，可见 MotionManager 设计树中的"配合"项目后面显示模型中所存在的冗余约束为 0，如图 7-58 所示，可知冗余约束已被移除。

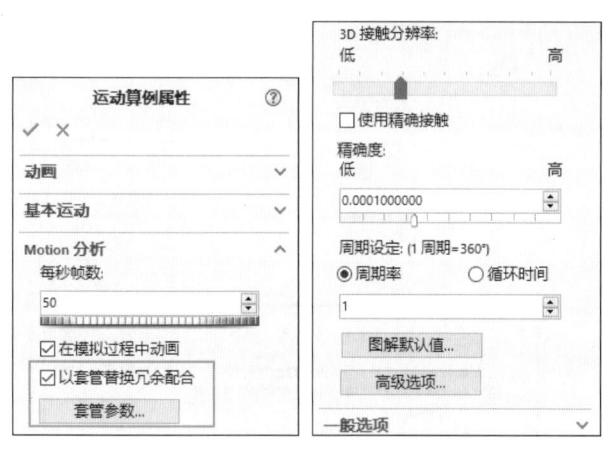

图 7-57 "运动算例属性"属性管理器 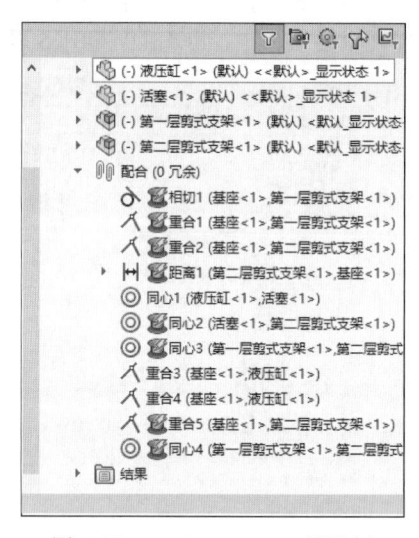　　　　图 7-58 MotionManager 设计树

（10）再次查看重合配合的反作用力图解。重新显示两个重合配合的反作用力图解，如图 7-59 和图 7-60 所示。由这两张图可知，两个重合配合的反作用力图解完全相同，两侧配合的作用力是相等的，这与现实情况相符。

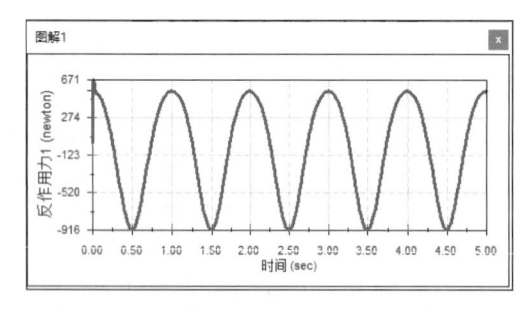

图 7-59 重合 2 反作用力 Z 分量的图解（2） 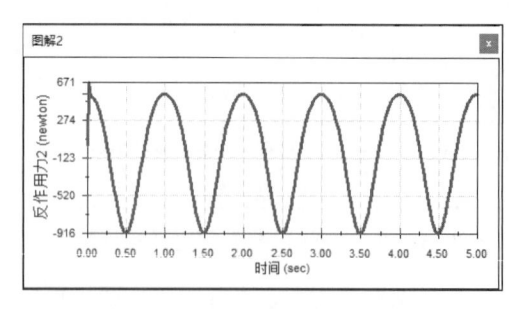　　　　图 7-60 重合 5 反作用力 Z 分量的图解（2）

（11）再次查看同心配合的反作用力图解。重新显示两个同心配合的反作用力图解，如图 7-61 和图 7-62 所示。由这两张图可知，两个同心配合的反作用力图解也完全相同。

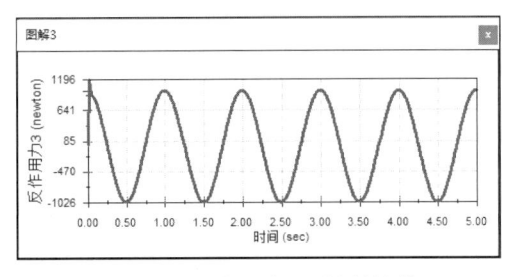

图 7-61　重合 2 反作用力 Z 分量的图解（3） 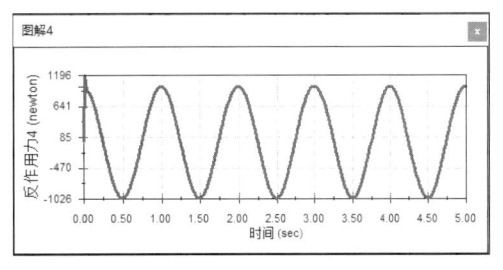　　　图 7-62　重合 5 反作用力 Z 分量的图解（3）

第 8 章 凸轮机构设计

内容简介

凸轮机构是一种常见的传动机构，SOLIDWORKS Motion 不仅可以对设计完成的凸轮机构进行动力学分析，而且可以在已知凸轮机构运动规律的前提下，对凸轮的轮廓进行设计。本章首先简单介绍凸轮机构的基础知识，然后通过具体实例演示用 SOLIDWORKS Motion 设计凸轮轮廓和对设计完成的凸轮机构进行动力学分析的具体操作步骤。

内容要点

- 凸轮机构的设计
- 跟踪路径曲线的输出
- 将自变量设为循环角度

案例效果

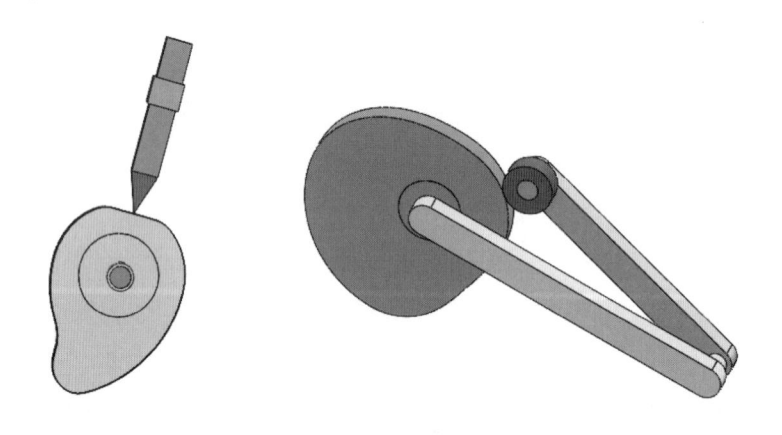

8.1 凸轮机构概述

凸轮机构是一种广泛应用于机械工程中的高副传动机构，它在自动化设备、内燃机和各种仪器中都有重要应用。这一机构主要由凸轮、从动件和机架等零部件组成，其工作原理是通过凸轮的旋转或移动来精确控制从动件的往复运动，以实现预定的运动规律。凸轮机构的最大优点就是凸轮机构中从动件的运动规律可以任意拟定，只要设计出相应的凸轮轮廓，就可以使从动件按拟定的规律运动，而且响应快速，机构简单紧凑。

已知从动件的运动规律及凸轮的基本尺寸求解凸轮的轮廓曲线的问题称为凸轮机构设计。在设计凸轮机构时，凸轮轮廓的确定是至关重要的环节，因为它直接影响机构的整体性能和效率。SOLIDWORKS Motion 可以在已知凸轮机构运动规律的前提下，快速、精确地生成凸轮的轮廓曲线。在完成凸轮轮廓的设计之后，需要对设计完成的凸轮机构进行动力学分析，以计算该机构的真实运动状态。

8.2 实例——对心直动凸轮机构的设计

本节以一个对心直动凸轮机构为例，介绍在已知从动件（推杆）位移规律的前提下，如何利用 SOLIDWORKS Motion 生成凸轮的轮廓曲线，从而完成凸轮机构的设计。在完成凸轮机构的设计之后，需要对设计完成的凸轮机构进行动力学分析。

1. 生成一个运动算例

（1）打开装配体文件。打开电子资源包中"源文件\原始文件\第 08 章\对心直动凸轮机构"文件夹下的"凸轮机构.SLDASM"文件，如图 8-1 所示。该装配体中包含基座、轴、凸轮（凸轮的轮廓未确定）、推杆导轨、推杆共 5 个零件。

（2）查看装配体。通过 SOLIDWORKS 操作界面左侧的 FeatureManager 设计树可以查看装配体中所包含的零件及所创建的配合，如图 8-2 所示。由图 8-2 可知，在装配体中，基座和推杆导轨为固定零件，其他零件为运动零件。查看装配体的已有配合后移动装配体可知，在已有配合的作用下，推杆可沿推杆导轨做平移运动，轴和凸轮两个零件可绕基座的轴心线做旋转运动。

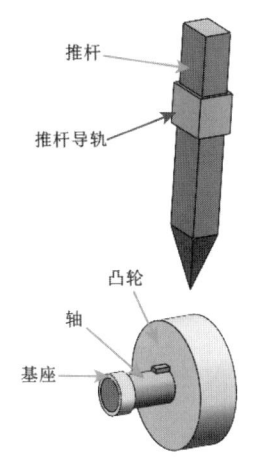

图 8-1 对心直动凸轮机构示意图 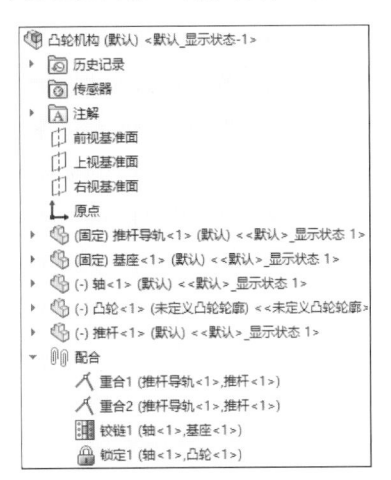　　图 8-2 FeatureManager 设计树

（3）切换到运动算例页面。在 SOLIDWORKS 界面左下角单击"运动算例 1"选项卡，进入该运动算例页面，然后将 MotionManager 工具栏中的"算例类型"设为"Motion 分析"。

2. 前处理

（1）查看推杆位移规律的数据和图表。打开电子资源包中相应文件夹下的"推杆位移规律.xls"

文件，该文件中包含两张工作表。其中，"数据"工作表包含推杆位移规律的数据；"图表"工作表包含推杆位移规律的曲线，如图 8-3 所示。图 8-3（a）中的 A 列为时间，B 列为 Y 方向的位移；图 8-3（b）中图表的 X 轴为时间，Y 轴为位移。

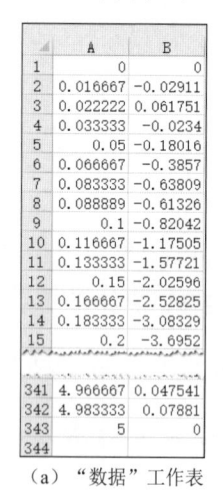

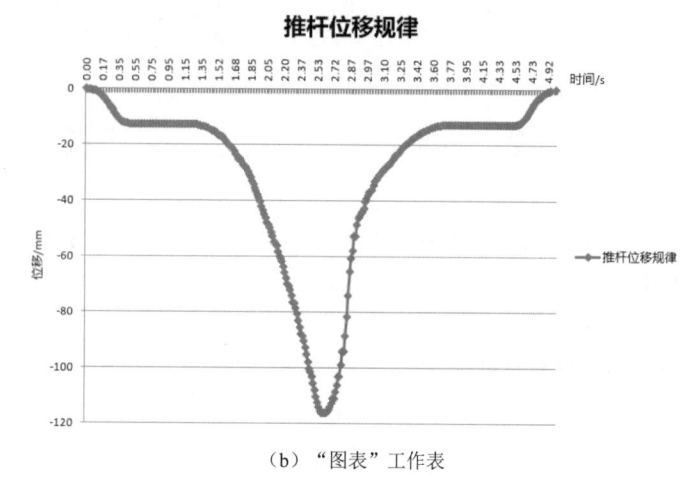

（a）"数据"工作表　　　　　　　　　　（b）"图表"工作表

图 8-3　查看推杆位移规律的数据和图表

（2）添加驱动推杆移动的马达。单击 MotionManager 工具栏中的"马达"按钮，弹出"马达"属性管理器，在"马达类型"组框内单击"线性马达（驱动器）"按钮；通过"零部件/方向"组框内的"马达位置"选择框选择推杆的一条边线，如图 8-4 所示。在"运动"组框内选择"函数"为"数据点"，打开"函数编制程序"对话框，将"值（y）"设为"位移（mm）"，"自变量（x）"设为"时间（秒）"，"插值类型"设为"立方样条曲线"，单击"输入数据"按钮，选择电子资源包中相应文件夹下名为"推杆位移规律.csv"的文件（该文件所包含的数据与"推杆位移规律.xls"文件中的"数据"工作表完全相同，只是文件格式不同），如图 8-5 所示。单击两次"确定"按钮，完成马达参数的定义。

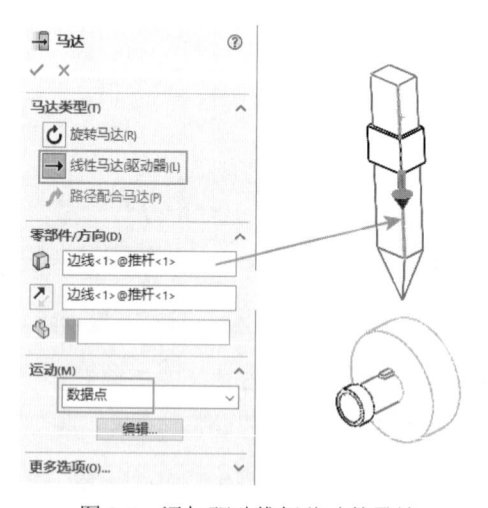

图 8-4　添加驱动推杆移动的马达

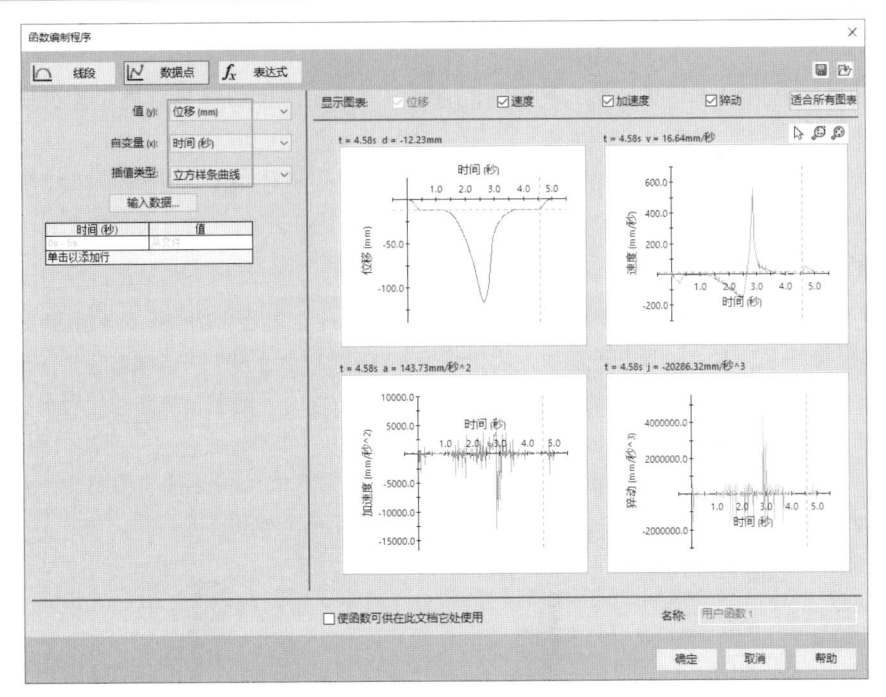

图 8-5 "函数编制程序"对话框（1）

（3）添加驱动轴和凸轮旋转的马达。再次打开"马达"属性管理器，在"马达类型"组框内单击"旋转马达"按钮 ↻；通过"零部件/方向"组框内的"马达位置"选择框选择轴的外端面，如图 8-6 所示；在"运动"组框内选择"函数"为"等速"，设置"速度"为 12RPM（即 5s 凸轮旋转一圈），最后单击"确定"按钮 ✓。

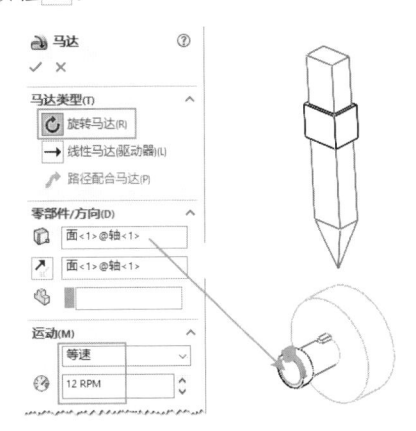

图 8-6 添加驱动轴和凸轮旋转的马达

（4）添加引力。单击 MotionManager 工具栏中的"引力"按钮，弹出"引力"属性管理器，在"引力参数"组框内选中"Y"单选按钮，保持默认的引力大小，单击"确定"按钮 ✓。

（5）设置运动算例属性。单击 MotionManager 工具栏中的"运动算例属性"按钮，弹出"运动算例属性"属性管理器，在"Motion 分析"组框内将"每秒帧数"设为 100。

3. 运行仿真

（1）设置仿真结束时间。在时间线视图中，将顶部更改栏右侧的键码点拖放至 5 秒处，即总的仿真时间为 5 秒。

（2）提交计算。单击 MotionManager 工具栏中的"计算"按钮，可对当前运动算例进行仿真计算。

4. 创建跟踪路径的图解

（1）创建推杆上顶点的跟踪路径图解。单击 MotionManager 工具栏中的"结果和图解"按钮，弹出"结果"属性管理器，在"结果"组框内依次选择"位移/速度/加速度""跟踪路径"，通过"特征"选择框依次选择推杆上的顶点和凸轮的外圆面（表示相对于凸轮的外圆面创建跟踪路径），如图 8-7 所示。最后单击"确定"按钮，在 MotionManager 设计树中的"结果"文件夹下新建"图解 1"。

（2）显示跟踪路径。右击 MotionManager 设计树中"结果"文件夹下的"图解 1"，在弹出的快捷菜单中选择"显示图解"命令，在图形窗口中显示跟踪路径，如图 8-8 所示。

图 8-7　创建跟踪路径的图解

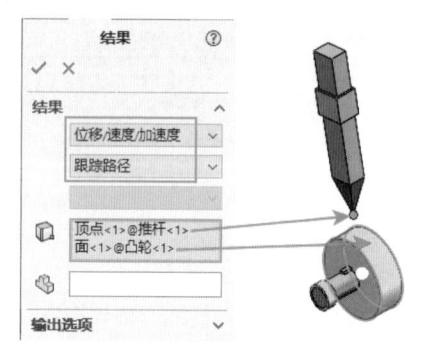

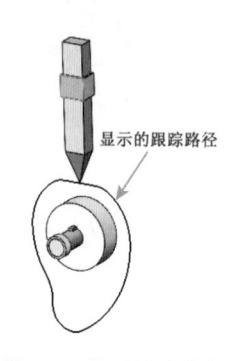

图 8-8　显示跟踪路径

5. 输出跟踪路径曲线

（1）将跟踪路径曲线输入 SOLIDWORKS 零件中。在通过跟踪路径得到凸轮的轮廓曲线后，SOLIDWORKS Motion 可以直接将跟踪路径得到的曲线输入零件中，以生成凸轮实体。在 MotionManager 设计树的"结果"文件夹下右击"图解 1"，在弹出的快捷菜单中选择"从跟踪路径生成曲线"→"在参考零件中从路径生成曲线"命令，如图 8-9 所示。

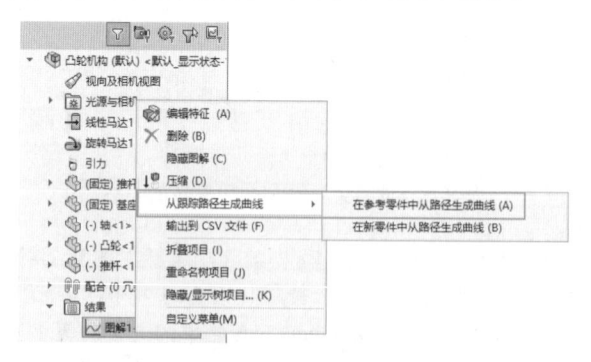

图 8-9　快捷菜单

> **提示：**
> 跟踪路径的图解可以在 SOLIDWORKS 的零件中新建一条曲线。当选择"在参考零件中从路径生成曲线"命令时，可将跟踪路径曲线直接输入这个已经存在的参考零件中（参考零件是指创建跟踪路径图解时通过"特征"选择框选择第二个实体所属的零件）；当选择"在新零件中从路径生成曲线"命令时，可在创建一个新零件的同时将跟踪路径曲线输入该新零件中。

（2）打开凸轮零件。在 SOLIDWORKS 界面的 FeatureManager 设计树中右击"凸轮"零件，在弹出的快捷工具栏中单击"打开零件"按钮，打开凸轮零件，此时可见跟踪路径曲线已经作为一个新特征"曲线1"输入凸轮零件中，如图 8-10 所示。

（3）查看曲线特征。在 FeatureManager 设计树中右击"曲线1"，在弹出的快捷工具栏中单击"编辑特征"按钮，弹出图 8-11 所示的对话框，在其中可以查看曲线上各点的坐标。

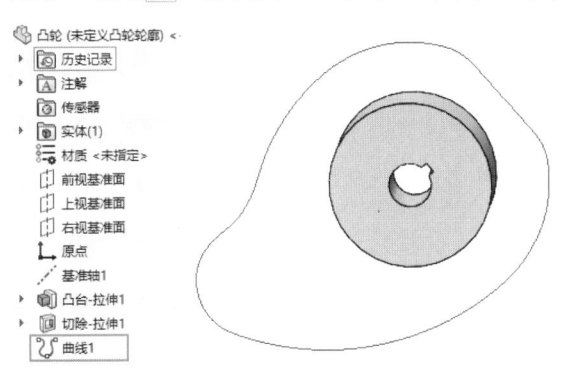

图 8-10　输入曲线后的凸轮零件　　　　图 8-11　"曲线文件"对话框

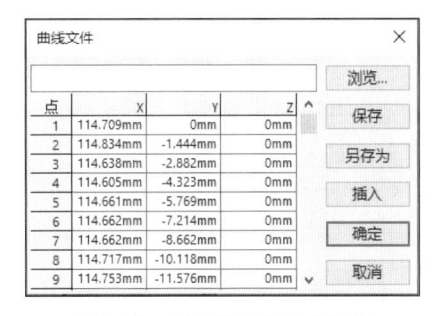

（4）创建草图。在"前视基准面"上新建一个草图，选择"曲线1"特征，单击"草图"选项卡中的"转换实体引用"按钮，将曲线1投影到当前草图平面。然后选择凸轮的圆柱外侧边线，再次执行"转换实体引用"命令，将此边线投影到当前草图平面，完成草图绘制。

（5）创建凸台-拉伸特征。单击"特征"选项卡中的"拉伸凸台/基体"按钮，弹出"凸台-拉伸"属性管理器，在"方向"组框内将"终止条件"设为"两侧对称"，在"深度"栏中输入 50.800mm，取消勾选"合并结果"复选框，如图 8-12 所示。单击"确定"按钮，最终的凸轮轮廓如图 8-13 所示。

（6）保存零件并返回装配体。保存凸轮零件并返回"凸轮机构.SLDASM"文件，重建后的装配体如图 8-14 所示。

6. 重新运行仿真

（1）压缩驱动推杆移动的马达。在 MotionManager 设计树中右击"线性马达1"，在弹出的快捷菜单中选择"压缩"命令。

（2）添加实体接触。单击 MotionManager 工具栏中的"接触"按钮，弹出"接触"属性管理器，在"接触类型"组框内单击"实体"按钮；通过"选择"组框内的"零部件"选择框选择推杆和凸轮两个零件；取消勾选"摩擦"复选框；在"材料"组框内将第一个材料名称和第二个材料名称均设为"Steel(Greasy)"，如图 8-15 所示。最后单击"确定"按钮，完成推杆和凸轮之间接触的添加。

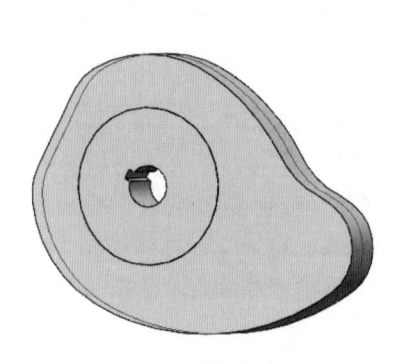

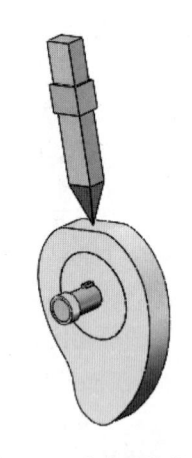

图 8-12　"凸台-拉伸"属性管理器　　　图 8-13　最终的凸轮轮廓　　　图 8-14　重建后的装配体

（3）修改运动算例属性。单击 MotionManager 工具栏中的"运动算例属性"按钮，弹出"运动算例属性"属性管理器，勾选"使用精确接触"复选框（推杆通过一个点与凸轮发生接触，属于点接触，故需要勾选该复选框），如图 8-16 所示。

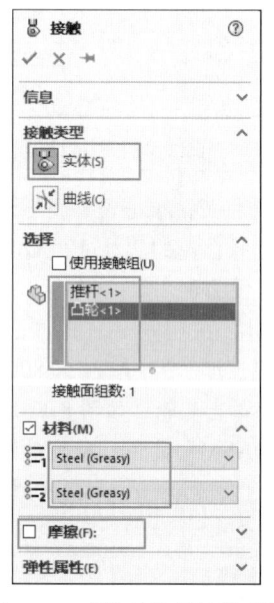

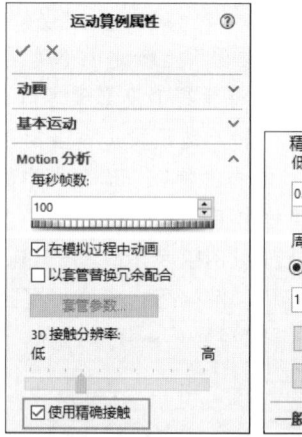

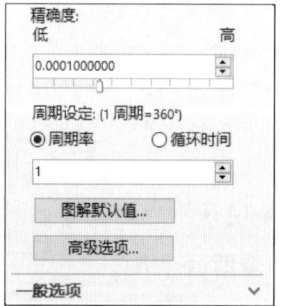

图 8-15　"接触"属性管理器　　　图 8-16　"运动算例属性"属性管理器（1）

（4）创建推杆线性位移 Y 分量的图解。重新运行该运动算例，然后打开"结果"属性管理器，在"结果"组框内依次选择"位移/速度/加速度""线性位移""Y 分量"，通过"特征"选择框选择推杆的一个侧面，如图 8-17 所示。创建的图解如图 8-18 所示。将图 8-3（b）中推杆位移规律的图表进行翻转处理，结果如图 8-19 所示。由图 8-18 和图 8-19 相对比可知，两条曲线的形状完全相同。

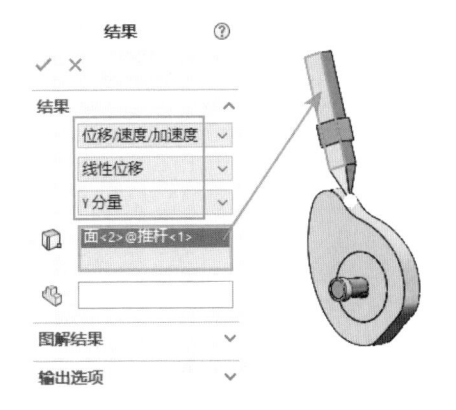

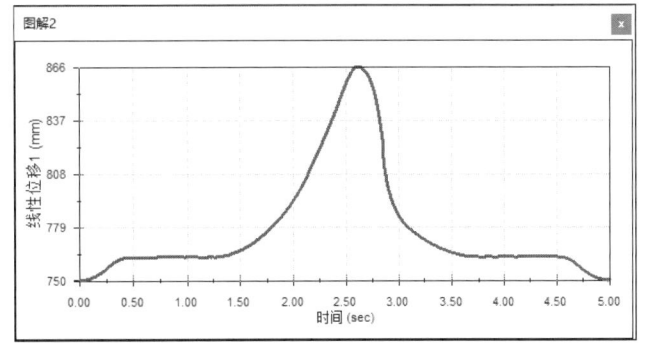

图 8-17 创建图解

图 8-18 推杆线性位移 Y 分量的图解（1）

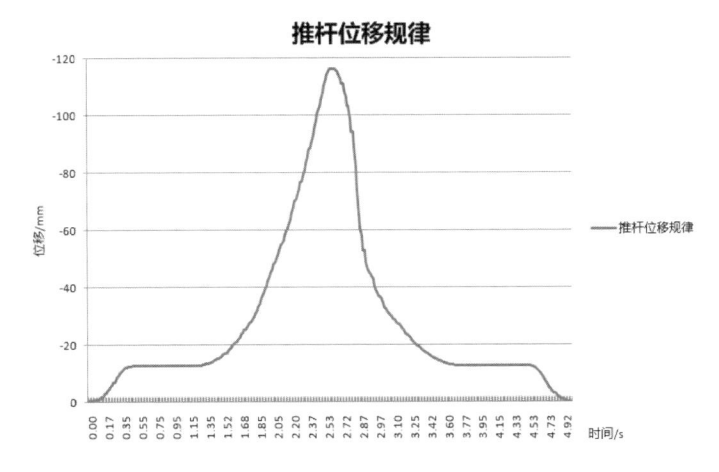

图 8-19 翻转后的推杆位移规律曲线

7. 将自变量设为循环角度

在 SOLIDWORK Motion 动力学分析中添加马达或力等模拟元素时，除了可以将自变量设为时间外，还可以将其设为循环角度。如果选择以循环角度作为自变量，那么一个完整的周期一般定义为从 0°至 360°的角度变化。在这种设定下，用户可以通过"运动算例属性"属性管理器调整一个周期的持续时间。下面演示如何将自变量设为循环角度来进行动力学分析。

（1）修改驱动凸轮的旋转马达参数。在 MotionManager 设计树中右击"旋转马达 1"，在弹出的快捷菜单中选择"编辑特征"命令，弹出"马达"属性管理器，在"运动"组框内选择"函数"为"线段"。打开"函数编制程序"对话框，将"值（y）"设为"位移（度）"，"自变量（x）"设为"循环角度（度）"；然后在下面的表格中添加一行，在该行中将"起点 X"列设为"0deg"，将"终点 X"列设为"360deg"，将"值"列设为"360.00 度"，将"分段类型"列设为"Linear(Default)"，如图 8-20 所示。单击两次"确定"按钮，完成马达参数的修改。

（2）修改运动算例属性。再次打开"运动算例属性"属性管理器，选中"循环时间"单选按钮，在下面的输入框中输入 5.00 秒；然后选中"周期率"单选按钮，输入框中显示为 0.2，如图 8-21 所示。

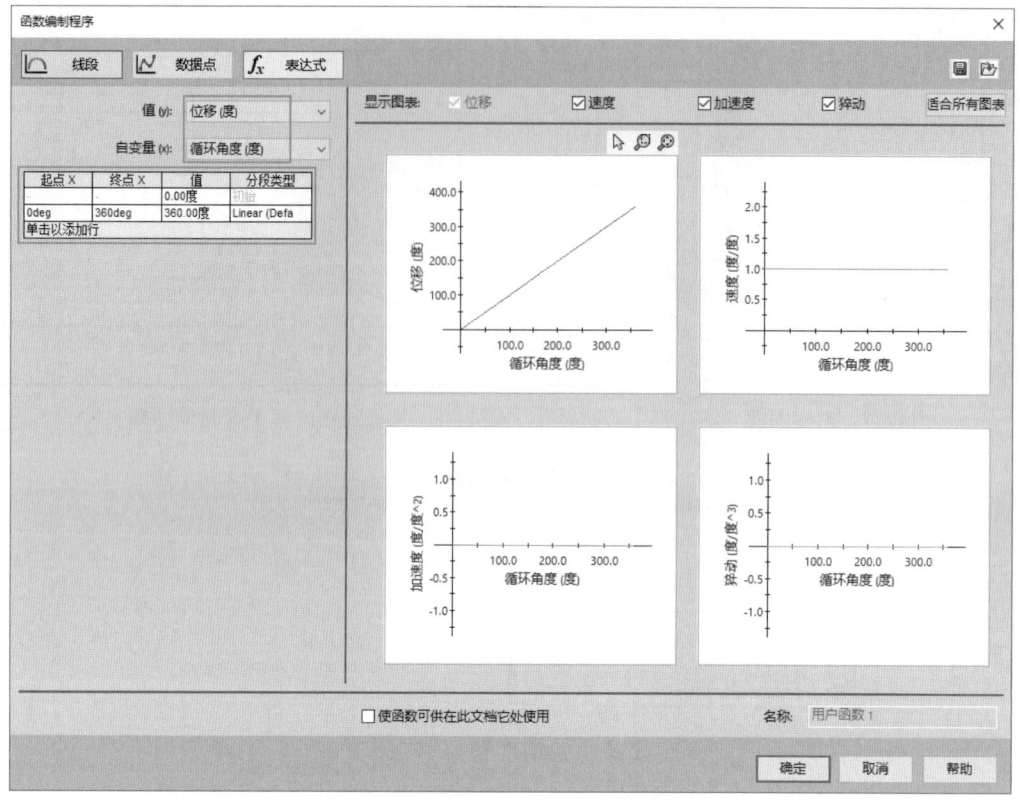

图 8-20 "函数编制程序"对话框（2）

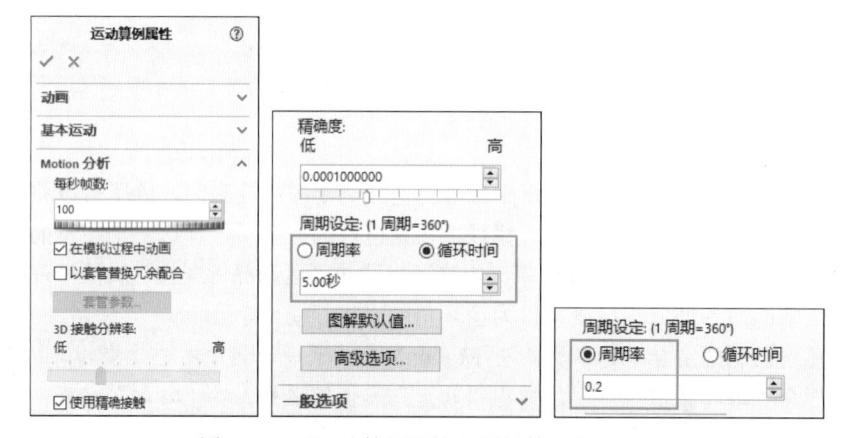

图 8-21 "运动算例属性"属性管理器（2）

> **提示：**
>
> 通过"运动算例属性"属性管理器设置一个周期的持续时间有两种方式。当选中"循环时间"单选按钮时，在下面的输入框中可以直接输入一个周期的持续时间（以字母 T 表示）；当选中"周期率"单选按钮时，在下面的输入框中可以输入每秒可以运行的周期数（以字母 f 表示）。它们之间的数学关系是互为倒数，即 $f=1/T$。

(3)再次运行仿真并查看结果。重新运行该运动算例并再次打开推杆线性位移 Y 分量的图解,该图解与图 8-18 相同。这符合预期,因为两次仿真中马达均旋转了一圈,只是前者使用时间作为自变量,而后者使用循环角度作为自变量。

(4)修改循环时间。再次打开"运动算例属性"属性管理器,将"循环时间"设为 2.50 秒。

(5)再次运行仿真并查看结果。重新运行该运动算例并再次打开推杆线性位移 Y 分量的图解,结果如图 8-22 所示。由图 8-22 可知,马达将以 2.50s 为一个周期的持续时间,在 5s 的仿真时间内,马达驱动凸轮旋转两圈。

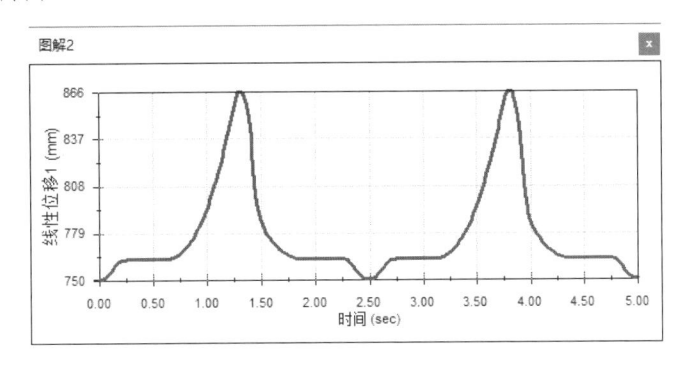

图 8-22　推杆线性位移 Y 分量的图解(2)

练一练——摆动从动件凸轮机构

图 8-23 所示为摆动从动件凸轮机构示意图。其中包含机架、摆杆、凸轮(凸轮的轮廓未确定)、滚子共 4 个零件。在已知从动件(摆杆)角位移规律的前提下,生成凸轮的轮廓曲线,并在完成凸轮机构设计之后,对设计完成的凸轮机构进行动力学分析。

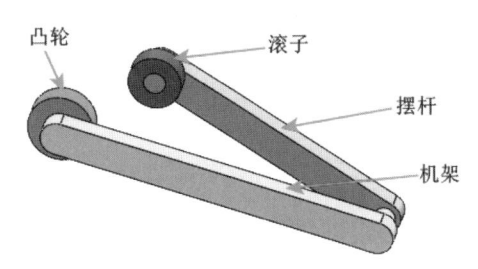

图 8-23　摆动从动件凸轮机构示意图

【操作提示】

(1)打开装配体文件。打开电子资源包中"源文件\原始文件\第 08 章\摆动从动件凸轮机构"文件夹下的"凸轮机构.SLDASM"文件。

(2)切换到运动算例页面。单击"运动算例 1"选项卡,切换到运动算例页面,将运动的"算例类型"设为"Motion 分析"。

(3)添加驱动凸轮旋转的马达。为"凸轮"零件添加马达,将"马达类型"设为"旋转马达",通过"马达位置"选择框选择凸轮零件的内圆孔面,调整马达方向,然后将"函数"设为"等速",将"速度"设为 20RPM(即 3s 凸轮旋转一圈),如图 8-24 所示。

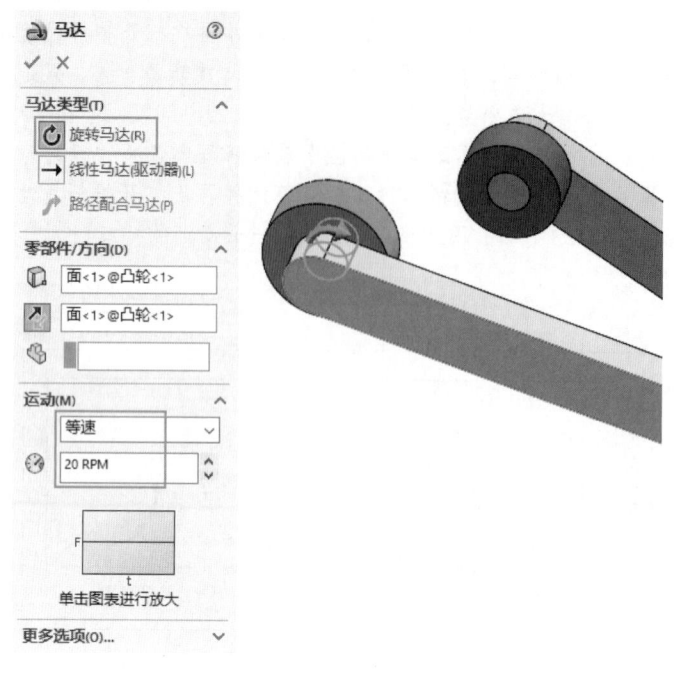

图 8-24 添加驱动凸轮旋转的马达

（4）添加驱动摆杆旋转的马达。为"摆杆"零件添加马达，将"马达类型"设为"旋转马达"，通过"马达位置"选择框选择摆杆零件右侧的内圆孔面，调整马达旋转方向，如图 8-25 所示。将"函数"设为"数据点"，在弹出的"函数编制程序"对话框中将"值（y）"设为"位移（度）"，"自变量（x）"设为"时间（秒）"，"插值类型"设为"立方样条曲线"，单击"输入数据"按钮，选择电子资源包中相应文件夹下名为"摆杆角位移规律.csv"的文件，如图 8-26 所示。

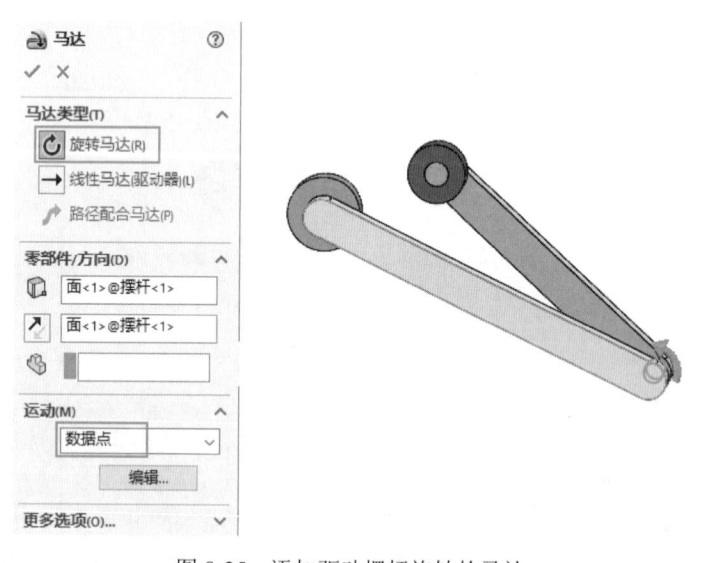

图 8-25 添加驱动摆杆旋转的马达

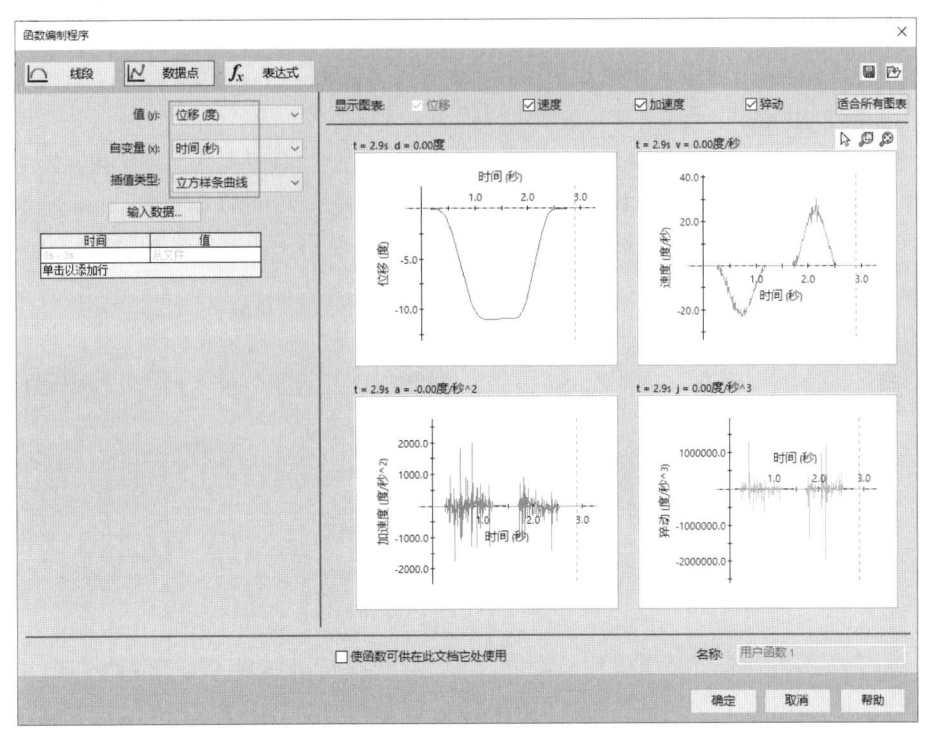

图 8-26 "函数编制程序"对话框

（5）添加引力。在 Y 轴负方向添加默认大小的引力。
（6）设置运动算例属性。打开"运动算例属性"属性管理器，将"每秒帧数"设为 100。
（7）运行仿真。将仿真结束时间设为 3s，然后提交计算。
（8）创建跟踪路径的图解。打开"结果"属性管理器，依次选择"位移/速度/加速度""跟踪路径"，选择滚子上的点 1（该点位于滚子零件的质心位置）和凸轮的外圆面（表示相对于凸轮的外圆面创建跟踪路径），如图 8-27 所示。显示出所创建的跟踪路径图解，如图 8-28 所示。

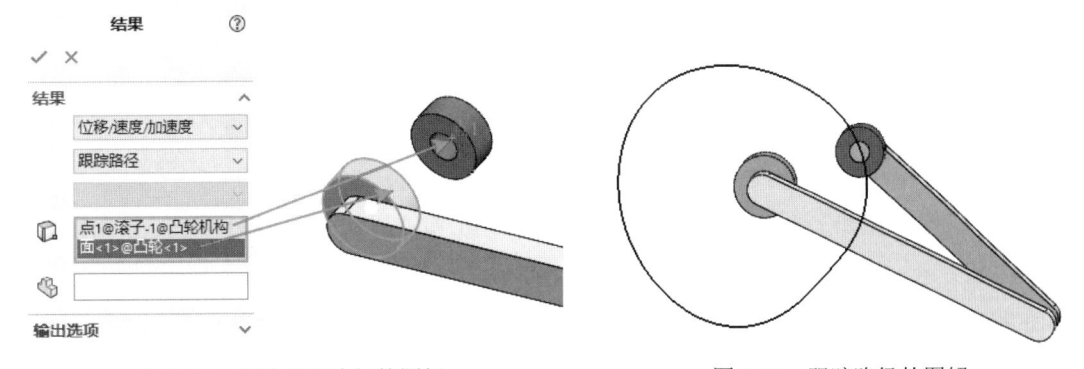

图 8-27 创建跟踪路径的图解　　　　图 8-28 跟踪路径的图解

（9）将跟踪路径曲线输入凸轮零件中。右击 MotionManager 设计树中的跟踪路径图解，在弹出的快捷菜单中选择"从跟踪路径生成曲线"→"在参考零件中从路径生成曲线"命令，将跟踪路径的曲线输入凸轮零件。

（10）打开凸轮零件。打开凸轮零件后，可见跟踪路径曲线已经作为一个"曲线1"特征输入凸轮零件中，如图8-29所示。

（11）创建草图。在"前视基准面"上新建一个草图，通过"等距实体"命令将曲线向内侧偏移12.00mm（由于滚子零件的半径为12mm，故此处需向内侧偏移12mm），如图8-30所示。最后使用"转换实体引用"命令将凸轮的圆柱外侧边线投影到当前草图平面，完成草图绘制。

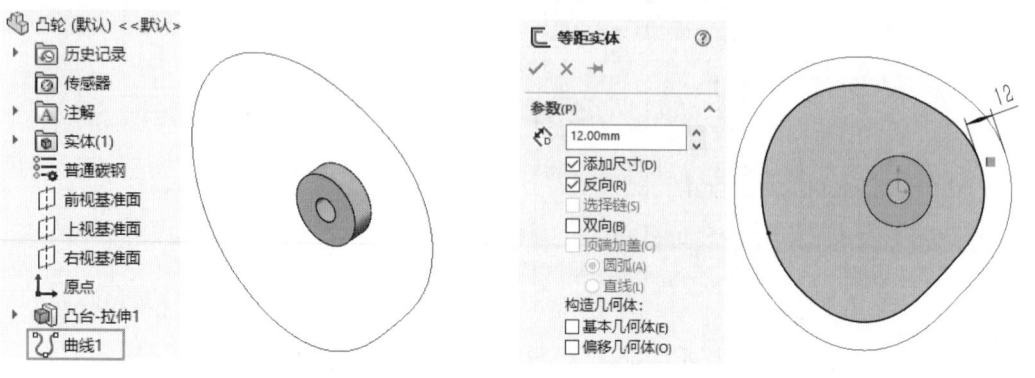

图8-29 输入曲线后的凸轮零件　　　　　图8-30 等距实体操作

（12）创建凸台-拉伸特征。通过"拉伸凸台/基体"命令打开"凸台-拉伸"属性管理器，将"终止条件"设为"两侧对称"，在"深度"栏中输入10.00 mm，取消勾选"合并结果"复选框，如图8-31所示。创建完成后的凸轮零件如图8-32所示。

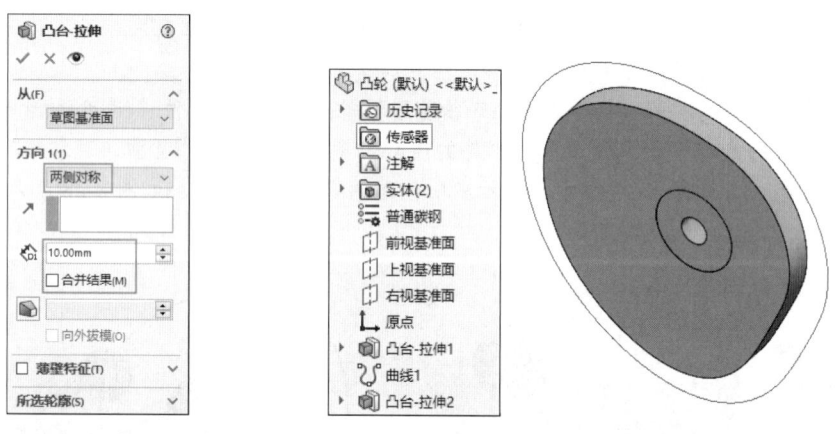

图8-31 "凸台-拉伸"属性管理器　　　　　图8-32 创建完成后的凸轮零件

（13）保存零件并返回装配体。保存凸轮零件并返回"凸轮机构.SLDASM"文件，重建后的装配体如图8-33所示。

（14）压缩驱动摆杆旋转的马达。在MotionManager设计树中压缩旋转马达2。

（15）添加凸轮和滚子之间的实体接触。添加一个接触，将"接触类型"设为"实体"，通过"选择"组框内的"零部件"选择框选择零件凸轮和滚子；在"材料"组框内，将第一个材料名称和第二个材料名称均设为"Steel(Greasy)"；取消勾选"摩擦"复选框，如图8-34所示。

图 8-33　重建后的装配体　　　　　图 8-34　"接触"属性管理器

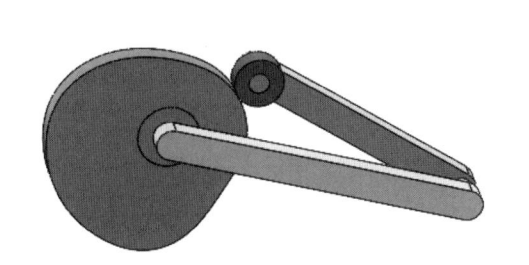

（16）创建摆杆角位移的图解。再次运行仿真，然后打开"结果"属性管理器，在"结果"组框内依次选择"位移/速度/加速度""角位移""幅值"，通过"特征"选择框选择摆杆的任意一个面，如图 8-35 所示。创建的图解如图 8-36 所示。

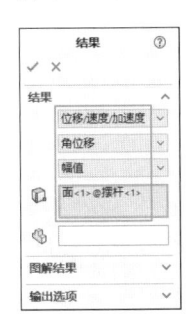

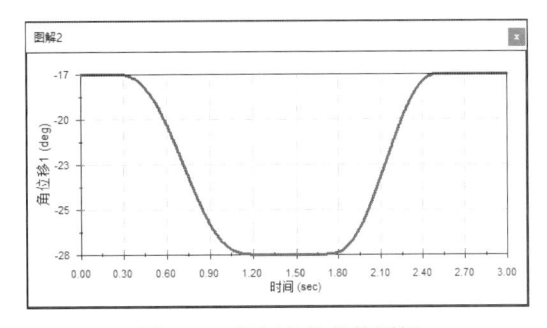

图 8-35　"结果"属性管理器　　　　　图 8-36　摆杆角位移的图解

（17）结果对比。打开电子资源包中相应文件夹下名为"摆杆角位移规律.xls"的文件（该文件"数据"工作表中所包含的数据与"推杆位移规律.csv"文件中的数据完全相同，但该文件还包含一个根据摆杆角位移规律数据所创建的图表），图表如图 8-37 所示。由图 8-36 和图 8-37 相对比可知，两条曲线的形状完全相同。

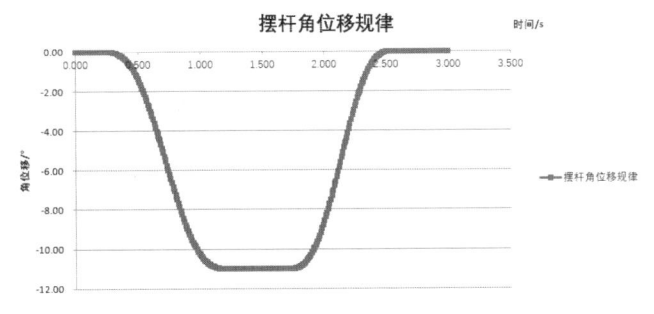

图 8-37　摆杆角位移规律的图表

第 9 章　基于事件的运动分析

内容简介

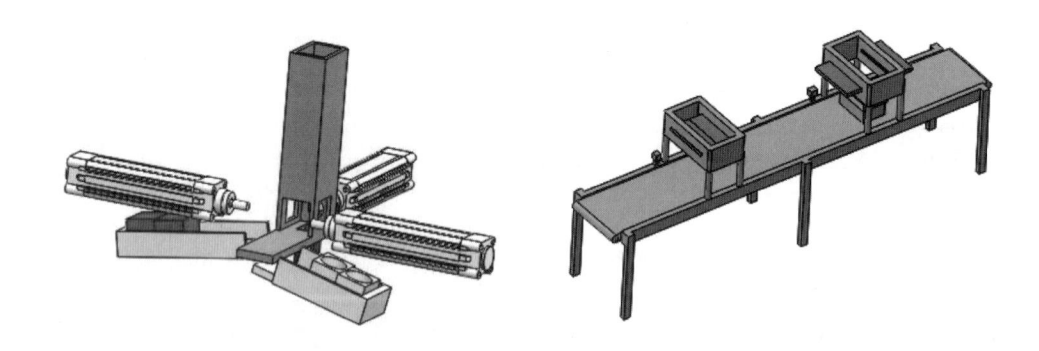

基于事件的运动分析可以通过传感器、事件或时间表的任意组合，指定由事件触发的运动控件。基于事件的运动算例以一组从触发事件而产生的运动作用而定义。在不知道单元更改的准确时间顺序时创建基于事件的运动算例，可以通过计算基于事件的运动算例来获取单元更改的时间顺序。本章首先简单介绍基于事件的运动分析的基础知识，然后通过具体实例演示 SOLIDWORKS Motion 通过基于事件的运动视图设置分拣装置的仿真运行的操作步骤。

内容要点

➢ 基于事件的运动分析
➢ 分拣装置的运行仿真分析

案例效果

9.1　基于事件的运动分析概述

9.1.1　两种运动分析方法

在 SOLIDWORKS Motion 中进行运动分析的前处理工作时，可以选择基于时间或基于事件两种不同的方法。本书前面的章节主要介绍了基于时间的方法，该方法通过运动算例页面上的时间线视图来设定和控制模拟单元在分析过程中的运动状态变化，这类分析被称为基于时间的运动分析。

以图 9-1 所示的时间线视图为例，用户可以在该视图中为"旋转马达 1"创建两个键码点，用以控制其启动和停止。

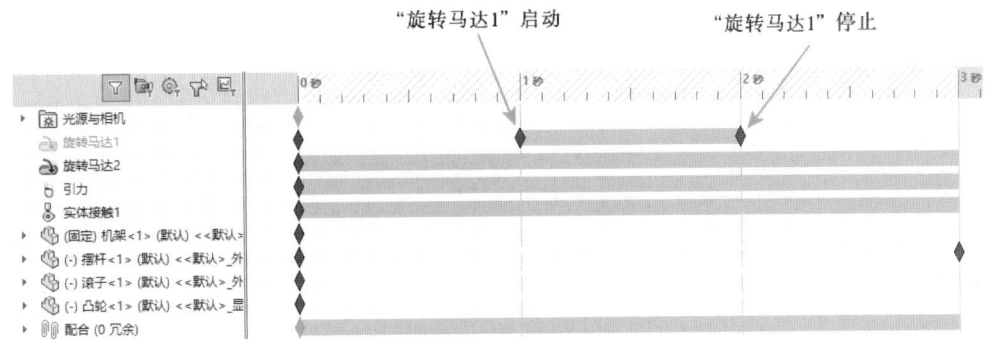

图 9-1 时间线视图

除了基于时间的运动分析之外,SOLIDWORKS Motion 还提供了另一种运动分析方法,称为基于事件的运动分析。这种分析方法允许用户在分析过程中通过基于事件的运动视图来设置模拟单元运动状态的变化。

在基于事件的运动分析中,事件是指特定的条件或特定的时刻。这些条件可以包括某个零部件接触到另一个零部件、某个零部件达到一定的速度或某一位置等。当这些条件得到满足时,指定的操作便会相应地进行。

例如,在图 9-2 所示的焊接机器人机构示意图中,当将待焊接的钢板移动到预定位置时,需要启动机器人的马达以开始焊接作业。因为用户在仿真运行前无法预知钢板到达指定位置的确切时刻,所以难以确定启动马达的准确时间点,这种情况下,使用时间线视图进行运动分析是不可行的。然而,用户可以采用基于事件的运动视图来执行整个运动分析过程。

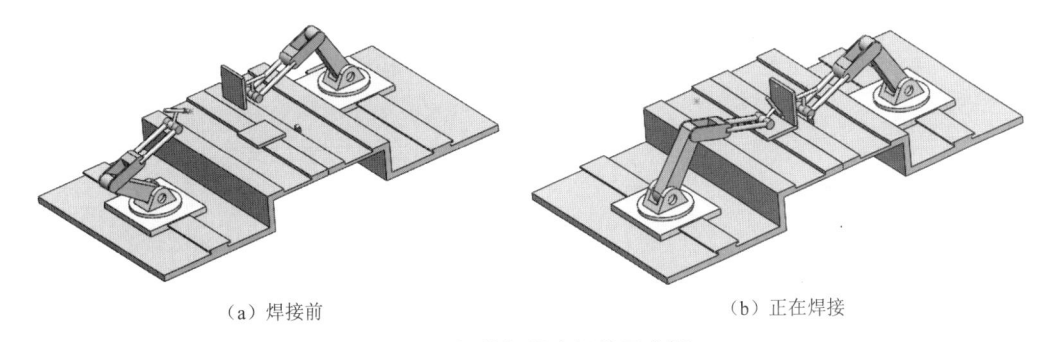

(a)焊接前　　　　　　　　　　　(b)正在焊接

图 9-2 焊接机器人机构示意图

9.1.2 基于事件的运动视图

第 1.3.2 小节已经对 SOLIDWORKS Motion 的 MotionManager 工具栏进行了介绍,其中提到了"切换视图"选项的功能。该选项具备两种状态:当 SOLIDWORKS Motion 界面呈现为时间线视图时,该选项显示为"基于事件的运动视图"按钮 ;当用户进入基于事件的运动视图后,该选项则显示为"时间线视图"按钮 。利用这个按钮,用户可以便捷地在"时间线视图"和"基于事件的运动视图"之间进行切换。

基于事件的运动视图如图 9-3 所示。

任务		触发器			操作					时间	
名称	说明	触发器	条件	时间/延缓	特征	操作	数值	持续时间	轮廓	开始	结束
☑ 任务1	打开第一个左侧		提醒打开	2.5s 延缓	线性马达2	更改	150mm	1.5s	∠	4.66s	6.16s
☑ 任务2	打开第一个右侧		提醒打开	2.5s 延缓	线性马达3	更改	150mm	1.5s	∠	4.66s	6.16s
☑ 任务3	关闭第一个左侧	任务1	任务结束	0.5s 延缓	线性马达2	更改	-150m	1.5s	∠	6.66s	8.16s
☑ 任务4	关闭第一个右侧	任务2	任务结束	0.5s 延缓	线性马达3	更改	-150m	1.5s	∠	6.66s	8.16s
☑ 任务5	打开第二个左侧		提醒打开	2.3s 延缓	线性马达4	更改	150mm	1.5s	∠	19.16s	20.66s
☑ 任务6	打开第二个右侧		提醒打开	2.3s 延缓	线性马达5	更改	150mm	1.5s	∠	19.16s	20.66s
☑ 任务7	关闭第二个左侧	任务5	任务结束	0.5s 延缓	线性马达4	更改	-150m	1.5s	∠	21.16s	22.66s
☑ 任务8	关闭第二个右侧	任务6	任务结束	0.5s 延缓	线性马达5	更改	-150m	1.5s	∠	21.16s	22.66s

图 9-3　基于事件的运动视图

下面对该视图中的各选项进行具体介绍。

1. 任务

基于事件的运动分析需要创建一系列的任务。这些任务在时间上可以是连续的，也可以是重叠的。每一项任务都是通过任务触发器以及其相关任务操作来定义的。通过任务操作来控制或定义任务中的运动。

（1）名称。显示任务名称，单击单元格可以输入和修改任务的名称。

（2）说明。显示任务描述，单击单元格可以输入和修改任务的说明。

单击"单击此处添加"按钮 ![单击此处添加] 可以添加新的任务。右击基于事件的运动视图中的某个任务，在弹出的快捷菜单中可以选择编辑工具来修改运动算例，如图 9-4 所示。

2. 触发器

触发器是为任务驱动运动控制操作的事件。用户可以基于时间、上一个任务或感应到的值（如零件位置）来定义任务触发器。

（1）触发器。单击单元格中的 按钮，弹出"触发器"对话框，如图 9-5 所示，有三种方式可以生成触发器。

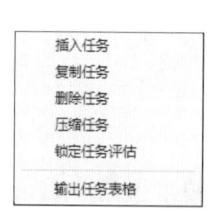

图 9-4　任务操作快捷菜单

图 9-5　"触发器"对话框

1）时间。指定基于时间的触发器。
2）传感器。在基于事件的仿真中可以用到三种不同类型的传感器。
① "干涉检查"传感器：用于检测碰撞。

②"接近"传感器：用于检测越过一条线的实体运动。

③"尺寸"传感器：用于检测零部件与尺寸之间的相对位置。

3）任务。指定触发任务。

（2）条件。

1）提醒打开。在传感器触发时触发操作。

2）提醒关闭。在传感器关闭时触发操作。

3）任务开始。在触发任务开始时触发操作。

4）任务结束。在触发任务结束时触发操作。

（3）时间/延缓。对于触发任务或传感器，显示开始任务操作的时间延缓。单击单元格可修改延缓。

3. 操作

操作可定义或约束装配体中一个或多个零部件的运动。定义操作可以压缩或激活配合，停止运动，或更改马达、力或扭矩的值。

（1）特征。单击单元格中的…按钮，弹出"特征"对话框，如图9-6所示。在该对话框中可以选取任务操作的项目。例如，指示线性马达、旋转马达或多个马达操作，指示力、扭矩操作，指示压缩或包含的配合操作，指示停止运动等。

（2）操作。

1）打开。打开马达、力或力矩，并在操作持续时间内包括所选配合。

2）关闭。关闭马达、力或力矩，并在操作持续时间内排除所选配合。

3）更改。更改等速马达、伺服马达及恒定力或力矩的数值。

4）停止。停止等速马达或伺服马达。

图 9-6 "特征"对话框

（3）数值。为更改后的等速马达、恒定力或力矩指定更改后的常量。

（4）持续时间。为更改后的等速马达、恒定力或力矩指定操作持续时间。

（5）轮廓。指定等速马达轮廓的形状，或指定恒定力或力矩轮廓的形状。轮廓根据数值和持续时间计算得出，轮廓包括线性、等加速度、摆线、谐波、三次曲线等。

4. 时间

（1）开始。显示任务操作的开始时间。

（2）结束。显示任务操作的结束时间。

9.1.3 传感器

在 FeatureManager 设计树中，右击传感器文件夹，在弹出的快捷菜单中选择"添加传感器"命令，如图9-7所示。弹出"传感器"属性管理器，如图9-8所示。

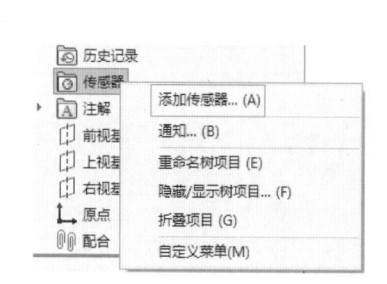

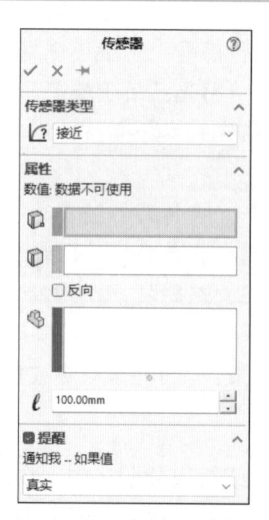

图 9-7 添加传感器　　　　图 9-8 "传感器"属性管理器

在"传感器"属性管理器中设定参数,选择传感器类型,指定属性。设置一个警戒,使传感器在发现数值超出指定阈值时立即发出通知。单击"确定"按钮✓,完成传感器的添加,FeatureManager设计树的传感器文件夹中将显示传感器及其当前值。重建模型时,传感器数值随之更新。

传感器用于监视零件和装配体的所选属性,并在数值超出指定阈值时发出警告。传感器类型包括以下几种。

(1) "Simulation 数据"传感器:在零件和装配体中可用,用于 SOLIDWORKS Simulation 中,选择传感器类型为"Simulation 数据"时,其属性管理器如图 9-9 所示。

➢ Simulation 数据,如模型特定位置的应力、接头力和安全系数。
➢ 来自 Simulation 瞬态算例的结果,如非线性、动态、瞬态热力、掉落测试算例和设计情形。使用工作流程灵敏传感器为瞬态和设计算例图解特定位置上的图标。使用瞬态传感器列出瞬态算例结果和查看解算步骤中的统计数据。
➢ 趋势跟踪器数据图表。
➢ 设计算例的目标和约束。

1) 结果：结果选项包括应力、应变(单元值)、位移、频率(模式形状)、屈曲安全系数(屈曲模式形状的载荷因子)、接头力、自由实体力、热力、速度、加速度、横梁应力、工作流程灵敏、安全系数、Simulation 质量属性。

2) 零部件：选择要使用传感器跟踪的结果分量。

3) 单位：为 Simulation 数量选择单位。

4) 准则：该准则中的变量包括以下几种。

① 模型最大值：模型的最大代数值。
② 模型最小值：模型的最小代数值。
③ 模型平均值：模型的平均值。
④ 最大过选实体：在零部件、实体、面、边线或顶点框中定义的选定实体最大代数值。
⑤ 最小过选实体：在零部件、实体、面、边线或顶点框中定义的选定实体最小代数值。

⑥ 平均选定实体：在零部件、实体、面、边线或顶点框中定义的选定实体平均值。
⑦ 均方根过选实体：在零部件、实体、面、边线或顶点框中定义的选定实体均方根值。

5）步长准则 🗐：包括通过所有步长、在特定图解步长和瞬时 3 个选项。

6）提醒：当传感器数值超出指定阈值时立即发出警告。当传感器引发警戒时，传感器在 FeatureManager 设计树中将出现旗标。选择警报并设定运算符和阈值。

对于带数值的传感器，指定一个运算符和一到两个数值。运算符包括大于、小于、刚好是、不大于、不小于、不恰好、介于、没介于。

（2）"质量属性"传感器：用于监视质量、体积和曲面区域等属性。选择该项时，其属性管理器如图 9-10 所示。

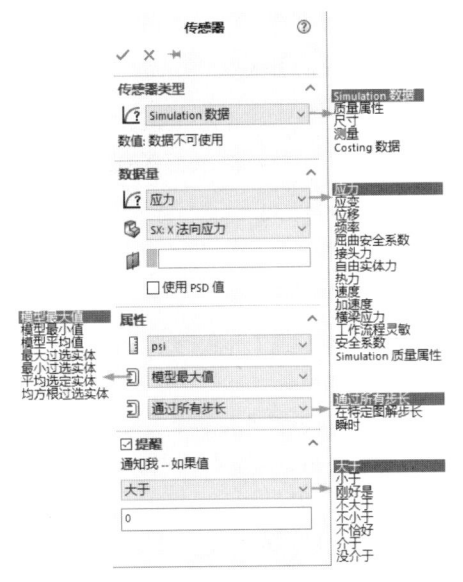

图 9-9　"Simulation 数据"传感器的属性管理器　　　图 9-10　"质量属性"传感器的属性管理器

1）质量属性 ⚙️：质量属性类型包括质量、体积、表面积、质量中心 X、质量中心 Y、质量中心 Z。
2）要监视的实体 🔲：列出在图形区域选择的要监视的实体，可包括零件、实体、装配体或零部件。
3）数值：列出当前质量值。

（3）"尺寸"传感器：选择传感器类型为"尺寸"时，其属性管理器如图 9-11 所示。

1）要监视的尺寸 📏：列出在图形区域选择的要监控的实体。
2）数值：列出当前尺寸值。

（4）"干涉检查"传感器：只在装配体中可用，监视装配体中选定的零部件之间的干涉情况，其属性管理器如图 9-12 所示。

1）要检查的零部件 🔲：列出在图形区域选择的要监控的实体，可包括零部件或整个装配体。
2）数值：指示是否在所选实体之间检查到了干涉。
3）视重合为干涉：勾选该复选框时，将重合实体报告为干涉。
4）显示忽略的干涉：勾选该复选框时，"干涉检查"传感器的属性管理器中结果下的已忽略干涉以灰色显示。当取消勾选该复选框时，忽略的干涉将不会列出。

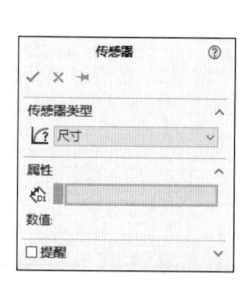

图 9-11 "尺寸"传感器的属性管理器 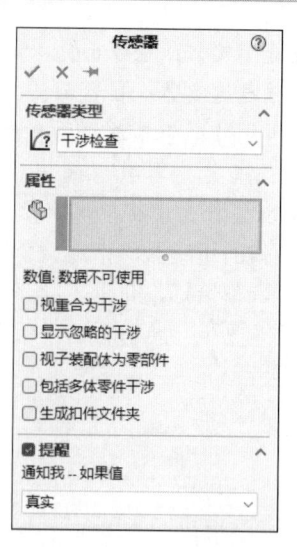　　　　图 9-12 "干涉检查"传感器的属性管理器

5）视子装配体为零部件：勾选该复选框时，子装配体被看作单一零部件，这样子装配体的零部件之间的干涉将不报出。

6）包括多体零件干涉：报告多实体零件中实体之间的干涉。

7）生成扣件文件夹：将扣件（如螺母和螺栓）之间的干涉隔离至"干涉检查"传感器的属性管理器的结果下的单独文件夹。

（5）"测量"传感器：测量尺寸。选择传感器类型为"测量"时，打开"测量"对话框，如图 9-13 所示。该对话框用于在草图、3D 模型、装配体或工程图中测量距离、角度和半径，还可测量直线、点、曲面和平面的大小及它们之间的大小。

（6）"接近"传感器：只在装配体中可用，监视装配体中所定义的直线和选取的零部件之间的干涉。例如，使用接近传感器来建立激光位置检测器的模型，其属性管理器如图 9-14 所示。

图 9-13 "测量"对话框 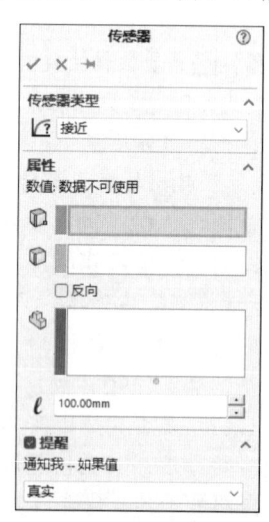　　　　图 9-14 "接近"传感器的属性管理器

1) 接近传感器位置：定义传感线的原点。选取一个顶点、草图点、边线（边线中心）或面（面的中心）。

2) 接近传感器方向：定义传感线的原点方向。选择一条直边线、圆边线、草图直线、平面或圆柱面。如果所产生的传感线延伸方向是错的，则勾选"反向"复选框。

3) 要跟踪的零部件：列举想镜像的实体。选择一个或多个装配体或子装配体零部件。

4) 接近传感器范围：定义传感线的长度。

（7）"Costing 数据"传感器：用于监视 Costing 数据，包括在数据数量中定义的总成本、材料成本或制造成本。选择传感器类型为"Costing 数据"时，其属性管理器如图 9-15 所示。其中，用于选择的数据量包括总成本、材料成本和制造成本。

（8）"钣金边界框属性"传感器：监视平板型式可以适合的最小矩形，"钣金边界框属性"传感器取决于最新的切割清单属性，其属性管理器如图 9-16 所示。

图 9-15 "Costing 数据"传感器的属性管理器

图 9-16 "钣金边界框属性"传感器的属性管理器

9.2 实例——分拣装置

本节以分拣装置为例，将带孔的黄色盒子和实体棕色盒子分开，每类盒子都应该被移至对应的容器中。该分拣装置包含 6 个零件。盒子的竖直运动源自重力。水平运动为三个带伺服马达的推出机构。马达基于一系列传感器来驱动运动，这些传感器用于监控盒子类型和它们在机构中的位置。

基于事件的仿真将用于模拟这个机构的运动，将每种盒子归类放置到各自的容器中。

1. 生成一个运动算例

（1）打开装配体文件。打开电子资源包中"源文件\原始文件\第 09 章\分拣装置"文件夹下的"分拣装置.SLDASM"文件，如图 9-17 所示。该装配体中包含驱动器、气缸、支架、传感器、盒子和平台等零件。

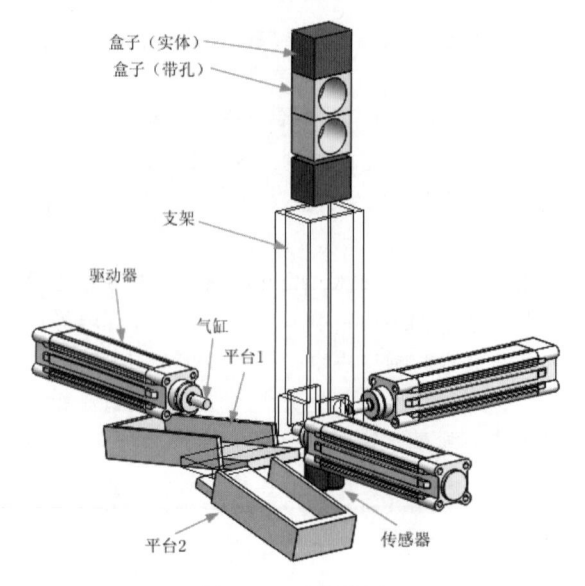

图 9-17 分拣装置

（2）设置单位。选择菜单栏中的"工具"→"选项"命令，打开相应对话框，选择"文档属性"标签下的"单位"选项，选择"单位系统"为"MMGS（毫米、克、秒）"，如图 9-18 所示。

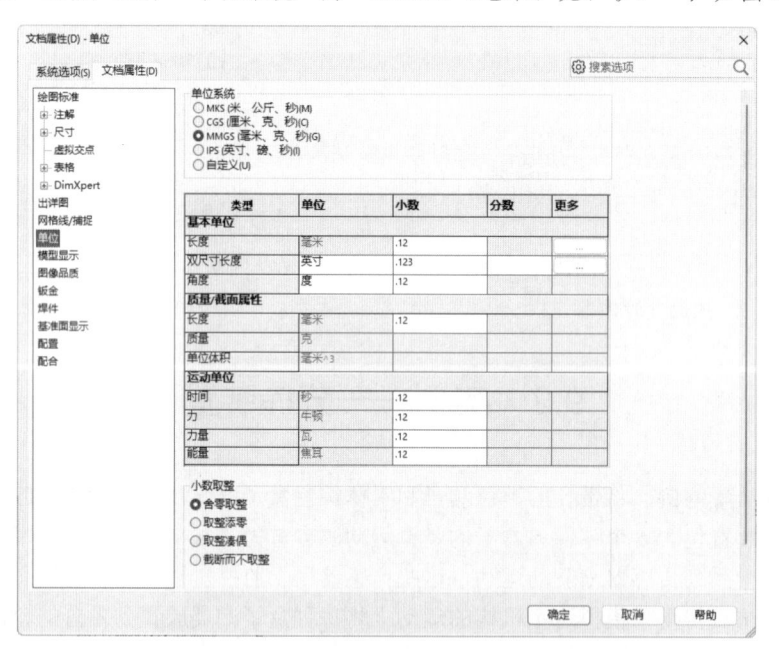

图 9-18 "文档属性（D）-单位"对话框

（3）切换到运动算例页面。在 SOLIDWORKS 界面左下角单击"运动算例 1"选项卡，进入该运动算例页面，将此算例命名为"分拣装置"，然后将 MotionManager 工具栏中的"算例类型"设为"Motion 分析"。

2. 前处理

（1）为驱动器 1 定义线性的伺服马达。单击 MotionManager 工具栏中的"马达"按钮，弹出"马达"属性管理器，在"马达类型"组框内单击"线性马达（驱动器）"按钮，通过"零部件/方向"组框内的"马达位置"选择框选择指定的面，在"运动"组框内选择"伺服马达"和"位移"，如图 9-19 所示。

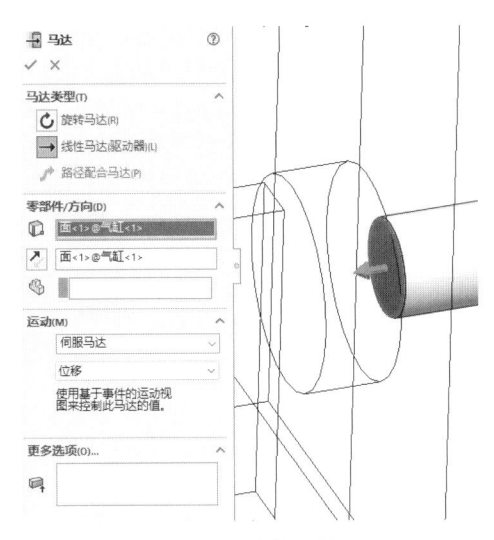

图 9-19 定义线性马达（1）

（2）再为驱动器 2 和驱动器 3 定义两个线性的伺服马达，如图 9-20 和图 9-21 所示。

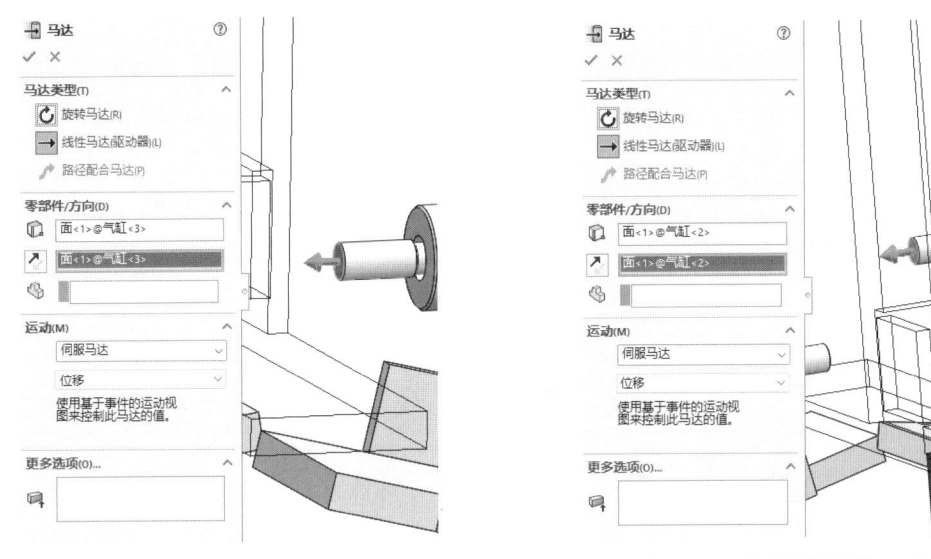

图 9-20 定义线性马达（2）　　　　图 9-21 定义线性马达（3）

（3）定义实体接触。操作时，应尽量使用接触组来简化接触方案。单击 MotionManager 工具栏中的"接触"按钮，弹出"接触"属性管理器，在"接触类型"组框内单击"实体"按钮；在

"选择"组框内勾选"使用接触组"复选框,在"组1:零部件"和"组2:零部件"选择框内选择零部件;在"材料"组框内将第一个材料名称设为"Acrylic",将第二个材料名称设为"Steel(Dry)",如图 9-22 所示。最后单击"确定"按钮 ✓,完成实体接触 1 的添加。

(4)用同样的方法定义其他三个接触,如图 9-23~图 9-25 所示。

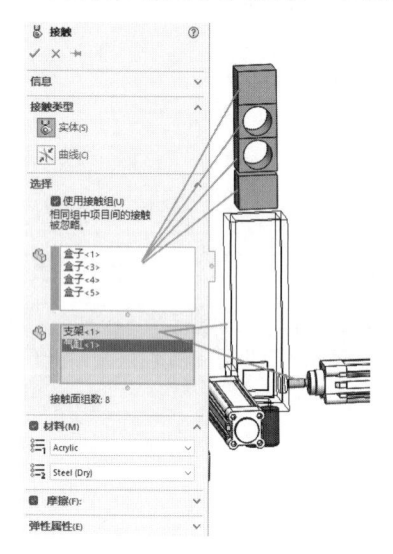

图 9-22　定义实体接触(1)　　　　　　图 9-23　定义实体接触(2)

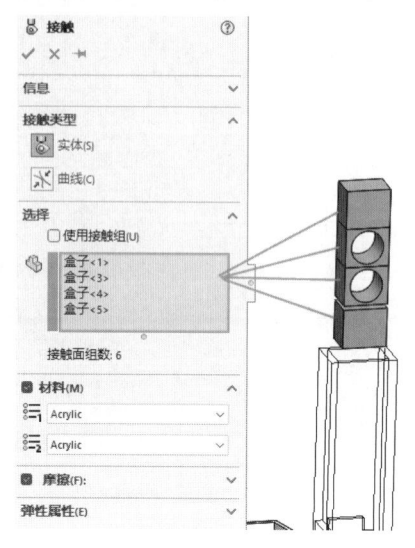

(5)添加引力。单击 MotionManager 工具栏中的"引力"按钮 ,弹出"引力"属性管理器,如图 9-26 所示。在"引力参数"组框内选中"Y"单选按钮,保持默认的引力大小,单击"确定"按钮 ✓。

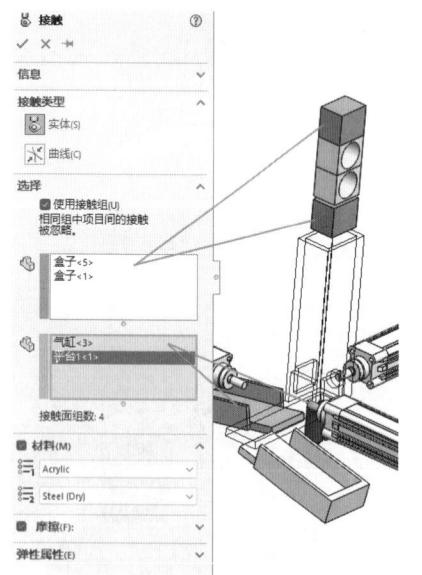

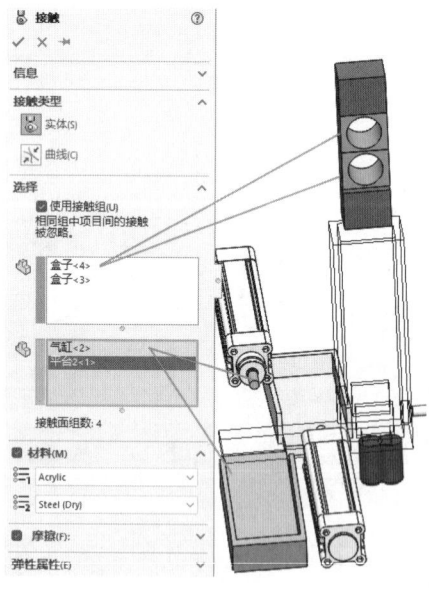

图 9-24　定义实体接触(3)　　　图 9-25　定义实体接触(4)　　　图 9-26　"引力"属性管理器

（6）定义两个接近传感器来控制这个系统，通过传感器1来探测到达支架底部平台的实体盒子，通过传感器2来探测带孔盒子，如图9-27所示。右击FeatureManager设计树中的"传感器"选项，在弹出的快捷菜单中选择"添加传感器"命令，弹出"传感器"属性管理器，在"传感器类型"组框内选择"接近"类型，在"属性"组框内的"接近传感器位置"选择框中选择传感器1上的面，在"要跟踪的零部件"选择框中选择两个实体盒子，在"接近传感器范围"输入框中输入12.00mm，如图9-28所示。单击"确定"按钮 ✓，完成传感器1的定义。

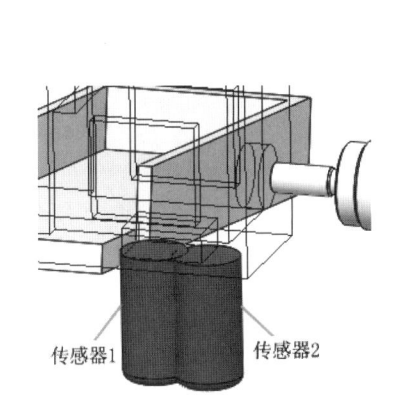

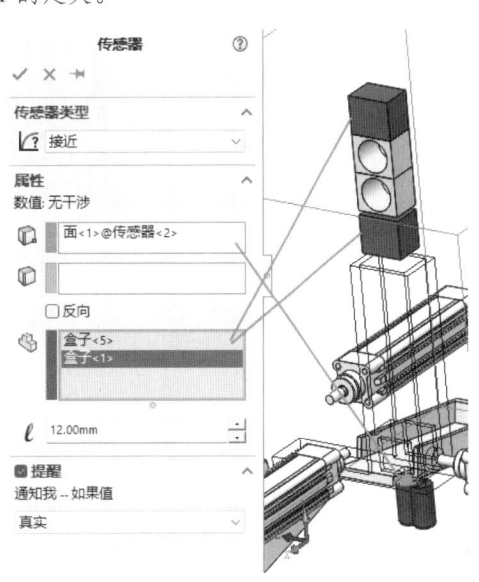

图 9-27　传感器位置　　　　　　　图 9-28　定义传感器1

（7）用同样的方法定义传感器2，如图9-29所示。

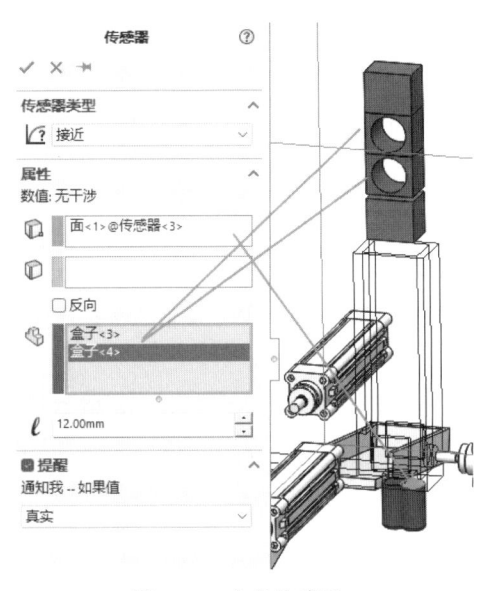

图 9-29　定义传感器2

> **提示：**
>
> 当盒子抵达支架的水平平台时，12mm 的范围被用于触发必要的事件。因为平台的厚度为 10mm，当盒子接近平台时，任何大于 10mm 的传感器范围都将触发一个事件，如图 9-30 所示。

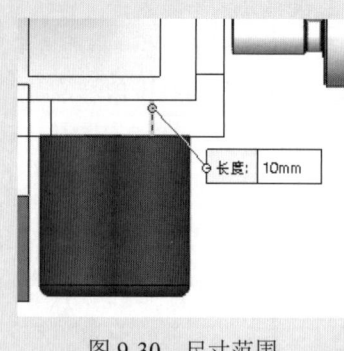

图 9-30 尺寸范围

3. 设置基于事件的运动视图

（1）单击 MotionManager 工具栏右上角的"基于事件的运动视图"按钮，切换到基于事件的运动视图，如图 9-31 所示。

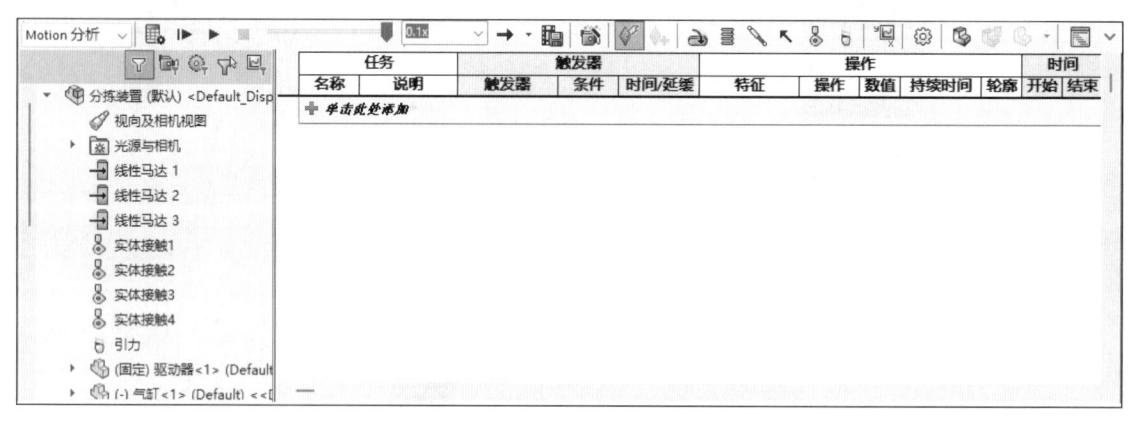

图 9-31 基于事件的运动视图

（2）设置任务 1。任务 1 就是沿着支架平台移动最底部的盒子到指定位置，在此位置可以确保驱动器 2 可能被推至平台1。当实体盒子激发了接近传感器1时将触发该任务。因为这个传感器在实体盒子位于平台上方 2mm 时触发了一个事件，为了保证驱动器 2 有充足的时间缩回，应对该任务指定 0.1s 的时间延缓。

（3）设置任务 1 的名称。单击"单击此处添加"按钮，添加一条新的任务行。在"名称"栏中输入"推动实体盒子"。

（4）设置任务 1 的触发器。在"触发器"栏中单击按钮，打开"触发器"对话框，如图 9-32 所示。选择"传感器1（无干涉）"，单击"确定"按钮，关闭"触发器"对话框。回到基于事件的运动视图，设置"条件"为"提醒打开"，设置"时间/延缓"为"0.1s 延缓"，完成对"触发器"的设置，如图 9-33 所示。

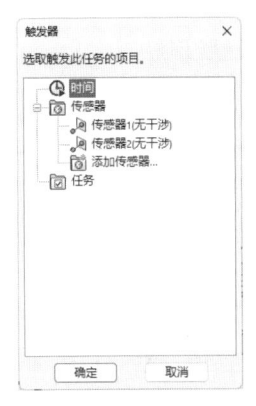

图 9-32 "触发器"对话框　　　　　图 9-33 设置任务 1 的名称和触发器

（5）设置任务 1 的操作。本操作是将实体盒子沿着平台推动 75mm 的驱动器 1，这个距离对驱动器 2 的后续操作而言是一个理想的位置。在"特征"栏中单击按钮，弹出"特征"对话框，选取 Motors 下的"线性马达 1"，如图 9-34 所示，单击"确定"按钮，关闭"特征"对话框。在"操作"栏中选择"更改"，并在"数值"栏中输入 75mm，在"持续时间"栏中输入 1s，并在"轮廓"栏中选择（谐波），如图 9-35 所示。

图 9-34 "特征"对话框　　　　　图 9-35 设置任务 1 的操作

（6）设置任务 2——缩回驱动器 1。这个任务应该在任务 1 后触发，推动实体盒子，完成操作，持续时间为 0.2s，如图 9-36 所示。

图 9-36 设置任务 2

（7）设置任务 3——推动实体盒子至平台 1。由驱动器 2 推动实体盒子至平台 1。这个任务包含将驱动器 2 伸出 50mm，持续时间为 0.6s。任务 3 将在任务 1 完成时触发，推动实体盒子移动，如图 9-37 所示。

任务		触发器			操作				
名称	说明	触发器	条件	时间/延缓	特征	操作	数值	持续时间	轮廓
推动实体盒子		传感器1	提醒打开	0.1s 延缓	线性马达1	更改	75mm	1s	
缩回驱动器1		推动实体盒子	任务结束	<无>	线性马达1	更改	-75mm	0.2s	
推动实体盒子至平台1		推动实体盒子	任务结束	<无>	线性马达2	更改	50mm	0.6s	

图 9-37 设置任务 3

（8）设置任务 4——缩回驱动器 2。这个任务将在任务 3 完成时触发，持续时间为 0.1s，如图 9-38 所示。

任务		触发器			操作				
名称	说明	触发器	条件	时间/延缓	特征	操作	数值	持续时间	轮廓
推动实体盒子		传感器1	提醒打开	0.1s 延缓	线性马达1	更改	75mm	1s	
缩回驱动器1		推动实体盒子	任务结束	<无>	线性马达1	更改	-75mm	0.2s	
推动实体盒子至平台1		推动实体盒子	任务结束	<无>	线性马达2	更改	50mm	0.6s	
缩回驱动器2		推动实体盒子至Bay1	任务结束	<无>	线性马达2	更改	-50mm	0.1s	

图 9-38 设置任务 4

（9）用同样的方法设置任务来移动带孔盒子至平台 2 中。为了将带孔盒子移至驱动器 3 附近，需要将驱动器 1 伸长 130mm，持续时间为 1.2s，且延缓时间为 0.1s。然后在 0.3s 内缩回驱动器 1。对驱动器 3 使用和驱动器 2 相同的时间和距离数值，最后结果如图 9-39 所示。

任务		触发器			操作				
名称	说明	触发器	条件	时间/延缓	特征	操作	数值	持续时间	轮廓
推动实体盒子		传感器 1	提醒打开	0.1s 延缓	线性马达 1	更改	75mm	1s	
缩回驱动器1		推动实体盒子	任务结束	<无>	线性马达 1	更改	-75mm	0.2s	
推动实体盒子至平台1		推动实体盒子	任务结束	<无>	线性马达 2	更改	50mm	0.6s	
缩回驱动器2		推动实体盒子至平台1	任务结束	<无>	线性马达 2	更改	-50mm	0.1s	
推动带孔盒子		传感器 2	提醒打开	0.1s 延缓	线性马达 1	更改	130mm	1.2s	
再次缩回驱动器1		推动带孔盒子	任务结束	<无>	线性马达 1	更改	-130mm	0.3s	
推动带孔盒子至平台2		推动带孔盒子	任务结束	<无>	线性马达 3	更改	50mm	0.6s	
缩回驱动器3		推动带孔盒子至平台2	任务结束	<无>	线性马达 3	更改	-50mm	0.1s	

图 9-39 设置其他任务

4．运行仿真

（1）设置运动算例属性。单击 MotionManager 工具栏中的"运动算例属性"按钮，弹出"运动算例属性"属性管理器，在"Motion 分析"组框内将"每秒帧数"设为 200，勾选"使用精确接触"复选框，如图 9-40 所示。单击"高级选项"按钮，弹出"高级 Motion 分析选项"对话框，设置"最大积分器步长大小"为 0.05，如图 9-41 所示。单击"确定"按钮，返回"运动算例属性"属性管理器，单击"确定"按钮，完成运行算例属性的设置。

（2）设置仿真结束时间。单击 MotionManager 工具栏右上角的"时间线视图"按钮，切换到时间线视图，将顶部更改栏右侧的键码点拖放至 7 秒处，即总的仿真时间为 7 秒。

（3）返回基于事件的运动视图，单击 MotionManager 工具栏中的"计算"按钮，可对当前运动算例进行仿真计算。

（4）切换到时间线视图，用户可以看到基于事件的仿真结果，如图 9-42 所示。这个仿真结果可以帮助用户考虑是否要改变驱动器的速度来优化系统，是否更改材料来改变摩擦效果，以及是否更改设计以更好地在容器中堆叠盒子。

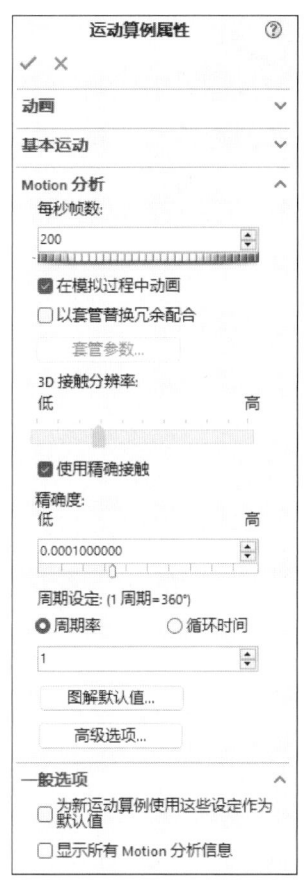

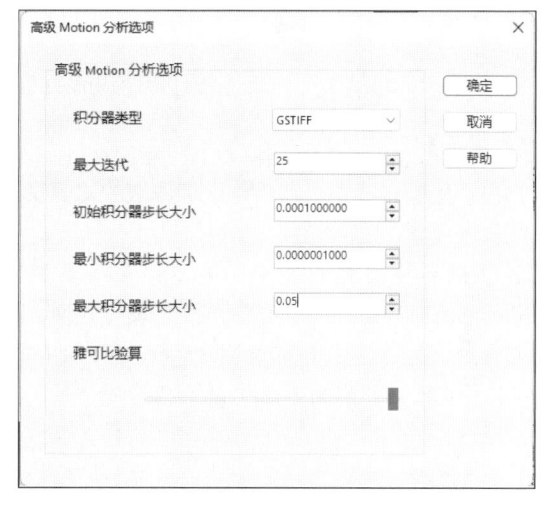

图 9-40　"运动算例属性"属性管理器　　　图 9-41　"高级 Motion 分析选项"对话框

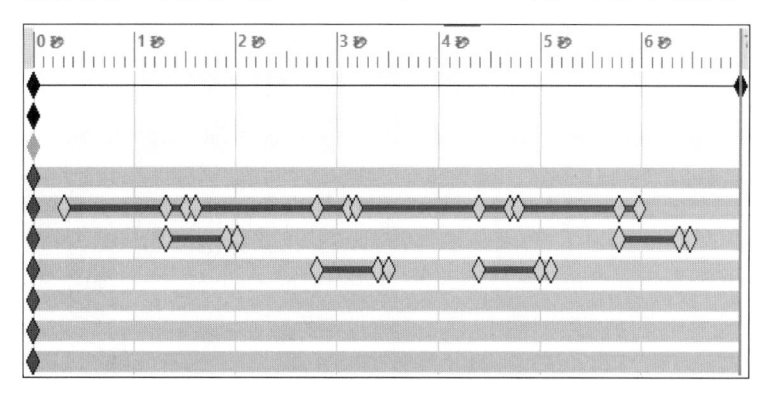

图 9-42　时间线视图

练一练——物品打包装置

图 9-43 所示为物品打包装置示意图。其中包含打包台、箱体、箱盖、物品和滑块等零件。基于事件的仿真将用于模拟打包的动作，当箱体移动到第一个支架下时，滑块打开，物品掉落在箱内；移动到第二个支架下时，滑块打开，箱盖掉落，完成打包过程。

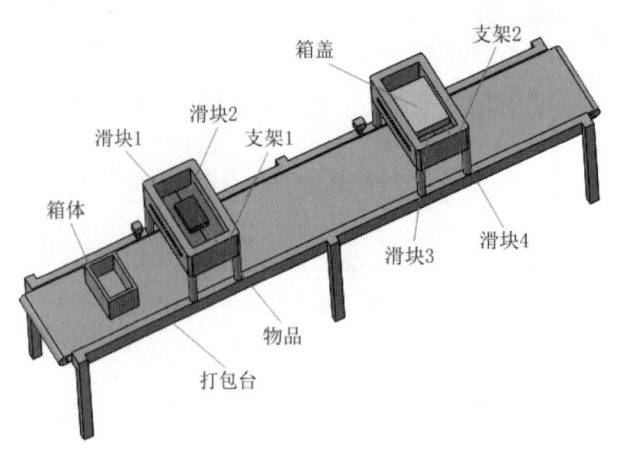

图 9-43 物品打包装置示意图

【操作提示】

（1）打开装配体文件。打开电子资源包中"源文件\原始文件\第 09 章\物品打包装置"文件夹下的"物品打包装置.SLDASM"文件。

（2）切换到运动算例页面。单击"运动算例 1"选项卡，切换到运动算例页面，然后将 MotionManager 工具栏中的"算例类型"设为"Motion 分析"。

（3）添加引力。单击 MotionManager 工具栏中的"引力"按钮，弹出"引力"属性管理器，如图 9-44 所示，在"引力参数"组框内选中"Y"单选按钮，保持默认的引力大小，单击"确定"按钮。

（4）为箱体和滑块添加线性马达。其中，箱体的速度为 100mm/s，滑块为基于位移的伺服马达，设置分别如图 9-45～图 9-49 所示。

图 9-44 "引力"属性管理器　　　图 9-45 定义线性马达（1）

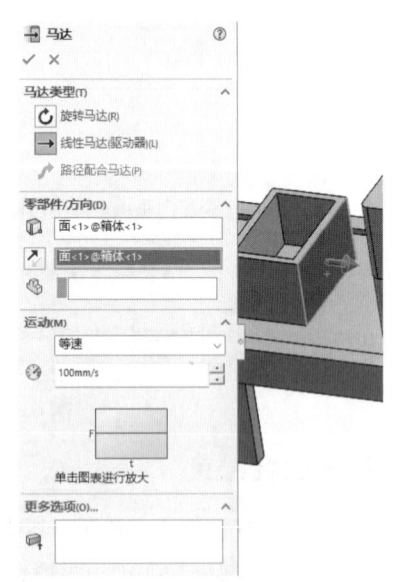

图 9-46　定义线性马达（2）

图 9-47　定义线性马达（3）

图 9-48　定义线性马达（4）

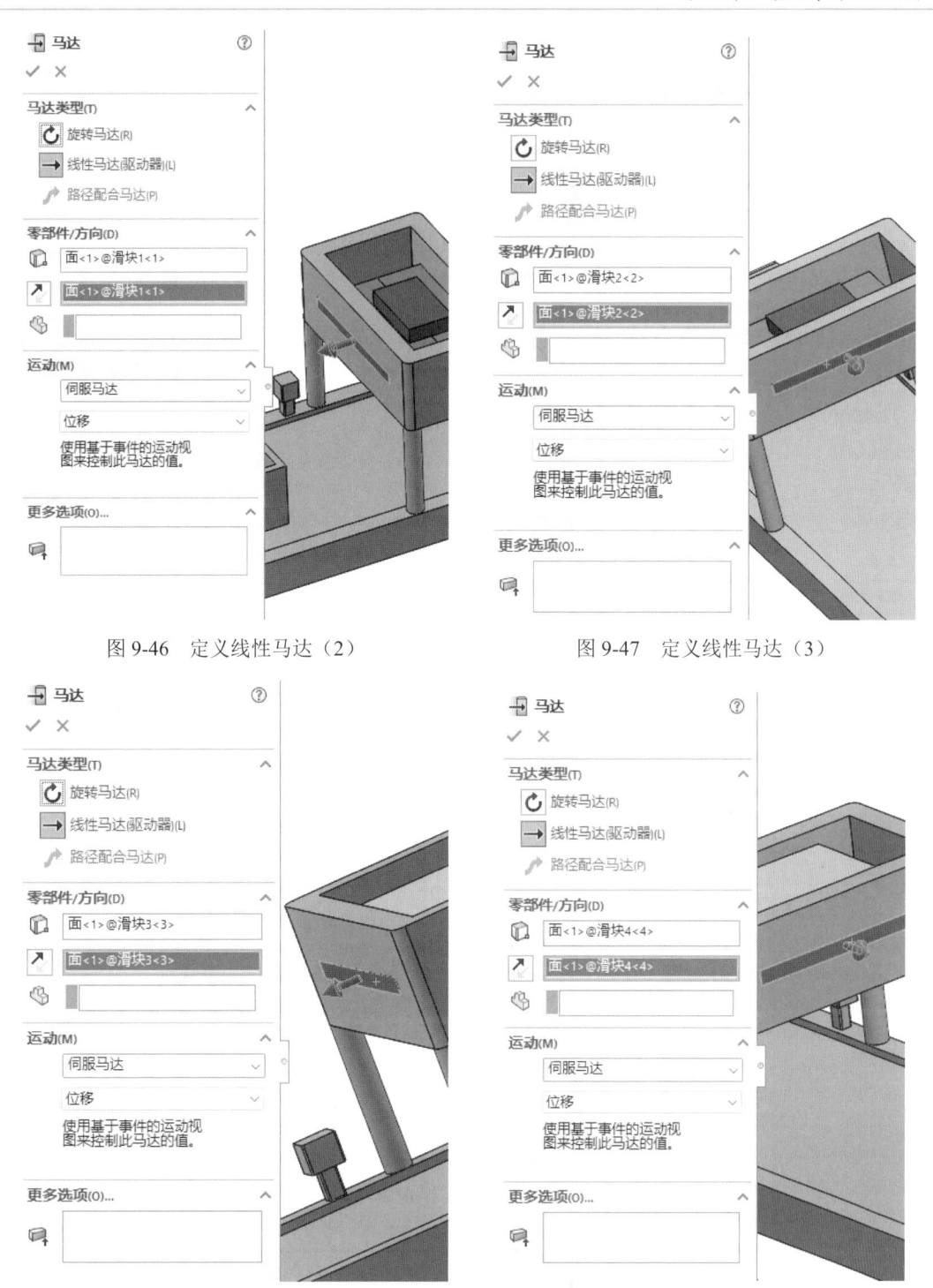

图 9-49　定义线性马达（5）

(5) 定义实体接触。设置如图 9-50～图 9-54 所示。

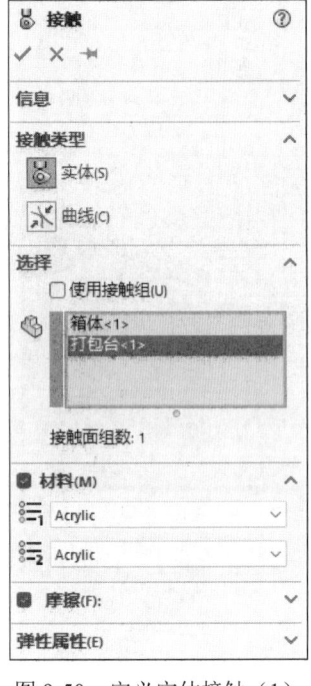

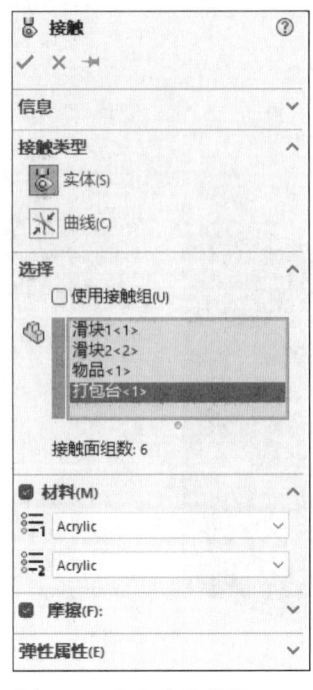

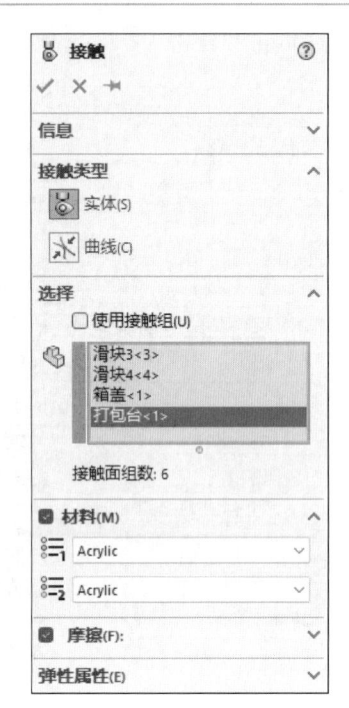

图 9-50　定义实体接触（1）　　　图 9-51　定义实体接触（2）　　　图 9-52　定义实体接触（3）

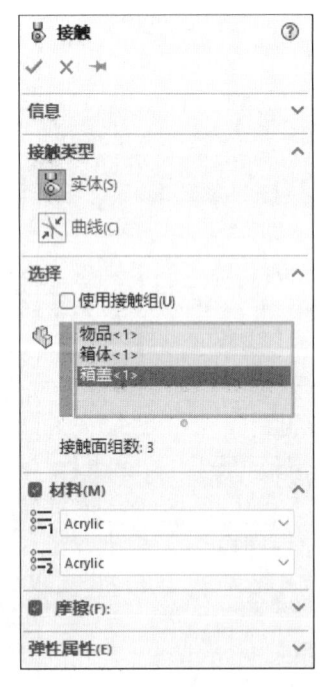

图 9-53　定义实体接触（4）　　　图 9-54　定义实体接触（5）

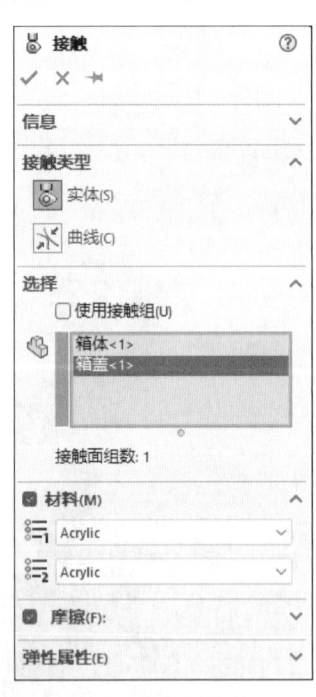

（6）添加两个传感器。设置如图 9-55 和图 9-56 所示。

（7）设置任务。结果如图 9-57 所示。

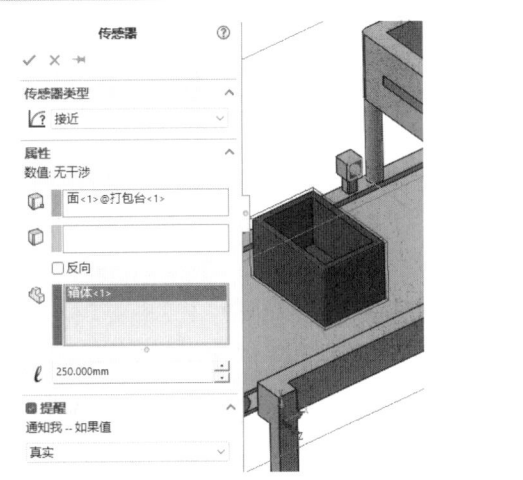

图 9-55　添加传感器（1）　　　　　　　　图 9-56　添加传感器（2）

图 9-57　设置任务

（8）设置运动算例属性。打开"运动算例属性"属性管理器，将"每秒帧数"设为 250。
（9）运行仿真。将仿真结束时间设为 25s，然后提交计算。
（10）切换到时间线视图，用户可以看到基于事件的仿真结果，如图 9-58 所示。这个仿真结果可以帮助用户考虑是否要改变装置的速度及是否更改材料来优化结构，以便更高效率地完成打包工作。

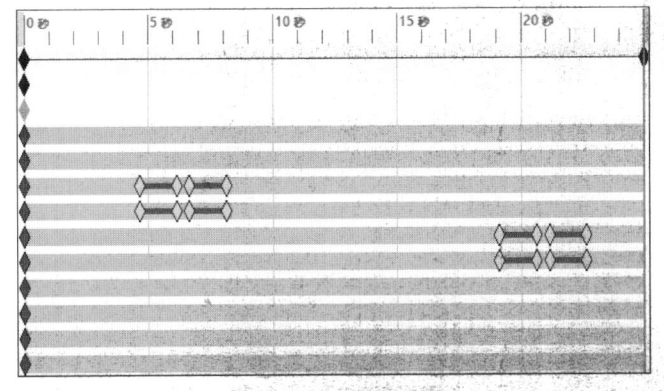

图 9-58　时间线视图

第 10 章 设 计 优 化

内容简介

优化就是找出最佳设计的过程，在设计变量允许的数值变化范围内，相对于所选目标寻找最好的组合。设计优化取决于加载的约束，模型尺寸、马达等参数都可以用于优化。本章首先介绍设计算例的优化和评估分析的相关概念及术语，然后通过医疗椅来详细讲解如何进行设计优化。

内容要点

➢ 设计算例概述
➢ 医疗椅的设计优化

案例效果

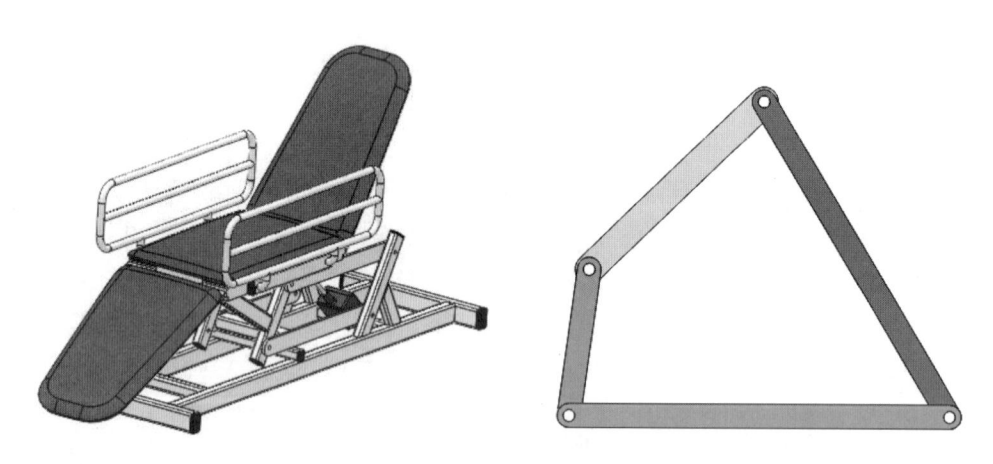

10.1 设计算例概述

10.1.1 定义设计算例

定义设计算例的目的就是使用设计算例评估和优化模型。

设计算例的运行主要有两种模式：评估和优化。

（1）评估：指定每个变量的离散值并将传感器用作约束。系统使用各种值的组合运行算例，并报告每种组合的输出结果。

（2）优化：指定每个变量的值，可以是离散值，也可以是某一范围的值。使用传感器作为约束和目标。软件逐一迭代每个值,并报告值的最优组合以满足指定目标。

如果打算使用仿真数据传感器,则必须先生成至少一个初始仿真算例,然后才能生成设计算例(不适用于 SOLIDWORKS Standard 和 SOLIDWORKS Professional)。此外,还需要定义用作变量的参数、用作约束和目标的传感器。

在设计算例中使用仿真数据传感器时,要提前生成至少一个初始算例。初始算例代表优化基础或估算过程。在每次迭代中,程序都将使用修改过的变量来运行这些算例。

如果在设计算例中使用仿真算例,那么评估初始算例的结果可帮助用户定义设计算例问题。特别是,可帮助用户检查要用作约束的数量。

初始算例的结果能让用户对传感器的当前值有一个正确的认识。请勿指定远离当前值的约束或目标,因为这会使优化变得不可能。在执行优化前,请尝试针对一组变量值(特别是尺寸)运行仿真,以确保模型重建对每个值都起作用。

用户可以创建设计算例以优化或评估设计的特定情形。设计算例为优化和估算算例提供统一的工作流程。

(1)单击"评估"选项卡中的"设计算例"按钮 ，或者选择菜单栏中的"插入"→"设计算例"→"添加"命令,或者单击 Simulation 控制面板中的"新算例"按钮 ,弹出"算例"属性管理器。将"设计洞察"设为"设计算例",如图 10-1 所示。

(2)单击"确定"按钮 ,在屏幕的下部弹出"设计算例 1"对话框。该对话框中包含 3 个选项卡,分别为"变量视图"选项卡(图 10-2)、"表格视图"选项卡(图 10-3)和"结果视图"选项卡。在"表格视图"选项卡中对变量、约束和目标进行优化设计,然后通过选择"结果视图"选项卡中的列,可以标绘不同迭代或情形的已更新实体和已计算结果。

图 10-1 "算例"属性管理器   图 10-2 "变量视图"选项卡

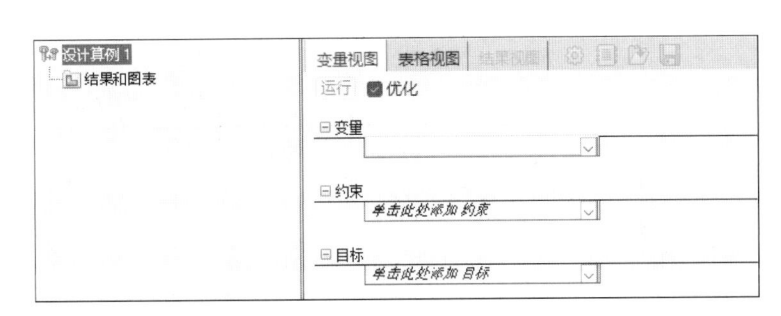

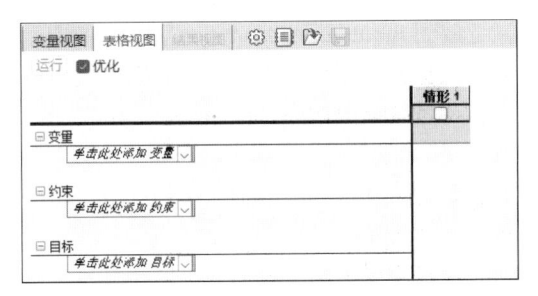

图 10-3 "表格视图"选项卡

用户可以使用设计算例来处理以下问题。

（1）使用任何 Simulation 参数或驱动全局变量来定义多个变量。

（2）使用传感器定义多个约束。

（3）使用传感器定义多个目标。

（4）在不使用仿真结果的情况下分析模型。

（5）通过定义可让实体使用不同材料作为变量的参数，以此评估设计选择。

优化分析由三个设计算例参数定义：变量、约束和目标。优化分析使用之前定义的算例获取关于运动和约束的信息。下面对如何定义变量、约束和目标进行详细介绍。

1．定义变量

变量即在模型中可以更改的数值，可使用参数来定义。

（1）定义连续变量。定义连续变量可执行优化。用户不能使用连续变量来执行估算设计算例。连续变量可以是介于最小值和最大值之间的任意值（整数、有理数和无理数）。定义连续变量的关键是在变量名称后的下拉列表中选择"范围"。

（2）使用变量视图定义离散变量。设定离散变量可评估情形或执行优化。如果仅使用离散变量执行优化，程序会从其中一个已定义情形中选择最优解。离散变量由特定数值定义。使用变量视图定义离散变量的关键是在变量名称后的下拉列表中选择"带步长范围"。

（3）使用表格视图定义离散变量。使用表格视图来设定离散变量可手动定义每种情形。如果仅使用离散变量执行优化，程序仅会从已定义情形的列表中查找最优情形。使用表格视图定义离散变量的关键是在变量名称后的下拉列表中选择"输入数值"并输入设计情形 1。再次定义情形的方法是勾选前一个情形的复选框。示例如图 10-4 所示。

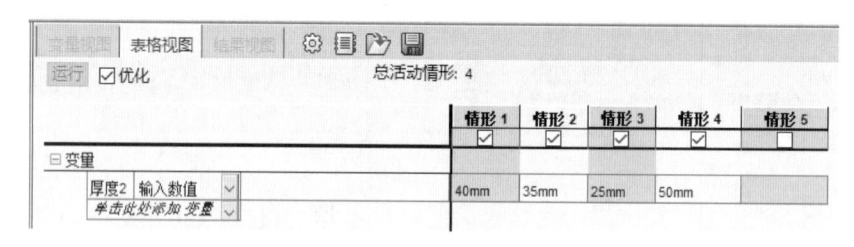

图 10-4 示例

选择菜单栏中的"插入"→"设计算例"→"参数"命令，或者在"设计算例 1"对话框的"变量视图"选项卡中选择"变量"下拉列表中的"添加参数"命令，弹出"参数"对话框，如图 10-5 所示。该对话框用于生成可以链接到 Simulation 或 Motion 算例的模型尺寸、整体变量、仿真、运动和材料，也可以编辑或删除现有的参数。用户可以在设计算例中使用参数，并将它们链接到可以使用评估或优化设计情形的每个迭代进行更改的变量。

"参数"对话框中各选项的含义如下。

（1）名称：用于定义参数变量的名称。

（2）类别：用于设置变量的参数类型。

1）模型尺寸：当选择尺寸作为变量参数时选择该项，可在模型实体上选择要作为变量的尺寸。

2）整体变量：在添加方程式对话框中定义全局变量。

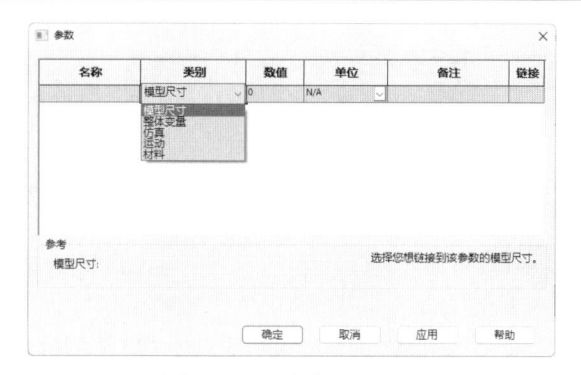

图 10-5 "参数"对话框

3)仿真：链接至 Simulation 特征。当选择该项时，可以链接至参数的运动特征包括马达、弹簧、阻尼、接触以及算例属性。用户只能将一个运动特征链接至参数。除此之外，还可以通过 Simulation 属性管理器直接链接至参数。

4)运动：链接至 Motion 特征。当选择该项时，可以链接至参数的运动特征包括算例属性、马达、弹簧和阻尼、接触。

5)材料：当选择单一实体或多实体零件材料为变量时，选择该项。

(3)数值：输入变量的数值。

(4)单位：选择参数的数值单位。

(5)链接：将参数链接到零部件后，将会显示一个星号。

2. 定义约束

约束用于定义位移、速度等的允许范围，可以定义最小值和最大值。约束缩小了优化的空间。需要注意的是，一个优化算例有两个可能的结果：第一个是触及了设计变量的范围。当设计变量触及变量的允许范围时，优化设计便位于设计变量的边界。第二个是满足了约束。此时优化设计位于临界的约束边界。临界约束参考的是激活的约束。例如，位移达到了它的限制范围。

从预定义传感器列表中选择或者定义新的传感器。在使用仿真结果时，选择与传感器相关的仿真算例。设计算例会运行用户选中的模拟算例，并跟踪所有迭代的传感器值。

定义约束可指定设计必须满足的条件。约束可以是从动全局变量或质量属性、尺寸和模拟数据传感器。对于约束的条件，可以设置为只监视、大于、小于和介于，如图 10-6 所示。

在"设计算例 1"对话框的"变量视图"选项卡中选择"约束"下拉列表中的"添加传感器"命令，弹出"传感器"属性管理器，该属性管理器可以设置传感器来监视零件和装配体的所选属性，并在值超出指定限制时发出警告。

3. 定义目标

定义目标也称为优化准则或优化目标，即定义优化的目标。使用传感器定义优化目标。用户可以将最大化或最小化定义为传感器的变量，或者通过选择接近选项来指定目标数字值。对于目标的条件，可以设置为最大化、最小化和接近于，如图 10-7 所示。

组合约束和目标的最大数量不应超过 20。用户可定义的设计变量的最大数量是 20。为获得最佳效果，对于单个设计优化算例，用户应定义不超过 3 个或 4 个目标。

图 10-6　约束的条件　　　　　图 10-7　目标的条件

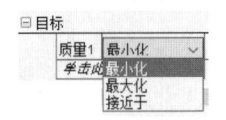

10.1.2　定义设计算例属性

在"设计算例 1"对话框的"变量视图"选项卡中单击"设计算例选项"按钮 ⚙，弹出"设计算例属性"属性管理器，如图 10-8 所示。

下面对"设计算例属性"属性管理器中的某些选项进行简单介绍。

（1）设计算例质量。设计算例质量决定了计算的速度和结果的准确度。

1）高质量（较慢）。

对于优化算例，使用很多迭代（Box-Behnken 设计）找出最优解。

对于评估算例，评估所有情形的结果。

2）快速结果。

对于优化算例，使用很少迭代（Rechtschafner 设计）找出最优解。

对于评估算例，从战略角度选择某些情形来进行完整计算，并通过插值方法得出其余情形的结果。通过插值方法得出结果的情形会在"结果视图"选项卡中以灰色文字显示。

（2）结果文件夹。

1）SOLIDWORKS 文档文件夹：将算例结果存储到模型和 SOLIDWORKS 文件所保存的相同文件夹中。

2）用户定义：使用输入的位置或通过浏览选择的位置。

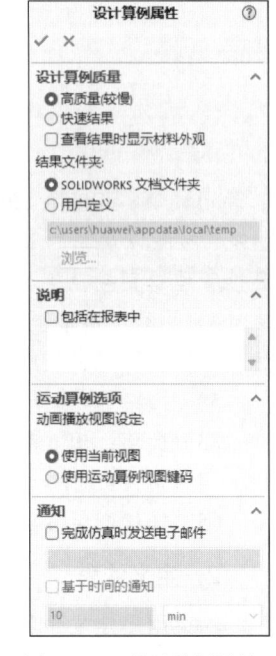

图 10-8　"设计算例属性"属性管理器

10.1.3　优化设计算例

要优化设计算例，则在"变量视图"选项卡中勾选"优化"复选框。如果选择将变量定义为范围或目标，则程序会自动激活优化设计算例。在多数情况下，都使用"变量视图"选项卡来设置优化设计算例的参数。"表格视图"选项卡在仅使用离散变量手动定义某些情形、运行某些情形并查找最优情形时使用。优化设计算例需要定义目标函数、设计变量和约束。

设置好设计算例后，勾选"设计算例 1"对话框的"变量视图"选项卡中的"优化"复选框，然后单击"运行"按钮。程序会根据设计算例的品质决定迭代数。

通常，计算时间取决于以下几个方面。

（1）设计算例的品质。

（2）要优化的变量、约束和目标的数量。

（3）为每种迭代运行的仿真算例的数量。

（4）几何体的复杂程度。

（5）用于仿真算例的网格的大小。

10.1.4 查看结果

运行完成之后，单击"结果视图"选项卡即可查看运行的算例结果，如图 10-9 所示。单击某个情形列后，图形窗口中的模型会根据该情形的变量进行更新。

图 10-9 结果视图

下面说明一下情形颜色的含义。
（1）绿色：表示最佳或最优情形。
（2）红色：表示违背了情形的一个或多个约束。
（3）背景颜色：表示没有优化或有错的当前情形及所有情形。
（4）灰色文字，背景颜色与树视图所用的相同：表示未能重建情形。

除查看不同情形的变量值、约束和目标外，用户还可以绘制仿真结果。在"设计算例 1"对话框左侧框的"结果和图表"下，选择一个传感器用于绘制关联的仿真结果。

1．设计历史图表

在"设计算例 1"对话框左侧框中右击"结果和图表"图标 结果和图表，在弹出的快捷菜单中选择"定义设计历史图表"命令，打开"设计历史图表"属性管理器，如图 10-10 所示。用户可以使用该属性管理器相对于情形编号绘制设计变量、目标或约束的二维图形。如果使用连续变量，图表将不可用。设计历史图表示意图如图 10-11 所示。

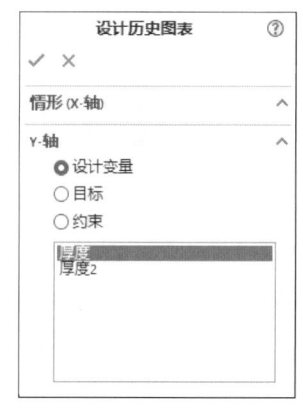

图 10-10 "设计历史图表"属性管理器

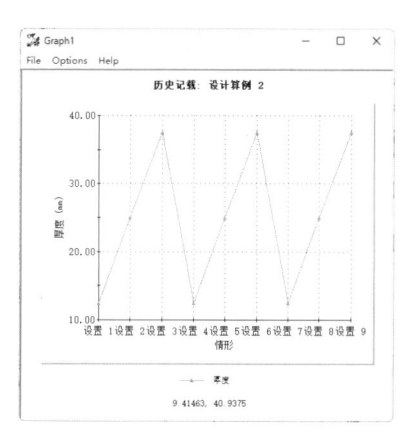

图 10-11 设计历史图表示意图

"设计历史图表"属性管理器中各选项的含义如下。

（1）情形（X-轴）：程序沿横坐标轴标绘情形编号。

（2）Y-轴。

1）设计变量：标绘从参数列表中选择的变量的变化。

2）目标：标绘从传感器列表中选择的目标的变化。

3）约束：标绘从传感器列表中选择的约束的变化。

4）额外位置：如果在"Y-轴"组框内选中"约束"单选按钮，此选项可用。标绘通过工作流程敏感型 Simulation 数据传感器定义的所选位置约束的变化。

2. 当地趋向图表

在"设计算例 1"对话框左侧框中右击"结果和图表"图标 结果和图表，在弹出的快捷菜单中选择"当地趋向图表"命令，弹出"当地趋向图表"属性管理器，如图 10-12 所示。使用"当地趋向图表"属性管理器，用户可以深入了解目标或约束（从属变量）与特定设计变量（独立变量）之间的关系。"当地趋向"图表如图 10-13 所示。

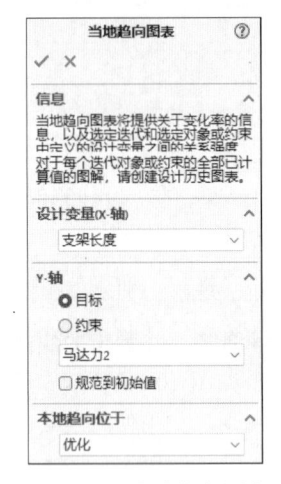

图 10-12 "当地趋向图表"属性管理器

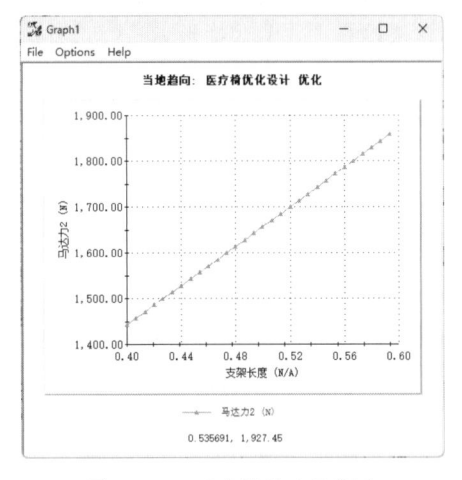

图 10-13 "当地趋向"图表

"当地趋向图表"属性管理器中各选项的含义如下。

（1）设计变量（X-轴）：选择要沿 X 轴绘制的设计变量。值的范围取决于所选的迭代。

（2）Y-轴。

1）目标：选择要在 Y 轴上绘制的目标（或目的）。

2）约束：选择要在 Y 轴上绘制的约束。

3）规范到初始值：勾选该复选框时，从初始场景中绘制目标或约束变量值与其初始值的比率。

4）本地趋向位于：设计变量所允许的值范围取决于选定的迭代，其下拉列表中列出了初始、优化和各次迭代。

当地趋向图表可让用户了解独立设计变量允许范围内的目标或约束（从属变量）值的变化。

为选定迭代绘制设计变量的独立值。该图表将显示独立变量（目标或目的）的趋势，因为独立变量在允许范围内变化。

上升的凹形曲线表示对于选定变量附近的值，约束或目标的值正在增加，而变化率也在增加。这可能表示设计变量与约束或目标之间存在紧密的相关性。下降的凹形曲线表示向下的趋势，同时也提供任何与相关性强度有关的信息。水平直线可能表示变量值的变化与约束或目标值之间没有相关性。

当地趋向图表不会在每次迭代时显示依赖于设计变量的值。

表 10-1 总结了优化和设计算例的当地趋向图表的可用性。

表 10-1 当地趋向图表的可用性

变量类型	优化研究	设计算例
范围内的连续变量 结果质量：高品质	可用	不适用
范围内的连续变量 结果质量：快速结果	可用	不适用
离散变量 结果质量：高品质	不适用	不适用
离散变量 结果质量：快速结果	可用	可用
范围内的离散和连续变量的组合 结果质量：高品质	可用	不适用
范围内的离散和连续变量的组合 结果质量：快速结果	可用	不适用

10.2 实例——医疗椅的设计优化

医疗椅如图 10-14 所示。医疗椅必须稳重、易于使用并具有美感，同时必须遵从一定的医学标准，并尽可能地让病人感到舒适。对医护人员而言，高度和倾角的调整必须易于操作。由于空间的限制以及对电源的要求，座椅的整体尺寸必须控制到足够小，各个单独的零部件应该轻量化。本节将通过优化设计算例，以确定固定在医疗椅上的驱动器的尺寸。

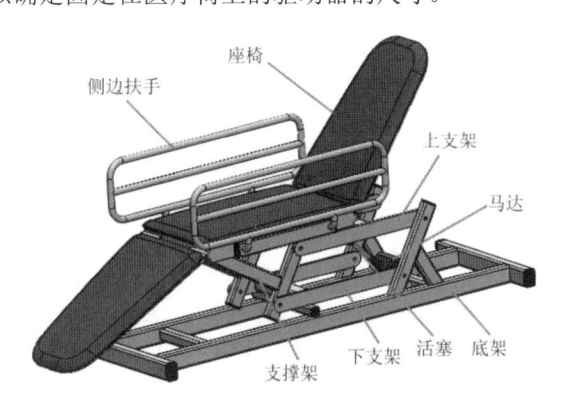

图 10-14 医疗椅

医疗椅需要能在一定范围内移动,同时限制驱动器的尺寸,以提高或降低座椅的高度。座椅移动的范围为 0.3~0.6m。构成抬升机构的零部件尺寸在一定范围内是可变的。在优化设计算例中,这些尺寸是设计变量,座椅的最大和最小高度等约束由运动数据传感器监控,目的是确保驱动器的力最小,而作用力也由传感器监控。

1. 生成一个运动算例

(1) 打开装配体文件。打开电子资源包中"源文件\原始文件\第 10 章\医疗椅"文件夹下的"医疗椅.SLDASM"文件。该装配体中包含座椅、上支架、下支架、支撑架、底架、活塞、侧边扶手和马达等零部件。

(2) 设置单位。选择菜单栏中的"工具"→"选项"命令,弹出相应的对话框,选择"文档属性"选项卡下的"单位"选项,选择"单位系统"为"MKS(米、公斤、秒)",如图 10-15 所示。

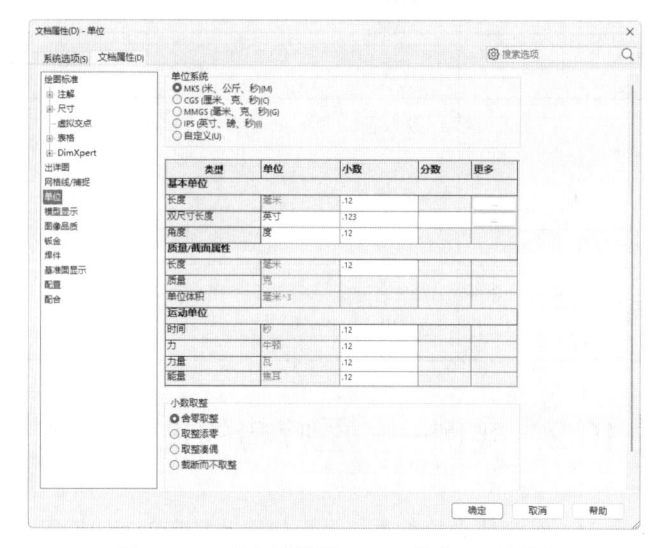

图 10-15 "文档属性(D)-单位"对话框

(3) 右击"运动算例 1"选项卡,在弹出的快捷菜单中选择"重新命名"命令。将算例命名为"医疗椅运动算例"。在 MotionManager 工具栏中将"算例类型"设为"Motion 分析"。

(4) 删除一个配合。展开运动算例树上的"配合"文件夹,找到"重合 12"。右击 0.1s 处的时间线,在弹出的快捷菜单中选择"压缩"命令,如图 10-16 所示。这将会在 0.1s 处生成一个压缩该配合的帧,因此对这个时间点之后不会产生影响。

整个仿真将运行 4.1s,为了方便在时间线上进行选取,单击 MotionManager 设计树右下角的"放大"按钮,直到略大于 5s 的区域充满 MotionManager 的时间线。

2. 前处理

(1) 为活塞添加马达。单击 MotionManager 工具栏中的"马达"按钮,弹出"马达"属性管理器,在"马达类型"组框内单击"线性马达(驱动器)"按钮,通过"零部件/方向"组框内的"马达位置"选择框选择活塞的圆柱面,在"要相对此项而移动的零部件"选择框内选择马达零件,如图 10-17 所示。

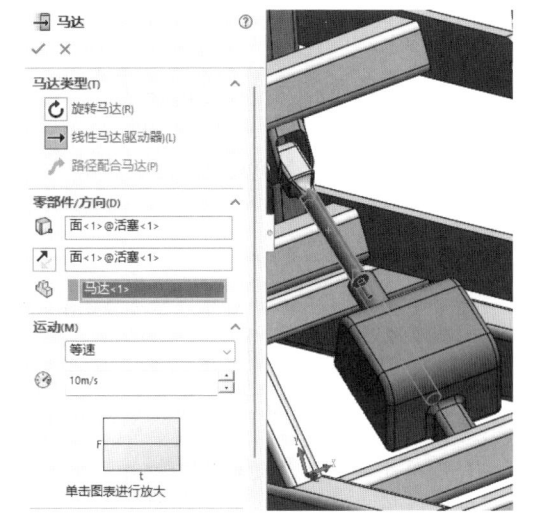

图 10-16 删除配合　　　　　图 10-17 "马达"属性管理器

（2）在"运动"组框内选择"函数"为"线段"，弹出"函数编制程序"对话框。将"值（y）"设为"位移（m）"，将"自变量（x）"设为"时间（秒）"，在下面的表格中输入数值，如图 10-18 所示。单击"确定"按钮，关闭"函数编制程序"对话框。返回"马达"属性管理器，单击"确定"按钮，完成活塞线性马达的添加。

（3）为装配体添加引力。单击 MotionManager 工具栏中的"引力"按钮，弹出"引力"属性管理器，在"引力参数"组框内选中"Y"单选按钮，在"数字引力值"组框内输入"9.81m/s^2"，如图 10-19 所示，单击"确定"按钮。

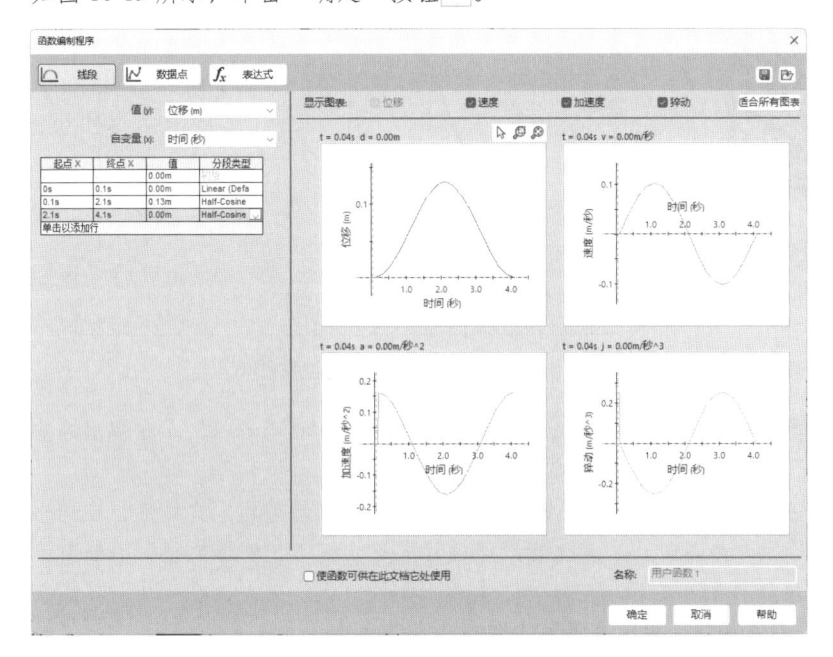

图 10-18 "函数编制程序"对话框　　　　　图 10-19 "引力"属性管理器

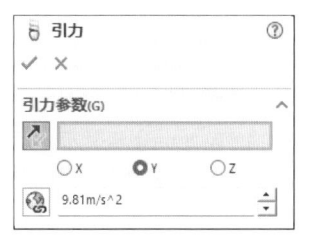

3. 运行仿真

（1）设置仿真结束时间。在时间线视图中，将顶部更改栏右侧的键码点拖放至 4.1 秒处，即总的仿真时间为 4.1 秒。

（2）提交计算。单击 MotionManager 工具栏中的"计算"按钮，可对当前运动算例进行仿真计算。

4. 图解显示结果

（1）图解显示座椅的竖直位置。单击 MotionManager 工具栏中的"结果和图解"按钮，弹出"结果"属性管理器，在"结果"组框内选择"位移/速度/加速度"作为类别，选择"线性位移"作为子类别，选择"Y分量"作为结果分量，在"特征"（选取单独零件上两个点/面）选择框中选择座椅的底面，在"参考零件"（定义 XYZ 方向的零部件）选择框中选择底架；在"图解结果"选择框中勾选"生成新的运动数据传感器"复选框，在"传感器属性"组框内设置"单位"为 m，设置"准则"为"模型最大值"，如图 10-20 所示，单击"确定"按钮。

（2）右击算例树中的"图解 1"，在弹出的快捷菜单中选择"重命名树项目"命令，将图解 1 重命名为"座椅 Y"，如图 10-21 所示。

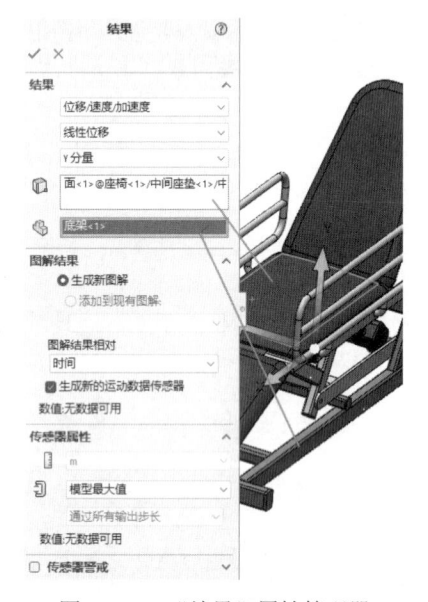

图 10-20　"结果"属性管理器　　　　图 10-21　线性位移图解

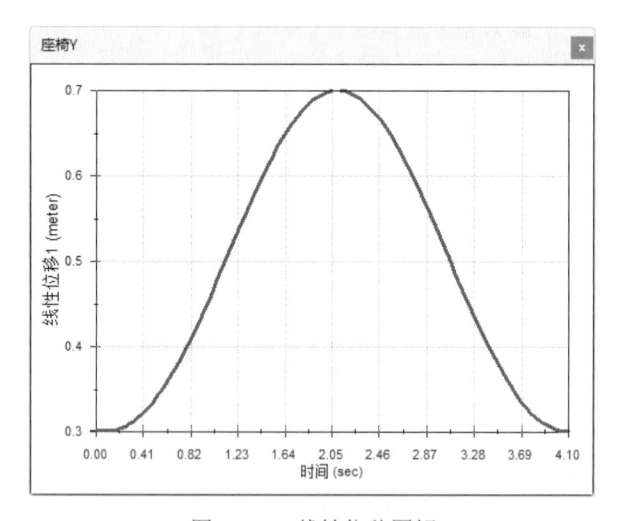

（3）重命名最大位移传感器。右击 FeatureManager 设计树中创建的"传感器 1"，在弹出的快捷菜单中选择"重命名树项目"命令，将创建的位移传感器重命名为"最大位移"。

（4）为最小位移添加一个传感器。右击 FeatureManager 设计树中的"传感器"文件夹，在弹出的快捷菜单中选择"添加传感器"命令，弹出"传感器"属性管理器，在"传感器类型"组框内选择"Motion 数据"类型，在"运动算例"选择框中选择"医疗椅运动算例"类型，在"运动算例结果"选择框中选择"座椅 Y"，在"属性"组框内设置"准则"为"模型最小值"，注意不勾选"提醒"复选框，如图 10-22 所示。单击"确定"按钮，将传感器重命名为"最小位移"。

💡 **提示：**
> "提醒"可以通知用户传感器数值偏离了指定的范围。不勾选这个复选框，因为在优化算例中将会自动显示一个相违背的约束。

（5）图解显示抬升座椅所需的力。单击MotionManager工具栏中的"结果和图解"按钮，弹出"结果"属性管理器，在"结果"组框内选择"力"作为类别，选择"马达力"作为子类别，选择"幅值"作为结果分量，在"选取平移马达对象来生成结果"选择框 中选择前面创建的线性马达；在"图解结果"组框内勾选"生成新的运动数据传感器"复选框；在"传感器属性"组框内设置"单位"为"牛顿"，设置"准则"为"模型最大值"，如图10-23所示，单击"确定"按钮。

（6）将图解2重命名为"马达力"，所需力的图解显示在图形区域中，如图10-24所示。所需力的大小约为2106N，而且在FeatureManager设计树中的"传感器"文件夹下也添加了一个传感器，将传感器重命名为"马达力2"。

图 10-22 "传感器"属性管理器 　　图 10-23 定义马达力图解 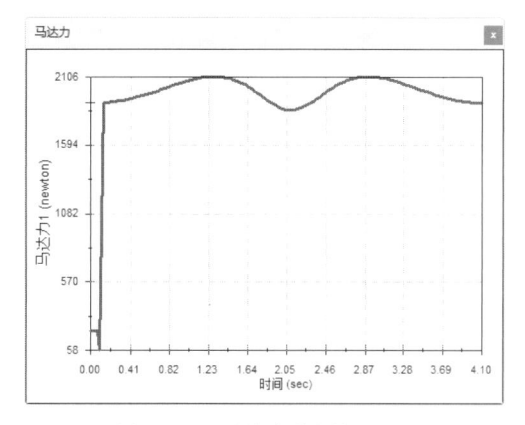　　图 10-24 马达力的图解（1）

5．生成设计算例

（1）生成一个设计算例。单击CommandManager中"评估"选项卡中的"设计算例"按钮，设计算例的界面出现在屏幕的底部。将"设计算例1"重命名为"医疗椅优化设计"。它提供了两个视图样式。

1）变量视图：以非表格的形式输入参数。

2）表格视图：显示每个变量不连续的一组数值。

（2）定义参数并添加为变量。在"变量视图"选项卡中单击"变量"下拉列表，选择"添加参数"命令，如图10-25所示。打开"参数"对话框，在"类别"列中选择"整体变量"。在"参考"

组中设置"整体变量"为"Scissor_length=0.50"。"数值"列将自动显示 0.5，而"链接"列中将显示"*"，表明它隶属于一个模型尺寸或方程式。在"名称"列中输入"支架长度"，单击"应用"按钮，如图 10-26 所示。单击"确定"按钮关闭"参数"对话框。

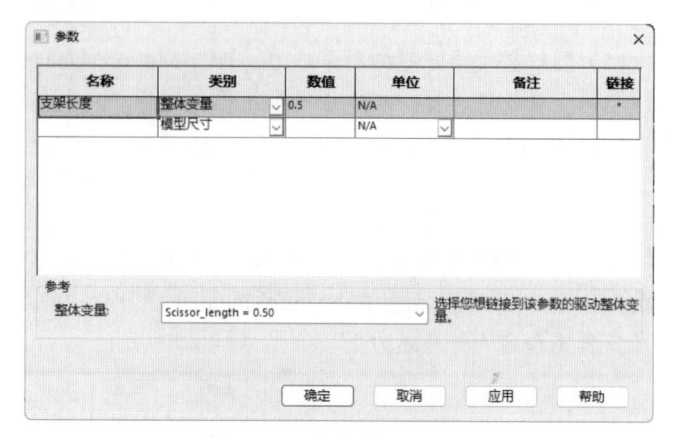

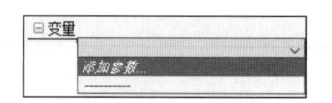

图 10-25　选择"添加参数"命令

图 10-26　"参数"对话框

（3）在支架长度右侧的下拉列表中选择"范围"，并在"最小"和"最大"栏中分别输入 0.400000 和 0.600000，如图 10-27 所示。

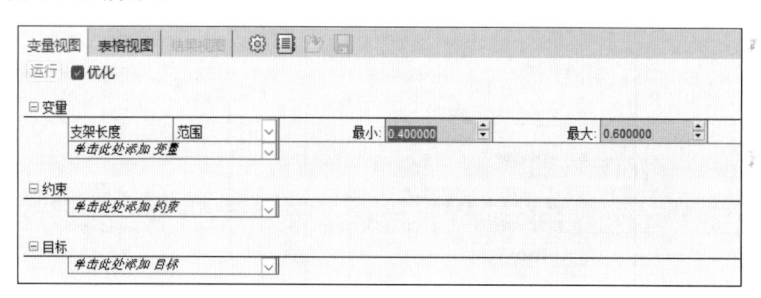

图 10-27　输入最大、最小值

（4）定义变量并输入数值。用同样的方法添加第二个变量，定义参数名称为"支架高度"，将"整体变量"设为"Scissor_height=0.2"。在"范围"的"最小"和"最大"栏中分别输入 0.150000 和 0.300000。

（5）添加第三个变量，定义参数名称为"马达偏移"，将"整体变量"设为"Piston_offset=0.5"。在"范围"的"最小"和"最大"栏中分别输入 0.500000 和 0.700000，如图 10-28 所示。至此，已经完成了对设计算例中变量的定义。

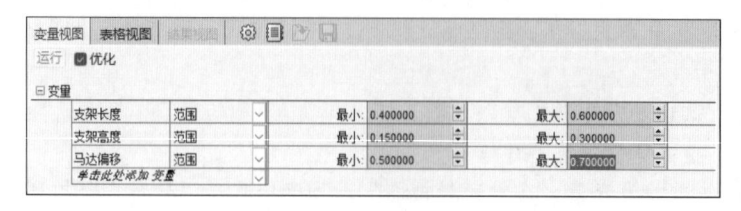

图 10-28　定义其余变量

(6) 定义约束。在"约束"的下拉列表中选择"最小位移"作为第一个约束。在"最小位移"右侧的下拉列表中选择"小于"并输入"0.375m"。

(7) 定义第二个约束。选择"最大位移"作为第二个约束。在"最大位移"右侧的下拉列表中选择"大于"并输入"0.6m"。两个约束将自动加载参考算例"医疗椅运动算例",如图10-29所示。这样便完成了设计算例中对约束的定义。

图 10-29 定义约束

(8) 定义目标。在"目标"下拉列表中选择"马达力2"作为目标,并在其右侧的下拉列表中选择"最小化"。同样,参考算例被自动设置为"医疗椅运动算例",如图10-30所示。

(9) 设置设计算例选项。单击"设计算例选项"按钮,弹出"设计算例属性"属性管理器,在"设计算例质量"组框内选中"高质量(较慢)"单选按钮,如图10-31所示。

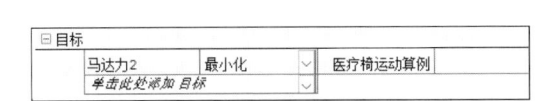

图 10-30 定义目标

图 10-31 "设计算例属性"属性管理器

(10) 运行设计算例。单击"变量视图"选项卡中的"运行"按钮,确保勾选了"优化"复选框,如图10-32所示。系统开始优化分析,弹出"设计算例"对话框,如图10-33所示。

图 10-32 运行算例

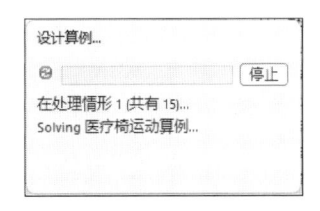

图 10-33 "设计算例"对话框

(11) 优化设计。当算例完成时,"结果视图"选项卡处于激活状态,"设计算例"对话框显示的是全局结果。设计算例通过15个步骤才得到一个收敛解,如图10-34所示。对每个特定的迭代,都可以看到每个变量、约束和目标的数值。绿色栏显示的是优化设计,红色栏显示的是迭代还未满足所有设计约束。

图 10-34 结果视图

6. 优化分析

（1）最终设计。在表格第一行，如果单击"初始"或"优化"或任何一个迭代，都会显示模型的结果。通过显示这些图解，可以比较优化之前、优化之后和优化过程中的模型。在这个优化设计中，支架的长度由 0.5m 降到 0.400420m。支架的高度由 0.2m 升至 0.229668m，活塞的偏移量由 0.5m 升至 0.699729m，如图 10-35 所示。

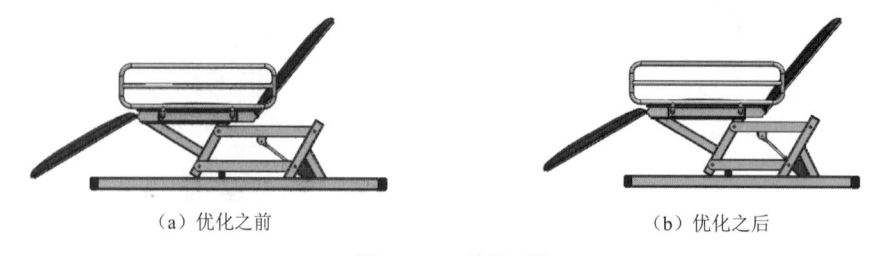

图 10-35 结果对比

（2）检查优化结果。通过单击对应的栏目，用户可以查看每个迭代的结果。单击"优化"栏，涉及的运动算例将会更新，以反映这次优化设计。

（3）单击"医疗椅运动算例"选项卡，显示马达力的图解，如图 10-36 所示。所需的力从 2106N 降至 1467N，大约降低了 30%。

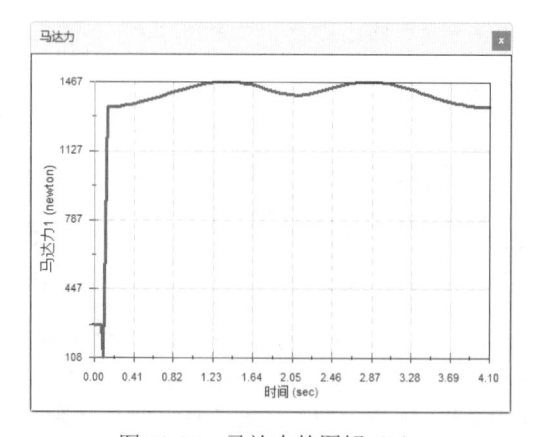

图 10-36 马达力的图解（2）

（4）保存并关闭文件。

练一练——四连杆机构的优化分析

图 10-37 所示为四连杆机构示意图。下面将通过优化设计算例，设计各个零部件的长度尺寸，使该机构轻量化，质量控制在 150g 以内，曲柄运动的马达力由运动数据传感器监控。

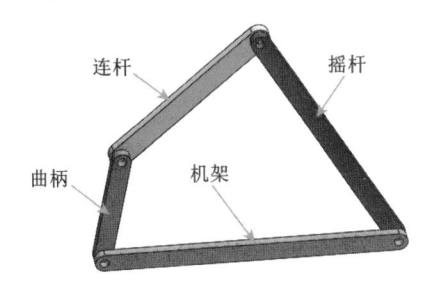

图 10-37 四连杆机构示意图

【操作提示】

（1）打开装配体文件。打开电子资源包中"源文件\原始文件\第 10 章\四连杆机构"文件夹下的"四连杆机构.SLDASM"文件。

（2）添加马达传感器。切换到运动算例界面，右击"结果"文件夹下的"马达力矩"图解，在弹出的快捷菜单中选择"编辑特征"命令，弹出"结果"属性管理器，在"图解结果"组框内勾选"生成新的运动数据传感器"复选框，如图 10-38 所示。单击"确定"按钮，生成传感器 1。

（3）生成质量传感器，右击 FeatureManager 设计树中的"传感器"文件夹，在弹出的快捷菜单中选择"添加传感器"命令，弹出"传感器"属性管理器，在"传感器类型"组框内选择"质量属性"类型，在"属性"选择框中选择"质量"，在"要监视的实体"选择框中选择"四连杆机构"，勾选"提醒"复选框，设置类型为"大于"，在下面的输入框中输入 150，如图 10-39 所示。单击"确定"按钮，生成传感器 2。

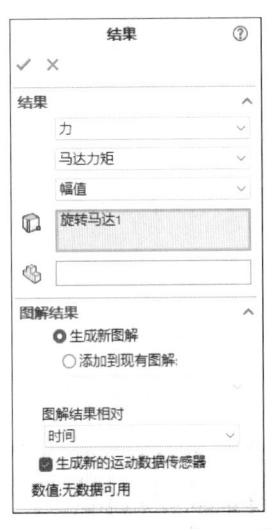

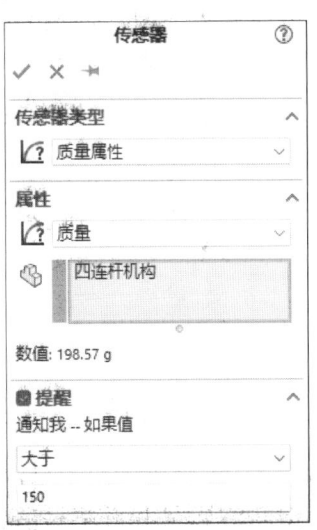

图 10-38 "结果"属性管理器　　　图 10-39 "传感器"属性管理器

（4）生成一个设计算例。单击 CommandManager 中"评估"选项卡中的"设计算例"按钮，设计算例的界面出现在屏幕的底部。

（5）定义参数并添加为变量。在"变量视图"选项卡中单击"变量"下拉列表，选择"添加参数"命令，弹出"参数"对话框，在"类别"列中选择"模型尺寸"。在装配图中选择机架的长度尺寸，"数值"列将自动显示 160，而"链接"列中将显示"*"，表明它隶属于一个模型尺寸或方程式。在"名称"列中输入"机架长度"，单击"应用"按钮，用同样的方法定义其他参数，结果如图 10-40 所示。

图 10-40　"参数"对话框

（6）定义变量。在各零件长度列右侧的下拉列表中选择"范围"，并在"最小"和"最大"栏中分别输入长度值，如图 10-41 所示。

图 10-41　定义变量

（7）定义约束。在"约束"下拉列表中选择"传感器 1"作为约束，在其右侧的下拉列表中选择"小于"并输入数值"100 牛顿·mm"，如图 10-42 所示。

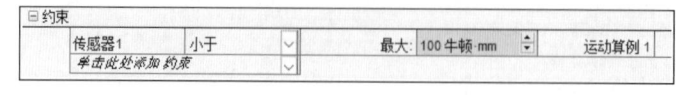

图 10-42　定义约束

（8）定义目标。在"目标"下拉列表中选择"传感器 2"作为目标，并在其右侧的下拉列表中选择"最小化"，如图 10-43 所示。

（9）设置设计算例选项。单击"设计算例选项"按钮，弹出"设计算例属性"属性管理器，在"设计算例质量"组框内选中"高质量（较慢）"单选按钮，如图 10-44 所示。

(10) 运行设计算例。单击"变量视图"选项卡中的"运行"按钮,确保勾选了"优化"复选框,如图 10-45 所示。系统开始优化分析,弹出"设计算例"对话框,如图 10-46 所示。

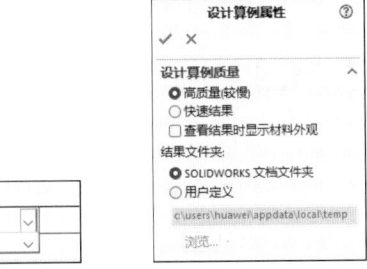

图 10-43　定义目标

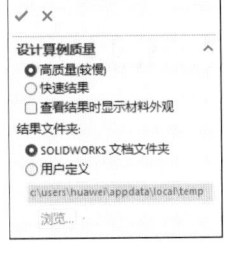

图 10-44　"设计算例属性"属性管理器

图 10-45　运行算例

(11) 优化设计。当算例完成时,"结果视图"选项卡处于激活状态,"设计算例"对话框中显示的是全局结果。设计算例通过 27 个步骤才得到一个收敛解,如图 10-47 所示。

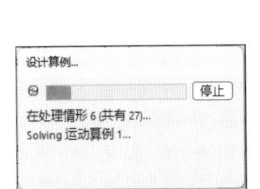

图 10-46　"设计算例"对话框

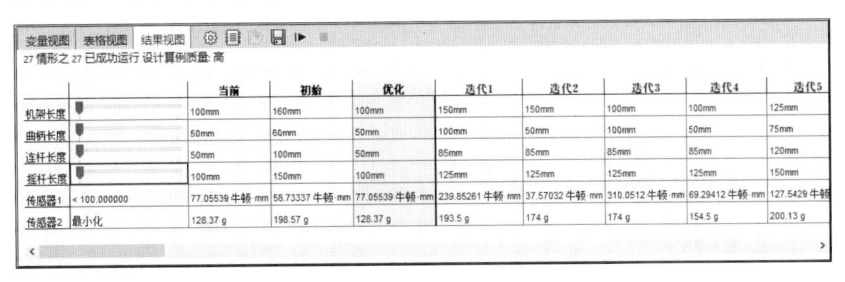

图 10-47　结果视图

(12) 最终设计。在表格第一行,如果单击"初始"或"优化"或任何一个迭代,都会显示模型的结果。单击"优化"栏,涉及的运动算例将会更新,以反映这次优化设计。优化后的模型如图 10-48 所示。从图 10-47 可以看出,模型质量从 198.57g 降低到了 128.37g。

(13) 单击"运动算例"选项卡,显示马达力的图解,如图 10-49 所示。所需的力从 59N·mm 增加至 77N·mm。

(14) 保存并关闭文件。

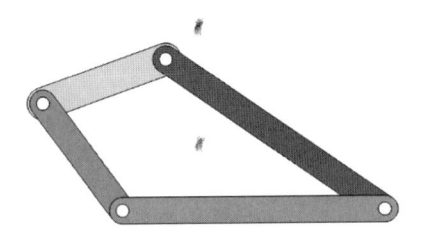

图 10-48　优化后的模型

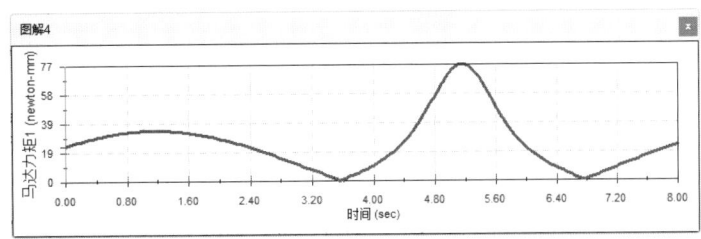

图 10-49　马达力的图解

第 11 章　SOLIDWORKS Motion 与 SOLIDWORKS Simulation 的联合仿真

内容简介

一般来说，分析一个零件的受力并不是研究的主要目标，通常还要将得到的力用于有限元分析来确定各个零件的强度、位移、安全系数。SOLIDWORKS Motion 和 SOLIDWORKS Simulation 协同工作，可以将 SOLIDWORKS Motion 的输出结果无缝输入 SOLIDWORKS Simulation 中进行有限元分析。本章首先简单介绍有限元和 SOLIDWORKS Simulation 的基础知识，然后通过具体实例演示如何进行 SOLIDWORKS Motion 和 SOLIDWORKS Simulation 的联合仿真。

内容要点

- 有限元概述
- SOLIDWORKS Simulation 的基础知识

案例效果

11.1　有限元概述

11.1.1　有限元分析法

有限元分析法是随着电子计算机的发展而迅速发展起来的一种现代计算方法。它是 20 世纪 50 年代首先在连续体力学领域（飞机结构静、动态特性分析）中应用的一种有效的数值分析方法，随后很快广泛应用于求解热传导、电磁场、流体力学等连续性问题。

有限元分析法简单地说，就是将一个连续的求解域（连续体）离散化，即分割成彼此用节点（离散点）互相联系的有限个单元，在单元体内假设近似解的模式，用有限个节点上的未知参数表征单元的特性，然后用适当的方法将各个单元的关系式组合成包含这些未知参数的代数方程，得出各节点的未知参数，再利用插值函数求出近似解。有限元分析法是一种有限的单元离散某连续体然后进行求解的数值计算近似方法。

由于单元可以被分割为各种形状和大小不同的尺寸，因此它能很好地适应复杂的几何形状、复杂的材料特性和复杂的边界条件，再加上它有成熟的大型软件系统支持，使它已成为一种非常受欢迎的、应用极广的数值计算方法。

有限元分析法发展到今天，已成为工程数值分析的有力工具。特别是在固体力学和结构分析的领域内，有限元分析法取得了巨大的进展，它已经成功解决了一大批有重大意义的问题，很多通用程序和专用程序已投入了实际应用。同时有限元分析法又是一个快速发展的科学领域，它的理论，特别是应用方面的文献经常大量地出现在各种刊物和文献中。

11.1.2　有限元分析法的基本概念

有限元模型是真实系统理想化的数学抽象。图 11-1 所示为有限元模型对真实系统理想化后的数学抽象。

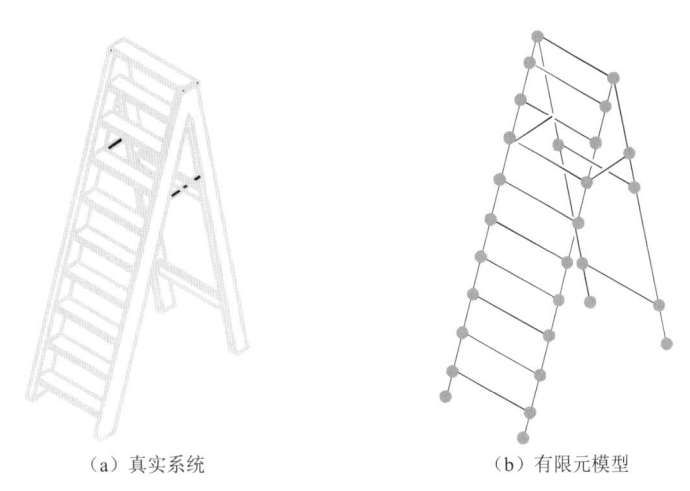

（a）真实系统　　　　　（b）有限元模型

图 11-1　有限元模型对真实系统理想化后的数学抽象

在有限元分析中，如何对模型进行网格划分，以及网格的大小，都直接关系到有限元求解结果的正确性和精度。

有限元分析应该注意以下事项。

（1）制定合理的分析方案。

1）对分析问题力学概念的理解。

2）结构简化的原则。

3）网格疏密与形状的控制。

4)分步实施的方案。

(2)目的与目标明确。

1)初步分析还是精确分析。

2)分析精度的要求。

3)最终需要获得的是什么。

(3)不断学习与积累经验。

利用有限元分析问题时的简化方法与原则:划分网格时主要考虑结构中对结果影响不大但建模十分复杂的特殊区域的简化处理。同时需要明确简化对计算结果带来的影响是有利还是无利的。在装配体的有限元分析中,首先明确装配关系。对于装配后不出现较大装配应力且结构变形时装配处不发生相对位移的连接,可采用两者之间连为一体的处理方法,但连接处的应力是不准确的,这一结果并不影响远处的应力与位移。对于装配后出现较大应力或结构变形时装配处发生相对位移的连接,需要按接触问题处理。图11-2所示为有限元分析法与其他课程之间的关系。

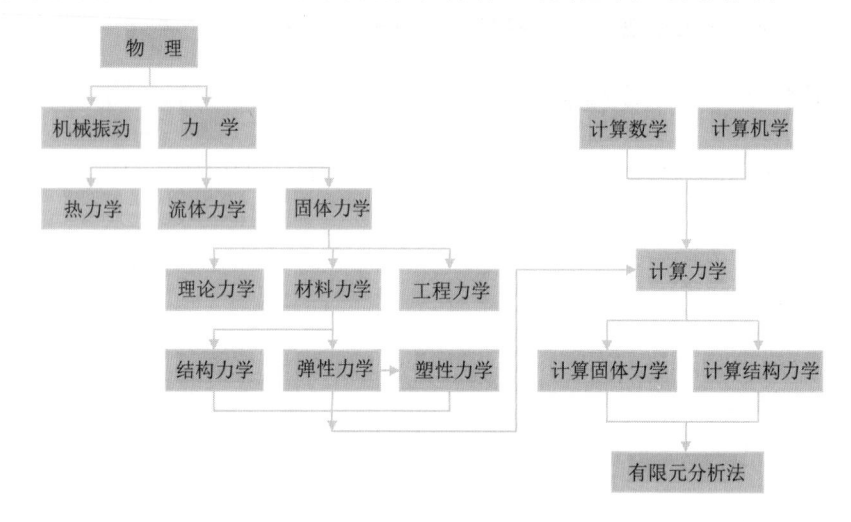

图11-2 有限元分析分析法与其他课程之间的关系

11.2 SOLIDWORKS Simulation 的基础知识

11.2.1 SOLIDWORKS Simulation 的功能和特点

1998年,SRAC公司着手对有限元分析软件以Parasolid为几何核心进行全新编写。以Windows视窗界面为平台,为使用者提供操作简便的友好界面,包含实体建构能力的前、后处理器的有限元分析软件——GEOSTAR。GEOSTAR根据用户的需要可以单独存在,也可以与所有基于Windows平台的CAD软件达到无缝集成。这项全新标准的出台,最终的结果就是SRAC公司开发出了作为计算机三维CAD软件的领导者——SOLIDWORKS服务的全新嵌入式有限元分析软件SOLIDWORKS Simulation。

SOLIDWORKS Simulation 使用 SRAC 公司开发的当今世上最快的有限元分析算法——快速有

限元算法（Fast Finite Element，FFE），完全集成于 Windows 平台并与 SOLIDWORKS 软件无缝集成。最近的测试表明，快速有限元算法提升了传统算法 50～100 倍的解题速度，并降低了磁盘存储空间，只需原来的 5%就够了；更重要的是，它在计算机上就可以解决复杂的分析问题，节省使用者在硬件上的投资。

SRAC 公司的快速有限元算法比较突出的原因如下：

（1）参考以往的有限元求解算法的经验，以 C++语言重新编写程序，程序代码中尽量减少循环语句，并且引入当今世界范围内软件程序设计新技术的精华，因此极大地提高了求解器的速度。

（2）使用新的技术开发、管理其资料库，使程序在读、写、打开、保存资料及文件时，能够大幅提升速度。

（3）按独家数值分析经验，搜索所有可能的预设条件组合（经大型复杂运算测试无误者）来解题，所以在求解时快速而能收敛。

SRAC 公司为 SOLIDWORKS 提供了三个插件，分别是 SOLIDWORKS Motion、COSMOSFloWorks 和 SOLIDWORKS Simulation。

（1）SOLIDWORKS Motion：一个全功能运动仿真软件，可以对复杂机械系统进行完整的运动学和动力学仿真，得到系统中各零部件的运动情况，包括位移、速度、加速度和作用力及反作用力等，并以动画、图形、表格等多种形式输出结果，还可以将零部件在复杂运动情况下的复杂载荷情况直接输出到主流有限元分析软件中，以作出正确的强度和结构分析。

（2）COSMOSFloWorks：一个流体动力学和热传导分析软件，可以在不同雷诺数范围内，建立跨音速、超音速和亚音速的可压缩和不可压缩的气体与流体模型，以确保获得真实的计算结果。

（3）SOLIDWORKS Simulation：为设计工程师在 SOLIDWORKS 的环境下，提供比较完整的分析手段。凭借先进的快速有限元算法，工程师能迅速实现对大规模复杂设计的分析和验证，并且获得修正和优化设计所需的必要信息。

SOLIDWORKS Simulation 的基本模块可以对零件或装配体进行静力学分析、固有频率和模态分析、失稳分析、热应力分析、疲劳分析、非线性分析、间隙/接触分析和优化等。

（1）静力学分析：分析算例零件在只受静力情况下的应力、应变分布。

（2）固有频率和模态分析：确定零件或装配体的造型与其固有频率的关系，在需要共振效果的场合，如超声波焊接喇叭、音叉，可以获得最佳设计效果。

（3）失稳分析：当压应力没有超过材料的屈服强度时，薄壁结构件发生的失稳情况。

（4）热应力分析：在存在温度梯度情况下，零件的热应力分布情况，以及算例热量在零件和装配中的传播情况。

（5）疲劳分析：预测疲劳对产品全生命周期的影响，确定可能发生疲劳破坏的区域。

（6）非线性分析：用于分析橡胶类或者塑料类零件或装配体的行为，还用于分析金属结构在达到屈服强度后的力学行为，也可以用于考虑大扭转和大变形，如突然失稳。

（7）间隙/接触分析：在特定载荷下，两个或者更多运动零件相互作用。例如，在传动链或其他机械系统中接触间隙未知的情况下分析应力和载荷传递。

（8）优化：在保持满足其他性能判据（如应力失效）的前提下，自动定义最小体积设计。

SOLIDWORKS Simulation 2024 使用户能够测试装配体的性能而无须通过烦琐费时的步骤建立完整的连接部件（如销钉和弹簧），还可以通过新的可用性特性简化分析过程。例如，通过菜单驱动命令代替手动计算温度调节装置以实现热调节。新的可视化和分析报告特性使用户能够从分析中获取更精准的结果。SOLIDWORKS Simulation 2024 与 SOLIDWORKS 机械设计软件更紧密的集成,使三种 COSMOS 应用工具的用户能够分析设计而无须重新输入数据、能够在不同应用程序中切换。

SOLIDWORKS Simulation 2024 正好与 SOLIDWORKS 公司的 SOLIDWORKS 2024 机械设计软件同时发布。除了新的建模特性,SOLIDWORKS Simulation 2024 通过增加以下特性在应用性方面也有很大的突破。

(1) 支持多实体零件文件,为每个实体分配不同的材料属性,然后定义不同实体之间的接触条件。

(2) 在非线性算例中新增镍钛诺材料模型,镍钛诺因其独特属性,已成为许多医疗器械(如展幅器)优先选择的材料。

(3) 分析库特征,可以生成分析特征(如载荷、支撑和接触条件等)的常用模板,可用来为新手创建模板,以帮助减少常见错误,在设计重复时此特点便于重复使用设计规格。

(4) 使用热力分析计算的温度曲线作为瞬态热力算例的初始条件。

(5) 新的优化方法设计了一组实验,以找出最佳解。对于指定数量的设计变量,实验(运行)的数量是固定的。

(6) 对剖面图解属性管理器进行了改进,以改善多剖面上的图解绘制过程。

与 SOLIDWORKS 2024 更紧密的集成让设计师无须重新输入设计数据即可进行分析。SOLIDWORKS Simulation 2024 自动使用 SOLIDWORKS 2024 数据来定义装配材料的物理特性,并从嵌入 SOLIDWORKS 2024 的 SOLIDWORKS Simulation 分析工具读取数据。SOLIDWORKS Simulation 2024 还能够在 SOLIDWORKS 2024 的任务日程表中安排分析运行的时间等。

11.2.2　SOLIDWORKS Simulation 的启动

SOLIDWORKS Simulation 的启动步骤如下:

(1) 选择菜单栏中的"工具"→"插件"命令。

(2) 在弹出的"插件"对话框中(图 11-3)选择 SOLIDWORKS Simulation,单击"确定"按钮。

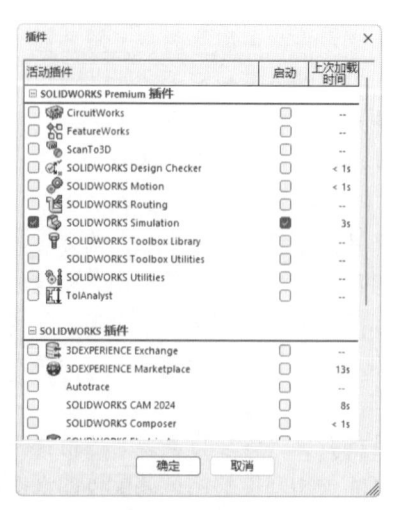

图 11-3　"插件"对话框

（3）在 SOLIDWORKS 的主菜单中添加了一个新的菜单 Simulation，如图 11-4 所示。在 SOLIDWORKS Simulation 生成新算例后，在管理程序窗口的下方会出现 SOLIDWORKS Simulation 的模型树，在绘图区的下方会出现新算例的标签栏。

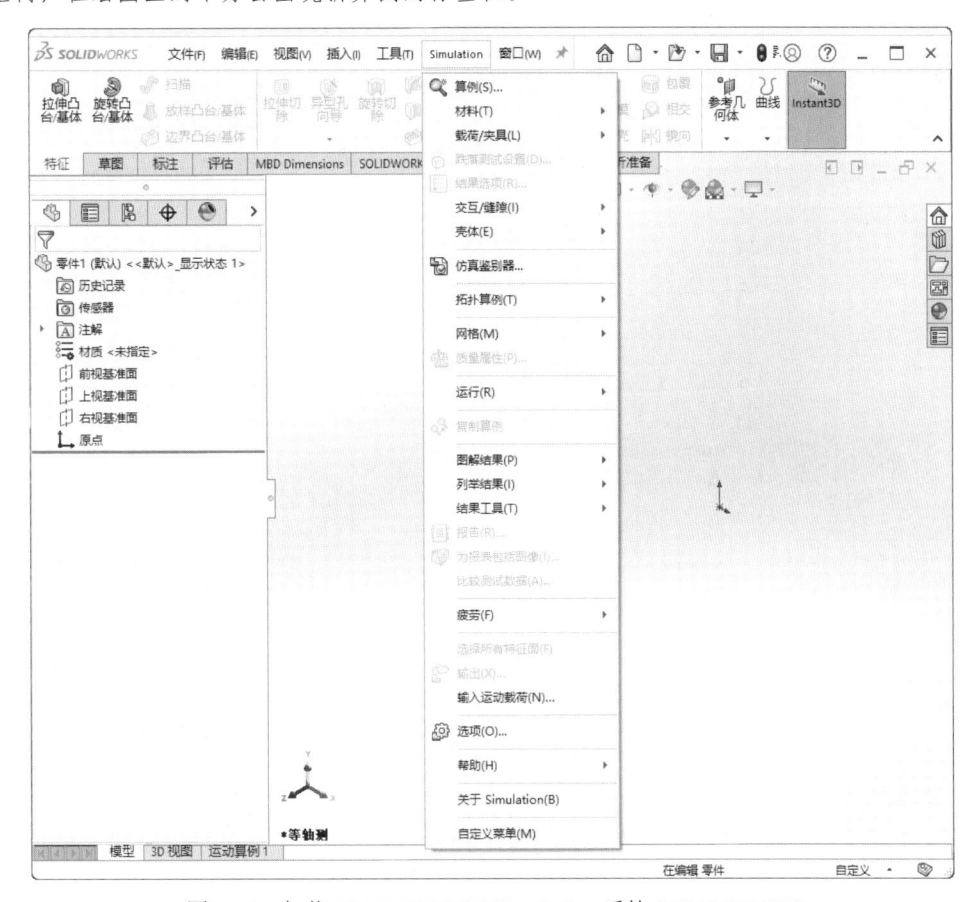

图 11-4　加载 SOLIDWORKS Simulation 后的 SOLIDWORKS

11.2.3　SOLIDWORKS Simulation 的使用

1. 算例专题

在用 SOLIDWORKS 设计完几何模型后，就可以使用 SOLIDWORKS Simulation 对其进行分析。分析模型的第一步是建立一个算例专题。算例专题由一系列参数所定义，这些参数完整地表述了该物理问题的有限元模型。

当对一个零件或装配体进行分析时，典型的问题就是要研究零件或装配体在不同工作条件下的不同反应。这就要求进行不同类型的分析，实验不同的材料，或指定不同的工作条件。每个算例专题都描述其中的一种情况。

一个算例专题的完整定义包括分析类型和选项、材料、载荷和约束，以及网格。

确定算例专题的步骤如下：

（1）单击 Simulation 主菜单工具栏中的"新算例"按钮，或选择菜单栏中的 Simulation→"算例"命令，如图 11-5 所示。

（2）在弹出的"算例"属性管理器中定义"名称"和分析类型，如图 11-6 所示。

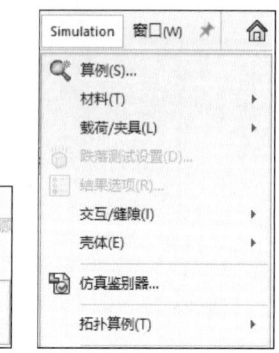

图 11-5　新算例

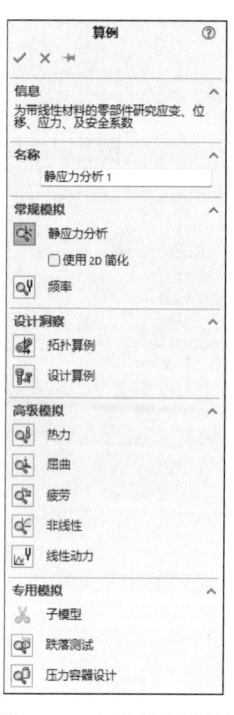

图 11-6　定义算例专题

（3）在 SOLIDWORKS Simulation 模型树中新建的"算例"上右击，在弹出的快捷菜单中选择"属性"命令，弹出"静应力分析"对话框，在该对话框中进一步定义算例专题的属性，如图 11-7 所示。每种"分析类型"都对应不同的属性。

（4）SOLIDWORKS Simulation 的基本模块提供了 9 种分析类型。

1）静应力分析：可以计算模型的应力、应变和变形。
2）频率：可以计算模型的固有频率和模态。
3）热力：计算由于温度、温度梯度和热流影响产生的应力。
4）屈曲：计算危险的屈曲载荷，即屈曲载荷分析。
5）疲劳：计算材料在交变载荷作用下产生的疲劳破坏情况。
6）非线性：当线性静态分析的假设无效时，需要使用非线性分析。
7）线性动力：每个静态算例都具有不同的一组可以生成相应结果的载荷。
8）跌落测试：模拟零部件掉落后的变形和应力分布。
9）压力容器设计：在压力容器设计算例中，将静态算例的结果与所需因素组合。

（5）定义完算例专题后，单击"确定"按钮。

在定义完算例专题后，就可以进行下一步的工作了，此时在 SOLIDWORKS Simulation 的模型树中可以看到已经定义的算例专题，如图 11-8 所示。

图 11-7　定义算例专题的属性　　　　图 11-8　已经定义的算例专题

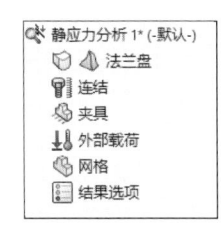

2. 定义材料属性

在运行一个算例专题前，必须定义好指定的分析类型所对应的材料属性。在装配体中，每个零件的材料可以不同。对于网格类型是"使用曲面的外壳网格"的算例专题，每个壳体可以具有不同的材料和厚度。

定义材料属性可按如下步骤操作。

（1）在 SOLIDWORKS Simulation 的管理设计树中选择要定义材料属性的算例专题，并选择要定义材料属性的零件或装配体。

（2）选择菜单栏中的 Simulation→"材料"→"应用材料到所有"命令，或右击要定义材料属性的零件或装配体，在弹出的快捷菜单中选择"应用/编辑材料"命令，或者单击 Simulation 主菜单工具栏中的"应用材料"按钮 。

（3）在弹出的"材料"对话框中（图 11-9）选择一种方式定义材料属性。

1）使用 SOLIDWORKS 中定义的材质：如果在建模过程中已经定义了材质，此时在"材料"对话框中会显示该材料的属性。如果选择了该选项，则定义的所有算例专题都将选择这种材料属性。

2）自定义：选中"自定义"单选按钮，则可以自定义材料的属性，用户只需单击要修改的属性，然后输入新的属性值。对于各向同性材料，弹性模量和泊松比是必须被定义的变量。如果材料的应力产生是因为温度变化引起的，则材料的传热系数必须被定义。如果要在分析中考虑重力或离心力的影响，则必须定义材料的密度。对于各向异性材料，则必须定义各个方向的弹性模量和泊松比等材料属性。

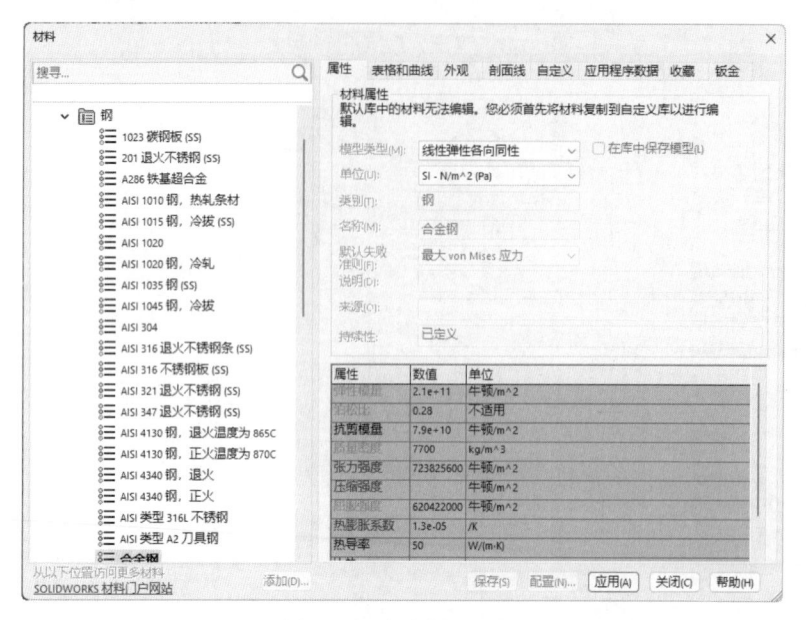

图 11-9　定义材料属性

（4）在"材料属性"栏中，可以定义材料的类型和单位。其中，在"模型类型"下拉列表中可以选择"线性弹性各向同性"（即各向同性材料），也可以选择"线性弹性各向异性"（即各向异性材料）。在"单位"下拉列表中选择 SI（即国际单位）、"英制"和"米制"单位体系。

（5）单击"应用"按钮，就可以将材料属性应用于算例专题。

3. 载荷和约束

在进行有限元分析时，必须模拟具体的工作环境对零件或装配体规定边界条件（位移约束）和施加对应的载荷。也就是说，实际的载荷环境必须在有限元模型上定义出来。

如果指定了模型的边界条件，则可以模拟模型的物理运动；如果没有指定模型的边界条件，则模型可以自由变形。对于边界条件，必须给予足够的重视，有限元模型的边界既不能欠约束，也不能过约束。加载的位移边界条件可以是零位移，也可以是非零位移。

每个载荷或约束条件都以图标的方式在载荷/制约文件夹下显示。SOLIDWORKS Simulation 提供一个智能的属性管理器来定义载荷和约束。只有被选中的模型具有的选项才被显示，其不具有的选项则为灰色不可选项。例如，如果选择的面是圆柱面或轴，则属性管理器允许定义半径、圆周、轴向抑制和压力。载荷和约束是与几何体相关联的，当几何体改变时，它们自动调节。

在运行分析前，可以在任意时刻指定载荷和约束。运用拖动（或复制粘贴）功能，SOLIDWORKS Simulation 可以在算例树中将条目或文件夹复制到另一个兼容的算例专题中。

设定载荷和约束可按如下步骤操作。

（1）选择一个面或边线或顶点，作为要施加载荷或约束的几何元素。如果需要，可以按住 Ctrl 键选择更多的顶点、边线或面。

（2）在菜单栏 Simulation→"载荷/夹具"中选择一种载荷或约束类型，如图 11-10 所示。

（3）在对应的载荷或约束属性管理器中设置相应的选项、数值和单位。

(4) 单击"确定"按钮✔,完成载荷或约束的施加。

4. 网格的划分和控制

有限元分析提供了一个可靠的数字工具进行工程设计分析。首先要建立几何模型,然后程序将模型划分为许多具有简单形状的小块(element),这些小块通过节点(node)连接,这个过程称为网格划分。有限元分析程序将集合模型视为一个网状物,这个网状物是由离散的互相连接在一起的单元构成的。精确的有限元结果很大程度上依赖于网格的质量,通常来说,优质的网格决定优秀的有限元结果。

网格质量主要靠以下几点保证。

(1) 网格类型:在定义算例专题时,针对不同的模型和环境,选择一种适当的网格类型。

(2) 适当的网格参数:选择适当的网格大小和公差,可以做到节约计算资源和时间与提高精度的完美结合。

(3) 局部的网格控制:对于需要精确计算的局部位置,采用加密网格可以得到比较好的结果。

在定义完材料属性和载荷/约束后,就可以划分网格了。划分网格可按如下步骤操作。

(1) 单击 SOLIDWORKS Simulation 主菜单工具栏中的"生成网格"按钮,或者在 SOLIDWORKS Simulation 算例树中右击网格图标,然后在弹出的快捷菜单中选择"生成网格"命令。

(2) 在弹出的"网格"属性管理器中设置网格的大小和公差,如图 11-11 所示。

图 11-10 "载荷/夹具"菜单栏

(3) 拖动"网格参数"栏中的滑块,从而设置网格的大小和公差。如果要精确指定网格,可以在△图标右侧的输入框中指定网格的大小,在△图标右侧的输入框中指定网格的公差。

(4) 如果勾选"运行(求解)分析"复选框,则在划分完网格后自动运行分析,计算出结果。

(5) 单击"确定"按钮✔,程序会自动划分网格。

如果需要对零部件局部应力集中的地方或者对结构比较重要的部分进行精确的计算,就要对这个部分进行网格细分。SOLIDWORKS Simulation 本身会对局部几何形状变化较大的地方进行网格细分,但有时用户需要手动控制网格的细分程度。

要手动控制网格的细分程度,可按如下步骤操作。

(1) 选择菜单栏中的 Simulation→"网格"→"应用网格控制"命令。

(2) 选择要手动控制网格的几何实体(可以是线或面),此时所选几何实体会出现在"网格控制"属性管理器的"所选实体"栏中,如图 11-12 所示。

(3) 在"控制参数"栏中△图标右侧的输入框中输入网格的大小。这个参数是指步骤(2)中所选几何实体最近一层网格的大小。

图 11-11 划分网格

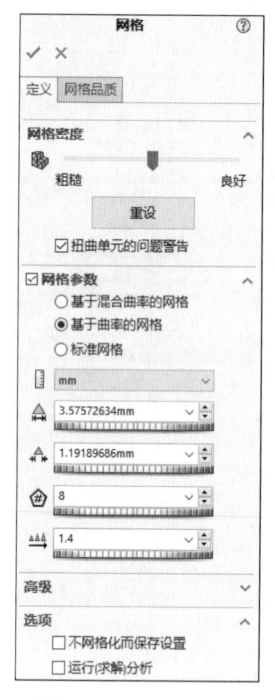

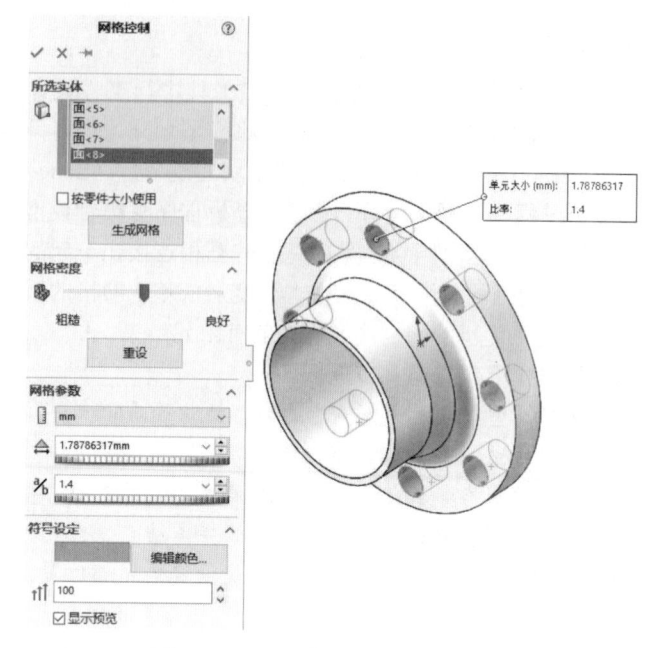

图 11-12 "网格控制"属性管理器

（4）在 %图标右侧的输入框中输入网格梯度，即相邻两层网格的放大比例（基于混合曲率的网格不支持此项）。

（5）单击"确定"按钮✓后，在 SOLIDWORKS Simulation 算例树中的网格文件夹下会出现控制图标。

（6）如果在手动控制网格前已经自动划分了网格，则需要重新对网格进行划分。

5．运行分析与观察结果

（1）在 SOLIDWORKS Simulation 算例树中选择要求解的有限元算例专题。

（2）选择菜单栏中的 Simulation→"运行"命令，或者在 SOLIDWORKS Simulation 算例树中右击要求解的算例专题图标，然后在弹出的快捷菜单中选择"运行"命令。

（3）系统会自动弹出调用的解算器对话框。对话框中显示解算器执行的过程、自由度、节数和单元数，如图 11-13 所示。

（4）如果要中途停止计算，则单击"取消"按钮；如果要暂停计算，则单击"暂停"按钮。

运行分析后，系统会自动为每种类型的分析生成一个标准的结果报告。用户可以通过在算例树中单击相应的输出项，观察分析的结果。例如，程序为静力学分析产生 5 个标准的输出项，在 SOLIDWORKS Simulation 算例树对应的算例专题中会出现对应的 5 个文件夹，分别为应力、位移、应变、变形和设计检查。单击这些文件夹下对应的图解图标，就会以图的形式显示分析结果，如图 11-14 所示。

在显示结果的左上角会显示模型名称、算例名称、图解类型和变形比例。模型也会以不同的颜色表示应力、应变等的分布情况。

第11章　SOLIDWORKS Motion 与 SOLIDWORKS Simulation 的联合仿真

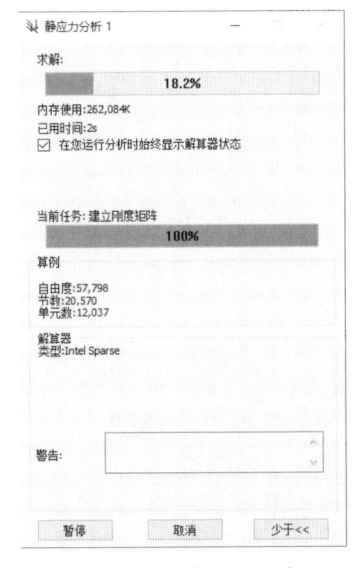

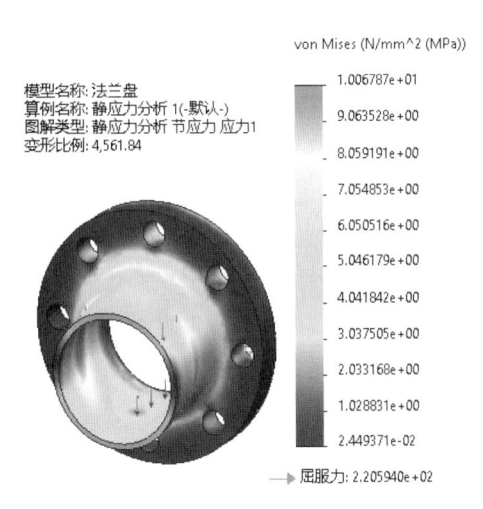

图 11-13　解算器对话框　　　　图 11-14　静力学分析中的应力分析图

为了更好地表达出模型的有限元结果，SOLIDWORKS Simulation 会以不同的比例显示模型的变形情况。

用户也可以自定义模型的变形比例，可按如下步骤操作。

（1）在 SOLIDWORKS Simulation 算例树中右击要改变变形比例的输出项，如应力、应变等，在弹出的快捷菜单中选择"编辑定义"命令，或者选择菜单栏中的 Simulation→"图解结果"命令，在下一级子菜单中选择要更改变形比例的输出项。

（2）在弹出的对应属性管理器中，选择更改应力图解结果，如图 11-15 所示。

（3）在"变形形状"组框内选中"用户定义"单选按钮，然后在图标 右侧的输入框中输入变形比例。

（4）单击"确定"按钮，关闭属性管理器。

对于每种输出项，根据物理结果可以有多个对应的物理量显示。图 11-14 中的应力结果显示的是 von Mises 应力，还可以显示其他类型的应力，如不同方向的正应力、切应力等。在图 11-15 的"显示"组框内图标 右侧的下拉列表中，可以选择更改应力的显示物理量。

SOLIDWORKS Simulation 除了可以图解的形式表达有限元结果，还可以将结果以数值的形式表示。具体可按如下步骤操作。

（1）在 SOLIDWORKS Simulation 算例树中选择算例专题。

（2）选择菜单栏中的 Simulation→"列举结果"命令，在下一级子菜单中选择要显示的输出项。子菜单共有 5 项，分别为位移、应力、应变、模式和热力。

（3）在弹出的对应属性管理器中设置要显示的数值属性，这里选择应力，如图 11-16 所示。

（4）每种输出项都对应不同的设置，这里不再赘述。

（5）单击"确定"按钮，会自动出现结果的数值列表，如图 11-17 所示。

（6）单击"保存"按钮，可以将数值结果保存到文件中。在弹出的"另存为"对话框中可以选择将数值结果保存为文本文件或 Excel 列表文件。

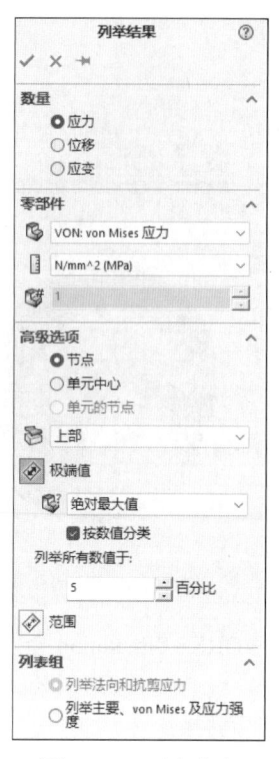

图 11-15　设定变形比例　　　图 11-16　列表应力　　　图 11-17　数值列表

11.3　实例——传动轴的设计

传动轴装配体包含 5 个子装配体和 2 个单独的零件，如图 11-18 所示。这里将使用 SOLIDWORKS Motion 来确定作用在一个零部件轴颈中心架上的力，然后使用 SOLIDWORKS Simulation 来确定该零件的应力和位移。

本实例需要使用万向轴承来传递 2800t/min 转速下的力矩 15000000N·mm，以确定零部件轴颈中心架的应力和挠度。

1．生成一个运动算例

（1）打开装配体文件。打开电子资源包中"源文件\原始文件\第 11 章\传动轴装配体"文件夹下的"传动轴装配体.SLDASM"文件。该装配体中包含输入轴、传动轴、输出轴、输入外壳、输出外壳和轴颈中心架等零件。

（2）设置单位。选择菜单栏中的"工具"→"选项"命令，弹出相应的对话框，选择"文档属性"选项卡下的"单位"选项，选择"单位系统"为"MMGS（毫米、克、秒）"，如图 11-19 所示。

（3）切换到运动算例页面。在 SOLIDWORKS 界面左下角单击"运动算例 1"选项卡，进入该运动算例页面，然后将 MotionManager 工具栏中的"算例类型"设为"Motion 分析"。

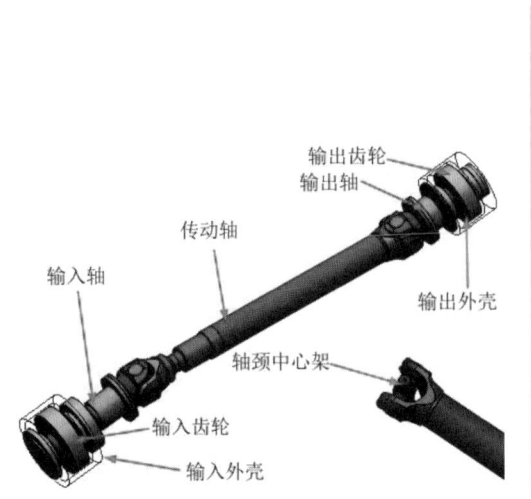

第 11 章　SOLIDWORKS Motion 与 SOLIDWORKS Simulation 的联合仿真

图 11-18　传动轴装配体

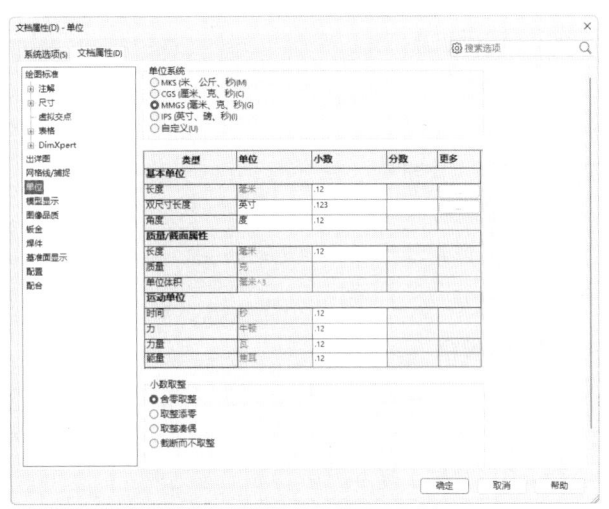

图 11-19　"文档属性（D）-单位"对话框

2. 前处理

（1）为输入轴定义旋转马达。单击 MotionManager 工具栏中的"马达"按钮，弹出"马达"属性管理器，在"马达类型"组框内单击"旋转马达"按钮；通过"零部件/方向"组框内的"马达位置"选择框选择指定的面；在"运动"组框内选择"等速"，设置转动数值为 2800RPM，如图 11-20 所示。

（2）为输出轴定义力矩。这是一个抵抗转动的力矩，因此需要设置与步骤（1）中添加的马达相反的力，单击 MotionManager 工具栏中的"力"按钮，弹出"力/扭矩"属性管理器，在"类型"组框内单击"力矩"按钮；在"方向"组框内单击"只有作用力"按钮，通过"作用零件和作用应用点"选择框选择输出轴的外圆面，单击"反向"按钮反转力的方向，输入力矩的数值"15000000 牛顿·mm"，"力/扭矩"属性管理器如图 11-21 所示。单击"确定"按钮，完成力矩的添加。

图 11-20　为输入轴定义旋转马达

图 11-21　为输出轴定义力矩

3. 运行仿真

（1）设置运动算例属性。单击 MotionManager 工具栏中的"运动算例属性"按钮 ⚙，弹出"运动算例属性"属性管理器，在"Motion 分析"组框内将"每秒帧数"设为 2000，如图 11-22 所示，单击"确定"按钮 ✓。

（2）设置仿真结束时间。将顶部更改栏右侧的键码点拖放至 0.05 秒处，即总的仿真时间为 0.05 秒。

（3）返回到基于事件的运动视图，单击 MotionManager 工具栏中的"计算"按钮，可对当前运动算例进行仿真计算。

4. 后处理

（1）计算自由度。右击 MotionManager 设计树中的"配合"按钮，在弹出的快捷菜单中选择"自由度"命令，如图 11-23 所示，弹出"自由度"对话框，如图 11-24 所示。"自由度"对话框提供模型形式的自由度和冗余约束配合列表。由图 11-24 可以看到，自由度为 0，因此得到的是一个运动学系统。

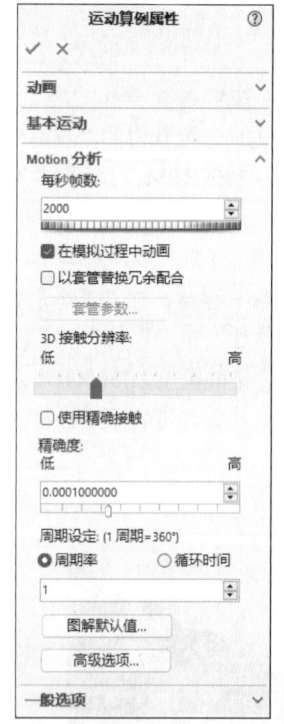

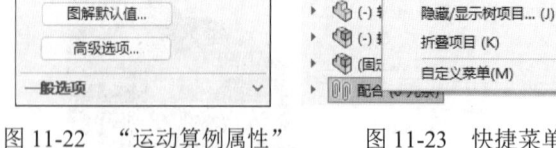

图 11-22 "运动算例属性"属性管理器

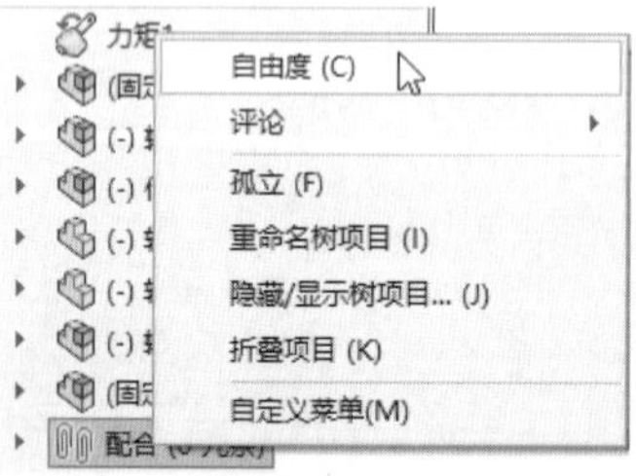

图 11-23 快捷菜单

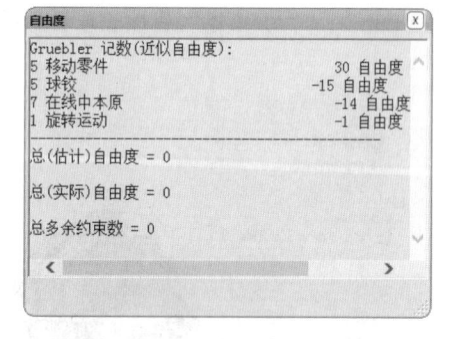

图 11-24 "自由度"对话框

（2）生成输入轴的图解。单击 MotionManager 工具栏中的"结果和图解"按钮，弹出"结果"属性管理器，在"结果"组框内依次选择"位移/速度/加速度""角速度""幅值"，通过"特征"选择框选择输入轴的外圆面，如图 11-25 所示。最后单击"确定"按钮 ✓，所创建的输入轴图解显示在图形窗口中，如图 11-26 所示。

第 11 章　SOLIDWORKS Motion 与 SOLIDWORKS Simulation 的联合仿真

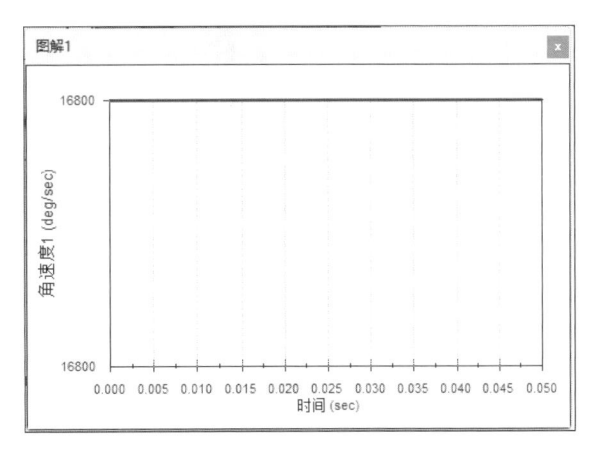

图 11-25　"结果"属性管理器（1）　　　　图 11-26　输入轴的图解

（3）生成输出轴的图解。单击 MotionManager 工具栏中的"结果和图解"按钮，弹出"结果"属性管理器，在"结果"组框内依次选择"位移/速度/加速度""角速度""幅值"，通过"特征"选择框选择输出轴的外圆面，如图 11-27 所示。最后单击"确定"按钮，所创建的输出轴图解显示在图形窗口中，如图 11-28 所示。由图 11-28 可以看到，两个轴以 16800°/s 的速度转动。

图 11-27　"结果"属性管理器（2）　　　　图 11-28　输出轴的图解

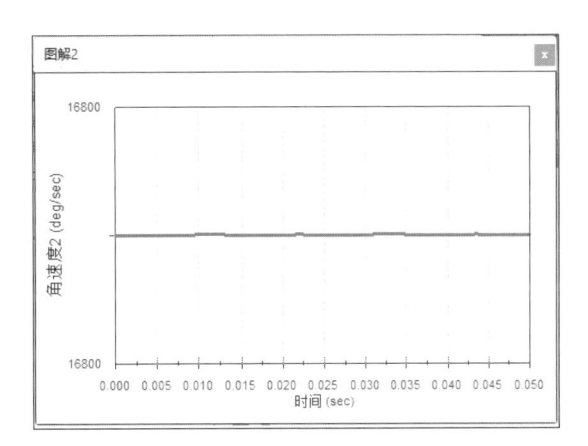

（4）生成传动轴的图解。单击 MotionManager 工具栏中的"结果和图解"按钮，弹出"结果"属性管理器，在"结果"组框内依次选择"位移/速度/加速度""角速度""幅值"，通过"特征"选择框选择传动轴的外圆面，如图 11-29 所示。最后单击"确定"按钮，所创建的图解显示在图形窗口中，如图 11-30 所示。由图 11-30 可以看到，由于输入和输出之间的角度偏移而产生的预期速度变化。

图 11-29 "结果"属性管理器（3）　　　　　　图 11-30 传动轴的图解

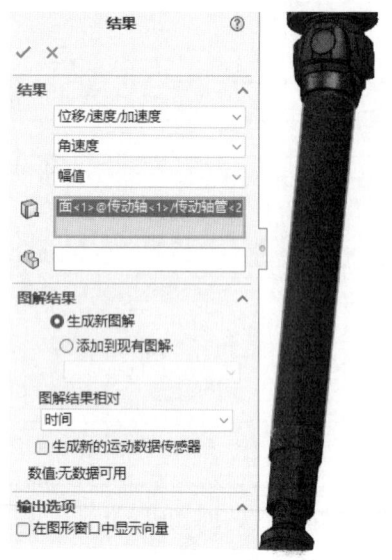

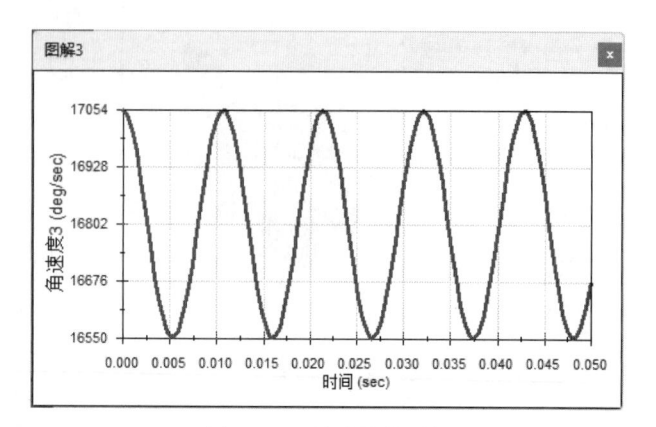

（5）生成显示输入旋转马达的力矩图解。单击 MotionManager 工具栏中的"结果和图解"按钮，弹出"结果"属性管理器，在"结果"组框内依次选择"力""马达力矩""幅值"，通过"特征"选择框选择创建的旋转马达，如图 11-31 所示。最后单击"确定"按钮，所创建的力矩图解显示在图形窗口中，如图 11-32 所示。

图 11-31 "结果"属性管理器（4）　　　　　　图 11-32 力矩图解

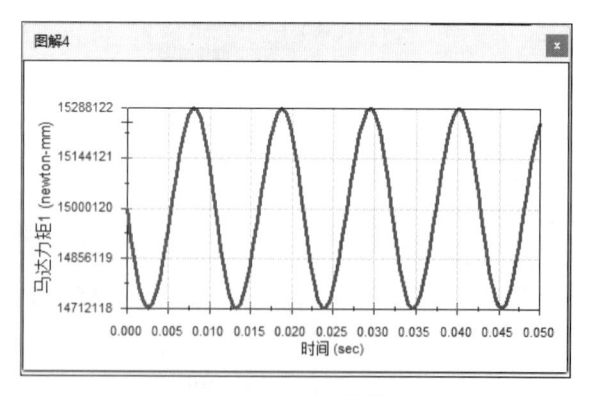

运动仿真可以让用户应用各种所需的结果数值（力、力矩、加速度等）至承载面，并求解应力和变形分析（变形结果需要用到 SOLIDWORKS Simulation 模块）。在这种方式下，运动仿真以刚体动力学方法简化瞬态问题，并求解零件的加速度和接头的反作用力。然后，在 SOLIDWORKS

Simulation 中，这些载荷将应用到承载面上并求解应力分析问题。下面将采用两种不同的方法求解变形分析。

5. 输出至 SOLIDWORKS Simulation 中求解

加载（或输出）的力只传递到面，而不允许传递到边线和点。SOLIDWORKS 中用在配合定义中的任意面也被认定为加载（或输出）载荷的承载面。如果在配合中用到了其他实体类型（点、边线），承载面必须在"分析"选项卡中进行指定，如图 11-33 所示。

在运动分析中默认的初始配合位置是使用配合定义中的第一个实体来确定的，当然，用户也可以通过在配合位置域中选择一个新的实体来更换。更改配合位置可能会轻微改变运动分析的结果和最终的反作用力，而这个变化的影响也因实例而异。

如果初始的配置不合适，建议用户更改配合位置，尤其是当使用 SOLIDWORKS Simulation 模块来获取运动载荷并用于有限元分析时。在运行运动算例之前，必须输入承载面和新的配合位置。

接下来将讲述如何输出载荷到 SOLIDWORKS Simulation 中进行有限元分析。首先要确定正确的承载面和配合位置，然后将载荷输出到 SOLIDWORKS Simulation 中进行有限元分析及后处理。

（1）孤立轴颈中心架。这是传动轴输入一侧的轴颈，孤立这个零部件，只是为了更容易看清这个零部件，右击轴颈中心架，在弹出的快捷菜单中选择"孤立"命令，结果如图 11-34 所示。这里应注意这个零部件的应力及位移计算。查看这个零部件的四个配合，没有一个配合的实体采用的是面，均为点或轴。这就需要对每个配合都指定传递力的面，如图 11-35 所示。

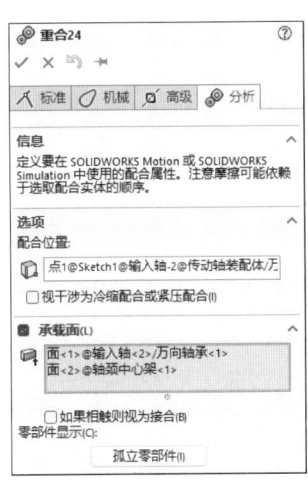

图 11-33 "分析"选项卡　　图 11-34 孤立零部件（1）　　图 11-35 查看配合

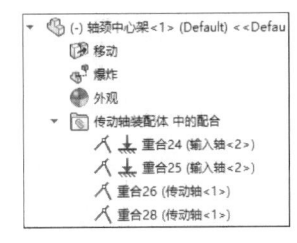

（2）编辑配合。右击编辑第一个配合"重合 24"，在弹出的快捷菜单中选择"编辑特征"命令，弹出"重合 24"属性管理器，选择"分析"选项卡，在"配合位置"选择框中选择配合的点，勾选"承载面"复远框，单击"孤立零部件"按钮，这将隐藏与该配合无关的零部件，如图 11-36 所示。

（3）指定承载面。使用"选择其他"命令，选择轴颈中心架的外表面和万向轴承的内圆柱面。因为面是相互接触的，"如果相触则视为接合"复选框是被自动勾选的，需要取消勾选"如果相触则视为接合"复选框，如图 11-37 所示。单击"确定"按钮 ✓ 和"退出孤立"按钮，完成第一个承载面的设定。

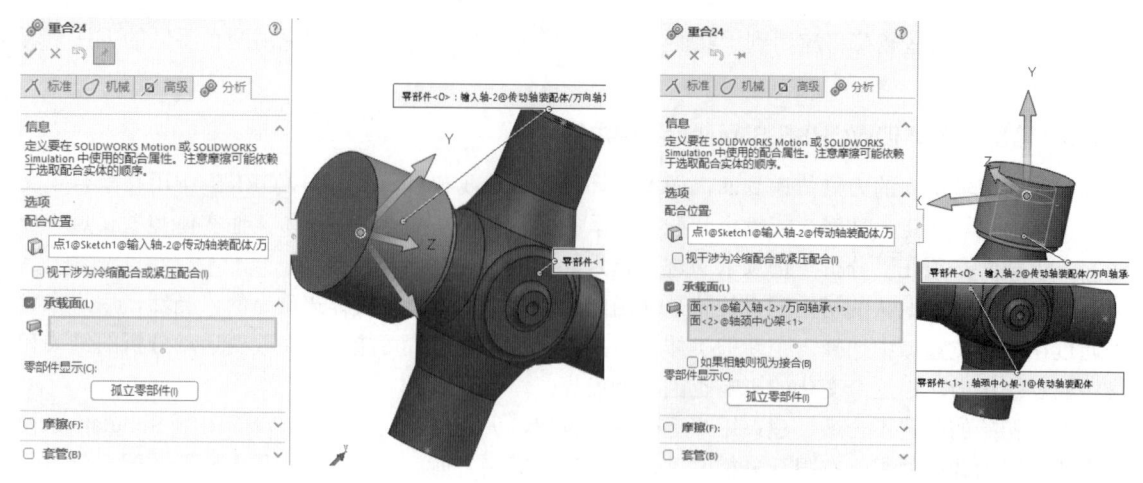

图 11-36　孤立零部件（2）　　　　　　　　　图 11-37　指定承载面

> 💬 **注意：**
>
> 前面的讨论中曾提到，默认的初始配合位置取决于配合定义中的第一个实体，因为这两个零部件永久连在一起且不会发生明显的相对变动，这个配合位置无须修改。然而，将初始位置放到最理想的位置是一个良好的习惯，尤其是当用户打算对零部件进行有限元应力分析时。

（4）用同样的方法指定第二个承载面。编辑配合"重合 25"，选择"分析"选项卡，勾选"承载面"复选框，单击"孤立零部件"按钮，选择两个面：一个位于轴颈中心架上；另一个位于连接法兰上。因为面与面之间并未接触，因此"如果相触则视为接合"复选框不会出现，如图 11-38 所示。

（5）用同样的方法指定其余的承载面，如图 11-39 和图 11-40 所示。

（6）重新运行仿真。单击 MotionManager 工具栏中的"计算"按钮 ![icon]，可对当前运动算例重新进行仿真计算，弹出"Motion 分析"对话框，如图 11-41 所示，保存装配体。

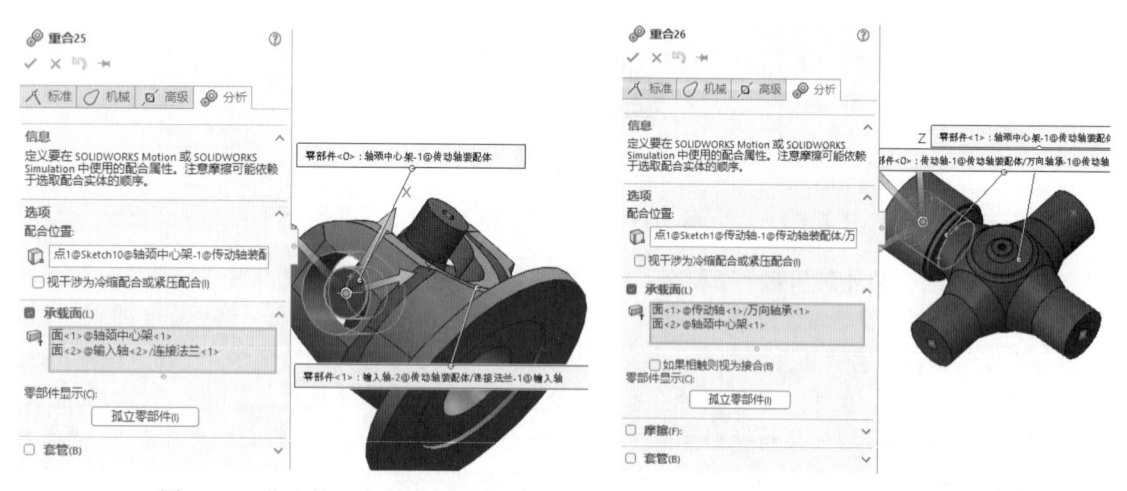

图 11-38　指定第二个承载面　　　　　　　　　图 11-39　指定第三个承载面

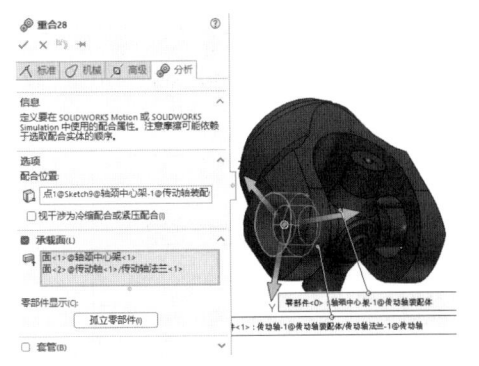

第 11 章　SOLIDWORKS Motion 与 SOLIDWORKS Simulation 的联合仿真

图 11-40　指定第四个承载面 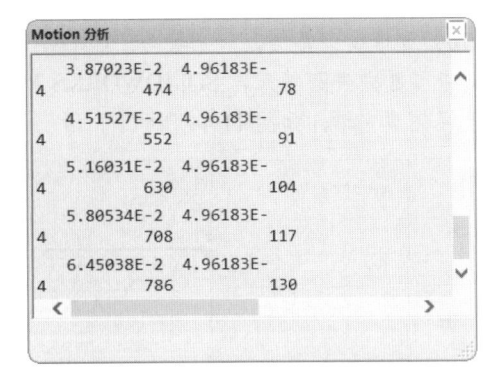　　　　　图 11-41　"Motion 分析"对话框

在配合位置改动后，必须重新计算运动分析。下面将对零部件轴颈中心架-1 进行应力分析。

只对 SOLIDWORKS Simulation 的用户，SOLIDWORKS Simulation 可以一次性读取单个时间步长或多个时间步长的运动载荷。接下来将使用 SOLIDWORKS Simulation 软件对全部所需的时间步长运行多个分析。设计算例可以定位在最危险的时间实例，即零件具有最大应力和变形。

（7）输入运动载荷。选择菜单栏中的 Simulation→"输入运动载荷"命令，弹出"输入运动载荷"对话框。从"运动算例"下拉列表中选择对应的"运动算例 1"。在"可用的装配体零部件"列表框中选择"轴颈中心架-1"，然后单击按钮 > 将其移动至"所选零部件"列表框中。选中"多画面算例"单选按钮，在"画面号数"的"开始"微调框中输入 80，在"终端"微调框中输入 101，如图 11-42 所示，单击"确定"按钮。这将为零部件"轴颈中心架-1"输入并保存载荷数据至 CWR 文件，并定义设计算例。

上面指定的参数将设计算例定义为 22 组。每组都包含源自运动载荷的载荷，并发生在相关组的时间点上。

（8）打开零部件。在当前窗口中选择零部件"轴颈中心架-1"右击，在弹出的快捷菜单中选择"打开"命令。

（9）选择 SOLIDWORKS Simulation 算例。在零部件"轴颈中心架-1"的窗口中已经添加了一个名为"CM1-ALT-Frames-80-101-1"的静态算例，如图 11-43 所示。算例名称中的数字 80、101 和 1 分别指开始和终止的帧的数值以及帧的增量。

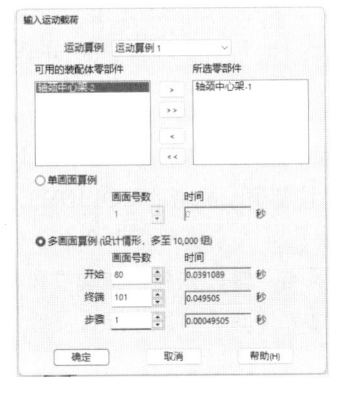

图 11-42　"输入运动载荷"对话框 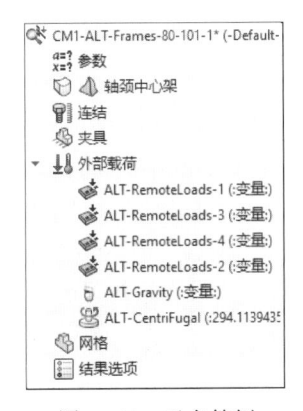　　　　　图 11-43　已有算例

（10）选择设计算例。一个名为"CM1-ALT-Frames-80-101-1 1"的设计算例也已经添加。用户可以检查参数列表随着来自SOLIDWORKS Motion输入数值的变化。对应帧数80～101的22个情形也已经创建完毕，如图11-44所示。

图11-44　创建完毕的情形

（11）应用材料。切换到静态算例"CM1-ALT-Frames-80-101-1"，选择菜单栏中的Simulation→"材料"→"应用材料到所有"命令，或者在Simulation控制面板中单击"应用材料"图标，或者在SOLIDWORKS Simulation算例树中右击"轴颈中心架"图标，在弹出的快捷菜单中选择"应用/编辑材料"命令，如图11-45所示，弹出"材料"对话框。该对话框中定义零部件的材质为"合金钢"，如图11-46所示。先单击"应用"按钮，再单击"关闭"按钮关闭"材料"对话框。

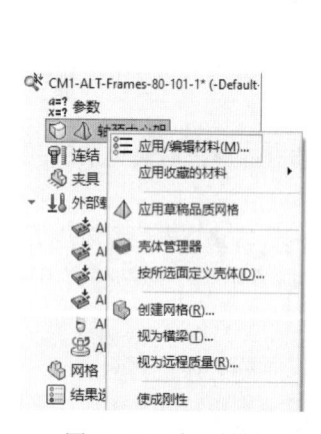

图11-45　应用材料

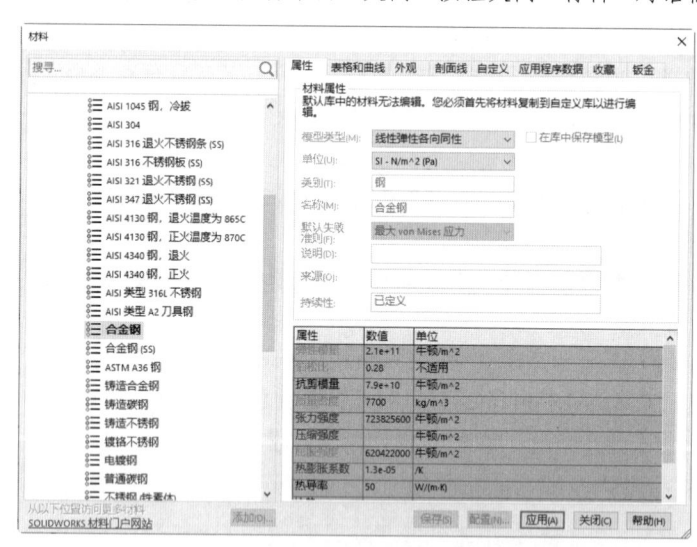

图11-46　"材料"对话框

（12）划分零部件网格。选择菜单栏中的Simulation→"网格"→"生成"命令，或者在Simulation控制面板中单击"运行此算例"下拉列表中的"生成网格"按钮，或者在SOLIDWORKS Simulation算例树中右击"网格"图标网格，在弹出的快捷菜单中选择"生成网格"命令。弹出"网格"属性管理器，勾选"网格参数"复选框，选中"基于曲率的网格"单选按钮，拖动"网格密度"滑块，设置"最大单元大小"至数值30mm附近，如图11-47所示。单击"确定"按钮，划分零部件网格，如图11-48所示。

（13）设置算例属性。右击算例图标，在弹出的快捷菜单中选择"属性"命令，弹出"静应力分

第 11 章 SOLIDWORKS Motion 与 SOLIDWORKS Simulation 的联合仿真 | 259

析"对话框,因为这个零部件是自平衡的,默认勾选"使用惯性卸除"复选框,如图 11-49 所示,单击"确定"按钮关闭"静应力分析"对话框。

图 11-47 "网格"属性管理器

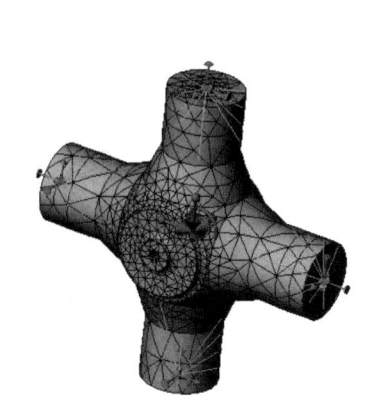

图 11-48 网格划分结果

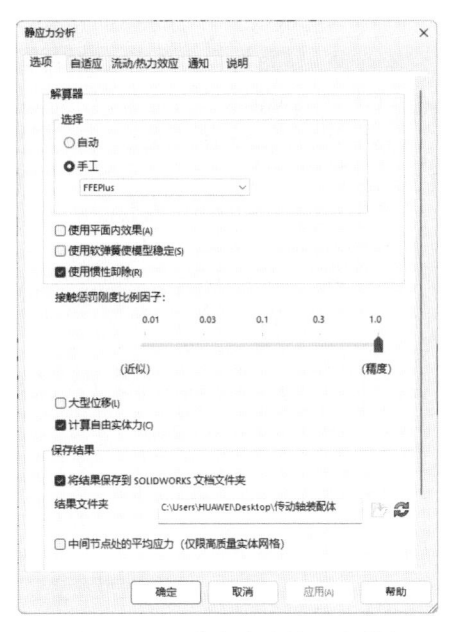

图 11-49 "静应力分析"对话框

(14)运行设计算例。切换到设计算例"CM1-ALT-Frames-80-101-1 1",单击"变量视图"选项卡中的"运行"按钮,如图 11-50 所示。系统开始优化分析,将按照顺序依次求解 22 个不同组的数据,如图 11-51 所示。

(15)求解 von Mises 应力的全局最大值。全局最大值是指 22 个情形中的最大值。在设计算例树中,右击"结果和图表",在弹出的快捷菜单中选择"定义设计历史图表"命令,如图 11-51 所示。弹出"设计历史图表"属性管理器,在"Y-轴"组框内选中"约束"单选按钮,在下面的列表框中选择"VON: von Mises 应力",如图 11-52 所示,单击"确定"按钮✔。

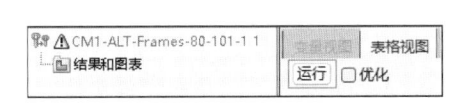

图 11-50 运行算例

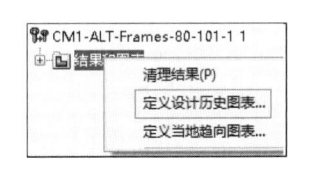

图 11-51 定义设计历史图表

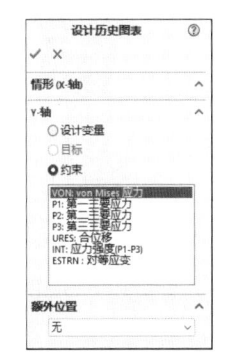

图 11-52 "设计历史图表"属性管理器

（16）查看结果。图表显示 von Mises 应力在零件 journal_cross-1 中贯穿的 22 个情形，在情形 2 中获得了最大值 5.50e8N/m^2（550MPa），小于材料的屈服强度（620.4MPa），如图 11-53 所示。

（17）查看设计情形 15 的 von Mises 应力图解。设计算例保存了所有计算过的情形的所有结果。在设计算例中，单击对应"情形 15"的列即可看到结果，如图 11-54 所示。在"结果和图表"下方，双击 VON: von Mises 应力图解，如图 11-55 所示。情形 15 的最大 von Mises 应力大小约为 531MPa。

（18）查看设计情形 15 的合位移图解。如图 11-56 所示，设计情形 15 中的最大合位移约为 0.115mm。

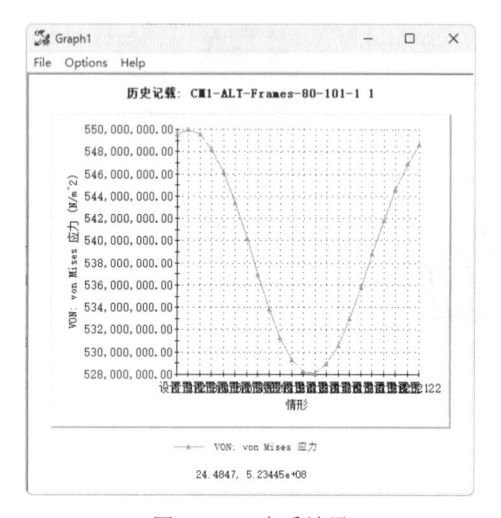

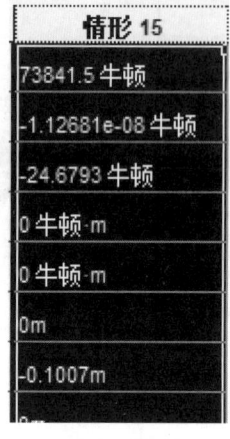

图 11-53　查看结果　　　　　图 11-54　对应"情形 15"的列

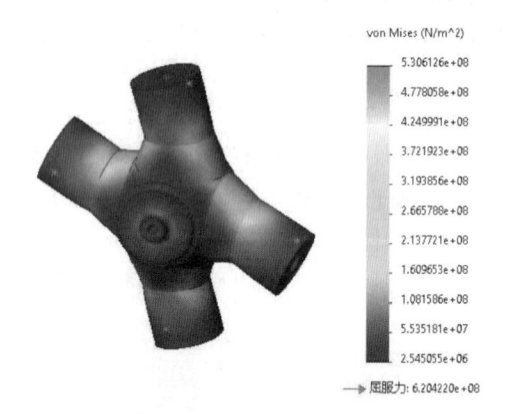

图 11-55　应力图解（1）　　　　图 11-56　合位移图解

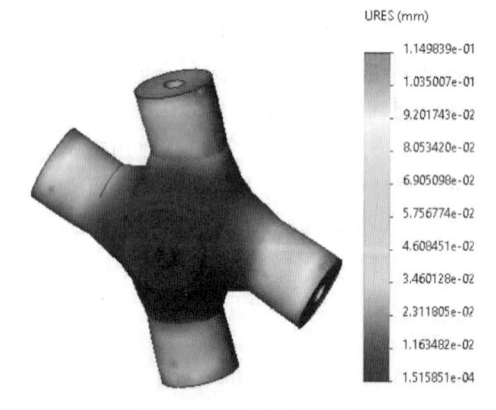

（19）保存并关闭零部件轴颈中心架。

6. 直接在 SOLIDWORKS Motion 中求解

（1）模拟设置。在传动轴装配体的运动算例中，单击 MotionManager 工具栏中的"模拟设置"按钮，弹出"Simulation 设置"属性管理器，在"模拟所用零件"选择框中选择传动轴输入一侧的轴颈中心架-1，在"模拟开始时间"和"模拟结束时间"输入框中分别指定"0.0395 秒"和

"0.05秒",单击"添加时间"按钮,将时间范围添加至"模拟时间步长和时间范围"域中。在"高级"选项下,移动"网格密度"滑块,设置"网格密度比例因子"为0.95,生成更精细的网格,如图11-57所示,单击"确定"按钮✓。此时软件将显示"您想将材料指派给零件吗?",单击"是"按钮,打开"材料"对话框。

注意:

在运动仿真中直接进行应力求解时,也必须指定正确的承载面和配合位置。SOLIDWORKS Simulation 模块必须处于激活状态,以保证进行应力求解。

(2) 指定材料。指定材料为"合金钢",依次单击"应用"和"关闭"按钮。

(3) 求解有限元仿真。单击MotionManager工具栏中的"计算模拟结果"按钮,进行有限元分析。

(4) 查看0.045s处的应力结果。为了显示这个结果图解,需要将时间线移至0.045秒处,如图11-58所示。单击MotionManager工具栏中的"应力图解"按钮,如图11-59所示,显示von Mises应力图解,图解显示最大应力约为382MPa,如图11-60所示。

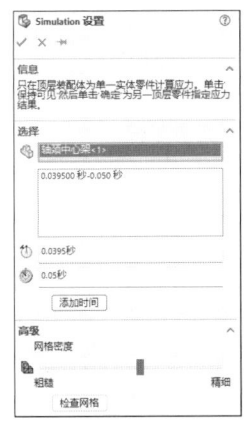

图 11-57 "Simulation 设置"属性管理器

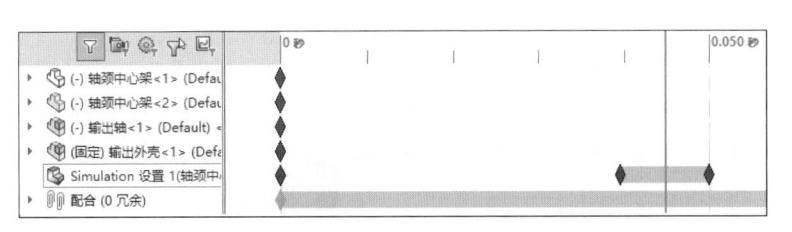

图 11-58 指定时间

图 11-59 设置应力图解

图 11-60 应力图解(2)

(5) 孤立轴颈中心支架-1。由于轴颈中心支架-1 显示在整个装配体中，因此无法清楚地看到应力云图。在此情况下，需要通过孤立该零部件来得到更清楚的图解。利用前面的方法孤立该零件，现在可以清楚地看到应力云图，显示应力的最大值约为 382MPa，低于材料的屈服强度 620.4MPa，如图 11-61 所示。

(6) 显示 0.045s 时的安全系数。按照步骤（4），显示安全系数图解。图 11-62 中显示的最小安全系数为 1.62（620.4/382≈1.62）。

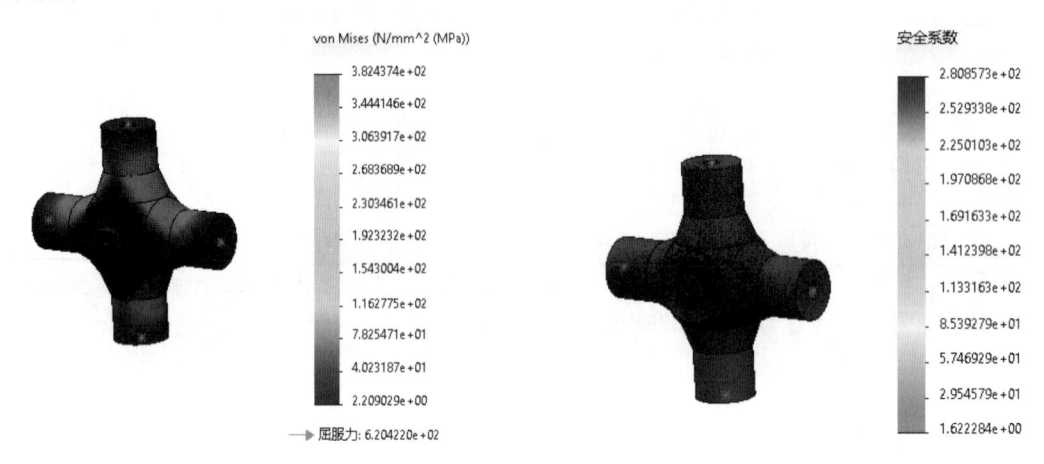

图 11-61　孤立零部件（3）　　　　　　图 11-62　安全系数图解

(7) 显示 0.045s 时的变形。在 0.045s 时的最大合位移约为 0.1143mm，如图 11-63 所示。

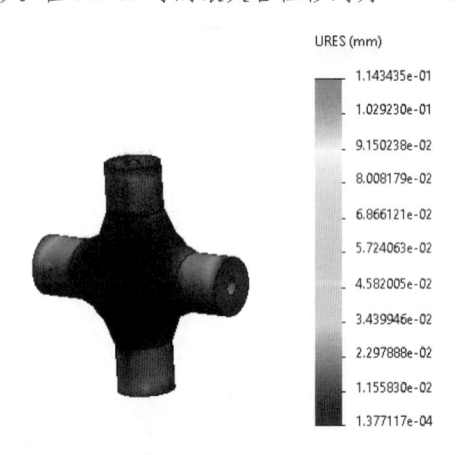

图 11-63　变形图解

(8) 显示不同时间点的结果。移动时间线至其他时间步长，云图将自动更新。

(9) 保存并关闭文件。

练一练——球摆机构

本练一练首先使用 SOLIDWORKS Motion 对球摆机构进行动力学分析，然后使用 SOLIDWORKS Simulation 对三角架进行静应力分析。球摆机构如图 11-64 所示。

第 11 章　SOLIDWORKS Motion 与 SOLIDWORKS Simulation 的联合仿真

【操作提示】

（1）打开装配体文件。打开电子资源包中"源文件\原始文件\第 11 章\球摆机构"文件夹下的"球摆机构.SLDASM"文件。

（2）切换到运动算例页面。单击"运动算例 1"选项卡，切换到运动算例页面，将运动的"算例类型"设为"Motion 分析"。

（3）添加引力。单击 MotionManager 工具栏中的"引力"按钮，弹出"引力"属性管理器。在"引力"属性管理器的"引力参数"组框内选中"Y"单选按钮，为球摆零件添加竖直向下的引力。参数设置完成后的"引力"属性管理器如图 11-65 所示。

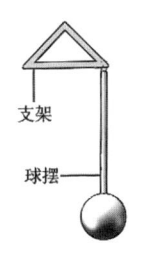

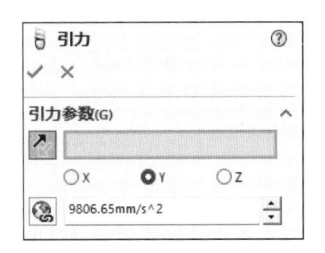

图 11-64　球摆机构　　　　图 11-65　"引力"属性管理器

（4）设置运动算例属性。打开"运动算例属性"属性管理器，将"每秒帧数"设为 50，其余参数采用默认设置。参数设置完成后的"运动算例属性"属性管理器如图 11-66 所示。

（5）运行仿真。将仿真结束时间设为 6s，然后单击 MotionManager 工具栏中的"计算"按钮，对球摆进行仿真求解的计算，如图 11-67 所示。

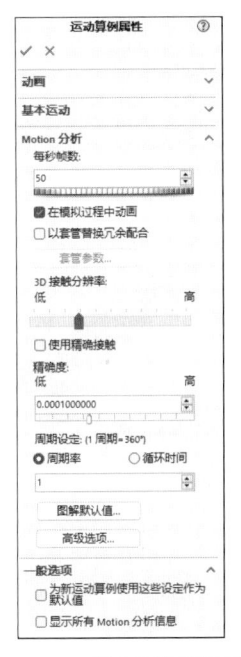

图 11-66　"运动算例属性"
　　　　　属性管理器

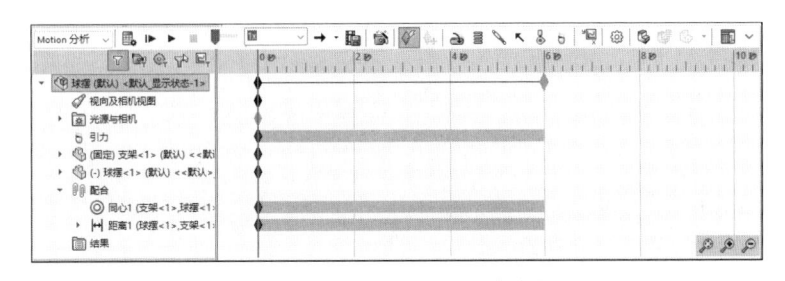

图 11-67　对球摆进行仿真求解

（6）添加结果曲线。单击 MotionManager 工具栏中的"结果和图解"按钮，弹出图 11-68 所示的"结果"属性管理器。在"结果"组框内的"选取类别"下拉列表中选择分析的类别为"力"，在"选取子类别"下拉列表中选择分析的子类别为"反作用力"，在"选取结果分量"下拉列表中选择分析的结果分量为"幅值"。单击"面"图标右侧的选择框，然后在装配体设计树中单击支架与球摆的同心配合，如图 11-69 所示。单击"确定"按钮，生成反作用力-时间曲线，如图 11-70 所示。

（7）对支架进行受力分析。将支架打开，新建"静应力分析"类型的新算例，编辑支架的材料为"2014 合金"。如图 11-71 所示，对该机构的约束和载荷进行处理。注意：取端部压力为常量，并按图 11-71 设置端部所受的最大载荷值。

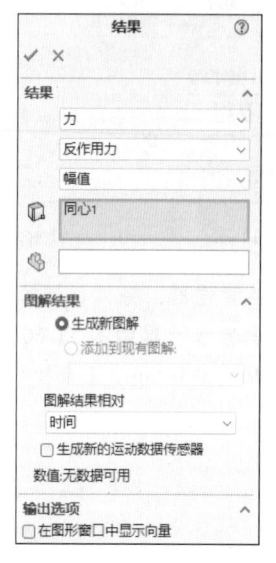

图 11-68　"结果"属性管理器

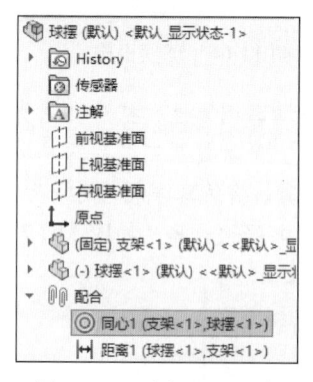

图 11-69　选择同心配合

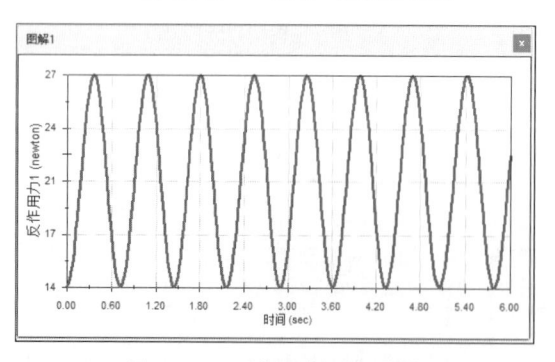

图 11-70　反作用力-时间曲线

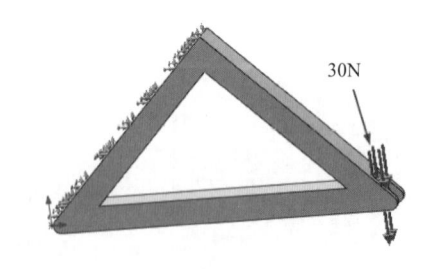

图 11-71　静态分析的约束和载荷

（8）划分网格，单击 Simulation 选项卡中"运行此算例"下拉列表中的"生成网格"按钮，按系统的默认值处理。

（9）运行分析。单击 Simulation 选项卡中的"运行此算例"按钮，进行运行分析。双击 SOLIDWORKS Simulation 算例树中"结果"文件夹下的"应力 1"图标，生成应力图解，如图 11-72

所示。由图 11-72 所示的应力图解可以看出，von Mises 应力最大值为 0.661MPa，远远小于屈服力，表明支架满足屈服强度要求。安全系数图解如图 11-73 所示。

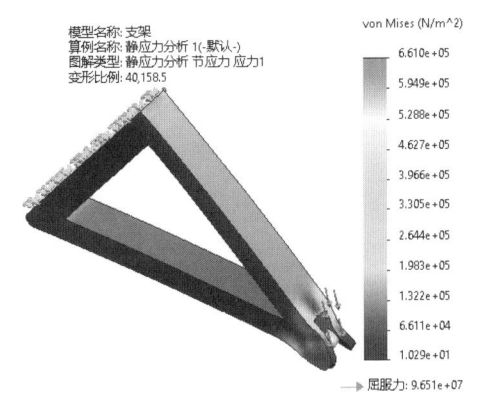

图 11-72　应力图解

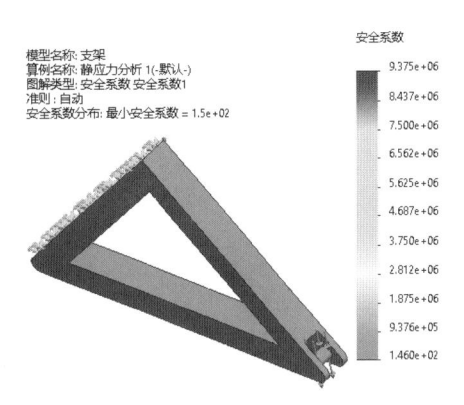

图 11-73　安全系数图解